水利水电工程基础

主　编　佟　欣　李东艳　佟　颖
副主编　李晓倩　张　琦　孙友良　佟　强
主　审　陈金良

北京理工大学出版社
BEIJING INSTITUTE OF TECHNOLOGY PRESS

内 容 提 要

　　本书是辽宁生态工程职业学院兴辽卓越专业群建设项目——"水利工程专业群"校本教材,是以育人为本,"书证融通""德技并修"的新形态教材,是根据高等院校水利工程与管理类各专业的教学标准、人才培养方案和目标以及教学基本要求,校企共建、合作开发编写的。全书共分为六个模块,包括认识水利水电建筑工程、工程力学基本知识应用、土力学基本知识、工程地质基本知识、水力学基本知识应用和水工基本结构。

　　本书可作为高等院校水利水电工程技术专业通用教材,也可作为水利类相关专业技术人员及成人教育师生的参考书。

图书在版编目(CIP)数据

水利水电工程基础 / 佟欣,李东艳,佟颖主编. --
北京:北京理工大学出版社,2023.7
ISBN 978-7-5763-2660-4

Ⅰ.①水… Ⅱ.①佟…②李…③佟… Ⅲ.①水利水
电工程-高等职业教育-教材 Ⅳ.① TV

中国国家版本馆 CIP 数据核字(2023)第 142103 号

责任编辑:钟　博	文案编辑:钟　博
责任校对:周瑞红	责任印制:王美丽

出版发行 / 北京理工大学出版社有限责任公司

社　　址 / 北京市丰台区四合庄路 6 号

邮　　编 / 100070

电　　话 / (010) 68914026(教材售后服务热线)
　　　　　　　(010) 68944437(课件资源服务热线)

网　　址 / http://www.bitpress.com.cn

版 印 次 / 2023 年 7 月第 1 版第 1 次印刷

印　　刷 / 北京紫瑞利印刷有限公司

开　　本 / 787 mm×1092 mm　1/16

印　　张 / 20.5

字　　数 / 550 千字

定　　价 / 89.00 元

本书是辽宁生态工程职业学院兴辽卓越专业群建设项目——"水利工程专业群"的课程建设内容之一。为全面贯彻党的二十大精神，坚持以习近平新时代中国特色社会主义思想为引领，以《国务院办公厅关于深化产教融合的若干意见》、辽宁省教育厅《关于新时期加快发展现代职业教育的若干意见》等文件精神为指导，深化职业教育改革，以高水平特色专业群建设为契机，坚持立德树人，"三全育人"，强化学生职业技术技能培养和"工匠精神"的培育，深化产教融合和校企合作，为现代水利事业培养高素质创新人才和技术技能人才。水利工程专业群建设将本书列为计划项目，建设以育人为本，"书证融通""德技并修"的新形态教材。

本书根据辽宁生态工程职业学院"水利工程专业群"的建设总体目标要求和高等职业学校水利工程与管理类各专业的教学标准、人才培养方案、培养目标及教学基本要求编写。为适应水利工程专业各部门的需要，培养具有较强技能的应用型人才，充分体现高等教育的特点，本书在编写过程中不过分注重学科理论的系统性和完整性，密切联系工程实际，突出实用性。本书在吸取其他教材精髓的基础上，引入相关新技术、新材料、新方法、新工艺方面的内容，每个模块都附有活页任务供学习者参考使用。

本书由辽宁生态工程职业学院佟欣、李东艳、佟颖担任主编，佟欣承担统稿和校订工作。辽宁生态工程职业学院陈金良担任主审。本书具体分工：辽宁生态工程职业学院佟欣编写模块一中项目一的任务一，模块二中项目一、项目二、项目三、项目四的任务二、项目五；辽宁生态工程职业学院李东艳编写模块三、模块四；辽宁生态工程职业学院佟颖编写模块二中项目四的任务一；辽宁生态工程职业学院孙友良编写模块一中项目一的任务二、任务三，项目二；辽宁茗禹建设工程管理咨询有限责任公司张琦编写模块六中项目一；大连光华工程造价咨询事务所有限公司李晓倩编写模块六中项目二；沈阳市水利建筑勘测设计院有限公司佟强编写模块五。北京理工大学出版社的编辑同志对本书提出了大量的指导性意见和建议，并对本书的文字和插图做了精心处理，在此表示衷心的感谢。本书在编写过程中，参考和引用了有关文献和资料的部分内容，一并深表感谢。

由于编者水平有限，书中难免存在不足之处，敬请各位读者批评指正。

编　者

CONTENTS 目录

模块一　认识水利水电建筑工程

项目一　了解中国水利事业发展 ·········· 2
　　任务一　水资源及我国的水利水电工程
　　　　　　建设 ············ 2
　　任务二　了解水利工程中的主要设施 ········· 4
　　任务三　水资源利用及保护 ········· 6

项目二　水利水电工程建设学科知识
　　　　　　体系 ········· 12
　　任务一　了解水利水电工程建设学科知识
　　　　　　体系 ········· 12
　　任务二　案例分析 ········· 13

模块二　工程力学基本知识应用

项目一　物体的受力分析与计算 ········· 16
　　任务一　工程力学概述 ········· 16
　　任务二　工程结构计算简化图及受力图 ········· 20
　　任务三　绘制静定结构的受力图 ········· 30

项目二　静定结构的平衡计算 ········· 37
　　任务一　平面一般力系向一点简化 ········· 37
　　任务二　静定结构的平衡计算 ········· 44

项目三　工程中轴向拉压杆件强度
　　　　　　计算 ········· 54
　　任务一　工程杆件的变形形式 ········· 54

　　任务二　轴向拉压变形杆件的内力计算 ········· 56
　　任务三　轴向拉压变形杆件的应力计算 ········· 59
　　任务四　轴向拉压杆件的变形计算 ········· 63
　　任务五　材料在拉伸与压缩时的力学
　　　　　　性能 ········· 66
　　任务六　轴向拉压变形杆件的强度计算 ········· 71

项目四　工程中连接件强度计算 ········· 78
　　任务一　连接件的概念 ········· 78
　　任务二　剪切和挤压的实用计算 ········· 79

项目五　工程中梁的强度计算 ········· 85
　　任务一　梁弯曲时横截面上的内力计算 ········· 85
　　任务二　纯弯曲时横截面上的应力计算 ········· 93
　　任务三　梁弯曲时的强度计算 ········· 101

模块三　土力学基本知识

项目一　土的物理性质及工程分类 ········· 112
　　任务一　土的组成与结构 ········· 112
　　任务二　土的物理性质指标 ········· 119
　　任务三　土的物理状态指标 ········· 124
　　任务四　土的击实性 ········· 129
　　任务五　土的工程分类 ········· 131

项目二　土的渗透性 ········· 138
　　任务一　达西定律 ········· 138
　　任务二　渗透系数的测定 ········· 142

项目三　土中应力 ································· 146
　　任务一　土中自重应力 ················· 146
　　任务二　基底压力 ······················· 151
　　任务三　地基中的附加应力 ········· 156

项目四　土的压缩性 ······················· 164
　　任务一　土的压缩性 ··················· 164
　　任务二　地基沉降量计算 ············· 168

项目五　土的抗剪强度 ··················· 173
　　任务一　库仑定律 ······················· 173
　　任务二　土的极限平衡条件 ········· 175
　　任务三　土的抗剪强度指标的试验方法 ··· 177

模块四　工程地质基本知识

项目一　矿物与岩石 ······················· 185
　　任务一　矿物与岩石的分类与组成 ··· 185
　　任务二　岩石的物理力学性质指标 ··· 202

项目二　地质构造 ··························· 208
　　任务一　地质年代 ······················· 208
　　任务二　地质构造 ······················· 210
　　任务三　地质图识读 ··················· 219

项目三　水利工程中常见的工程地质
**　　　　　问题与处理方法** ············· 229
　　任务一　大坝的工程地质问题 ····· 229
　　任务二　库区的工程地质问题 ····· 233
　　任务三　输水建筑物的工程地质问题 ··· 236

模块五　水力学基本知识应用

项目一　水力学基本知识概述 ········· 244
　　任务一　水力学的任务及其在水利工程中

的应用 ······································· 244
　　任务二　液体的基本特性和主要物理力学

性质 ··· 245

项目二　水静力学 ··························· 250
　　任务一　平面壁上的静水总压力计算 ··· 250
　　任务二　曲面壁上的静水总压力计算 ··· 258

项目三　认识水流的水头与水头损失 ··· 265
　　任务一　认识水流的水头 ············· 265
　　任务二　水流的水头损失 ············· 267

项目四　认识水流形态及水流类型 ····· 271
　　任务一　运动液体的两种基本流态——层流
　　　　　　和紊流 ························· 271
　　任务二　实际工程中的水流类型 ··· 273

模块六　水工基本结构

项目一　常见水工钢结构 ················· 290
　　任务一　钢结构基本知识 ············· 290
　　任务二　钢板和型钢 ··················· 291
　　任务三　钢闸门 ························· 292
　　任务四　管道 ····························· 294

项目二　常见水工钢筋混凝土结构 ····· 297
　　任务一　钢筋混凝土结构材料的力学性能 ··· 297
　　任务二　梁、板构件 ··················· 311
　　任务三　柱、墙和墩构件 ············· 315

参考文献 ··································· 321

模块一
认识水利水电建筑工程

模块概要

(1)水资源的概念，以及我国的水利水电工程建设和发展情况；

(2)什么是水利枢纽及水工建筑物；

(3)水利工程中的主要设施；

(4)水资源利用及保护等。

通过本模块的学习，了解中国水利事业的发展状况，认识水利水电工程中主要的水利设施，了解我国水资源利用及保护状况、水利改革与管理现状。了解水利水电工程建设学科知识体系和学习方法，了解本课程特点，了解水利水电工程项目施工管理和水利水电工程施工的有关法律、法规与技术标准，为本课程的学习奠定基础。

项目一　了解中国水利事业发展

任务一　水资源及我国的水利水电工程建设

一、水资源

水是人类赖以生存的基础性自然物质、社会经济发展的战略性资源、地球生态环境的控制性关键因素，地球上的水总量异常丰富，地球表面的 70% 以上为水体覆盖，藏水总量约为 13.86×10^6 km³，但绝大部分是海水，淡水总量仅为地球藏水总量的 2.5%，其中大部分淡水又储藏于极地冰盖与高山冰川之中，可供人类利用的、可更新的淡水称为水资源。全球水资源总量约为 47 万亿立方米。以现有世界人口 80 亿计算，人均水资源占有量约为 6 000 m³。根据 2022 年《中国水资源公报》发布的数据，我国水资源总量约为 2.71 万亿立方米，按现有人口计算，人均水资源约不足 2 000 m³，仅为世界人均占有量的 1/4。

我国河流众多，流域面积在 100 km² 以上的河流有 5 800 多条，河川径流总量在巴西、俄罗斯、加拿大、美国、印度尼西亚之后，居世界第 6 位。按全国水系与流域区划，我国河流主要包括长江、黄河、珠江、淮河、海河、辽河、松花江七大水系；国际河流包括雅鲁藏布江、澜沧江、怒江、鸭绿江、图们江、黑龙江、额尔齐斯河、伊河、阿克苏河等，另外，还有内陆诸河与浙闽台诸河等。

我国水资源分布的总体特点是年内分布集中，年际变化大；黄河、淮河、海河、辽河四流域水量小，长江、珠江、松花江流域水量大；西北内陆干旱区水量缺少，西南地区水量丰富。

二、我国水利工程建设的成就与发展

几千年来，勤劳勇敢的中国人民为兴水利、除水害进行了坚持不懈的努力，做出了突出的成绩，并积累了宝贵的经验。例如，从春秋时期开始，在黄河下游沿岸修建的堤防，经历代整修加固，已形成超过 1 800 km 的黄河大堤，为治河防洪、堤防工程的建设与管理提供了丰富的经验；公元前 485 年开始兴建到公元 1293 年全线通航的京杭大运河，全长为 1 794 km，是世界上最长的运河，为当时及以后的南北交通、发展航运等发挥了重要的作用；灌溉面积达 1 000 多万亩(1 亩 ≈ 667 m²)的四川都江堰工程已有 2 250 多年的历史，仍为我国的农业发展发挥着巨大的效益。水利工程建设的成就是我国劳动人民智慧的结晶，在繁荣我国经济、发展祖国文化等方面都起到了很好的作用。

截至 2021 年年底，全国已建成 5 级及以上江河堤防 33.1 万千米，累计达标堤防 24.8 万千米，堤防达标率为 74.9%；修建水库 97 036 座，总库容为 9 853 亿立方米，其中大型水库 805 座，库容为 7 944 亿立方米；修建水闸 100 321 座，其中大型水闸 923 座；水电装机容量由 1949 年

的 16 万千瓦增加到 39 100 万千瓦；灌溉面积由 1949 年的 16 000 千公顷增加到 78 315 千公顷，其中 50 万亩以上灌区 154 处；全国蓄、引、提等水利工程年供水能力达到 8 984.2 亿立方米；全国水土流失综合治理面积达到 149.6 万平方千米，累计封禁治理保有面积 28.9 万平方千米，建成黄土高原淤地坝 5.8 万多座。举世瞩目的三峡水利枢纽是目前世界最大的水利枢纽工程。

虽然经过多年的努力，在水利水电工程建设方面取得巨大的成就，水利工程和水电设施在国民经济中发挥着越来越大的作用，但从可持续发展的目标来说，水利建设与世界先进水平的差距还很大。第一，我国大江大河的防洪问题还没有真正解决，堤坝和城市防洪标准还比较低，随着河流两岸经济建设的发展，一旦发生洪灾，造成的损失将越来越大。第二，我国农业目前在很大程度上受制于自然地理和气候条件，抵御自然灾害的能力很低。第三，水污染问题日益严重，七大江河都不同程度地受到污染，使有限的水资源达不到生活和工农业用水的要求，水资源短缺问题更为严重。第四，水土流失严重，水生态失衡。第五，水资源利用率低。解决当前水的问题，是关系到整个国民经济可持续发展的系统工程，仅靠局部的、单一的工程水利的建设思想是难以实现的，必须从宏观战略思想上实现工程水利向资源水利的转变，从单纯建造水利工程到强调治水中人与自然的和谐相处；从统一和全局的高度来解决问题，注重水资源的节约、保护和优化配置。所谓资源水利，就是从水资源开发、利用、治理、配置、节约、保护六个方面系统分析综合考虑，实现水资源的可持续利用。由工程水利转向资源水利，是一个生产力发展的过程。当前生产力不断发展，更需要我们宏观地看待问题，需要在原有水利工作的基础上更进一步、更上一个台阶地做好水利工作。

三、水利工程建筑物及其分类

为了满足水利工程的目标，如防洪、发电、灌溉、供水、航运等要求，需要修建各类建筑物，统称为水利工程建筑物，简称为水工建筑物。

水工建筑物按其功能可分为下列几类：

(1)挡水建筑物。如各类水坝、水闸、堤防、施工围堰等，其功能是拦截江河、壅高水位，形成水库或约束水流、阻挡潮汐等。

(2)泄水建筑物。如溢流坝、河岸溢洪道、泄洪洞、排沙洞、放空洞等，其功能是宣泄洪水或多余水量，排泄泥沙、冰凌，以及在紧急事件中(如地震、战争等)放空水库等。泄水建筑物可以与挡水建筑物结合为一体，如具有各类表孔、中孔、深孔的混凝土溢流坝，也可以单独设置于坝外或地下，如各类坝外溢洪道与泄洪洞等。

(3)输水建筑物。如引水明渠、引水隧洞、涵管、渡槽、倒虹吸等，其功能是将水库、河道、湖泊的水流输送到指定地点，以满足灌溉、发电、供水等用途。

(4)取水建筑物。一般是指输水建筑物的首部建筑物，如进水闸、进水引渠、水泵站等。

(5)河道整治建筑物。如各类丁坝、顺坝、导流堤、护岸、护底建筑等，其功能是治理河道、改善水流、控制泥沙冲淤过程，以保护堤岸、改善航道与取水条件等。

(6)专门水工建筑物。为满足灌溉、发电、供水、航运竹木流放、过鱼、环境保护、旅游等专门目标需要修建专门水工建筑物，如为保证灌溉与供水水质的沉沙池、冲沙闸，为发电而修建的水电站厂房，为通航而修建的船闸、升船机，为航运竹木流放、过航鱼而设置的复道、鱼道，为旅游、航运而设置的码头等。

四、水利枢纽

由各种不同类型的水工建筑物组成的综合体统称为水利枢纽。水利枢纽的主要功能有防洪、发电、灌溉、引水、航运等；一座水利枢纽的功能可能是单一的，但大多兼有多种功能，称为综合利用水利枢纽。

水利枢纽也可按其主要功能分为发电枢纽、航运枢纽、引水枢纽等。当水力发电作为枢纽的主要功能时，还可按水电站类型和布置分为河床式水电站枢纽、坝后式水电站枢纽、引水式水电站枢纽和地下水电站枢纽等。另外，为调节电力系统出力与负荷的峰谷平衡，可修建抽水蓄能电站枢纽。

水利枢纽按挡水建筑物即坝的类型可分为混凝土坝枢纽和土石坝枢纽。其中，混凝土坝枢纽又可分为混凝土拱坝枢纽、重力坝枢纽、支墩坝枢纽和水闸枢纽等。

任务二　　了解水利工程中的主要设施

一、堤防和水闸

截至 2021 年年底，全国已建成 5 级及以上江河堤防 33.1 万千米，累计达标堤防 24.8 万千米，堤防达标率为 74.9%；其中，1 级、2 级达标堤防长度为 3.8 万千米，达标率为 84.3%。全国已建成江河堤防保护人口 6.5 亿人，保护耕地 4.2 万千公顷。全国已建成流量为 5 m³/s 及以上的水闸 100 321 座，其中大型水闸 923 座。按水闸类型分，洪闸 8 193 座、排（退）水闸 17 808 座、挡潮闸 4 955 座、引水闸 13 796 座、节制闸 55 569 座。全国堤防建设发展情况如图 1.1.1 所示。

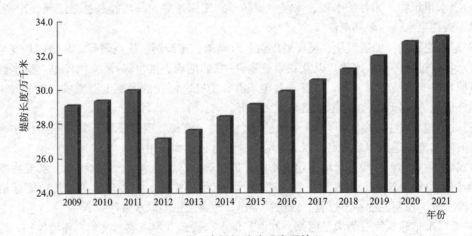

图 1.1.1　全国堤防建设发展情况

二、水库和枢纽

全国已建成各类水库 97 036 座，水库总库容为 9 853 亿立方米。其中：大型水库 805 座，总库容为 7 944 亿立方米；中型水库 4 174 座，总库容为 1 197 亿立方米。

三、机电井和泵站

全国已累计建成日取水量大于等于 20 m³ 的供水机电井或内径大于等于 200 mm 的灌溉机电井共 522.2 万眼。全国已建成各类装机流量为 1 m³/s 或装机功率为 50 kW 以上的泵站 93 699 处，其中：大型泵站 444 处，中型泵站 4 439 处，小型泵站 88 816 处。

四、灌区工程

全国已建成设计灌溉面积 2 000 亩及以上的灌区共 21 619 处，耕地灌溉面积 39 727 千公顷。其中：50 万亩及以上灌区 154 处，耕地灌溉面积 12 209 千公顷；30 万～50 万亩大型灌区 296 处，耕地灌溉面积 5 659 千公顷。截至 2021 年年底，全国灌溉面积 78 315 千公顷，耕地灌溉面积 69 609 千公顷，占全国耕地面积的 51.6%。全国耕地灌溉面积发展情况如图 1.1.2 所示。

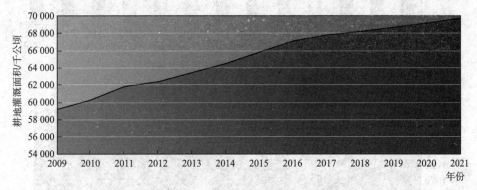

图 1.1.2　全国耕地灌溉面积发展情况

五、农村水电

截至 2021 年年底，全国共建成农村水电站 42 785 座，装机容量为 8 290.3 万千瓦，占全国水电装机容量的 21.2%。全国农村水电年发电量 2 241.1 亿千瓦时，占全口径水电发电量的 16.7%（图 1.1.3）。

六、水土保持工程

截至 2021 年年底，全国水土流失综合治理面积达 149.6 万平方千米，累计封禁治理保有面积达 28.9 万平方千米（图 1.1.4）。2021 年持续开展全国全覆盖的水土流失动态监测工作，全面掌握县级以上行政区、重点区域、大江大河流域的水土流失动态变化。

七、水文站网

全国已建成各类水文测站 119 491 处，包括国家基本水文站 3 293 处、专用水文站 4 598 处、水位站 17 485 处、雨量站 53 239 处、蒸发站 9 处、地下水站 26 699 处、水质站 9 621 处、墒情站 4 487 处、实验站 60 处。其中,向县级以上水行政主管部门报送水文信息的各类水文测站 70 261 处,可发布预报站 2 521 处,可发布预警站 2 583 处;配备在线测流系统的水文测站 2 524 处,配备视频监控系统的水文测站 5 331 处。基本建成中央、流域、省级和地市级共 337 个水质监测(分)中心和水质站(断面)组成的水质监测体系。

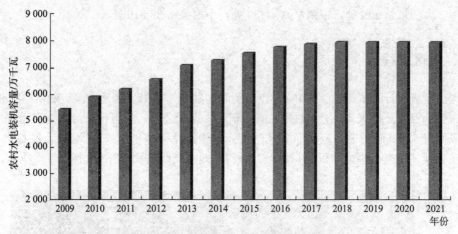

图 1.1.3 全国农村水电装机容量发展情况

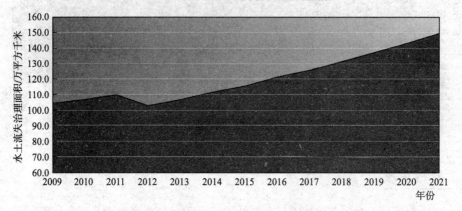

图 1.1.4 全国水土流失治理面积发展情况

截至 2021 年年底,全国省级以上水利部门累计配置各类服务器 9 945 台(套);县级以上水利部门累计配置各类卫星设备 3 018 台(套),利用北斗卫星短文传输报汛站达 8 015 个。全国省级以上水利部门各类信息采集点达 42.95 万处。水利网络信息化已见成效。

任务三　水资源利用及保护

一、我国水资源利用情况

我国水资源供需矛盾突出、水环境污染严重、水生态系统退化、极端和突发事件频繁。

全国多年平均水资源总量约 28 000 亿立方米，全国平均年降水量约 640 mm。中国水资源总体格局主要受所处的地理位置及季风气候区、特殊的三大阶地地形等因素控制。

全国多年平均降水量南多北少，东多西少。

400 mm 雨量线将我国划分为"湿润半湿润"与"干旱半干旱"区域。

我国降水具有明显雨热同期的特征，夏季降水占全年的 47%，其中北方地区占到 62%，如图 1.1.5 所示。

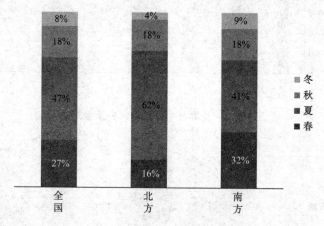

图 1.1.5　全国年内降水与季节变化关系

我国水资源总量丰富，居世界第 6，单位国土面积水资源量为全球平均水平的 83%，如图 1.1.6 所示。据 2020 年的统计，中国人均水资源量约 2 100 m³，仅为世界人均水平的 28%，不足世界人均水平的 1/3。在联合国 2006 年对 192 个国家和地区评价中，位居第 127 位，如图 1.1.7 所示。

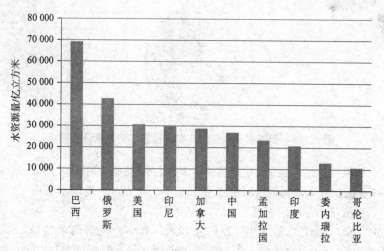

图 1.1.6　世界水资源总量排名

中国河川径流年际变化大，北方地区年最大、最小径流极值比值为 4～7，一些支流可达到 10，不利于水资源的开发利用。

我国水资源空间分布与人口、耕地、矿藏资源等社会经济要素的空间分布不相匹配，如图 1.1.8 所示。

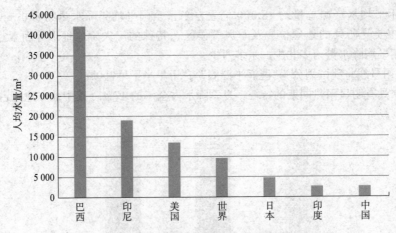

图 1.1.7　世界与中国人均水资源量对比

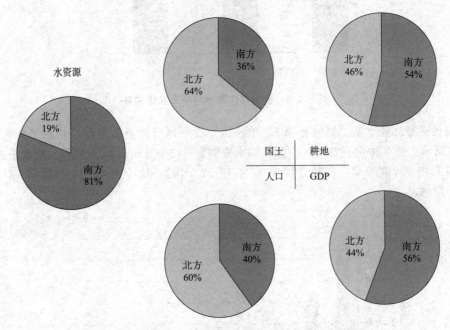

图 1.1.8　我国水资源空间分布与社会经济要素分布情况

2021 年，全国供水总量 5 920.2 亿立方米，其中：地表水源供水量 4 928.1 亿立方米，地下水源供水量 853.8 亿立方米，其他水源供水量 138.3 亿立方米。地表水源占 83% 左右，地下水源占 14% 左右，如图 1.1.9 所示。

用水量方面，全国用水总量 5 920.2 亿立方米，其中：生活用水量 909.4 亿立方米，占 15%；工业用水量 1 049.6 亿立方米，占 16%；农业用水量 3 644.3 亿立方米，占 63%；人工生态环境补水量 316.9 亿立方米，占 6%，如图 1.1.10 所示。

截至 2021 年年底，全国水利工程供水能力达 8 984.3 亿立方米，其中：跨县级区域供水工程 631.5 亿立方米，水库工程 2 442.5 亿立方米，河湖引水工程 2 120.8 亿立方米，河湖泵站工程 1 851.4 亿立方米，机电井工程 1 383.7 亿立方米，塘坝窖池工程 373.5 亿立方米，非常规水资源利用工程 180.9 亿立方米。

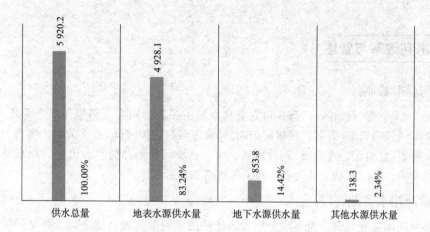

图 1.1.9　我国地表水、地下水利用情况（水量单位：亿立方米）

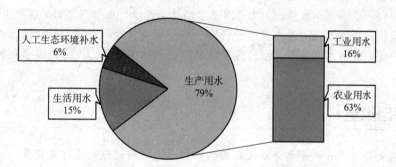

图 1.1.10　我国用水量占比和产业结构关系

二、河湖水质

改革开放以来，我国经济高速发展，尤其是在加入世界贸易组织（WTO）之后，全国各大水域水质变差状况越演越烈，经过国家大力整治，水体污染情况得到极大遏制，但仍需要继续整治，各流域水污染情况如图 1.1.11 所示。2009 年，全国废污水排放量达 747 亿立方米，全国地表水水功能区达标率为 47.4%，562 眼监测井中，水质在 $\text{IV} \sim \text{V}$ 类的监测井占 72.1%。截至 2018 年年底，根据对全国 26.2 万千米河流水质评价结果，河流水质达到 $\text{I} \sim \text{III}$ 类的河长占 81.6%。

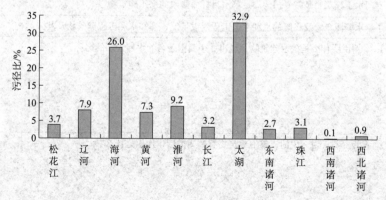

图 1.1.11　全国各流域污径比

三、水利改革与管理

(一)河(湖)长制

2021年,31个省(自治区、直辖市)党委和政府主要负责同志全部担任双总河长,明确省、市、县、乡级河长湖长30万名,村级河长湖长(含巡河员、护河员)90多万名,实现河湖管护责任全覆盖。各省(自治区、直辖市)均设置省、市、县级河长制办公室,建立了配套制度,党政负责、水利牵头、部门联动、社会参与的工作格局基本形成。

(二)最严格水资源管理

水利部会同国家发展改革委等联合执行最严格的水资源管理制度考核;科学开展跨行政区域、跨流域水量分配;加强黄河、黑河、汉汇等重要河流水资源统一调度,努力实现河流不断流、不干涸,保证生态基本水量,大力开展节水型社会建设、水生态文明试点和水权交易工作。

另外,全国范围正逐渐加强水利运行管理、水土保持管理、农村水电管理、水利监督和行政许可检查,促进农村水利改革、水价改革,解决水利移民矛盾,大力发展水利科技创新和国际合作。

 项目小结

本项目主要介绍了什么是水资源及我国的水利水电工程建设的成就与发展,阐述了水利工程建筑物及其分类、水利工程中的主要设施以及我国水资源利用情况和保护情况。

 课后练习

按要求完成下面表格中的任务。

项目名称	任务内容
任务情境	为了满足水利工程的目标,如防洪、发电、灌溉、供水、航运等要求,需要修建各类建筑物,统称为水利工程建筑物,简称水工建筑物。 水工建筑物按其功能可分为: 一般性水工建筑物和专门水工建筑物。 一般性水工建筑物包括挡水建筑物、泄水建筑物、输水建筑物、取水建筑物、河道整治建筑物。 专门水工建筑物是指专门为满足单一目标而修建的水工建筑物
任务目标	了解水资源概念及我国的水利水电工程建设情况;熟知水利工程建筑物及其分类
任务要求	1. 举例说明什么是挡水建筑物。说出5个我国著名的水库大坝的名称。
	2. 查阅资料,说一说河道整治建筑物有哪些类型,作用是什么。

项目名称	任务内容
任务思考	如何解决水利工程投资与效益之间的矛盾？
任务总结	
任务点评	

实施人员		完成时间	

项目二　水利水电工程建设学科知识体系

任务一　了解水利水电工程建设学科知识体系

一、水利水电工程技术

水利工程建设包含勘察测量、设计咨询、施工管理、工程监理与招标投标等多个技术领域及岗位，涉及工程力学、土力学、水力学、工程水文地质、测量学、水利工程计算机软件、水利工程材料、水工结构、水工建筑物等多个基础学科，在工程技术上根据对象可分为土石方施工技术、混凝土施工技术、钢筋模板施工技术、水工建筑物施工技术、地下工程及爆破施工技术、生态治理技术、治河防洪技术及导截流技术等。

二、水利水电工程项目施工管理

优质的水利工程建设得益于合理的设计、成熟的技术、规范的管理和有效的监督。管理对象包括质量、进度、成本、合同、信息及合理的组织协调工作。管理内容包括建设程序管理、招标投标管理、施工分包管理、质量检查管理、工程验收管理、施工组织管理和建设监理等。在管理方面，有业主管理、承包人自我管理、监理及上级水行政主管部门和质量监督部门的监管。

三、水利水电工程施工相关法规与标准

水利工程事业是取之于民、用之于民的光辉事业，工程项目的发起是由政府和水行政主管部门规划的，资金来源主要以国家财政和地方财政为主，根据工程项目等级和与其相对应的企业资质（设计、施工、监理和检测等），按照《中华人民共和国招标投标法》及有关规定，应当遵循公开、公平、公正和诚实信用的原则，执行招标投标制度并按照《水利工程建设项目验收管理规定》，《水利水电工程施工质量评定表填表说明与示例》，《水利水电工程施工质量检验与评定规程（附条文说明）》(SL 176—2007)，《水利水电建设工程验收规程》(SL 223—2008)，《水利工程施工监理规范》(SL 288—2014)，《水利基本建设项目（工程）档案资料管理规定》，《水利水电工程施工组织设计规范》(SL 303—2017)，《水利水电工程单元工程施工质量验收评定标准》(SL 631～639)及对应设计、施工规范和检测规程标准等，切实实施设计、施工、监理和检测验收过程。

四、水利水电工程专业的学习方法

(1)严格遵守国家、行业的相关法律法规、规范标准、管理规定及其他标准化文件要求，遵

守职业道德。

（2）理论结合实践，身体力行。

（3）以从事水利事业为荣，适应水利长远发展的需求，并长期坚持在水利建设工作一线。

（4）注重积累，尊重工程类知识体系庞大、数量众多、实践性强等科学、逻辑的特点，不断学习，充分利用学习资源。

任务二　　案例分析

石佛寺水库工程是辽河干流上唯一的控制性工程，也是国内流域干流上大型的平原水库，如图 1.2.1 所示。工程的建设使辽河中下游地区防洪标准由 30 年一遇提高到 100 年一遇，远期满足"北水南调"工程反调节水库的要求。主要建筑物由 42.7 km 长的主副坝和净宽 200 m 的泄洪闸组成，水库总库容达 1.85 亿立方米，2005 年 7 月主体工程完工。

图 1.2.1　石佛寺水库

为了加强辽河流域生态自理的要求，2009—2011 年，石佛寺水库实施了生态工程建设，内容包括主副坝林台建设、库区平整、人工岛建设、野生柳树保护、水生植物栽植等项目。其中，芦苇 2 650 亩，蒲草 1 860 亩，荷花 1 625 亩，各种乔木、灌木 19.28 万株。该工程的实施，使辽河中下游地区生态环境得到改善，辽河水质得到净化，多种鱼类、禽类在水中繁衍栖息，初步建成了独具特色的辽河石佛寺水库生态系统。

 项目小结

本项目主要介绍了水利水电工程建设的学科知识体系。

 课后练习

按要求完成下面表格中的任务。

项目名称	任务清单内容
任务情境	石佛寺水库工程是辽河干流上唯一的控制性工程，也是国内流域干流上大型的平原水库，工程的建设使辽河中下游地区防洪标准由 30 年一遇提高到 100 年一遇，远期满足"北水南调"工程反调节水库的要求。主要建筑物由 42.7 km 长的主副坝和净宽 200 m 的泄洪闸组成，水库总库容为 1.85 亿立方米，2005 年 7 月主体工程完工。为了加强辽河流域生态治理的要求，2009—2011 年，石佛寺水库实施了生态工程建设

项目名称	任务清单内容
任务目标	认识水利水电建筑工程，了解水利水电工程建设学科知识体系
任务要求	1. 查阅石佛寺水库资料，说一说该工程水库淤积与防洪功能发挥的问题和看法。 2. 查阅资料，说一说石佛寺水库生态整治工程措施带来的效益。
任务思考	如何解决水利工程措施与生态和谐发展的矛盾？
任务总结	
任务点评	
实施人员	完成时间

模块二
工程力学基本知识应用

模块概要

本模块主要内容：

(1)物体的受力分析与计算；

(2)静定结构的平衡计算；

(3)工程中轴向拉压杆件强度计算；

(4)工程中连接件强度计算；

(5)工程中梁的强度计算。

通过本模块的学习，了解工程力学的研究对象、内容及其在工程中的应用；掌握工程力学的基本概念、物体的受力分析与受力图的绘制、物体的平衡计算过程、工程杆件强度计算过程。了解工程力学是一门研究物体机械运动一般规律及有关构件强度、刚度和稳定性等理论的科学。了解工程力学的任务是通过研究结构的强度、刚度、稳定性、材料的力学性能，在保证结构既安全可靠又经济节约的前提下，为构件选择合适的材料、确定合理的截面形状和尺寸提供计算理论及计算方法。

项目一　物体的受力分析与计算

任务一　工程力学概述

一、工程力学的研究对象、内容和任务

工程力学是一门与工程技术联系极为密切的专业技术基础课。

工程上的有些问题可以直接应用工程力学的知识去解决，但有些比较复杂的问题，则需要应用工程力学和其他专业的知识来共同分析与解决。学好工程力学可以为后续专业课的学习，以及解决工程实际问题和从事实际工作打下坚实的基础。

工程力学概述

工程力学是力学中最基本的、应用最广泛的部分，是一门研究物体机械运动一般规律及有关构件强度、刚度和稳定性等理论的科学。它包括静力学和材料力学两门学科的有关内容，是将静力学、材料力学两门课程的主要内容融合为一体的力学。

静力学研究物体平衡的一般规律，包括物体的受力分析、力系的简化方法、力系的平衡条件。

材料力学是一门研究构件的强度、刚度和稳定性等一般计算原理的科学。工程上的各种机械、设备、结构都是由构件组成的。工作时它们都要受到荷载的作用，为使其正常工作，不发生破坏，也不产生过大变形，同时，又能保持原有的平衡状态而不丧失稳定，就要求构件具有足够的强度、刚度和稳定性。

在建筑物或构筑物中起骨架(承受和传递荷载)作用的主要物体称为**建筑结构**。组成建筑结构的基本部件称为**构件**。

(一)工程力学的研究对象

工程力学的研究对象是杆系结构。杆系结构是由杆件组成的一种结构，它必须满足一定的组成规律，才能保持结构的稳定从而承受各种作用。结构的形式各不相同，但必须具备可靠性、适用性、耐久性。

(二)工程力学的研究内容

工程力学用来研究结构在外力作用下的平衡规律。**所谓平衡**，是指结构相对于地球保持静止状态或匀速直线运动状态。同时，要研究结构的强度、刚度、稳定性。

(1)**强度是结构抵抗破坏的能力**，即结构在使用寿命期限内，在荷载作用下不允许破坏；

(2)**刚度是结构抵抗变形的能力**，即结构在使用寿命期限内，在荷载作用下产生的变形不允许超过某一额定值；

(3)**稳定性是结构保持原有平衡形态的能力**，即结构在使用寿命期限内，在荷载作用下原有

平衡形态不允许改变。

(三)工程力学的任务

工程力学的任务是通过研究结构的强度、刚度、稳定性及材料的力学性能，在保证结构既安全可靠又经济节约的前提下，为构件选择合适的材料、确定合理的截面形状和尺寸提供计算理论及计算方法。

二、刚体、变形固体及其基本假设

工程力学既研究物体运动的一般规律，又研究物体在力作用下的变形规律。本课程随着研究问题的深度不同，研究对象可以是刚体，也可以是变形体。

(一)刚体

刚体是指在力的作用下，大小和形状始终不变的物体。也就是说，物体任意两点之间的距离保持不变。在实际问题中，任何物体在力的作用下或多或少都会产生变形，如果物体变形不大或变形对所研究的问题没有实质影响，则可将物体视为刚体。

(二)变形固体

工程上所用的构件都是由固体材料制成的，如钢、铸铁、木材、混凝土等，它们在外力作用下会或多或少地产生变形，有些变形可直接观察到，有些变形可以通过仪器测出。**在外力作用下，会产生变形的固体称为变形固体。**

变形固体在外力作用下会产生两种不同性质的变形：一种是外力消除时，变形随着消失，这种变形称为**弹性变形**；另一种是外力消除后，变形不能消失，这种变形称为**塑性变形**。物体受力后，既有弹性变形又有塑性变形的变形称为**弹性塑性变形**。但工程中常用的材料，当外力不超过一定范围时，塑性变形很小，忽略不计，认为只有弹性变形，这种只有弹性变形的变形固体称为**完全弹性体**。只引起弹性变形的外力范围称为弹性范围。本书主要讨论材料在弹性范围内的变形及受力。

(三)变形固体的基本假设

变形固体多种多样，其组成和性质是非常复杂的。对于用变形固体材料做成的构件进行强度、刚度和稳定性计算时，为了使问题得到简化，常略去一些次要的性质，而保留其主要的性质，因此，对变形固体材料做出下列的几个基本假设。

1. 均匀连续假设

假设变形固体在其整个体积内用同种介质毫无空隙地充满物体。

实际上，变形固体是由很多微粒或晶体组成的，各微粒或晶体之间是有空隙的，且各微粒或晶体彼此的性质并不完全相同。但是由于这些空隙与构件的尺寸相比是极其微小的，同时，构件包含的微粒或晶体的数目极多，排列也不规则，所以，物体的力学性能并不反映其某一个组成部分的性能，而是反映所有组成部分性能的统计平均值。因而可以认为固体的结构是密实的，力学性能是均匀的。

有了这个假设，物体内的一些物理量才可能是连续的，才能用连续函数来表示。在进行分析时，可以从物体内任何位置取出一小部分来研究材料的性质，其结果可代表整个物体，也可将那些大尺寸构件的试验结果应用于物体的任何微小部分。

2. 各向同性假设

假设变形固体沿各个方向的力学性能均相同。

实际上，组成固体的各个晶体在不同方向上有着不同的性质。但由于构件所包含的晶体数量极多，且排列也完全没有规则，变形固体的性质是这些晶粒性质的统计平均值。这样，在以构件为对象的研究问题中，就可以认为是各向同性的。工程中使用的大多数材料，如钢材、玻璃、铜和高强度等级的混凝土，可以认为是各向同性的材料。根据这个假设，当获得了材料在任何一个方向的力学性能后，就可将其结果用于其他方向。

在实际工程中，也存在不少各向异性的材料，如轧制钢材、合成纤维材料、木材、竹材等，它们沿各方向的力学性能是不同的。很明显，当木材分别在顺纹方向、横纹方向和斜纹方向受到外力作用时，它所表现出来的力学性质都是各不相同的。因此，对于由各向异性材料制成的构件，在设计时必须考虑材料在各个不同方向的不同力学性质。

3. 小变形假设

在实际工程中，**构件在荷载作用下，其变形与构件的原尺寸相比通常很小，可以忽略不计，称这一类变形为小变形**。所以，在研究构件的平衡和运动时，可按变形前的原始尺寸和形状进行计算。在研究和计算变形时，变形的高次幂项也可忽略不计。这样，使计算工作大为简化，而又不影响计算结果的实用精度。

三、杆件及杆系结构

根据构件的几何特征，可以将各种各样的构件归纳为如下四类：

(1)**杆**，如图 2.1.1(a)所示，它的几何特征是细而长，即 $l \gg h$，$l \gg b$。杆又可分为直杆和曲杆。

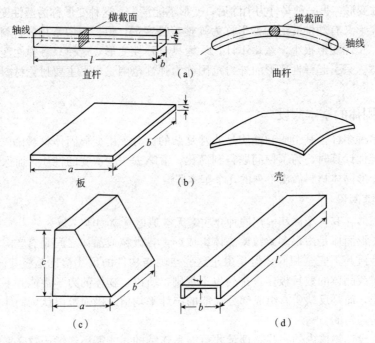

图 2.1.1 杆件的类型

(2)**板和壳**，如图 2.1.1(b)所示，它的几何特征是宽而薄，即 $a \gg t$，$b \gg t$。平面形状的称为板，曲面形状的称为壳。

(3)**块体**，如图 2.1.1(c)所示，它的几何特征是三个方向的尺寸都是同量级大小。

(4)**薄壁杆**,如图 2.1.1(d)所示的槽形钢材就是一个例子。它的几何特征是长、宽、厚 3 个尺寸都相差悬殊,即 $l \gg b \gg t$。

由杆件组成的结构称为**杆系结构**。杆系结构是建筑工程中应用最广的一种结构。本书所研究的主要对象是均匀连续的、各向同性的、弹性变形的固体,且限于小变形范围的杆件和杆件组成的杆系结构。

四、力学在工程中的应用

力学是一门基础科学,为许多工程技术提供理论基础。力学又是一门技术科学,为许多工程技术提供设计原理、计算方法、试验手段。力学和工程学的结合促使工程力学各个分支的形成和发展。工程力学涉及众多的力学学科分支与广泛的工程技术学科。

20 世纪以前,推动近代科学技术与社会进步的蒸汽机(图 2.1.2)、内燃机、铁路、桥梁、船舶、兵器等,都是在力学知识的累积、应用和完善的基础上逐渐形成和发展起来的。20 世纪产生的许多高新技术,如高层建筑、大跨度桥梁(图 2.1.3)、高速公路(图 2.1.4)、海洋平台、大型水利工程(图 2.1.5)、精密仪器、航空航天器(图 2.1.6)、机器人及高速列车等许多重要工程,都是在力学指导下得以实现,不断发展、完善的。

随着文化、科学和经济的不断发展,人类在桥梁建设史上也写下了不少光辉灿烂的篇章。我国早在古代就出现了梁式桥梁、拱式桥梁和悬索式桥梁。河北赵县赵州桥、福建泉州万安桥和广东潮州湘子桥,是古代桥梁的杰出代表,其中河北赵县赵州桥(图 2.1.7)净跨度为 37.02 m,拱矢高为 7.218 m,拱桥全宽为 9.6 m,桥面净宽为 9 m,它是世界上第一座敞肩式石拱桥,其建桥时间远远早于世界各地同类型的桥梁。

图 2.1.2　蒸汽机

图 2.1.3　大跨度桥梁

图 2.1.4　高速公路

图 2.1.5　水利工程

图 2.1.6　航天器

图 2.1.7　赵州桥

　　近一时期，出现了一些桥梁的倒塌事故，说明脱离了理论联系实际的原则所造成的严重后果及力学原理在桥梁建设中的重要性。相对于工程结构的安全性设计和在役结构的安全性鉴定、耐久性分析等研究工作，施工结构的安全性分析工作还处于相当初期的水平。桥梁建设的发展与力学的进步是紧密联系的，是互相促进的。

　　从 20 世纪 70 年代末开始，我国进入了大跨度桥梁建设的迅猛发展期。现在，长江、黄河和珠江三大水系上各种大跨度桥梁纷纷建成，海湾桥梁建设也有了良好开端。从事情的另一方面看，由于在桥梁施工及管理过程中，少数施工技术人员及管理人员技术素质不高，质量意识不强，违背了力学原理，不仅造成了巨大的经济损失和人员伤亡，而且带来了不良的社会影响。2007 年 8 月 13 日下午，湖南省凤凰县正在兴建中的堤溪沱江大桥发生突然垮塌事故（图 2.1.8、图 2.1.9），死伤严重，这为桥梁的建设敲响了警钟。

图 2.1.8　事故桥

图 2.1.9　垮塌桥

任务二　工程结构计算简化图及受力图

一、案例导入：绘制工程中简易结构的计算简图

　　针对图 2.1.10 中 4 个常见的简易结构图，主要研究构件为 (a) 图中的外伸桥主梁、(b) 图中的楼板主梁、(c) 图中的底板和 (d) 图中的框架柱，如何绘制它们的计算简图？

　　实际结构是很复杂的，在对实际结构（如高层建筑、大跨度桥梁、大型水工结构）进行力学分析和计算之前必须加以简化，用一个简化图形（结构计算简图）来代替实际结构，略去次要细节，显示其基本特点，作为力学计算的基础。这一过程通常称为力学建模。

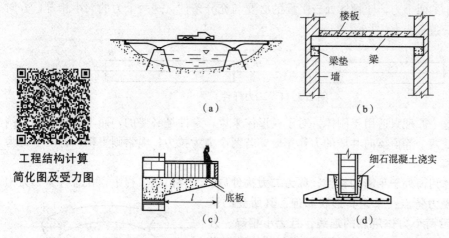

工程结构计算
简化图及受力图

图 2.1.10　简易结构

(a)带悬臂的梁式桥；(b)房屋建筑中楼面的梁板结构；(c)露天阳台；(d)框架柱与基础的连接

下面的学习内容将介绍各类约束形式及结构简化方法，可以帮助我们解决这个问题。

二、静力学基本知识

(一)力的概念

力是物体间相互的机械作用。这种作用对物体有两个方面的作用效果：一方面使物体的机械运动状态发生变化；另一方面使物体形状发生变化。力使物体的运动状态发生变化的效应称为**力的运动效应(或力的外效应)**。力使物体形状发生变化的效应称为**力的变形效应(或力的内效应)**。在理论力学中，将物体抽象为**刚体**，这就意味着只研究力的外效应。力的内效应在材料力学中研究。

静力学只研究力的外效应。实践证明，力对物体的作用取决于**力的大小、方向和作用点**(通常称为力的三要素)，因此力是一个**定位矢量**，通常用一定比例尺的带箭头的线段表示。力**国际单位制(SI)**的基本单位是牛顿(N)或千牛顿(kN)。

(二)刚体的应用

由于结构或构件在正常使用情况下产生的变形极其微小，例如，桥梁在车辆、人群等荷载作用下的最大竖直变形一般不超过桥梁跨度的 1/900～1/700。物体的微小变形对于研究物体的平衡问题影响很小，因而，可以将物体视为不变形的理想物体——刚体，也使所研究的问题得以简化。在任何外力的作用下，大小和形状始终保持不变的物体称为**刚体**。

显然，现实中刚体是不存在的。任何物体在力的作用下，总是或多或少地发生一些变形。在材料力学中，主要研究的是物体在力作用下的变形和破坏，所以必须将物体看成变形体。在静力学中，主要研究的是物体的平衡问题，为使研究问题方便，则将所有的物体看成刚体。

三、静力学公理

人们在长期的生产和生活实践中，经过反复观察和实践，总结出关于力的最基本的客观规律，这些客观规律被称为静力学公理，并经过实践的检验证明它们是符合客观实际的普遍规律，它们是研究力系简化和平衡问题的基础。

公理 1　二力平衡原理

作用在物体上的两个力，使物体处于平衡的必要与充分条件：这两个力的大小相等，方向相反，作用在同一条直线上(图2.1.11)。

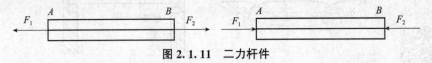

图 2.1.11　二力杆件

应该指出，这个原理只适用于刚体。对于变形体来说，条件是必要的，而不是充分的。例如，一绳索两端受两个等值反向共线的力作用时，若两个力为拉力，绳索则平衡；若两个力为压力，则不能平衡。

只受两个力作用而处于平衡的构件，称为二力构件(或二力杆)。工程中存在着许多二力构件。二力构件的受力特点：无论其形状如何，其所受的两个力的作用线必沿两个力作用点的连线，且大小相等，方向相反，如图2.1.12所示。这一性质在以后对物体进行受力分析时是很有用的。

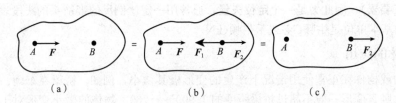

图 2.1.12　二力构件

公理 2　加减平衡力系公理

在作用于刚体上的任意力系中，加上或去掉任何平衡力系，并不改变原力系对刚体的作用效果。这个公理的正确性是显而易见的，因为平衡力系不会改变刚体原来的运动状态(静止或做匀速直线运动)，也就是说，平衡力系对刚体的运动效果为零。所以，在刚体上加上或去掉一个平衡力系，不会改变刚体原来的运动状态。

推论　力的可传性原理

作用于刚体上的力可沿其作用线移动到刚体内任意一点，而不会改变该力对刚体的作用效应。

力的可传性原理很容易为实践所验证。设力 F 作用于刚体上点 A，如图2.1.13(a)所示。在其作用线上取一点 B，并在 B 处加上一对平衡力 F_1 和 F_2。使 F、F_1、F_2 共线，且 $F_2 = -F_1 = F$，如图2.1.13(b)所示。根据公理2，将 F、F_1 所组成的平衡力去掉，刚体上仅剩下 F_2，且 $F_2 = F$，如图2.1.13(c)所示，由此得证。

(a)　　　　　　　(b)　　　　　　　(c)

图 2.1.13　力的传递

公理 3　力的平行四边形法则

作用于物体上同一点的两个力，可以合成为作用于该点的一个合力，合力的大小和方向是以这两个力为邻边所构成的平行四边形的对角线来表示，如图2.1.14(a)所示。

这种合成力的方法称为矢量加法。可用矢量和表示为

$$F_R = F_1 + F_2 \qquad (2.1.1)$$

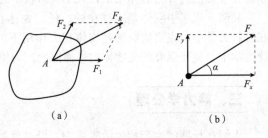

(a)　　　　　　　(b)

图 2.1.14　平行四边形

应该指出，式(2.1.1)为矢量等式，它与代数式 $F_R = F_1 + F_2$ 的意义完全不同，不能混淆。

平行四边形法则既是力的合成法则，也是力的分解法则。例如，作用在 A 点 F 的力，如图 2.1.14(b)所示，可以将力 F 沿水平和竖直两个方向分解，用两个力表示，一个是沿水平方向的分力 F_x；另一个是沿垂直方向的分力 F_y。这两个分力的大小分别为

$$F_x = F \cdot \cos\alpha, \quad F_y = F \cdot \sin\alpha$$

推论　三力平衡汇交定理

刚体受不平行的三个力作用而平衡，则三力作用线必汇交于一点且位于同一平面内，如图 2.1.15 所示。

此定理的逆定理不成立。

当刚体受三个互不平行的共面力作用而处于平衡时，若已知两个力的方向，用此定理可以确定未知的第三个力的作用线方位。

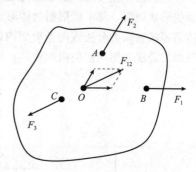

图 2.1.15　三力平衡

公理 4　作用与反作用定律

两物体间相互作用的力，总是大小相等、作用线相同而指向相反，分别作用在这两个物体上。

这个公理概括了自然界中物体间相互作用力的关系，表明一切力总是成对出现的，有作用力就必有反作用力，它们彼此互为依存条件，同时存在，又同时消失。此定理在研究几个物体组成的系统时具有重要的作用，而且无论对刚体还是变形体都是适用的。

应该注意，尽管作用力与反作用力大小相等，方向相反，作用线相同，但它们并不互成平衡，更不能将这个定律与二力平衡原理混淆。因为作用力与反作用力不是作用在同一物体上，而是分别作用在两个相互作用的物体上。

四、约束和约束反力

(一)约束和约束反力的概念

可在空间自由运动不受任何限制的物体称为**自由体**，如空中飘浮物。在空间某些方向的运动受到一定限制的物体称为**非自由体**。在建筑工程中所研究的物体，一般要受到其他物体的限制、阻碍而不能自由运动。如基础受到地基的限制、梁受到柱子或墙的限制等均属于非自由体。

于是将限制、阻碍非自由体运动的物体称为约束物体，简称**约束**。例如，上面提到的地基是基础的约束；墙或柱子是梁的约束。而非自由体称为**被约束物体**。由于约束限制了被约束物体的运动，在被约束物体沿着约束所限制的方向有运动或有运动趋势时，约束必然对被约束物体有力的作用，以阻碍被约束物体的运动或运动趋势，这种力称为**约束反力**，简称**反力**。因此，约束反力的方向必与该约束所能阻碍物体的运动方向相反。运用这个准则，可确定约束反力的方向和作用点的位置，**约束反力作用在约束与被约束物体的接触处**，方向总是与其所能限制物体的运动方向相反。

在一般情况下物体总是同时受到主动力和约束反力的作用。主动力常常是已知的，约束反力是未知的。这就需要利用平衡条件来确定未知反力。

(二)工程中常见的几种约束类型及其约束反力

1. 柔性约束

用柔软的皮带、绳索、链条阻碍物体运动而构成的约束叫作柔性约束。这种约束只能限制

物体沿着柔体中心线使柔体张紧方向的移动，且柔体约束只能承受拉力，不能承受压力，所以，约束反力一定通过接触点，沿着柔体中心线背离被约束物体的方向，且恒为拉力，如图 2.1.16 中的力 F_T。

2. 光滑接触面约束

当两物体在接触处的摩擦力很小而略去不计时，就是光滑接触面约束。这种约束无论接触面的形状如何，都不能限制物体沿光滑接触面的公切线方向的运动或离开光滑面，只能限制物体沿着接触面的公法线向光滑面内的运动，所以，光滑接触面约束反力是通过接触点，沿着接触面的公法线指向被约束的物体，只能是压力，如图 2.1.17 中的力 F_N。

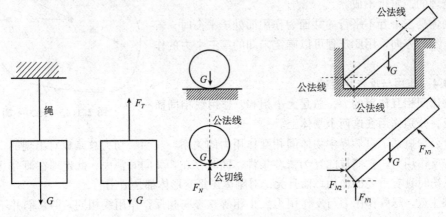

图 2.1.16　悬挂的物体　　　　图 2.1.17　光滑接触面上的物体

3. 圆柱铰链约束

圆柱铰链简称为铰链。常见的门窗的合页就是这种约束。理想的圆柱铰链是由一个圆柱形销钉插入两个物体的圆孔构成的，且认为销钉与圆孔的表面很光滑。销钉不能限制物体绕销钉转动，只能限制物体在垂直于销钉轴线的平面内的沿任意方向的移动，如图 2.1.18(a)所示，图 2.1.18(b)所示为其简化图形。圆柱铰链的约束反力作用于接触点，垂直于销钉轴线，通过销钉中心，而方向未定。所以，在实际分析时，通常用两个相互垂直且通过铰链中心的分力 F_{Ax} 和 F_{Ay} 来代替，两个分力的指向可任意假定，可由计算结果确定真实方向。

圆柱铰链可用图 2.1.18(c)所示的简图来表示。

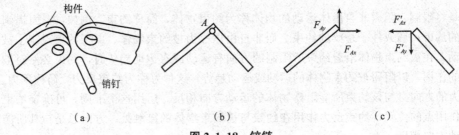

（a）　　　　　　　　（b）　　　　　　　　（c）

图 2.1.18　铰链

4. 链杆约束

链杆就是两端用光滑销钉与物体相连而中间不受力的刚性直杆。如图 2.1.19 所示的支架，横杆 AB 在 A 端用铰链与墙连接，在 B 处与 BC 杆铰链连接，斜木 BC 在 C 端用铰链与墙连接，在 B 处与 AB 杆铰链连接，BC 杆是两端用光滑铰链连接而中间不受力的刚性直杆。BC 杆就可以看成 AB 杆的链杆约束。这种约束只能限制物体沿链杆的轴线方向运动。链杆可以受拉或受压，但不能限制物体沿其他方向的运动，所以，链杆约束的约束反力沿着链杆的轴线，其指向不定，如图 2.1.19 中的力 F_B 和 F_C。

5. 支座的约束反力

工程上将结构或构件连接在支承物上的装置称为**支座**。在工程上常常通过支座将构件支承在基础或另一静止的构件上。支座对构件就是一种约束。支座对它所支承的构件的约束反力也称支座反力。支座的构造是多种多样的，其具体情况也是比较复杂的，只有加以简化，归纳成几个类型，以便于分析计算。建筑结构的支座通常分为固定铰支座、可动铰支座和固定端支座三类。

(1)固定铰支座。图 2.1.20(a)所示为固定铰支座的示意。构件与支座用光滑的圆柱铰链连接，构件不能产生沿任何方向的移动，但可以绕销钉转动，可见固定铰支座的约束反力与圆柱铰链相同，即约束反力一定作用于接触点，垂直于销钉轴线，并通过销钉中心，而方向未定。固定铰支座的简图如图 2.1.20(b)所示，约束反力如图 2.1.20(c)所示，可以用一个水平力 F_{Ax} 和垂直力 F_{Ay} 表示。

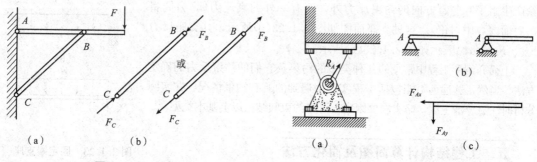

图 2.1.19　链杆　　　　　　　　　图 2.1.20　固定铰支座

建筑结构中这种理想的支座是不多见的，通常把不能产生移动、只可能产生微小转动的支座视为固定铰支座。例如，图 2.1.21 所示为一屋架，用预埋在混凝土垫块内的螺栓和支座连接在一起，垫块则砌在支座(墙)内，这时，支座阻止了结构的垂直移动和水平移动，但是它不能阻止结构的微小转动。这种支座可视为固定铰支座。

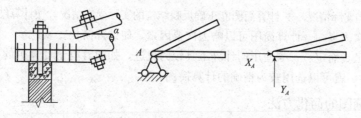

图 2.1.21　固定铰支座

(2)可动铰支座。图 2.1.22(a)所示为可动铰支座的示意。构件与支座用销钉连接，而支座可沿支承面移动，这种约束只能约束构件沿垂直于支承面方向的移动，而不能阻止构件绕销钉的转动和沿支承面方向的移动。所以，它的约束反力的作用点就是约束与被约束物体的接触点、约束反力通过销钉的中心，垂直于支承面，方向可能指向构件，也可能背离构件，要视主动力情况而定。这种支座的简图如图 2.1.22(b)所示，约束反力 F_A 如图 2.1.22(c)所示。

例如，图 2.1.22(d)所示为一个搁置在砖墙上的梁，砖墙就是梁的支座，如略去梁与砖墙之间的摩擦力，则砖墙只能限制梁向下运动，而不能限制梁的转动与水平方向的移动。这样，就可以将砖墙简化为可动铰支座。

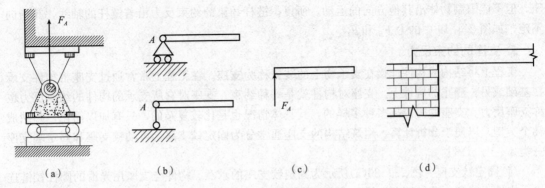

（a）　　　　　（b）　　　　　（c）　　　　　（d）

图 2.1.22　可动铰支座

（3）固定端支座。整浇钢筋混凝土的雨篷，它的一端完全嵌固在墙中，另一端悬空，如图 2.1.23（a）所示，这样的支座叫固定端支座。在嵌固端，既不能沿任何方向移动，也不能转动，所以，固定端支座除产生水平和竖直方向的约束反力外，还有一外约束反力偶（力偶将在后面内容中讨论）。这种支座简图如图 2.1.23（b）所示，其支座反力 F_{Ax}、F_{Ay}、M_A 表示如图 2.1.23（c）所示。

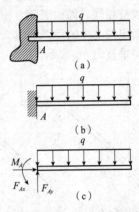

（a）

（b）

（c）

图 2.1.23　固定端支座

上面介绍了工程中常见的几种类型的约束及它们的约束反力的确定方法。当然，这远远不能包括工程实际中遇到的所有约束情况，在实际分析时注意分清主次，略去次要因素，可将约束归结为以上基本类型。

五、工程结构计算简图及简化方法

（一）计算简图的简化原则

工程结构的实际受力情况往往是很复杂的，完全按照其实际受力情况进行分析更不现实，也是不必要的。对实际结构的力学计算往往在结构的计算简图上进行。所以，计算简图的选择必须注意下列原则：

（1）反映结构实际情况——计算简图能正确反映结构的实际受力情况，使计算结果尽可能精确。

（2）分清主次因素——计算简图可以略去次要因素，使计算简化。

（3）视计算工具而定——当使用的计算工具较为先进，如随着电子计算机的普及、结构力学计算程序的完善，就可以选用较为精确的计算简图。

（二）计算简图的简化方法

一般工程结构是由杆件、结点、支座三部分组成的。要想得到结构的计算简图，就必须对结构的各组成部分进行简化。

1. 结构、杆件的简化

一般的实际结构均为空间结构，而空间结构常常可分解为几个平面结构来计算，结构的杆件均可用其杆轴线来代替。

2. 结点的简化

杆系结构的结点，通常可分为铰结点和刚结点。

（1）铰结点的简化原则。

①铰结点上各杆间的夹角可以改变；

②各杆的铰结端点不受弯矩，但能承受轴力和剪力，如图 2.1.24(a)所示。

（2）刚结点的简化原则。

①刚结点上各杆间的夹角保持不变，各杆的刚结端点在结构变形时旋转同一角度；

②各杆的刚结端点既能承受弯矩，又能承受轴力和剪力，如图 2.1.24(b)所示。

3. 支座的简化

平面杆系结构的支座常用的有以下 4 种：

（1）可动铰支座[图 2.1.25(a)]——杆端 A 沿水平方向可以移动，绕 A 点可以转动，但沿支座杆轴方向不能移动。

（2）固定铰支座[图 2.1.25(b)]——杆端 A 绕 A 点可以自由转动，但沿任何方向均不能移动。

（3）固定端支座[图 2.1.25(c)]——A 端支座为固定端支座，使 A 端既不能移动，也不能转动。

（4）定向支座[图 2.1.25(d)]——这种支座只允许杆端沿一个方向移动，而沿其他方向不能移动，也不能转动。

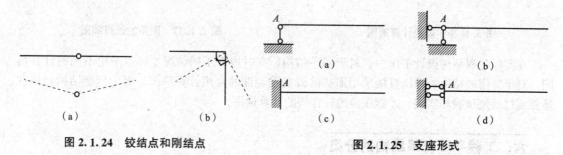

图 2.1.24　铰结点和刚结点　　　　　　　图 2.1.25　支座形式

4. 荷载的简化

作用在结构或构件上的主动力称为**荷载**。在实际工程中，构件受到的荷载是多种多样的，可以按照不同的分类方式对荷载进行分类。这里仅按照荷载作用在结构上的范围，可将荷载分为**分布荷载和集中荷载**。

分布在结构某一体积内、表面积上、线段上的荷载分别称为**体分布荷载、面分布荷载和线分布荷载，统称为分布荷载**。

分布荷载又可分为均布荷载和非均布荷载。均布荷载是在结构的某一范围内均匀分布，即大小和方向处处相同的荷载，如均质杆件的自重是沿轴线的线均布荷载，其大小通常用单位长度的荷载来表示（N/m 或 kN/m），而均质板的自重称为面均布荷载，其大小用单位面积的荷载来表示（N/m² 或 kN/m²）等。

集中荷载是指作用在结构上的荷载的分布范围与结构的尺寸相比要小得多，可以认为荷载仅作用在结构的一点上。

工程力学研究的对象主要是杆件，因此，在计算简图中通常将荷载简化为作用在杆件轴线上的线分布荷载、集中荷载和力偶。

另外必须指出，恰当地选取实际结构的计算简图，是结构设计中十分重要的问题。为此，不仅要掌握上面所述的基本原则，还要有丰富的实践经验。对于一些新型结构，往往还要通过反复试验和实践，才能获得比较合理的计算简图。另外，由于结构的重要性、设计进行的阶段、计算问题的性质及计算工具等因素的不同，即使是同样一个结构，也可以取得不同的计算简图。对于重要的结构，应该选取比较精确的计算简图；在初步设计阶段可选取比较粗略的计算简图，而在技术设计阶段选取比较精确的计算简图；对结构进行静力计算时，应该选取比较复杂的计算简图；而对结构进行动力稳定计算时，由于问题比较复杂，则可以选取比较简单的计算简图；当计算工具比较先进时，应选取比较精确的计算简图等。

下面用两个简单例子来说明选取计算简图的方法。如图 2.1.26(a)所示的均质梁，两端搁置在砖墙上，上面放一重物，图 2.1.26(b)所示为其计算简图。

又如钢筋混凝土门式刚架如图 2.1.27(a)所示，图 2.1.27(b)所示为其计算简图。

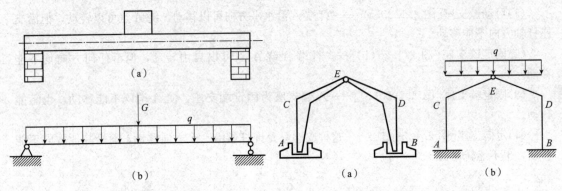

图 2.1.26　梁的计算简图　　　　图 2.1.27　刚架的计算简图

在实际工程结构设计工作中，对于同一结构，有时根据不同情况，可以采用不同的计算简图。对于常用的结构，可以直接采用那些已被实践验证的常用计算简图。对于新型结构，往往还要通过反复试验和实践，才能获得比较合理的计算简图。

六、工程平面杆系结构的分类

平面杆系结构是本书分析的对象，按照它的构造和力学特征，可分为以下五类。

(一)梁

以受弯为主的直杆称为直梁。本书主要讨论直梁，较少涉及曲梁，更不考虑曲率对曲杆的影响。梁有静定梁和超静定梁两大类。图 2.1.28(a)所示为静定梁，图 2.1.28(b)所示为超静定梁。

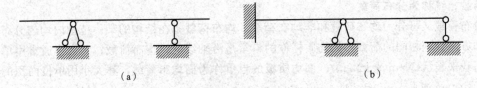

图 2.1.28　梁
(a)静定梁；(b)超静定梁

(二)拱

拱多为曲线外形，它的力学特征在以后讨论拱时再说明。常用的拱有静定三铰拱和超静定的无铰拱、两铰拱三种，分别如图 2.1.29(a)~(c)所示。

(三)刚架

刚架由梁和柱等杆件构成，杆件之间的连接多采用刚结。刚架有静定刚架和超静定刚架两类，分别如图 2.1.30(a)、(b)所示。

图 2.1.29 拱

(四)桁架

桁架是由若干直杆组成且全为铰结点的结构，理想桁架的荷载必须施加在结点上，有静定桁架和超静定桁架两种，如图 2.1.31(a)、(b)所示。

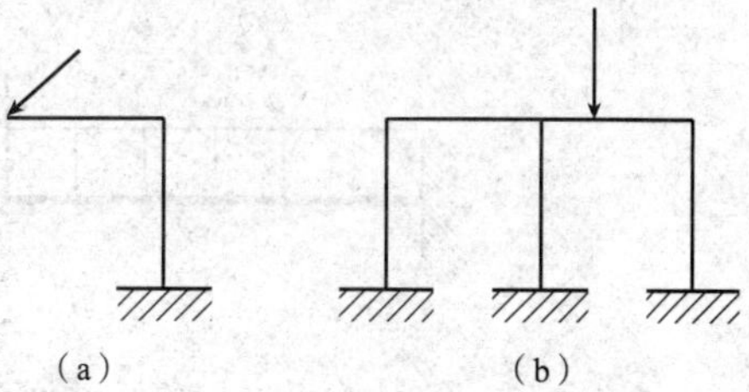

(五)组合结构

组合结构是桁架式直杆和梁式杆件两类杆件组合而构成的结构，如图 2.1.32 所示。图中 AB 杆具有多个结点，属梁式杆件，杆件 AD、CD 为端部都为铰结的桁架式直杆。组合结构也有静定和超静定之分。

图 2.1.30　刚架

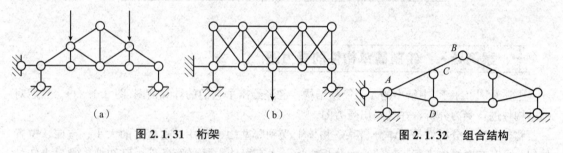

图 2.1.31　桁架   图 2.1.32　组合结构

七、问题分析：绘制工程中简易结构的计算简图

根据上述学习的相关知识，分析图 2.1.10 中简易结构的计算简图。

图 2.1.10(a)所示为外伸桥的主梁，主梁架在水面的两个桥柱上，可以视为一端固定铰支座，另一端可动铰支座。车行驶到桥上，可以简化为集中荷载，桥梁的自重可以简化为分布荷载，则其计算简图如图 2.1.33(a)所示。

图 2.1.10(b)所示为房屋建筑中楼面的梁板结构，梁的两端支承在砖墙上，梁上的板用以支承楼面上的人群、设备重量等。因此，将楼板及梁的自重可以简化为均布荷载。考虑到实际结构两端部可自由伸缩，但不能随意移动，可以简化为一端固定铰支座，另一端可动铰支座，则其计算简图如图 2.1.33(b)所示。

图 2.1.10(c)所示为露天阳台，底板已经与侧面墙体固结为一体，可以简化为固定端支座。底板重量不能忽略，可以简化为均布荷载，站立的人可以简化为集中荷载，则其计算简图如图 2.1.33(c)所示。

图 2.1.10(d)所示的框架柱与基础之间采用混凝土浇筑，可以简化为固定端支座，其上荷载暂不考虑，则其计算简图如图 2.1.33(d)所示。

结构计算简图的选择是一个复杂的过程，需要力学知识、结构知识、工程实践经验和观察力，经过科学抽象、试验论证，根据实际受力、变形规律等主要因素，对结构进行合理简化。它不仅与结构的种类、功能有关，而且与作用在结构上的荷载、计算精度要求、结构构件的刚度比、安装顺序、实际运营状态及其他指标有关。计算简图的选择因计算状态(考虑强度或刚度、计算稳定或振动或钢筋混凝土抗裂验算等)而异，也依赖于所要采用的计算理论和计算方法。

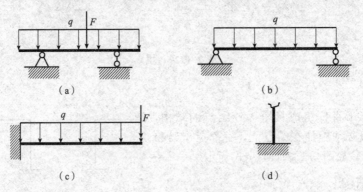

图 2.1.33　计算简图

任务三　　绘制静定结构的受力图

一、案例导入：绘制简单构件的受力图

上述对图 2.1.10 中给出的 4 个简易结构，已经绘出了它们的计算简图(图 2.1.33)，然后对图中构件进行受力分析，并且画出受力图。

物体的受力分析就是具体分析某一物体上受到哪些力的作用，这些力的大小、方向、位置如何？只有在对物体进行正确的受力分析之后，才有可能根据平衡条件由已知外力求出未知外力，从而为进行设备零部件的强度、刚度等设计和校核打下基础。

解力学题，重要的一环就是对物体进行正确的受力分析。由于各物体间的作用是相互的，任何一个力学问题都不可能只涉及一个物体，力是不能离开物体而独立存在的。对构件做受力分析，是进行力学计算的基础。

另外，再对图 2.1.34 所示结构计算简图的整体进行受力分析。

在以下的学习内容里将学习物体的受力分析方法及步骤，即可以帮助我们解决这些问题。

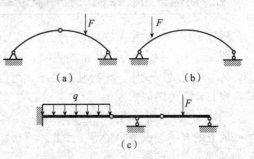

图 2.1.34　拱和梁

二、学习任务

(一)构件的受力分析及受力图

研究力学问题，首先要了解物体的全部受力情况，即对物体进行受力分析。在实际工程中，常常遇到几个物体联系在一起的情况，因此，在对物体进行受力分析时，首先要明确研究对象，并设法从与它相联系的周围物体中分离出来，单独画出受力情况。这种从周围物体中单独分离出来的研究对象，称为**隔离体**。取出隔离体后，将周围物体对它的作用，用力矢量的形式表示

出来，这样得到的图形即物体的受力图。选取合适的研究对象与正确画出物体受力图是解决力学问题的前提和依据，必须熟练掌握。

画受力图的方法与步骤如下：

第一，选取研究对象(研究对象可以是一个物体，可以是几个物体的组合，也可以是整个物体系统)，这要根据已知条件及题意要求来选取。

第二，对研究对象进行受力分析，分析它是在受哪些力的作用下处于平衡的，其中哪些力是已知的，哪些力是未知的。这样应用力系的平衡条件，就能根据已知量把未知量计算出来。

对物体做出全面的、正确的受力分析，并且画出受力图，是解决静力学问题的第一步，也是关键性的一步。如果这一步搞错，以下的计算就会导致错误的结果。

画受力图时还应该注意：

(1)只画研究对象所受的力，不画研究对象施加给其他物体的力。

(2)只画外力不画内力。

(3)画作用力与反作用力时，两者必须画成作用线方位相同、指向相反。

(4)同一个约束反力同时出现在物体系统的整体受力图和拆开画的部分物体受力图中时，它的指向必须一致。

(5)作用于结构或构件上的主动力即荷载。荷载的种类很多，主要的分类就是分布力和集中力。

(二)问题分析：绘制简单构件的受力图

下面绘制图 2.1.33 中构件的受力图。

根据绘制受力图的方法，主动力保持不变(包括大小和方向)画在研究对象上。这里的支座形式主要有固定铰支座、可动铰支座和固定端支座 3 种。根据它们的约束形式，固定铰支座解除约束后用两个正交的集中力代替，可动铰支座解除约束后用沿不可运动方向的一个集中力代替，固定端支座解除约束后用两个正交的集中力和一个力偶代替，这里约束未知力的指向可假设(如竖直力向下或向上都可以，因为在后面的平衡方程中可以得到准确的答案)。因此，得到图 2.1.33 中的构件受力图，如图 2.1.35 所示。

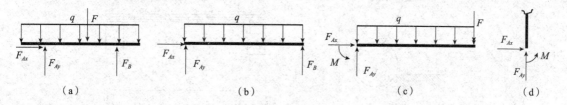

图 2.1.35 受力图

继续绘制图 2.1.34 中结构整体的受力图。

对物体系统的整体进行受力分析时，中间铰为结构内部构件之间的约束，不画出约束力(注意只有去掉约束，才会出现相应的约束反力)，图 2.1.34 的结构受力图如图 2.1.36 所示。

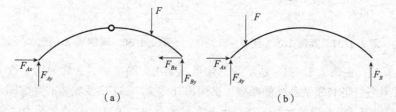

图 2.1.36 受力图

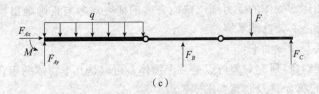

图 2.1.36 受力图(续)

【案例 2.1.1】 重力为 G 的小球,按图 2.1.37(a)所示放置,试画出小球的受力图。

解:(1)根据题意取小球为研究对象。

(2)画出主动力:受到的主动力为小球所受重力 G,作用于球心竖直向下。

(3)画出约束反力:受到的约束反力为绳子的约束反力 T_A,作用于接触点 A,沿绳子的方向,背离小球;光滑面的约束反力 F_{NB},作用于球面和支点的接触点 B,沿着接触点的公法线(沿半径,过球心),指向小球。

将 G、T_A、F_{NB} 全部画在小球上,就得到小球的受力图,如图 2.1.37(b)所示。

【案例 2.1.2】 试画出如图 2.1.38(a)所示,搁置在墙上的梁的受力图。

解:在实际工程结构中,梁在支承端处不得有竖向和水平方向的运动,为了反映墙对梁端部的约束性能,可按梁的一端为固定铰支座,另一端为可动铰支座来分析。结构简图如图 2.1.38(b)所示。在工程上通常称这种梁为简支梁。

(1)根据题意取梁为研究对象。

(2)画出主动力:受到的主动力为均布荷载 q。

(3)画出约束反力:在 B 点为可动铰支座,其约束反力 F_B 与支承面垂直,方向假设为向上;在 A 点为固定铰支座,其约束反力过铰中心点,但方向未定,通常用互相垂直的两个分力 F_{Ax} 与 F_{Ay} 表示,假设其指向如图 2.1.38(c)所示。

将 q、F_{Ax}、F_{Ay}、F_B 都画在梁上,就得到梁的受力图,如图 2.1.38(c)所示。

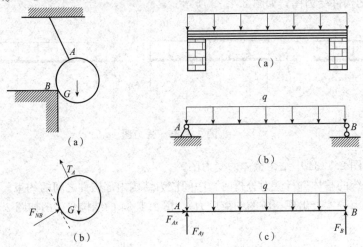

图 2.1.37 案例 2.1.1 图   图 2.1.38 案例 2.1.2 图

【案例 2.1.3】 在图 2.1.39(a)所示的三角形托架中,结点 A、B 处为固定铰支座,C 处为铰链连接。不计各杆的自重及各处的摩擦。试画出杆件 AD 和 BC 及整体的受力图。

解:(1)取斜杆 BC 为研究对象。该杆上无主动力作用,所以只画约束反力。杆的两端都是铰链连接,其受到的约束反力应当是通过铰链中心、方向未定的未知力。但杆 BC 只受 F_B 与 F_C

这两个力的作用，而且处于平衡，则杆 BC 为二力杆，根据二力平衡条件可知 F_B 和 F_C 必定大小相等，方向相反，作用线沿两铰链中心的连线，方向可先任意假定。本案例中从主动力 F 分析，杆 BC 受压，因此 F_B 与 F_C 的作用线沿两铰链中心连线指向杆件，画出 BC 杆受力图，如图 2.1.39(b) 所示。

（2）取水平杆 AD 为研究对象。先画出主动力 F，再画出约束反力 F'_C、F_{Ax} 和 F_{Ay}，其中 F'_C 与 F_C 是作用力与反作用力关系，画出 AD 杆的受力图，如图 2.1.39(c) 所示。

（3）取整体为研究对象，只考虑整体外部对它的作用力，画出受力图，如图 2.1.39(d) 所示。

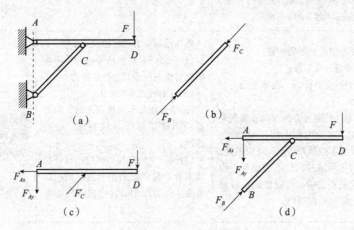

图 2.1.39 案例 2.1.3 图

 项目小结

序号	知识点	能力要求	学习成果	学习应用
1	力的概念	熟记力是物体间的相互机械作用。力对物体作用会产生两种效应，即运动效应（外效应）和变形效应（内效应）	熟知力的效应取决于力的三要素——大小、方向、作用点	正确、熟练地画出力的矢量
2	静力学基本公理	熟记二力平衡原理。二力平衡原理又称二力平衡条件，它是刚体平衡最基本的规律，是推证力系平衡条件的理论依据	熟知平衡是指刚体相对于地球处于静止或匀速直线运动状态	能够判断使刚体处于平衡状态的力系对刚体的效应等于零
		熟记加减平衡力系公理。加减平衡力系公理是力系简化的重要理论依据	熟知加减平衡力系公理和力的可传性原理只适用于刚体	熟练地应用力的可传性原理
		熟记力的平行四边形法则。力的平行四边形法则表明，作用在物体上同一点的两个力可以用平行四边形法则合成。反过来，一个力也可以用平行四边形法则分解为两个分力	熟知平行四边形法则是所有用矢量表示的物理量相加的法则	能够熟练地应用三力平衡汇交定理，阐明物体在 3 个不平行的力作用下平衡的必要条件
		熟记作用与反作用定律。作用与反作用定律反映了力是物体间相互机械作用的这一最基本的性质	熟知作用力与反作用力的关系，理解力总是成对出现的	熟练地应用并能够正确画出作用力与反作用力的矢量

序号	知识点	能力要求	学习成果	学习应用
3	约束与约束力	熟记阻碍物体自由运动的限制物体称为约束。 熟记约束反力就是约束作用于被约束物体上的力。正是这种力阻碍被约束物体沿某些方向的运动。因而约束反力的方向总是与约束所能阻碍的被约束物体的运动或运动趋势的方向相反	熟知工程中常见的约束形式：柔性约束、光滑接触面约束、固定铰支座、可动铰支座、圆柱铰链约束、链杆约束、固定端支座	熟记约束反力一定要根据各类约束的性质画出，有时还要根据二力平衡条件和作用与反作用定律及三力平衡汇交定理来判定约束反力的方向
4	受力分析与受力图	记住绘制受力图的步骤： (1)确定研究对象； (2)进行受力分析，画出主动力与约束力。 (注意：约束反力的方向能够预先确定的，在受力图上应正确画出；如果指向不能预先确定，可以假定。但力的作用线的方位不能画错；指向假定是否正确，可以由以后计算所得的结果来判断)	熟知绘制受力图时的注意事项： (1)只画研究对象所受的力，不画研究对象施加给其他物体的力。 (2)只画外力不画内力。 (3)画作用力与反作用力时，两者必须画成作用线方位相同、指向相反。 (4)同一个约束反力同时出现在物体系统的整体受力图和拆开画的部分物体受力图中时，它的指向必须一致	在一般情况下，圆柱铰链的约束反力的方向不能预先确定，可用两个相互垂直的分力表示
5	荷载	熟记作用在结构或构件上的主动力即荷载	熟记荷载的种类	熟知工程中常用的主要荷载的分类：分布力、集中力和集中力偶
6	杆系结构的类型	熟记梁、刚架、桁架、拱和组合结构	熟记梁、刚架、桁架、拱和组合结构受力特征	熟知工程中常见的基本结构形式

 课后练习

按要求完成表格中的任务。

序号	习题任务		任务解决方法、过程	任务点评
1	试绘出题中圆柱O的受力图。（已知圆柱与其他物体接触处的摩擦力均忽略不计。）（基本型）	(1)		
		(2)		

序号	习题任务		任务解决方法、过程	任务点评
1	试绘出题中圆柱 O 的受力图。（已知圆柱与其他物体接触的摩擦力均忽略不计。）（基本型）	(3) 		
2	试绘出下列各图中 AB 杆的受力图（基本型）	(1) (2) (3)		
3	试分别绘出下列图中各个物体系中所有杆件的受力图和各物体系整体的受力图（综合型）	(1) 单个物体 (2) 单个物体	整体 整体	

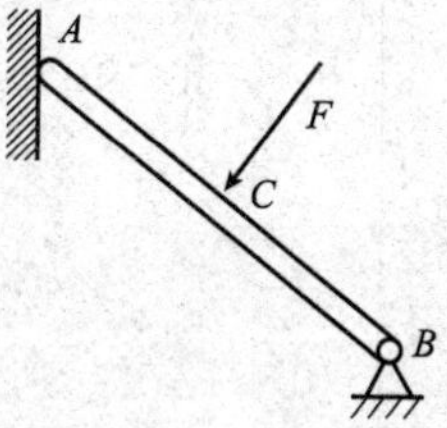

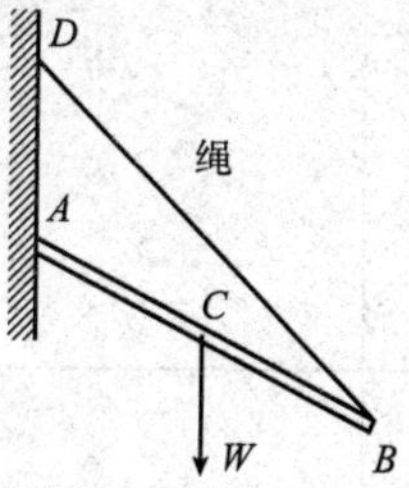

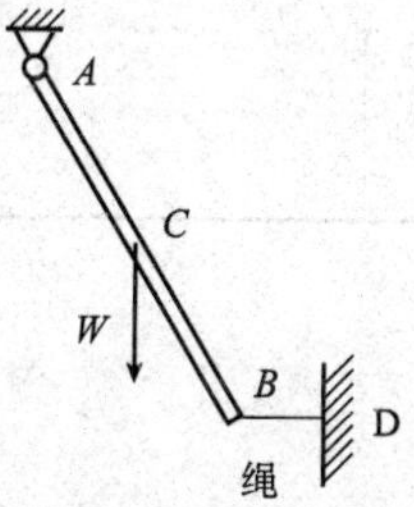

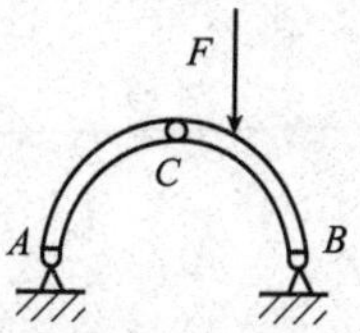

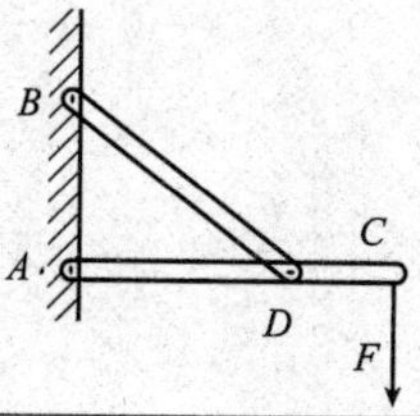

续表

序号	习题任务		任务解决方法、过程	任务点评
4	试绘出下列各图中梁 *AB* 的受力图(应用型)	(1) 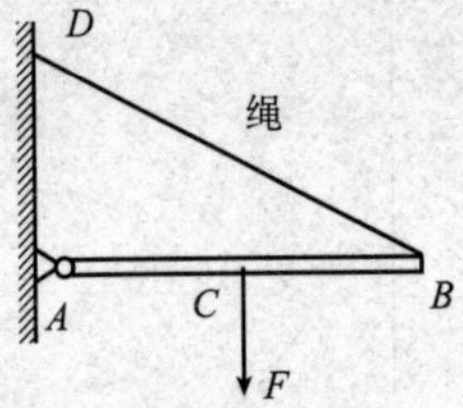 		
		(2) 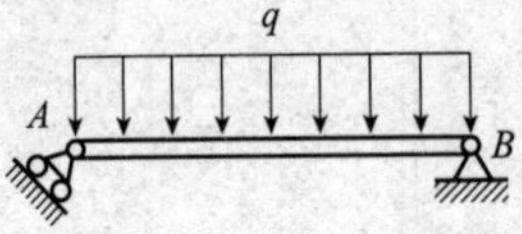 		
		(3) 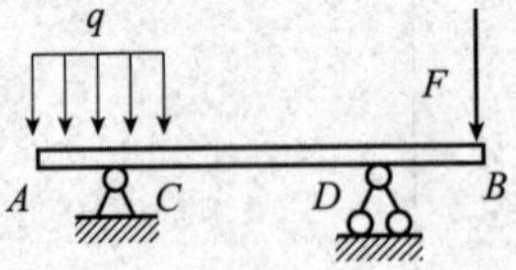 		
5	试绘出刚架 *ABCD* 的受力图(应用型)	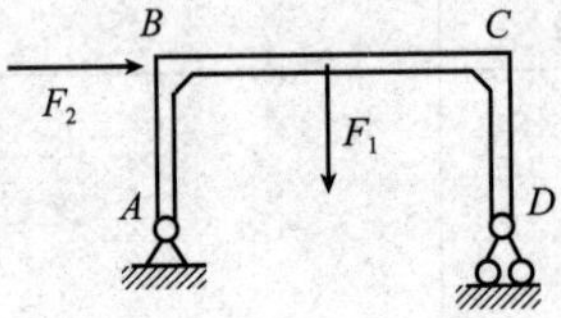 		

项目二　静定结构的平衡计算

任务一　平面一般力系向一点简化

一、案例导入：挡土墙受力向一点简化

挡土墙承受自重 F_G、水压力 F_Q、土压力 F_P 等荷载作用，各力的方向及作用线位置如图 2.2.1 所示，构成平面一般力系。在工程实践中，首先要知道在以上 3 个荷载的作用下挡土墙是否会倾覆？为了分析在已知荷载的作用下挡土墙的平衡状态，需要对挡土墙所受荷载向一点简化，以确定荷载作用效果。

在实际工程中存在大量的这样倾覆问题，是工程力学要解决的主要问题之一。要解决类似的问题，需要学习以下一些知识：力在坐标轴上的投影；力对点之矩；力偶的概念和性质；力系的简化。下面对以上几个知识点做具体的介绍。

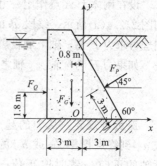

图 2.2.1　挡土墙受力

二、力系的分类

(一)力系的类型

在静力学中，为了便于研究问题，我们通常按力系中各力作用线分布情况的不同分为平面力系和空间力系两大类。各力的作用线均在同一平面上的力系称为**平面力系**；作用线不全在同一平面上的力系称为**空间力系**。

(二)平面力系的类型

在平面力系中，各力的作用线汇交于一点的力系称为**平面汇交力系**；各力的作用线位于同一平面内，互相平行的力系称为**平面平行力系**；各力的作用线位于同一平面内，但不全汇交于一点，也不全互相平行的力系称为**平面一般力系**。

例如，用力 F 拉动压路碾子，当受到石块的阻碍而停止前进时，碾子受到拉力 F、重力 P、地面反力 N_B 及石块的反力 N_A 的作用，以上各力的作用线都在铅垂平面内且汇交于碾子中心 C 点，形成平面汇交力系，如图 2.2.2 所示。

平面一般力系是工程上最常见的力系，很多实际问题都可以简化成平面一般力系问题处理。例如，图 2.2.3 所示的三角形屋架，它的厚度比其他两个方向的尺寸小得多，这种结构称为平面结构，它承受屋面传来的竖向荷载 F_P、风荷载 F_Q 及两端支座的约束反力 F_{Ax}、F_{Ay}、F_B，这

些力组成一个平面一般力系。

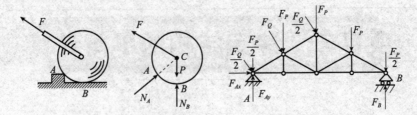

图 2.2.2　平面汇交力系实例　　图 2.2.3　平面一般力系实例

在工程实际问题中，物体的受力情况往往比较复杂，为了研究力系对物体的作用效应或讨论物体在力系作用下的平衡规律，需要将力系进行等效简化。

三、力在坐标轴上的投影

设在刚体上 A 点作用一力 F，通过力 F 的两端 A 和 B 分别向 x 轴作垂线，垂足为 a 和 b，如图 2.2.4(a)所示。线段 ab 的长度加上适当的正负号就表示这个力在 x 轴上的投影，记为 F_x。同理可求力 F 在 y 轴上的投影 F_y，如图 2.2.4(b)所示。

如果力 F 与 x 轴、y 轴之间的夹角分别为 α、β，则力 F 在直角坐标轴上的投影为

$$\left.\begin{aligned} F_x &= \pm F\cos\alpha \\ F_y &= \pm F\cos\beta \end{aligned}\right\} \tag{2.2.1}$$

正负号规定：从力的起点投影(a_1 或 a_2)到终点投影(b_1 或 b_2)的方向与坐标轴的正向一致时取正值；反之，取负值。

(一)力在坐标轴上投影的性质

(1)平移力在坐标轴上投影不变。

(2)力垂直于某轴，力在该轴上投影为零。

(3)力平行于某轴，力在该轴上投影的绝对值为力的大小。

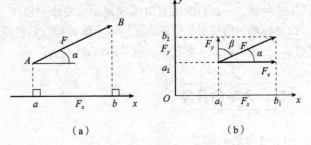

(a)　　　　　(b)

图 2.2.4　力坐标轴上的投影

(二)合力投影定理

若作用于一点的 n 个力 F_1，F_2，…，F_n 的合力为 F_R，则合力在某轴上的投影，等于各分力在同一轴上投影的代数和，这就是合力投影定理，即

$$\left.\begin{aligned} F_{Rx} &= F_{1x} + F_{2x} + \cdots + F_{nx} = \sum_{i=1}^{n} F_{xi} \\ F_{Ry} &= F_{1y} + F_{2y} + \cdots + F_{ny} = \sum_{i=1}^{n} F_{yi} \end{aligned}\right\} \tag{2.2.2}$$

四、力对点之矩

从实践中知道，力对物体的作用效果除能使物体移动外，还能使物体转动，力矩就是度量力使物体转动效果的物理量。

力使物体产生转动效应与哪些因素有关呢?现以扳手拧螺母为例,如图2.2.5所示。

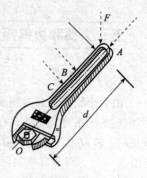

手加在扳手上的力 F,使扳手带动螺母绕中心 O 转动。力 F 越大,转动越快;力的作用线离转动中心越远,转动也越快;如果力的作用线与力的作用点到转动中心 O 点的连线不垂直,则转动的效果就差;当力的作用线通过转动中心 O 时,无论力 F 多大也不能扳动螺母,只有当力的作用线垂直于转动中心与力的作用点的连线时,转动效果最好。另外,当力的大小和作用线不变而指向相反时,将使物体向相反的方向转动。通过大量的实践总结出以下规律:力使物体绕某点转动的效果,与力的大小成正比,与转动中心到力的作用线的垂直距离 d 也成正比。这个垂直距离称为**力臂**,转动中心称为**力矩中心**(简称矩心)。力的大小与力臂的乘积称为力 F 对点 O 之矩(简称**力矩**),记作 $M_O(\overline{F})$。其计算公式可写为

图2.2.5 扳手转动

$$M_O(\overline{F}) = \pm F \cdot d \tag{2.2.3}$$

式中的正负号表示力矩的转向。在平面内**规定**:力使物体绕矩心做逆时针方向转动时,力矩为正;力使物体绕矩心做顺时针方向转动时,力矩为负。因此,力矩是个代数量。力矩的单位是N·m或kN·m。

(一)力矩的性质

(1)力 F 对点 O 的矩,不仅取决于力的大小,同时与矩心的位置有关。矩心的位置不同,力矩随之不同。

(2)当力的大小为零或力臂为零时,则力矩均为零。

(3)力沿其作用线移动时,因为力的大小、方向和力臂均没有改变,所以力矩不变。

(4)相互平衡的两个力对同一点的矩的代数和等于零。

(二)合力矩定理

如果有 n 个平面汇交力作用于 A 点,则平面汇交力系的合力对平面内任一点 O 之矩,等于力系中各分力对同一点力矩的代数和,称为**合力矩定理**,即

$$M_O(\overline{F}_R) = M_O(\overline{F}_1) + M_O(\overline{F}_2) + \cdots + M_O(\overline{F}_n) = \sum M_O(\overline{F}_i) \tag{2.2.4}$$

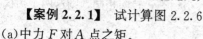

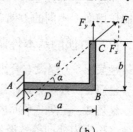

(a)　　　　　　(b)

图2.2.6 案例2.2.1图

【**案例2.2.1**】 试计算图2.2.6(a)中力 F 对 A 点之矩。

解:本例中有两种解法:

(1)由力矩定义计算力 F 对 A 点之矩,

图2.2.6(b)中几何关系有

$$d = AD\sin\alpha = (AB - DB)\sin\alpha = (AB - BC\cot\alpha)\sin\alpha$$
$$= (a - b\cot\alpha)\sin\alpha = a\sin\alpha - b\cos\alpha$$

所以　　　　　$$M_A(\overline{F}) = F \cdot d = F(a\sin\alpha - b\cos\alpha)$$

(2)根据合力矩定理计算力 F 对 A 点之矩

$$M_A(\overline{F}) = M_A(\overline{F}_x) + M_A(\overline{F}_y)$$
$$= -F_x \cdot b + F_y \cdot a = -F\cos\alpha \cdot b + F\sin\alpha \cdot a$$
$$= F(a\sin\alpha - b\cos\alpha)$$

五、力偶和力偶矩

(一)力偶

由大小相等、方向相反、作用线平行的二力组成的力系称为力偶。在实际中，汽车司机用双手转动方向盘，钳工用丝锥攻螺纹(图2.2.7)，以及日常生活中人们用手拧水龙头开关，用手指旋转钥匙，都是施加力偶的实例。作用于其上的力都是成对出现的，它们大小相等，方向相反，作用线平行，构成一个力偶。

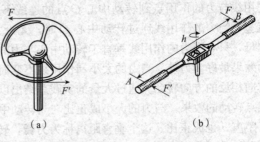

图2.2.7 力偶的实例

力偶与力一样，也是力学中的一个基本物理量。力偶用符号(F, F')表示。力偶所在的平面称为力偶作用面，力偶的二力之间的垂直距离称为力偶臂。由力偶的概念可知，力偶不能和一个力等效，即不能合成为一个合力，或者说力偶无合力，那么一个力偶不能与一个力相平衡，力偶只能与力偶相平衡。力偶不能再简化为比力更简单的形式，所以，力偶与力一样是组成力系的基本元素。

(二)力偶矩

力偶中用力的大小和力偶臂的乘积并加上适当的正负号(以示转向)来度量力偶对物体的转动效应，称为力偶矩，用m表示，即

$$m = \pm Fd \tag{2.2.5}$$

正负号规定：使物体逆时针方向转动时，力偶矩为正；反之为负。力偶矩的单位与力矩的单位相同，常用牛顿·米(N·m)表示。

通过大量实践证明，度量力偶对物体转动效应的三要素即力偶矩的大小、力偶的转向、力偶的作用面。不同的力偶只要它们的三要素相同，对物体的转动效应就是相同的。

(三)力偶的基本性质

性质1 力偶没有合力，所以力偶不能用一个力来代替，也不能与一个力相平衡。

性质2 力偶对其作用面内任一点之矩恒等于力偶矩，且与矩心位置无关。

性质3 在同一平面内的两个力偶，如果它们的力偶矩大小相等，转向相同，则这两个力偶等效，称为力偶的等效条件。

从以上性质可以得到两个推论。

推论1 力偶可在其作用面内任意转移，而不改变它对物体的转动效应，即力偶对物体的转动效应与它在作用面内的位置无关。

例如，图2.2.8(a)所示作用在方向盘上的两个力偶(F_1, F_1')与(F_2, F_2')，只要它们的力偶矩大小相等，转向相同，作用位置虽不同，但转动效应也是相同的。

推论2 在力偶矩大小不变的条件下，可以改变力偶中的力的大小和力偶臂的长短；而不改变它对物体的转动效应。

如图2.2.8(b)所示，工人在利用丝锥攻螺纹时，作用在螺纹杠上的力偶(F_1, F_1')或(F_2, F_2')，虽然d_1和d_2不相等，但只要调整力的大小，使力偶矩$F_1 d_1 = F_2 d_2$，则两力偶的作用效果是相同的。

从上面两个推论可知，在研究与力偶有关的问题时，不必考虑力偶在平面内的作用位置，也不必考虑力偶中力的大小和力偶臂的长短，只需要考虑力偶的大小和转向。所以，常用带箭头的弧线表示力偶，箭头方向表示力偶的转向，弧线旁的字母 m 或数值表示力偶矩的大小，如图 2.2.9 所示。

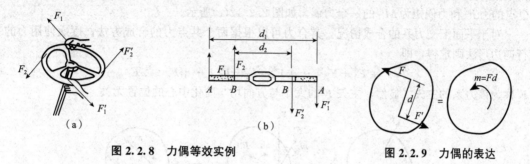

图 2.2.8　力偶等效实例　　　　　　　　　图 2.2.9　力偶的表达

六、平面一般力系向平面内一点的简化

(一)力的平移定理

作用在刚体上 A 点的一个力 F，可以平移到同一刚体上的任一点 O，但必须同时附加一个力偶，其力偶矩等于原力 F 对新作用点 O 的力矩，称为力的平行移动定理，简称力的**平移定理**，如图 2.2.10 所示。

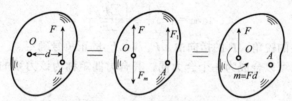

图 2.2.10　力的平移定理

该定理指出，一个力可以等效为一个力和一个力偶的共同作用，或者说一个力可以分解为作用在同一平面内的一个力和一个力偶；反之，即同一平面内的一个力和一个力偶可以合成一个合力。可以根据力的平移定理得到证明。

应用力的平移定理有时能更清楚地看出力对物体的作用效果。例如，使用丝锥攻螺纹时，要求用双手均匀加力，这时螺杆仅受一力偶作用，如图 2.2.11(a)所示。如双手用力不均匀或用单手加力，如图 2.2.11(b)所示，这时丝锥将受一个力和一个力偶的共同作用，这个力将引起丝锥的弯曲甚至折断。

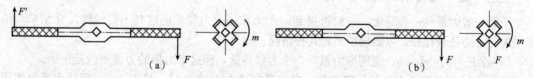

图 2.2.11　力的平移定理的应用

(二)平面一般力系向平面内一点的简化

设在刚体上作用有平面一般力系 F_1, F_2, …, F_n，如图 2.2.12(a)所示。为将该力系简化，

首先在该力系的作用面内任选一点 O 作为简化中心，根据力的平移定理，将力系中各力全部平移到 O 点后，如图 2.2.12(b)所示，则原力系就被平面汇交力系 F'_1，F'_2，$\cdots$，F'_n 和力偶矩为 m_1，m_2，$\cdots$，m_n 的附加平面力偶系所代替。因此，平面一般力系的简化就转化为此平面内的平面汇交力系和平面力偶系的合成。然后将平面汇交力系和平面力偶系分别合成，就得到作用于 O 点的力 F' 和力偶矩为 M_O 的一个力偶，如图 2.2.12(c)所示。

对于平面汇交力系的合成情况，其合力可以根据两个共点力的合成方法，逐次使用力的平行四边形法则求得，即

$$F' = F'_1 + F'_2 + \cdots + F'_n = F_1 + F_2 + \cdots + F_n = \sum F_i \tag{2.2.6}$$

F' 称为该力系的**主矢**。显然，主矢 F' 的大小与方向均与简化中心的位置无关。

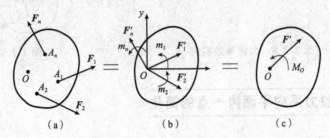

图 2.2.12 平面一般力系向一点简化

主矢 F' 的大小和方向为

$$F' = \sqrt{(F'_x)^2 + (F'_y)^2} = \sqrt{(\sum F_{xi})^2 + (\sum F_{yi})^2} \tag{2.2.7a}$$

$$\tan\alpha = \left|\frac{F'_y}{F'_x}\right| = \left|\frac{\sum F_{yi}}{\sum F_{xi}}\right| \tag{2.2.7b}$$

α 为 F' 与 x 轴所夹的锐角，F' 的指向由 $\sum F_{xi}$ 和 $\sum F_{yi}$ 的正负号确定。

另外，平面力偶系可以合成为一个合力偶，其合力偶矩称为该力系的**主矩**，且等于各分力偶矩的代数和

即

$$M_O = m_1 + m_2 + \cdots + m_n = \sum m \tag{2.2.8}$$

综上所述，平面一般力系向作用面内任一点简化的结果是一个力和一个力偶。这个力作用在简化中心，它的矢量称为原力系的主矢，并等于这个力系中各力的矢量和；这个力偶的力偶矩称为原力系对简化中心的主矩，并等于原力系中各力对简化中心的力矩的代数和。

由于主矢等于原力系各力的矢量和，因此主矢 F' 的大小和方向与简化中心的位置无关。而主矩等于原力系中各力对简化中心的力矩的代数和，取不同的点作为简化中心，各力的力臂都要发生变化，则各力对简化中心的力矩也会改变，因而，主矩一般随着简化中心的位置不同而改变。

(三)平面一般力系简化的最后结果

平面一般力系向一点简化，一般可得到一个力和一个力偶，但这并不是最终简化结果。根据主矢与主矩是否存在，可能出现下列几种情况：

(1)若 $F' = 0$，$M_O \neq 0$，说明原力系与一个力偶等效，而这个力偶的力偶矩就是主矩。

由于主矢 F' 与简化中心的位置无关，当力系向某点 O 简化时，其 $F' = 0$，则该力系向作用面内任一点简化时，其主矢也必然为零。在这种情况下，简化结果与简化中心的位置无关。也就是说，无论向哪一点简化，都是一个力偶，而且力偶矩保持不变，即原力系与一个力偶等效，这个力偶称为原力系的合力偶 M_O。

(2)若 $F' \neq 0$，$M_O = 0$，则作用于简化中心的主矢 F' 就是原力系的合力 F_R，作用线通过简化

中心。

(3)若 $F' \neq 0$，$M_O \neq 0$，这时根据力的平移定理的逆过程，可以进一步简化成一个作用于另一点 O' 的合力 F_R，如图 2.2.13 所示。

将力偶矩为 M_O 的力偶用两个反向平行力 F_R，F'' 表示，并使 F'' 和 F' 等值、共线，使它们构成一平衡力[图 2.2.13(b)]，为保持 M_O 不变，只要取力臂 d 为

$$d = \frac{|M_O|}{F'} = \frac{|M_O|}{F_R} \tag{2.2.9}$$

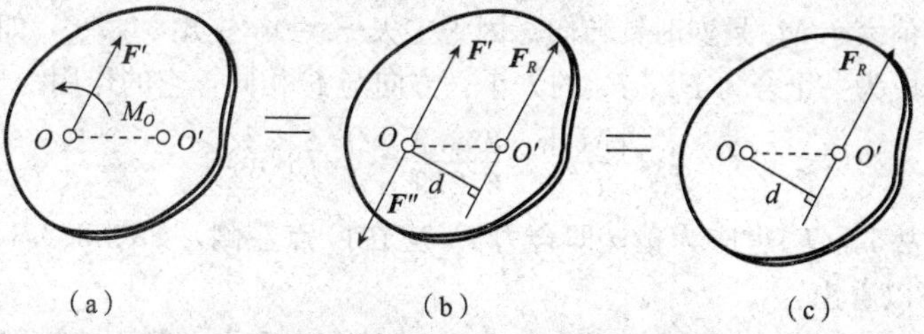

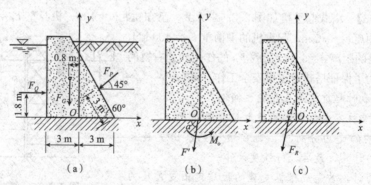

图 2.2.13 平面力系简化的最后结果

(a)　　　　　(b)　　　　　(c)

将 F'' 和 F' 这一平衡力系去掉，这样就只剩下力 F_R 与原力系等效。因此，力 F_R 就是原力系的合力。至于合力 F_R 的作用线在简化中心 O 点的哪一侧，可由主矩 M_O 的转向来决定。

(4)若 $F' = 0$，$M_O = 0$，则力系是平衡力系(这种情况将在后面学习)。

综上所述，平面一般力系简化的最终结果(即合成结果)可能是一个力偶，或者是一个合力，或者是平衡。

七、问题分析：平面一般力系向一点简化

【案例 2.2.2】 工程挡土墙中，已知自重 $F_G = 400$ kN，水压力 $F_Q = 180$ kN，土压力 $F_P = 300$ kN，各力的方向及作用线位置如图 2.2.14(a)所示。试将这三个力向底面中心 O 点简化，并求简化的最后结果。

图 2.2.14 挡土墙力系简化

（a）　　　　　　（b）　　　　　　（c）

解： 以底面中心 O 为简化中心，取坐标系如图 2.2.14(a)所示，由于

$$\sum F_{xi} = F_Q - F_P \cos 45° = 180 - 300 \times 0.707 = -32.1 (\text{kN})$$

$$\sum F_{yi} = -F_P \sin 45° - F_G = -300 \times 0.707 - 400 = -612.1 (\text{kN})$$

所以

$$F' = \sqrt{(\sum F_{xi})^2 + (\sum F_{yi})^2} = \sqrt{(-32.1)^2 + (-612.1)^2} = 612.9 (\text{kN})$$

$$\tan\alpha = \left|\frac{\sum F_y}{\sum F_x}\right| = \frac{612.1}{32.1} = 19.1, \qquad \alpha = 87°$$

因为 $\sum F_x$ 和 $\sum F_y$ 都是负值，故 F' 指向第三象限与 x 轴的夹角为 α。再由式(2.2.8)可求得主矩为

$$\begin{aligned}
M_O &= \sum m_O(F)\\
&= -F_Q \times 1.8 + F_P\cos45° \times 3 \times \sin60° - F_P\sin45° \times (3 - 3\cos60°) + F_G \times 0.8\\
&= -180 \times 1.8 + 300 \times 0.707 \times 3 \times 0.866 - 300 \times 0.707 \times (3 - 3 \times 0.5) + 400 \times 0.8\\
&= 228.9 (\text{kN} \cdot \text{m})
\end{aligned}$$

计算结果为正值表示 M_O 是逆时针转向。因为主矢 $F' \neq 0$，主矩 $M_O \neq 0$，如图 2.2.14(b)所示，所以还可进一步合成为一个合力 F_R。F_R 的大小、方向与 F' 相同，它的作用线与 O 点的距离为

$$d = \frac{|M_O|}{F'} = \frac{228.9}{612.9} = 0.373(\text{m})$$

因 M_O 为正，故 $m_O(F)$ 也应为正，即合力 F_R 应在 O 点左侧，如图 2.2.14(c)所示。

由以上结果可以看出：

(1)原力系无论向哪一点(O 或 A)简化，主矢 F'_R 的大小和方向都不变，即主矢与简化中心的位置无关；而向点 O 简化与向点 A 简化所得主矩却不相同，说明主矩一般与简化中心的位置有关。

(2)原力系无论向哪一点简化，其简化的最终结果(即合成结果)总是相同的。这是因为一个给定的力系对刚体的作用效应是唯一的，不会因不同的计算途径而改变；如不相同，表明计算有错误。

任务二　静定结构的平衡计算

一、案例导入：塔式起重机的平衡计算

【案例 2.2.3】　塔式起重机如图 2.2.15 所示。已知轨距 $b = 4$ m，机身重 $F_G = 220$ kN，其作用线到右轨的距离 $e = 0.5$ m，起重机的平衡重 $F_Q = 100$ kN，其作用线到左轨的距离 $a = 6$ m，荷载 F_P 的作用线到右轨的距离 $l = 8$ m。为了保证塔式起重机安全工作。试求：

(1)验证空载时起重机是否会向左倾倒？

(2)求出起重机不向右倾倒的最大起重荷载 F_P。

在静定结构的受力分析中，通常须预先求出支座反力，再进行内力计算，最后进行强度计算。

求支座反力时，首先应根据支座的性质定出支座反力(包括个数和方位)，然后假定支座反力的方向，再由整体或局部的平衡条件确定其数值和实际指向。

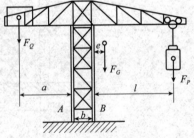

图 2.2.15　塔式起重机

工程实际中存在大量的平衡计算问题，可以通过建立其计算简化模型，利用已知荷载求得其约束反力，这是工程力学要解决的主要问题之一。

要解决类似的问题，需要学习以下基本知识：力对点之矩、力偶的概念和性质、力系的简化、平面一般力系的平衡条件及平衡方程。下面就上述知识点做具体的介绍。

二、平面一般力系的平衡方程

(一)平面一般力系平衡方程的基本形式

平面一般力系向任一点简化时，当主矢、主矩同时等于零，则该力系为平衡力系。因此，平面一般力系处在平衡状态的必要与充分条件是力的主矢量与力系对于任一点的主矩都等于零，即 $F'=0$，$M_O=0$。

根据式(2.2.7a)及式(2.2.8)，可得到平面一般力系平衡的充分必要条件为

$$\left.\begin{array}{l} \sum F_x=0 \\ \sum F_y=0 \\ \sum m_O=0 \end{array}\right\} \tag{2.2.10}$$

式(2.2.10)说明，**力系中各力在两个不平行的任意坐标轴上投影的代数和均等于零，各力对任一点的矩的代数和等于零，称之为平面一般力系的平衡方程。**

式(2.2.10)中包含两个投影方程和一个力矩方程，是平面一般力系平衡方程的基本形式。这三个方程是彼此独立的(即其中的一个不能由另外两个得出)。当方程中含有未知数时，式(2.2.10)即 3 个方程组成的联立方程组，可以用来求解三个未知量。

(二)平面一般力系平衡方程的其他形式

前面我们通过平面一般力系的平衡条件导出了平面一般力系平衡方程的基本形式，除这种形式外，还可以将平衡方程表示为二力矩形式及三力矩形式。

1. 二力矩形式的平衡方程

在力系作用面内任取两点 A、B 及 x 轴，可以证明平面一般力系的平衡方程可改写成两个力矩方程和一个投影方程的形式，即

$$\left.\begin{array}{l} \sum F_x=0 \\ \sum m_A=0 \\ \sum m_B=0 \end{array}\right\} \tag{2.2.11}$$

式中，x 轴不与 A、B 两点的连线垂直。

2. 三力矩形式的平衡方程

在力系作用面内任意取三个不在一条直线上的点 A、B、C，则

$$\left.\begin{array}{l} \sum m_A=0 \\ \sum m_B=0 \\ \sum m_C=0 \end{array}\right\} \tag{2.2.12}$$

式中，A、B、C 三点不在同一直线上。

三、平面力系的特殊情况

平面一般力系是平面力系的一般情况。除平面汇交力系、平面力偶系外，还有平面平行力系，都可以看成平面一般力系的特殊情况，它们的平衡方程都可以从平面一般力系的平衡方程得到。

(一)平面汇交力系

对于平面汇交力系，可取力系的汇交点作为坐标的原点，因各力的作用线均通过坐标原点 O，各力对 O 点的力矩必为零，即恒有 $\sum m_O(F)=0$。因此，只剩下两个投影方程：

$$\left.\begin{array}{l}\sum F_x=0\\\sum F_y=0\end{array}\right\} \tag{2.2.13}$$

即平面汇交力系的平衡方程。

(二)平面力偶系

因构成力偶的两个力在任何轴上的投影必为零，则恒有 $\sum F_x=0$ 和 $\sum F_y=0$，只剩下第三个力矩方程 $\sum m_O=0$，但因力偶对某点的矩恒等于力偶矩，则力矩方程可改写为

$$\sum m=0 \tag{2.2.14}$$

即平面力偶系的平衡方程。

四、问题分析：静定结构的平衡计算

(一)单个物体的平衡问题

受到约束的物体，在外力的作用下处于平衡，应用力系的平衡方程可以求出其未知的约束反力。

求解过程按照以下步骤进行：

(1)根据题意选取研究对象，取出隔离体。

(2)分析研究对象的受力情况，正确地绘制出隔离体的受力图。

(3)应用平衡方程求解未知量。

注意：正确判断所选取的研究对象受到何种力系作用，所列出的方程个数不能多于该种力系的独立平衡方程个数，最好列方程时力求一个方程中只出现一个未知量，尽量避免解联立方程。

【案例 2.2.4】 工程中起吊一个重 10 kN 的构件，如图 2.2.16(a)所示。钢丝绳与水平线夹角 α 为 45°，构件匀速上升时绳的拉力是多少？

解：由题意可知，构件匀速上升时处于平衡状态，整个系统在重力 F_G 和绳的拉力 F_T 的作用下平衡，即

$$F_G=F_T=10 \text{ kN}$$

现在计算倾斜的钢丝绳 CA 和 CB 的拉力：

(1)根据题意取吊钩 C 为研究对象。

(2)绘制出吊钩 C 的受力图[图 2.2.16(b)]。吊钩受垂直方向拉力 F_T 和倾斜钢丝绳 CA 和 CB 的拉力 F_{T1} 和 F_{T2} 的作用，构成一平面汇交力系，且为平衡的力系，应满足平衡方程。

(3)选取坐标系如图 2.2.16(b)所示，坐标系原点 O 放在吊钩 C 上。

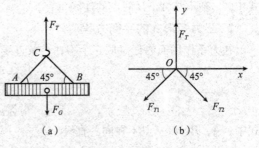

图 2.2.16 案例 2.2.4 图

(4)列平衡方程，求未知力 F_{T1}、F_{T2}。

$$\sum F_x=0 \quad -F_{T1}\cos45°+F_{T2}\cos45°=0 \tag{a}$$

$$\sum F_y=0 \quad F_T-F_{T1}\sin45°-F_{T2}\sin45°=0 \tag{b}$$

由式(a)得

$$F_{T1}=F_{T2}$$

代入式(b)得

$$F_{T1}=F_{T2}=\frac{F_T}{2\sin45°}=\frac{10}{2\times0.707}=7.07(\text{kN})$$

【案例 2.2.5】 塔式起重机如图 2.2.17 所示。已知轨距 $b=4$ m，机身重 $F_G=220$ kN，其作用线到右轨的距离 $e=1.5$ m，起重机的平衡重 $F_Q=100$ kN，其作用线到左轨的距离 $a=6$ m，荷载 F_P 的作用线到右轨的距离 $l=8$ m，试求：

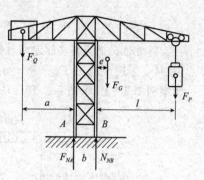

图 2.2.17 塔式起重机

(1)验证空载时($F_P=0$ 时)起重机是否会向左倾倒。

(2)求出起重机不向右倾倒的最大荷载 F_P。

解：以起重机为研究对象，作用于起重机上的力有主动力 F_G、F_P、F_Q 及约束反力 F_{NA} 和 F_{NB}，它们组成一个平行力系。

(1)使起重机不向左倒的条件是 $F_{NB}\geqslant0$，当空载时，取 $F_P=0$，列平衡方程

$$\sum m_A=0 \quad F_Q \cdot a+F_{NB} \cdot b-F_G(e+b)=0$$

$$F_{NB}=\frac{1}{b}[F_G(e+b)-F_Q \cdot a]=\frac{1}{4}\times[220\times(1.5+4)-100\times6]=152.5(\text{kN})>0$$

所以起重机不会向左倾倒。

(2)使起重机不向右倾倒的条件是 $F_{NA}\geqslant0$，列平衡方程

$$\sum m_B=0 \quad F_Q(a+b)-F_{NA} \cdot b-F_G \cdot e-F_P \cdot l=0$$

$$F_{NA}=\frac{1}{b}[F_Q(a+b)-F_G \cdot e-F_P \cdot l]$$

欲使 $F_{NA}\geqslant0$，则需

$$F_Q(a+b)-F_G \cdot e-F_P \cdot l\geqslant0$$

$$F_P\leqslant\frac{1}{l}[F_Q(a+b)-F_G \cdot e]=\frac{1}{8}\times[100\times(6+4)-220\times1.5]=83.75(\text{kN})$$

即当荷载 $F_P\leqslant83.75$ kN 时，起重机是稳定的。

【案例 2.2.6】 外伸梁受荷载如图 2.2.18(a)所示，已知均布荷载集度 $q=20$ kN/m，力偶矩 $m=38$ kN·m，集中力 $P=20$ kN，试求支座 A、B 的反力。

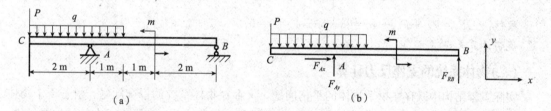

(a)　　　　　　　　　　　　　(b)

图 2.2.18 外伸梁

解：取外伸梁 ABC 为研究对象，绘制出其受力图如图 2.2.18(b)所示，选取坐标轴 x 轴、y 轴，建立 3 个平衡方程，即

$$\sum F_x=0 \quad F_{Ax}=0$$

$$\sum m_B=0 \quad -4F_{Ay}+6P+3q\times\left(6-\frac{3}{2}\right)+m=0$$

$$\sum m_A=0 \quad 4F_{RB}+m+2P+3q\times\left(2-\frac{3}{2}\right)=0$$

解得 $F_{Ax}=0$，$F_{Ay}=\frac{1}{4}(6P+3q\times4.5+38)=107(\text{kN})$

$$F_{RB} = -\frac{1}{4}(m + 2P + 3q \times 0.5) = -27\,(\text{kN})$$

F_{RB} 得负值，说明其实际方向与假设方向相反，即应指向下方。

校核：$\sum F_y = F_{RB} + F_{Ay} - P - 3q = -27 + 107 - 20 - 3 \times 20 = 0$，说明计算无误。

【案例 2.2.7】 求图 2.2.19(a)所示刚架的支座反力。

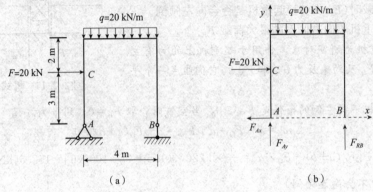

（a）   （b）

图 2.2.19 刚架

解：取整体为研究对象，受力图如 2.2.19(b)所示，选取坐标轴 x 轴和 y 轴，建立 3 个平衡方程：

$$\sum m_A = 0 \quad 4F_{RB} - 3F - 4q \times 2 = 0$$
$$\sum m_B = 0 \quad -4F_{Ay} - 3F + 4q \times 2 = 0$$
$$\sum m_C = 0 \quad -3F_{Ax} - 4q \times 2 + 4F_{RB} = 0$$

$$F_{RB} = \frac{1}{4}(3F + 8q) = \frac{3 \times 20 + 8 \times 20}{4} = 55\,(\text{kN})$$

$$F_{Ax} = \frac{4F_{RB} - 8q}{3} = \frac{4 \times 55 - 8 \times 20}{3} = 20\,(\text{kN})$$

$$F_{Ay} = \frac{8q - 3F}{4} = \frac{8 \times 20 - 3 \times 20}{4} = 25\,(\text{kN})$$

校核：$\sum F_y = F_{Ay} + F_{RB} - 4q = 25 + 55 - 4 \times 20 = 0$

说明计算无误。

(二)物体系统的支座反力计算

实际工程结构中既存在单个物体的平衡问题，又存在物体系统的平衡问题。由若干个物体通过适当的连接方式(约束)组成的体系，称为**物体系统**，简称物系。实际工程中的结构或机构，如多跨梁、三铰拱、组合构架、曲柄滑块机构等都可看作物体系统。

在研究物体系统的平衡问题时，必须注意以下几点：

(1)应根据问题的具体情况，适当地选取研究对象，这是对问题求解过程的繁简起决定性作用的一步。

(2)必须综合考查整体与局部的平衡。当物体系统平衡时，组成该系统的任何一个局部系统或任何一个物体也必然处于平衡状态。不仅要研究整个系统的平衡，而且要研究系统内某个局部或单个物体的平衡。

(3)在画物体系统、局部、单个物体的受力图时，特别要注意施力体与受力体、作用力与反作用力的关系，由于力是物体之间相互的机械作用，因此对于受力图上的任何一个力，必须明确它是哪个物体所施加的，决不能凭空臆造。

(4)在列平衡方程时，适当地选取矩心和投影轴，选择的原则是尽量做到一个平衡方程中只有一个未知量，以避免求解联立方程。

【案例 2.2.8】 多跨静定梁由 AB 梁和 BC 梁用中间铰 B 连接而成，支撑和荷载情况如图 2.2.20(a)所示，已知 $P=20$ kN，$q=5$ kN/m，$\alpha=45°$。求支座 A、C 的反力和中间铰 B 处的反力。

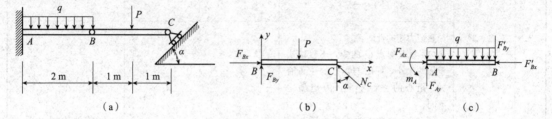

图 2.2.20　多跨静定梁

解：(1)以 BC 为研究对象，进行受力分析，受力图如图 2.2.20(b)所示。

根据平衡条件列平衡方程：

$$\sum m_B(\overline{F})=0,\quad N_C\cos45°\times2-P\times1=0,\quad N_C=\frac{P}{2\cos45°}=14.14 \text{ kN}$$

$$\sum F_{xi}=0,\quad -N_C\sin45°+F_{Bx}=0,\quad F_{Bx}=N_C\sin45°=10 \text{ kN}$$

$$\sum F_{yi}=0,\quad F_{By}-P+N_C\cos45°=0,\quad F_{By}=P-N_C\cos45°=10 \text{ kN}$$

(2)取 AB 为研究对象，进行受力分析，受力图如图 2.2.20(c)所示。

根据平衡条件列平衡方程：

$$\sum m_A(\overline{F})=0,\quad m_A-\frac{1}{2}q\times2^2-F'_{By}\times2=0$$

$$\sum F_{xi}=0,\quad F_{Ax}-F'_{Bx}=0$$

$$\sum F_{yi}=0,\quad F_{Ay}-2q-F'_{By}=0$$

解得 $m_A=30$ kN·m，$F_{Ax}=10$ kN，$F_{Ay}=20$ kN。

 项目小结

序号	知识点	能力要求	学习成果	学习应用
1	力的投影	熟记力 F 与 x 轴、y 轴之间的夹角分别为 α 和 β，则力 F 在直角坐标轴上的投影计算公式为 $\left.\begin{array}{c}F_x=\pm F\cos\alpha\\F_y=\pm F\cos\beta\end{array}\right\}$	熟知力的投影计算公式中所有符号的含义。重点掌握正负号的规定	熟练应用力的投影公式进行计算
		熟记合力投影定理的计算公式为 $F_{Rx}=\sum F_{xi}\quad F_{Ry}=\sum F_{yi}$	熟知合力投影定理计算公式中每个符号的含义	应用合力投影定理解决力学问题

序号	知识点	能力要求	学习成果	学习应用
2	力矩	熟记力的大小与力臂的乘积称为力 F 对点 O 之矩(简称力矩),记作 $M_O(\overline{F})$。计算公式可写为 $$M_O(\overline{F})=\pm F \cdot d$$	熟知力矩计算公式中所有符号的含义。重点掌握正负号的规定	熟练应用力矩公式进行计算
		熟记力矩的性质: (1)力 F 对点 O 的矩,不仅取决于力的大小,同时与矩心的位置有关。矩心的位置不同,力矩随之不同。 (2)当力的大小为零或力臂为零时,则力矩为零。 (3)力沿其作用线移动时,因为力的大小、方向和力臂均没有改变,所以力矩不变。 (4)相互平衡的两个力对同一点的矩的代数和等于零	熟知力矩的性质	熟练地应用力矩的性质
		熟记合力矩定理: 如果有 n 个平面汇交力作用于 A 点,则平面汇交力系的合力对平面内任一点 O 之矩,等于力系中各分力对同一点力矩的代数和,称为合力矩定理,即 $$M_O(\overline{F}_R)$$ $$=M_O(\overline{F}_1)+M_O(\overline{F}_2)+\cdots+M_O(\overline{F}_n)$$ $$=\sum M_O(\overline{F}_i)$$	熟知合力矩定理计算公式中每个符号的含义	应用合力矩定理解决力学问题
3	力偶	熟知: (1)由大小相等,方向相反,作用线平行的二力组成的力称为力偶。 (2)力偶中力的大小和力偶臂的乘积并加上适当的正负号(以示转向)来度量力偶对物体的转动效应,称为力偶矩,用 m 表示,即 $$m=\pm Fd$$	熟记力偶矩的计算公式中每个符号的含义。 力偶矩的单位与力矩的单位相同,常用牛顿·米(N·m)表示	熟记力偶矩正负号的规定。正负号规定:使物体逆时针方向转动时,力偶矩为正;反之为负
		熟记力偶的基本性质: 性质1 力偶没有合力,所以力偶不能用一个力来代替,也不能与一个力相平衡。 性质2 力偶对其作用面内任一点之矩恒等于力偶矩,且与矩心位置无关。 性质3 在同一平面内的两个力偶,如果它们的力偶矩大小相等,转向相同,则这两个力偶等效称为力偶的等效条件	熟记力偶基本性质的推论。 推论1 力偶可在其作用面内任意转移,而不改变它对物体的转动效应,即力偶对物体的转动效应与它在作用面内的位置无关。 推论2 在力偶矩大小不变的条件下,可以改变力偶中的力的大小和力偶臂的长短;而不改变它对物体的转动效应	应用力偶的性质和推论解决力学问题

序号	知识点	能力要求	学习成果	学习应用
4	力的平移定理	熟记力的平移定理： 作用在刚体上的一个力 F 可以平移到同一刚体上的任一点 O，但必须同时附加一个力偶，其力偶矩等于原力 F 对新作用点 O 的矩，称为力的平行移动定理，简称力的平移定理	熟知力的平移定理	应用力的平移定理解决力学问题
5	力系的简化（合成）	熟记平面一般力系向作用面内任一点简化的结果是一个力（主矢）和一个力偶（主矩）。 主矢： $$F' = \sqrt{(F'_x)^2 + (F'_y)^2}$$ $$= \sqrt{(\sum F_{xi})^2 + (\sum F_{yi})^2}$$ $$\tan\alpha = \left|\frac{F'_y}{F'_x}\right| = \left|\frac{\sum F_{yi}}{\sum F_{xi}}\right|$$ α 为 $\boldsymbol{F}'$ 与 x 轴所夹的锐角，$\boldsymbol{F}'$ 的指向由 $\sum F_{xi}$ 和 $\sum F_{yi}$ 的正负号确定。 主矩：$M_O = m_1 + m_2 + \cdots + m_n$ $= \sum m$	熟记力系的简化结果	熟知工程中平面力系简化的过程和步骤
6	力系的平衡	熟记平面一般力系的平衡条件和平衡方程。 (1)基本式： $$\left.\begin{array}{l}\sum F_x = 0 \\ \sum F_y = 0 \\ \sum m_O = 0\end{array}\right\}$$ (2)二力矩形式的平衡方程： $$\left.\begin{array}{l}\sum F_x = 0 \\ \sum m_A = 0 \\ \sum m_B = 0\end{array}\right\}$$ 式中，x 轴不与 A、B 两点的连线垂直。 (3)三力矩形式的平衡方程： 在力系作用面内任意取 3 个不在一条直线上的点 A、B、C，则 $$\left.\begin{array}{l}\sum m_A = 0 \\ \sum m_B = 0 \\ \sum m_C = 0\end{array}\right\}$$	熟记各类平面力系平衡方程： （1）平面汇交力系的平衡方程： $$\left.\begin{array}{l}\sum F_x = 0 \\ \sum F_y = 0\end{array}\right\}$$ （2）平面力偶系的平衡方程： $$\sum m = 0$$	熟知工程中平面力系平衡计算的过程和步骤

 课后练习

按要求完成表格中的任务。

序号	基本任务		任务解决方法、过程	考核评价
1	试求图中力 P 对 O 点之矩（基本型）	(1) 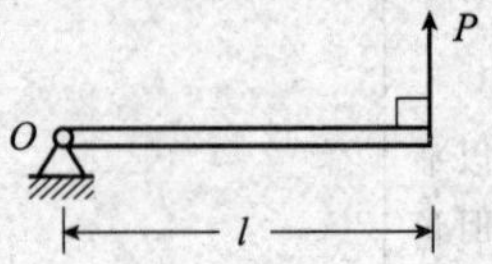		
		(2) 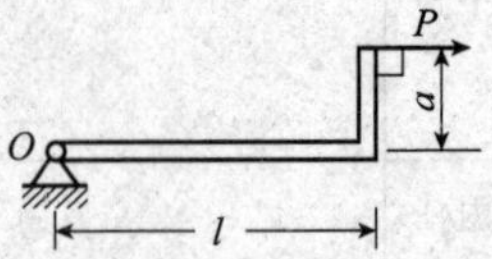		
2	水平梁的自重忽略不计，所受荷载和支承情况如图所示。已知力 F、力偶矩 M 和集度为 q 的均布荷载，试求支座 A 和 B 处的约束反力（基本型）	(1) 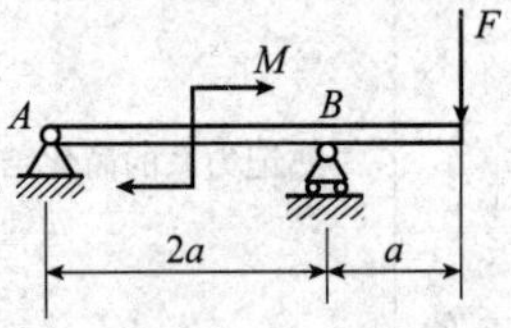		
		(2) 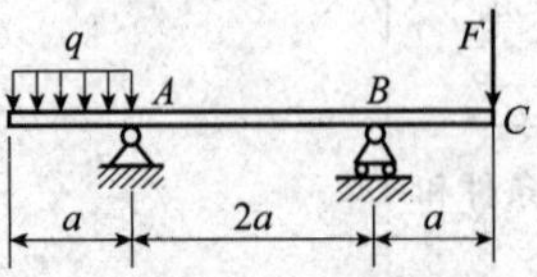		
3	图示的刚架，已知承受的荷载和尺寸如图所示，试求各个刚架的支座反力（基本型）	(1) 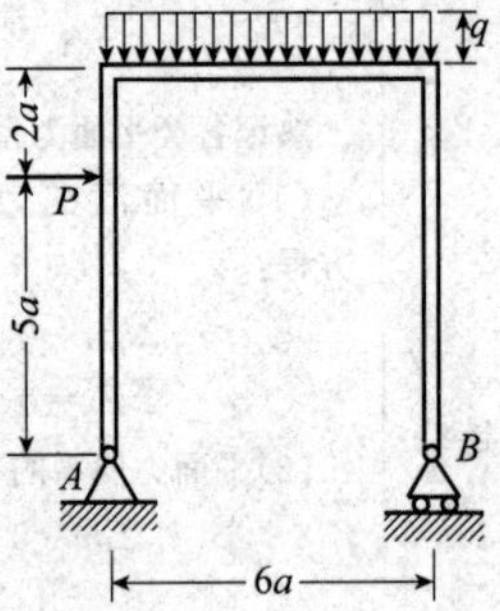		
		(2) 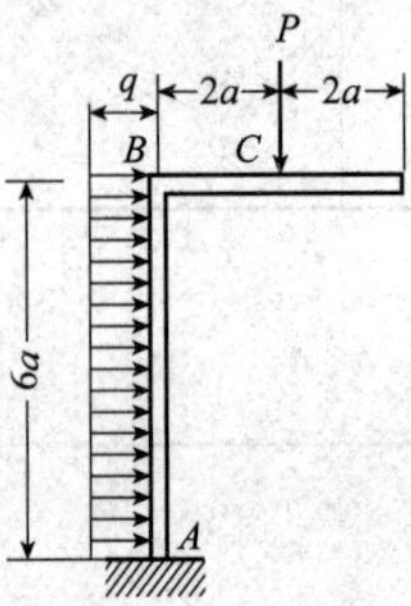		

序号	基本任务		任务解决方法、过程	考核评价
4	重力坝受力情况如图所示，设坝的自重分别为 $G_1 = 9\,600$ kN，$G_2 = 21\,600$ kN，上游水压力 $P = 10\,120$ kN，试将力系向坝底 O 点简化，并求其最后的简化结果（应用型）	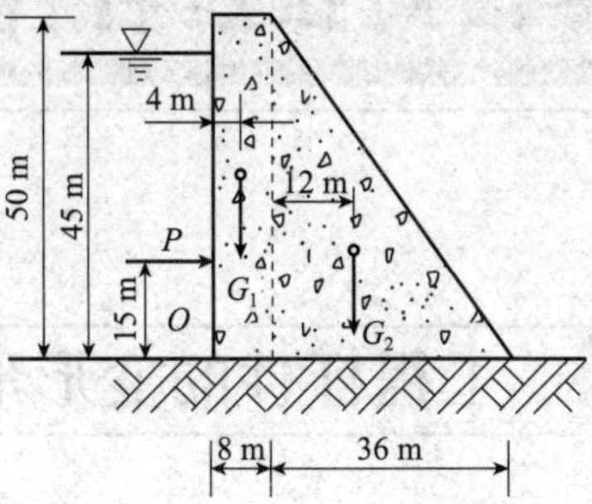		
5	杆 AC、BC 在 C 处铰接，另一端均与墙面铰接，如图所示，F_1 和 F_2 作用在销钉 C 上，$F_1 = 445$ N，$F_2 = 535$ N，不计杆重，试求两杆所受的力（综合型）	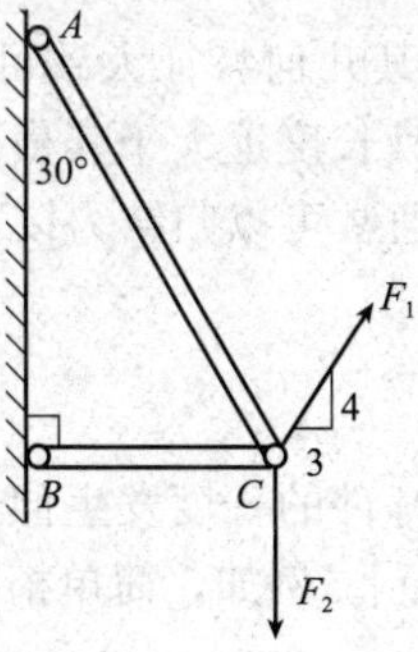		
6	行动式起重机重为 $W_1 = 500$ kN，其重心在离右轨 1.5 m 处。如图所示，起重机的起重重量为 $W_2 = 250$ kN，起重悬臂伸出右轨长 10 m。欲使跑车满载或空载时起重机不致翻倒，求平衡锤的最小重量 W_3 以及平衡锤离左轨的最大距离 x（跑车重量不计）（应用型）			

项目三　工程中轴向拉压杆件强度计算

任务一　工程杆件的变形形式

一、工程杆件变形的基本形式

实际工程中的构件是各种各样的,但按其几何特征大致可以简化为杆、板、壳和块体等。经常研究的是其中的杆件。所谓杆件,是指其长度远大于其横向尺寸的构件。杆件在不同的外力作用下,其产生的变形形式各不相同,但通常可以归结为以下 4 种基本变形形式及它们的组合变形形式。

(一)轴向拉伸或压缩

杆件受到与杆轴线重合的外力作用时,杆件的长度发生伸长或缩短,这种变形形式称为轴向拉伸[图 2.3.1(a)]或轴向压缩[图 2.3.1(b)]。例如,简单桁架中的杆件通常发生轴向拉伸或轴向压缩变形,如图 2.3.2(a)所示。

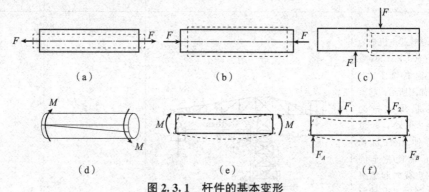

图 2.3.1　杆件的基本变形
(a)拉伸;(b)压缩;(c)剪切;(d)扭转;(e)、(f)弯曲

(二)剪切

在垂直于杆件轴线方向受到一对大小相等、方向相反、作用线相距很近的力作用时,杆件横截面将沿外力作用方向发生错动(或错动趋势),这种变形形式称为剪切[图 2.3.1(c)]。机械中常用的连接件,如键、销钉、螺栓等都可能产生剪切变形,如图 2.3.2(b)所示。

(三)扭转

在一对大小相等、转向相反、作用面垂直于直杆轴线的外力偶作用下,直杆的任意两个横截面将发生绕杆件轴线的相对转动,这种变形形式称为扭转[图 2.3.1(d)]。工程中常将发生扭转变形的杆件称为轴。如汽车的传动轴、电动机的主轴等的主要变形，都包含扭转变形在内，如图 2.3.2(c)所示。

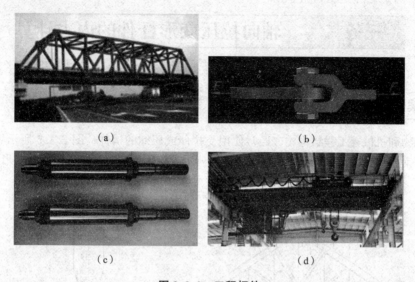

图 2.3.2　工程杆件
(a)桁架；(b)螺栓连接；(c)传动轴；(d)桥式起重机大梁

(四)弯曲

在垂直于杆件轴线的横向力，或在包含杆轴的纵向平面内的一对大小相等、方向相反的力偶作用下，直杆的相邻横截面将绕垂直于杆轴线的轴发生相对转动，杆件轴线由直线变为曲线，这种变形形式称为弯曲[图 2.3.1(e)、(f)]。如桥式起重机大梁、列车轮轴、车刀等的变形都属于弯曲变形。图 2.3.2(d)所示以弯曲为主要变形的杆件，称为梁。产生弯曲变形的梁除承受横向荷载外，还必须由支座来支撑它，常见的支座有 3 种基本形式，即固定端支座、固定铰支座和可动铰支座，分别如图 2.3.3(a)、(b)、(c)所示。根据梁的支撑情况，一般将梁简化为 3 种基本形式，即悬臂梁、简支梁和外伸梁，分别如图 2.3.4(a)、(b)、(c)所示。

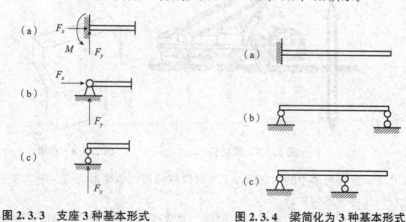

图 2.3.3　支座 3 种基本形式　　　　图 2.3.4　梁简化为 3 种基本形式

二、工程杆件的组合变形

其他更为复杂的变形形式可以看成某几种基本变形的组合形式，称为组合变形。如传动轴的变形往往是扭转与弯曲的组合变形形式等。

任务二　轴向拉压变形杆件的内力计算

一、案例导入

在建筑物和机械等工程结构中，经常使用受拉伸或压缩的构件。图2.3.5所示钢木组合屋架桁架中的钢拉杆，以拉伸变形为主。图2.3.6所示厂房用的混凝土立柱以压缩变形为主。

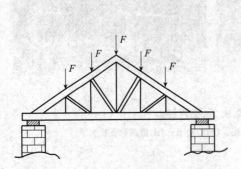

图2.3.5　屋架

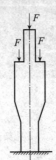

图2.3.6　混凝土立柱

图2.3.7所示拔桩机在工作时，油缸顶起吊臂将桩从地下拔起，油缸杆发生压缩变形，桩在拔起时产生拉伸变形，钢丝绳产生拉伸变形。图2.3.8所示桥墩承受桥面传来的荷载，主要产生压缩变形。

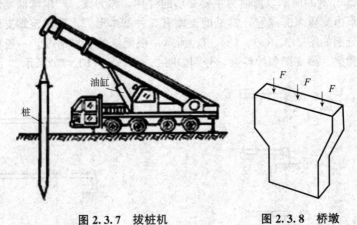

图2.3.7　拔桩机

图2.3.8　桥墩

图2.3.9所示液压传动中的活塞杆，工作时以拉伸和压缩变形为主。图2.3.10所示拧紧的螺栓，螺栓杆以拉伸变形为主。

在工程中以拉伸或压缩为主要变形的构件，常常称为拉杆、压杆，若杆件所承受的外力或外力合力作用线与杆轴线重合，则称为轴向拉伸或轴向压缩。

以上的每个工程中的杆件，工作时承受荷载作用，如何保证它们能够正常安全工作，需要应用下面的知识予以计算。

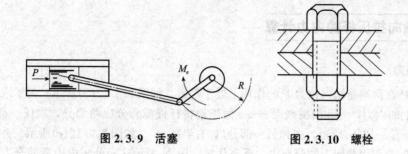

图 2.3.9　活塞　　　　　　　图 2.3.10　螺栓

二、外力、内力和截面法

(一)外力

作用于构件上的荷载和约束反力统称为外力。

(二)内力

当构件受到外力作用而变形时，其内部各质点的相对位置发生了改变。这种由于外力作用使构件产生变形时所引起的"附加内力"，称为内力。当外力增加，使内力超过某一限度时，构件就会被破坏，因而，内力是研究构件强度问题的基础。

(三)截面法概述

内力的计算方法是截面法。截面法是用来分析构件内力的一种方法。如图 2.3.11(a)所示，为了显示出内力，假想地用截面 $m—n$ 将构件分成 A、B 两部分，任意地取出部分 A 作为隔离体，如图 2.3.11(b)所示。对 A 部分，除外力外，在截面 $m—n$ 上必然还有来自 B 部分的作用力，这就是内力。A 部分是在上述外力和内力共同作用下保持平衡的。根据作用和反作用定律，B 截面 $m—n$ 上的内力则是来自部分 A 的反作用力，必然是大小相等、方向相反的，如图 2.3.11(c)所示。

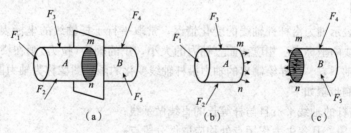

（a）　　　　　　　（b）　　　　　　　（c）

图 2.3.11　截面法

这种用假想的截面将构件截开为两部分，并取其中一部分为隔离体，建立静力平衡方程求截面上内力的方法称为截面法。

(四)截面法的计算步骤

(1)截开：用假想的截面将构件在所求内力的截面处截开。

(2)代替：取被截开的构件的其中一部分为隔离体，用作用于截面上的内力替代另一部分对该部分的作用。

(3)平衡求解：建立关于隔离体的静力平衡方程，求解未知内力。

三、轴向拉压杆的内力计算

(一)轴力

一等直杆在两端受轴向拉力 F 的作用下处于平衡,如图 2.3.12(a)所示,为了求杆件任一横截面 m—n 上的内力,为此沿横截面 m—n 假想地将杆件截开分成两部分,取任一部分(如左半部分),如图 2.3.12(b)所示。去掉另一部分(如右半部分),如图 2.3.12(c)所示。并将去掉部分对留下部分的作用用截面上的分布内力系来代替,用 N 表示这一分布内力系的合力。由于整个杆件处于平衡状态,故左半部分也应平衡,N 就是杆件任一截面 m—n 上的内力。因为外力 F 的作用线与杆件轴线重合,内力系的合力 N 的作用线也一定与杆件的轴线重合,所以 N 称为轴力。轴力的单位为牛(N)或千牛(kN)。

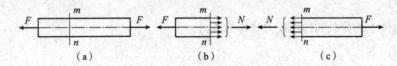

图 2.3.12　轴向拉杆的轴力

根据轴力的计算步骤计算轴力:

第一步,用假想的截面将杆件截为两部分。

第二步,取其中任意一部分为隔离体,将另一部分对隔离体的作用用内力 N 来代替。

第三步,以轴向为 x 轴,建立静力平衡方程。

由 $\sum F_x = 0$ 得 $N - F = 0$,即 $N = F$。

轴力可为拉力也可为压力,为了表示轴力的方向,区别两种变形,对轴力正负号规定如下:当轴力方向与截面的外法线方向一致时,杆件受拉,轴力为正;反之,轴力为负。计算轴力时均按正向假设,若得负号,则表明杆件受压。

(二)轴力图

为了形象地表示轴力沿杆件轴线的变化情况,常取平行于杆轴线的坐标表示杆横截面的位置,垂直于杆轴线的坐标表示相应截面上轴力的大小,正的轴力(拉力)画在横轴上方,负的轴力(压力)画在横轴下方。这样绘制出的轴力沿杆轴线变化的函数图像称为轴力图。

轴力图的绘制步骤如下:

(1)画一条与杆的轴线平行且与杆等长的直线做基线;

(2)将杆件分段,凡集中力作用点处均应取做分段点;

(3)用截面法,通过平衡方程求出每段杆的轴力;

(4)画轴力图时,按大小比例和正负号,将各段杆的轴力画在基线两侧,正的轴力画在坐标轴的正方向,负的轴力画在坐标轴的负方向,并在图上标示出数值和正负号。

四、问题分析——轴力计算

【**案例 2.3.1**】　钢筋混凝土厂房中的柱(不计柱自重)如图 2.3.13(a)所示,已知 $F = 40$ kN。试画出该柱轴力图。

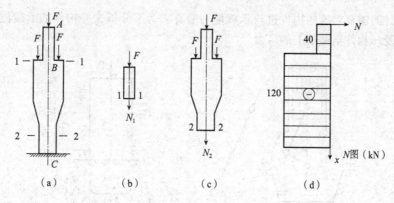

(a)　　　　(b)　　　　(c)　　　　(d)

图 2.3.13　厂房中柱

解：(1)计算柱各段的轴力。因为该柱各部分尺寸和荷载均对称，合力作用线通过柱轴线，因此可看成受多力作用的轴向受压构件。此柱可分为 AB 和 BC 两段。

AB 段：用 1—1 截面在 AB 段将柱截开，取上段为研究对象，受力图如图 2.3.13(b)所示。

由 $\sum X=0$ 　$N_1+40=0$，得 $N_1=-40$ kN

BC 段：用 2—2 截面在 BC 段将柱截开，取上段为研究对象，受力图如图 2.3.13(c)所示。

由 $\sum X=0$ 　$40+40+40+N_2=0$，得 $N_2=-120$ kN

(2)作轴力图。平行柱轴线的 x 轴为截面位置坐标轴，N 轴垂直于 x 轴，得轴力图如图 2.3.13(d)所示。

【案例 2.3.2】　AB 杆在 A、C 两截面上受力如图 2.3.14(a)所示，求此杆各段的轴力，并画出其轴力图。

解：(1)求各段杆的轴力。

AC 段：假想用 1—1 截面截开，取其左部分为研究对象，如图 2.3.14(b)所示。

$\sum X=0$，$N_1-F=0$，得 $N_1=F$

CB 段：假想用 2—2 截面截开，取其左部分为研究对象，如图 2.3.14(c)所示。

$\sum X=0$，$N_2-F+3F=0$，得 $N_2=-2F$

(2)绘制轴力图，如图 2.3.14(d)所示。

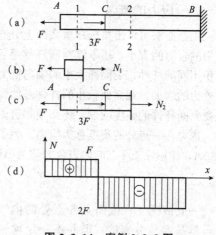

图 2.3.14　案例 2.3.2 图

任务三　轴向拉压变形杆件的应力计算

一、案例导入

在实际工程中，许多构件受到轴向拉伸与压缩的作用。液压机传动机构中的活塞杆在油压和工作阻力作用下，千斤顶的螺杆在顶起重物时，则承受压缩，如图 2.3.15(a)所示；石砌桥墩的墩身在荷载 F 和自重的作用下，墩身底部横截面上承受压力达到最大值，如图 2.3.15(b)所示。在结构设计时需要对这些构件进行承载能力验算。为了分析这些构件的承载能力，首先需要计算受拉或受压构件横截面上的应力。

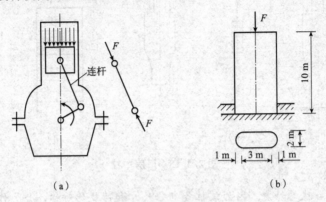

（a）　　　　　　　　　（b）

图 2.3.15　轴向压杆

(a)液压机传动机构；(b)石砌桥墩

二、轴向拉压杆的应力计算

(一)应力的概念

用截面法可求出拉压杆横截面上分布内力的合力，它只表示截面上总的受力情况。仅依据内力的合力的大小，还不能判断杆件是否会因强度不足而被破坏。例如，两根材料相同、截面面积不同的杆件，受同样大小的轴向拉力 F 作用，显然两根杆件横截面上的内力是相等的，随着外力的增加，截面面积小的杆件必然先断。这是因为轴力只是杆件横截面上分布内力的合力，而要判断杆件的强度问题，还必须知道内力在截面上分布的密集程度(简称内力集度)。

内力在一点处的集度称为应力。为了说明截面上某一点 K 处的应力，可绕 K 点取一微小面积 ΔA，作用在 ΔA 上的内力合力记为 ΔF[图 2.3.16(a)]，其比值称为 ΔA 上的平均应力。

$$p_{\mathrm{m}}=\frac{\Delta F}{\Delta A} \tag{2.3.1}$$

一般情况下，截面上各点处的内力虽然是连续分布的，但并不一定均匀，因此，平均应力的值将随 ΔA 的大小而变化，它还不能表明内力在 K 点处的真实强弱程度。只有当 ΔA 无限缩小并趋于零时，平均应力 p_{m} 的极限值 p 才能代表 K 处的内力集度。p 称为 K 点处的应力。

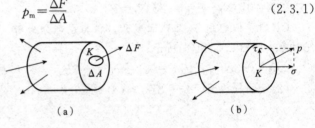

（a）　　　　　　　（b）

图 2.3.16　杆件应力

$$p=\lim_{\Delta A\to 0}\frac{\Delta F}{\Delta A}=\frac{\mathrm{d}F}{\mathrm{d}A} \tag{2.3.2}$$

应力 p 也称为 K 点处的总应力。通常应力 p 与截面既不垂直也不相切，力学中总是将它分解为垂直于截面和相切于截面的两个分量[图 2.3.16(b)]。与截面垂直的应力分量称为正应力（或法向应力），用 σ 表示；与截面相切的应力分量称为剪应力（或切向应力），用 τ 表示。

(二)应力的单位

应力的单位是帕斯卡，简称为帕，符号为 Pa。

$$1\ \mathrm{Pa}=1\ \mathrm{N/m^2}(1\ \text{帕}=1\ \text{牛/米}^2)$$

实际工程中应力数值较大，常用千帕（kPa）、兆帕（MPa）及吉帕（GPa）作为单位。

$$1\ \mathrm{kPa}=10^3\ \mathrm{Pa};1\ \mathrm{MPa}=10^6\ \mathrm{Pa};1\ \mathrm{GPa}=10^9\ \mathrm{Pa}.$$

工程图纸上，长度尺寸常以 mm 为单位，则

$$1\ \mathrm{MPa}=10^6\ \mathrm{N/m^2}=1\ \mathrm{N/mm^2}$$

三、轴向拉压杆横截面上的应力

（一）有关假定

一等截面直杆如图 2.3.17 所示。首先从观察杆件的变形入手。变形前，在其侧面画上垂直于轴线的直线 ab 和 cd。然后在杆的两端加一对轴向的拉力观察其变形。观察到横向线 ab 和 cd 仍为直线，且仍垂直于轴线，只是分别平移至 $a'b'$ 和 $c'd'$。纵向线伸长且仍与杆轴线平行。根据这些变形特点，可得出如下假设：

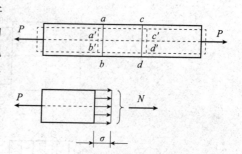

（1）受轴向拉伸的杆件，变形后横截面仍保持为平面，两平面相对位移了一段距离，这个假设称为**平面假设**。

图 2.3.17　轴向拉压杆横截面上的应力

（2）杆件可以看作由许多纵向纤维组成，在受拉后，所有的纵向纤维都有相同的伸长量，这就是**单向受力假设**。

由上述假设可知，轴向拉压杆，横截面上只有垂直于横截面方向的正应力，且该正应力在横截面上均匀分布，如图 2.3.17 所示。轴向拉压杆横截面上的正应力公式为

$$\sigma=\frac{N}{A} \tag{2.3.3}$$

式中，σ 为横截面上的应力；N 为横截面上的轴力；A 为横截面面积。

经试验证实，以上公式适用于轴向拉压，符合平面假设的横截面为任意形状的等截面直杆。正应力与轴力有相同的正、负号，即**拉应力为正，压应力为负**。

（二）应力集中的概念

试验和理论研究表明：轴向拉压杆在截面形状和尺寸发生突变处，如油槽、肩轴、螺栓孔等处，会引起局部应力骤然增大的现象，称为应力集中。如图 2.3.18(a) 所示，当拉伸具有小圆孔的杆件时，在离孔较远的截面 2—2 上，应力是均匀分布的，如图 2.3.18(b) 所示；而在通过小孔的截面 1—1（面积最小的截面）上，靠近孔边的小范围内，应力则很大，孔边达到最大值 $\sigma_{\max}$，约等于 $3\sigma_n$，离孔边稍远处，应力又迅速减小趋于均匀分布。图 2.3.18(c) 给出截面 1—1 的整体应力分布情况。应力集中的程度用最大局部应力与该截面上的名义应力 σ_n

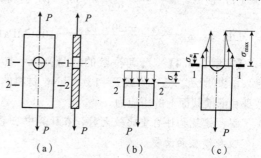

图 2.3.18　应力集中

（不考虑应力集中的条件下截面上的平均应力）的比值表示，即

$$K_t = \frac{\sigma_{\max}}{\sigma_n} \qquad\qquad (2.3.4)$$

比值 K_t 称为应力集中因数。

四、问题分析——拉(压)杆的应力计算

【案例 2.3.3】 一阶梯形直杆受力如图 2.3.19(a)所示，已知横截面面积 $A_1 = 400\ \mathrm{mm}^2$，$A_2 = 300\ \mathrm{mm}^2$，$A_3 = 200\ \mathrm{mm}^2$，试求杆件各横截面上的应力。

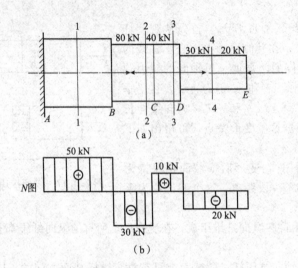

图 2.3.19 案例 2.3.3 图

解：(1)计算轴力，画轴力图。利用截面法可求得阶梯杆各段的轴力为 $N_1 = 50\ \mathrm{kN}$，$N_2 = -30\ \mathrm{kN}$，$N_3 = 10\ \mathrm{kN}$，$N_4 = -20\ \mathrm{kN}$。轴力图如图 2.3.19(b)所示。

(2)计算杆件各段的正应力。

AB 段：$\sigma_{AB} = \dfrac{N_1}{A_1} = \dfrac{50 \times 10^3}{400} = 125(\mathrm{MPa})$（拉应力）

BC 段：$\sigma_{BC} = \dfrac{N_2}{A_2} = \dfrac{-30 \times 10^3}{300} = -100(\mathrm{MPa})$（压应力）

CD 段：$\sigma_{CD} = \dfrac{N_3}{A_2} = \dfrac{10 \times 10^3}{300} = 33.3(\mathrm{MPa})$（拉应力）

DE 段：$\sigma_{DE} = \dfrac{N_4}{A_3} = \dfrac{-20 \times 10^3}{200} = -100(\mathrm{MPa})$（压应力）

【案例 2.3.4】 石砌桥墩的墩身高 $h = 10\ \mathrm{m}$，其横截面尺寸如图 2.3.20 所示。已知荷载 $F = 1\,000\ \mathrm{kN}$，材料的重度 $\gamma = 23\ \mathrm{kN/m}^3$，求墩身底部横截面上的压应力。

解：建筑构件自重比较大时，在计算中应考虑其对应力的影响。

墩身横截面面积：

$$A = 3 \times 2 + \frac{\pi \times 2^2}{4} = 9.14(\mathrm{m}^2)$$

墩身底面压应力：

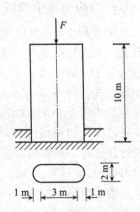

图 2.3.20 案例 2.3.4 图

$$\sigma = \frac{F}{A} + \frac{\gamma \cdot Ah}{A} = \frac{1\,000 \times 10^3}{9.14} + 10 \times 23 \times 10^3$$
$$= 34 \times 10^4 (\text{Pa}) = 0.34 \text{ MPa}$$

任务四　轴向拉压杆件的变形计算

一、案例导入

三角形托架如图 2.3.21 所示。在力 F 的作用下，B 点发生了怎样的位移？位移是多少？

托架中的杆件发生的变形是轴向变形，杆件在轴向拉伸和压缩时，所产生的主要变形是沿轴向的伸长或缩短。下面我们来学习轴向变形的计算。

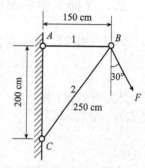

二、纵向变形和胡克定律

杆件在轴向拉伸和压缩时，所产生的主要变形是沿轴向的伸长或缩短；但同时，杆件的横向尺寸还会有所缩小或增大。前者称为

图 2.3.21　三角形托架

纵向变形，后者称为横向变形(图 2.3.22)。直杆在轴向拉力 P 的作用下，将引起轴向尺寸的增大和横向尺寸的缩小；反之，在轴向压力作用下，将引起轴向尺寸的缩短和横向尺寸的增大。

如图 2.3.22 所示，设等直杆原长为 l，横截面面积为 A。在轴向力 P 的作用下发生轴向拉伸。变形后，长度变为 l_1，则杆件的伸长量为

$$\Delta l = l_1 - l \tag{2.3.5}$$

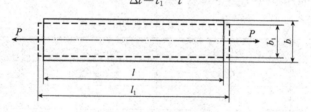

图 2.3.22　杆件的变形

试验表明：当拉力不超过某一限度时，杆件的变形是弹性的，即外力除去后，变形消失，杆件恢复原形。其变形量的数学关系为

$$\Delta l \propto \frac{Pl}{A} \tag{2.3.6}$$

如果引进一个比例系数 E，则
$$\Delta l = \frac{Pl}{EA} \tag{2.3.7}$$

或者
$$\Delta l = \frac{Nl}{EA} \tag{2.3.8}$$

式中，N 为杆件的轴向力；E 为材料的弹性模量，其常用单位为 GPa($1\text{ GPa} = 10^9\text{ Pa}$)，各种材料的弹性模量在设计手册中均可以查到；$EA$ 为材料的抗拉、抗压刚度。

上式称为轴向拉、压时纵向变形时的胡克定律。

在 E、A、N 相同的情况下，杆件的长度 l 越大，其绝对伸长量的值也越大，因此，绝对伸长量不能说明杆件的变形程度。需要采用相对伸长量，即

$$\varepsilon = \frac{\Delta l}{l} \tag{2.3.9}$$

式中的 ε 称为纵向线应变。是一个无量纲的量，伸长时以正号表示，缩短时以负号表示。

如果将式(2.3.8)代入式(2.3.9)中，则可以得到胡克定律的另一种形式：

$$\varepsilon = \frac{\sigma}{E} \tag{2.3.10}$$

式(2.3.10)表明，当正应力不超过某一限度时，正应力与线应变成正比。

三、横向变形和泊松比

设拉杆原边长为 b，受拉后为 b_1，则 $\Delta b = b_1 - b$。横向变形即横向线应变为

$$\varepsilon' = \frac{\Delta b}{b} \tag{2.3.11}$$

大量的试验表明，对于同一种材料，在弹性范围内，其横向线应变与纵向线应变的绝对值之比为一常数，即

$$\left| \frac{\varepsilon'}{\varepsilon} \right| = \nu \tag{2.3.12}$$

比值 ν 称为横向变形系数或泊松比，它是一个随材料而异的常数，是一个无量纲的量。利用这一关系，可得

$$\varepsilon' = -\nu\varepsilon \tag{2.3.13}$$

式中的负号表示纵、横向线应变总是相反的。式(2.3.13)还可以表示为

$$\varepsilon' = -\nu \frac{\sigma}{E} \tag{2.3.14}$$

表 2.3.1 给出了常用材料的 E、ν 值。

表 2.3.1 常用材料的 E、ν 值

材料名称	牌号	E/GPa	ν
低碳钢	Q235	200～210	0.24～0.28
中碳钢	45	205	0.24～0.28
低合金钢	16Mn	200	0.25～0.30
合金钢	40CrNiMoA	210	0.25～0.30
灰口铸铁		60～162	0.23～0.27
球墨铸铁		150～180	
铝合金	LY12	71	0.33
硬铝合金		380	
混凝土		15.2～36	0.16～0.18
木材(顺纹)		9.8～11.8	0.053 9
木材(横纹)		0.49～0.98	

四、问题分析——拉压杆的位移计算

位移是指物体上的一些点、线或面在空间位置上的改变。变形和位移是两个不同的概念，但它们在数值上有密切的联系。位移在数值上取决于杆件的变形量和杆件受到的外部约束或杆件之间的相互约束。结构节点的位移是指节点位置改变的直线距离或一段方向改变的角度。计算时必须计算节点所连接各杆件的变形量，然后根据变形相容条件作出位移图，即结构的变形图，再由位移图的几何关系计算出位移值。

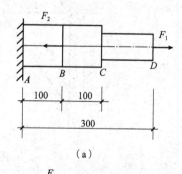

(a)

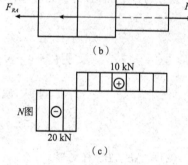

(b)

图 2.3.23 阶梯形钢杆受力分析图

【**案例 2.3.5**】 阶梯形钢杆如图 2.3.23(a)所示。所受荷载 $F_2=30$ kN，$F_1=10$ kN。AC 段的横截面面积 $A_{AC}=500$ mm²，CD 段的横截面面积 $A_{CD}=200$ mm²，弹性模量 $E=200$ GPa。试求：

(1)各段杆横截面上的内力和应力；

(2)杆件内最大正应力；

(3)杆件的总变形。

解：(1)计算支反力。以杆件为研究对象，受力图如图 2.3.23(b)所示。由平衡方程

$$\sum F_x=0, \quad F_1-F_2-F_{RA}=0$$

得 $F_{RA}=F_1-F_2=10-30=-20$(kN)

(2)计算各段杆件的轴力。

AB 段：$N_{AB}=F_{RA}=-20$ kN(压力)

BD 段：$N_{BD}=F_1=10$ kN(拉力)

(3)画出轴力图，如图 2.3.23(c)所示。

(4)计算各段杆件横截面上应力。

AB 段：

$$\sigma_{AB}=\frac{N_{AB}}{A_{AC}}=\frac{-20\times10^3}{500}=-40(\text{MPa})(压应力)$$

BC 段：

$$\sigma_{BC}=\frac{N_{BD}}{A_{AC}}=\frac{10\times10^3}{500}=20(\text{MPa})(拉应力)$$

CD 段：

$$\sigma_{CD}=\frac{N_{BD}}{A_{CD}}=\frac{10\times10^3}{200}=50(\text{MPa})(拉应力)$$

(5)计算杆件内最大正应力。

最大正应力发生在 CD 段，其值为 $\sigma_{max}=\dfrac{10\times10^3}{200}=50(\text{MPa})$

(6)计算杆件的总变形。由于杆件各段的面积和轴力不一样，则应分段计算变形，再求代数和。

$$\Delta l=\Delta l_{AB}+\Delta l_{BC}+\Delta l_{CD}=\frac{N_{AB}l_{AB}}{EA_{AC}}+\frac{N_{BD}l_{BC}}{EA_{AC}}+\frac{N_{CD}l_{CD}}{EA_{CD}}$$

$$=\frac{1}{200\times10^3}\times\left(\frac{-20\times10^3\times100}{500}+\frac{10\times10^3\times100}{500}+\frac{10\times10^3\times100}{200}\right)=0.015(\text{mm})$$

整个杆件伸长 0.015 mm。

【案例 2.3.6】 三角形托架如图 2.3.24(a)所示。已知 $F=40$ kN，圆截面钢杆 AB 的直径 $d=20$ mm，杆件 BC 是工字钢，其横截面面积为 $1\,430$ mm²，钢材的弹性模量 $E=200$ GPa。求托架在力 F 作用下，节点 B 的铅垂位移和水平位移。

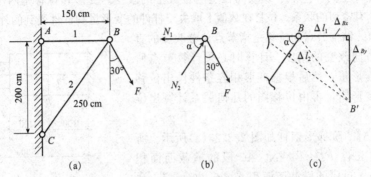

图 2.3.24 三角形托架受力分析图

解：(1)取节点 B 为研究对象，受力图如图 2.3.24(b)所示。根据平衡方程求两杆轴力。

$$\sum F_x=0 \quad -N_1+N_2\times\frac{3}{5}+F\sin30°=0$$

$$\sum F_y=0 \quad N_2\times\frac{4}{5}-F\cos30°=0$$

$$N_2=40\times\cos30°\times\frac{5}{4}=43.3(\text{kN})$$

$$N_1=N_2\times\frac{3}{5}+F\sin30°=43.3\times\frac{3}{5}+40\times\frac{1}{2}=46(\text{kN})$$

(2)求 AB、BC 杆变形。

$$\Delta l_1=\frac{N_1 l_1}{EA_1}=\frac{46\times10^3\times150\times10}{200\times10^3\times\frac{\pi}{4}\times(20)^2}=1.1(\text{mm})$$

$$\Delta l_2=\frac{N_2 l_2}{EA_2}=\frac{43.3\times10^3\times250\times10}{200\times10^3\times1\,430}=0.38(\text{mm})$$

(3)求 B 点位移，作变形图，如图 2.3.24(c)所示。利用几何关系求解。

以 A 点为圆心，$(l_1+\Delta l_1)$ 为半径作圆，再以 C 点为圆心，$(l_2+\Delta l_2)$ 为半径作圆，两圆弧线交于 B'' 点。因为 Δl_1 和 Δl_2 与原杆相比非常小，属于小变形，可以采用切线代圆弧的近似方法，两切线交于 B' 点，利用三角关系求出 B 点的水平位移和铅垂位移。

水平位移 $\Delta_{Bx}=\Delta l_1=1.1$ mm

铅垂位移 $\Delta_{By}=\left(\dfrac{\Delta l_2}{\cos\alpha}+\Delta l_1\right)\cot\alpha=\left(0.38\times\dfrac{5}{3}+1.1\right)\times\dfrac{3}{4}=1.3(\text{mm})$

总位移 $\Delta_B=\sqrt{\Delta_{Bx}^2+\Delta_{By}^2}=\sqrt{(1.1)^2+(1.3)^2}=1.7(\text{mm})$

任务五　材料在拉伸与压缩时的力学性能

一、案例导入

材料的力学性能是指材料在拉伸和压缩时所体现出的应力、应变、强度和变形等方面的性质，它是构件强度计算及材料选用的重要依据。

材料在拉伸和压缩时的力学性能是通过试验得出的。

(一)试验条件

试验条件：常温(室温)、静载。

(二)试验设备

试验设备包括万能试验机、标准试件、游标卡尺等。拉伸时的标准试件为根据国家颁布的测试标准，试件应做成标准试件，具体规定参见图 2.3.25(a)。

拉伸试件分为长试件和短试件。图 2.3.25(a)中的 d 为试件的直径；l 为试件的工作段，或称标距。一般规定，圆截面标准试件的标距 l 与截面直径 d 的比例为

$$l=10d \quad 或 \quad l=5d \tag{2.3.15}$$

矩形截面标准试件的标距 l 与截面面积 A 的比例为

$$l=11.3\sqrt{A} \quad 或 \quad l=5.63\sqrt{A} \tag{2.3.16}$$

压缩时的标准试件如图 2.3.25(b)所示，金属材料为 $l=(1.5\sim3)d$；非金属材料通常做成正方体。

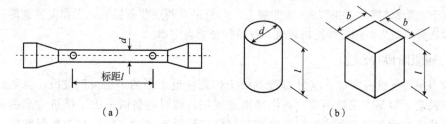

（a） （b）

图 2.3.25 标准试件

二、低碳钢在拉伸时的力学性能

低碳钢是工程上广泛使用的材料，是含碳量不大于 0.25% 的碳素钢。它在拉伸试验中表现出来的力学性质最为典型。低碳钢拉伸试验在万能试验机上进行。试验时将试件安装在夹头中，然后开动机器加载。试件受到由零逐渐增加的拉力 F 的作用，同时发生伸长变形，加载一直进行到试件断裂时为止。拉力 F 的数值可从万能试验机的示力盘上读出，从开始加载直到试件被拉断的过程中，可得到拉力 F 和变形 Δl 的一系列数值。根据拉力 F 和变形 Δl 的数值即可绘制出拉伸图，如图 2.3.26(a)所示。

为了消除试件尺寸的影响，了解材料本身的力学性能，通常将拉伸图的纵坐标 F 除以试件的截面面积 A，即纵坐标为应力 $\sigma=F/A$；将横坐标 Δl 除以试件原标距 l，即横坐标为试件纵向线应变 $\varepsilon=\Delta l/l$，可得到试件的 σ-ε 曲线，如图 2.3.26(b)所示。

低碳钢在拉伸时，通常根据测试过程中所体现出的不同性质，分成四个阶段，即**弹性阶段**、**屈服阶段**、**强化阶段**、**颈缩阶段**。下面介绍这四个阶段所体现出的应力及变形特性。

(一)弹性阶段(Oa' 段)

Oa 段为直线段，a 点对应的应力称为**比例极限**，用 σ_p 表示。此阶段内，正应力和正应变成线性正比关系，即符合胡克定律。设直线的倾斜角为 α，则可得到弹性模量 E 和 α 的关系：

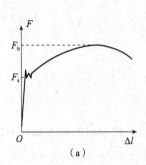 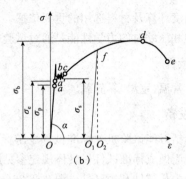

图 2.3.26　低碳钢拉伸时的变形图

(a)低碳钢拉伸图；(b)低碳钢拉伸的应力-应变曲线

$$\tan\alpha = \frac{\sigma}{\varepsilon} = E \qquad (2.3.17)$$

由此，可以确定材料的弹性模量。

从 a 点到 a' 点，应力和应变不再保持比例关系，但变形仍然是弹性的，即加载到 a' 点卸载变形将完全消失。a' 点所对应的应力是材料只产生弹性变形的极限应力，称为弹性极限，用 σ_e 表示。对于大多数材料，在应力-应变曲线上 a 点和 a' 点两点非常接近，工程上常忽略这两点的差别，即认为当应力不超过弹性极限时，材料符合胡克定律。

(二)屈服阶段(bc 段)

当应力超过弹性极限后，应力-应变曲线上出现接近水平的小锯齿形波段，说明此时应力虽有小的波动，但基本保持不变，而应变迅速增加，即材料暂时失去了抵抗变形的能力。这种应力变化不大而变形显著增加的现象称为材料的屈服或流动。bc 段称为**屈服阶段**，最低应力称为屈服点，屈服点对应的应力值 σ_s 称为屈服极限。这时如果卸去荷载，试件的变形就不能完全恢复，而残留一部分变形，即塑性变形(也称永久变形或残余变形)。

材料屈服时，在光滑试样表面可以看到与杆件轴线成 $45°$ 的纹线，称为**滑移线**，如图 2.3.27(a)所示，它是屈服时晶格发生相对错动的结果。

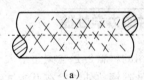 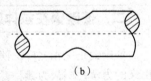

(三)强化阶段(cd 段)

图 2.3.27　低碳钢的拉伸变形

(a)滑移线；(b)颈缩

经过屈服阶段后，材料又恢复了抵抗变形的能力，要使它继续变形必须增加拉力。这种现象称为材料的强化。cd 段称为强化阶段。在此阶段中，变形的增加远比弹性阶段要快。这个阶段称为**强化阶段**。曲线最高点 d 处的应力称为强度极限，用 σ_b 表示，代表材料破坏前能承受的最大应力。

在强化阶段某一点 f 处，缓慢卸载，则试样的应力-应变曲线会沿着 fO_1 回到 O_1 点，从图上观察直线 fO_1 近似平行于直线 Oa。图中 O_1O_2 表示恢复的弹性变形，OO_1 表示不可以恢复的塑性变形。如果卸载后重新加载，则应力-应变曲线基本上沿着 O_1f 线上升到 f 点，然后仍按原来的应力-应变曲线变化，直至断裂。低碳钢经过预加载后(即从开始加载到强化阶段再卸载)，弹性强度提高，而塑性降低的现象称为冷作硬化。工程中，常利用冷作硬化来提高材料的弹性强度，例如，制造螺栓的棒材要先经过冷拔，建筑用的钢筋、起重用的钢索，常利用冷作硬化来提高材料的弹性强度。材料经过冷作硬化后塑性降低，可以通过退火处理，以消除这一现象。

(四)颈缩阶段(de 段)

当应力增大到 σ_b 以后，即过 d 点后，试样变形集中到某一局部区域，由于该区域横截面的收缩，形成了图 2.3.27(b)所示的"颈缩"现象。因局部横截面的收缩，试样再继续变形，所需的拉力逐渐减小，曲线自 d 点后下降，最后在"颈缩"处被拉断。

在工程中，代表材料强度性能的主要指标是屈服极限 σ_s 和强度极限 σ_b。

(五)塑性指标

在拉伸试验中，可以测得表示材料塑性变形能力的两个指标，即伸长率和断面收缩率。

(1)伸长率:

$$\delta = \frac{l_1 - l}{l} \times 100\% \tag{2.3.18}$$

式中，l 为试验前在试样上确定的标距(一般是 $5d$ 或 $10d$)，l_1 为试样断裂后标距变化后的长度。

低碳钢的伸长率为 $26\% \sim 30\%$，工程上常以伸长率将材料分为两大类：$\delta \geqslant 5\%$ 的材料称为塑性材料，如钢、铜、铝、化纤等材料；$\delta < 5\%$ 的材料称为脆性材料，如灰铸铁、玻璃、陶瓷、混凝土等。

(2)断面收缩率:

$$\psi = \frac{A - A_1}{A} \times 100\% \tag{2.3.19}$$

式中，A 为试验前试样的横截面面积；A_1 为断裂后断口处的横截面面积。

低碳钢的断面收缩率为 $50\% \sim 60\%$。

三、其他塑性材料的拉伸

其他金属材料的拉伸试验和低碳钢拉伸试验方法相同，但材料所显示出来的力学性能有很大差异。图 2.3.28 给出了锰钢、硬铝、退火球墨铸铁和 45 钢的应力-应变曲线。这些材料都是塑性材料，但前三种材料没有明显的屈服阶段。对于没有明显屈服阶段的塑性材料，通常规定以产生 0.2% 塑性应变时所对应的应力值作为材料的名义屈服极限，以 $\sigma_{0.2}$ 表示，如图 2.3.29 所示。

四、铸铁在拉伸时的力学性能

图 2.3.30 所示为灰铸铁拉伸时的应力-应变曲线。由图可见 σ-ε 曲线没有明显的直线部分，既无屈服阶段，也无缩颈阶段；断裂时应力很小，断口垂直于试件轴线，是典型的脆性材料。

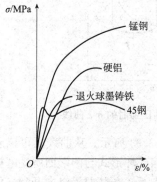

图 2.3.28 其他金属材料的
拉伸应力-应变曲线

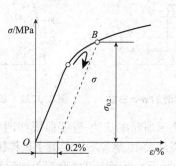

图 2.3.29 名义屈服极限

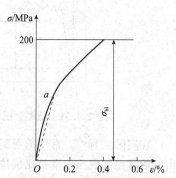

图 2.3.30 灰铸铁拉伸时的
应力-应变曲线

因铸铁构件在实际使用的应力范围内，其 σ-ε 曲线的曲率很小，实际计算时常近似地以直线（图 2.3.30 中的虚线）代替，认为近似地符合胡克定律，强度极限 σ_b 是衡量脆性材料拉伸时的唯一指标。工程上常将原点 O 与 $\frac{\sigma_b}{4}$ 处 a 点连成割线，以割线的斜率估算铸铁的弹性模量 E。

五、低碳钢和铸铁在压缩时的力学性能

(一)压缩试验

1. 试样

金属材料的压缩试件一般做成短圆柱体，其高度为直径的 $1\sim3$ 倍，即 $h=1\sim3d$，以免试验时试件被压弯。非金属材料(如水泥、混凝土等)的试样常采用立方体形状。

2. 试验要求

压缩试验和拉伸试验一样在常温与静载条件下进行。

(二)材料应力-应变曲线与强度指标

图 2.3.31 所示为低碳钢压缩时的 σ-ε 曲线，其中虚线是拉伸时的 σ-ε 曲线。可以看出，在弹性阶段和屈服阶段，两条曲线基本重合。这表明，低碳钢在压缩时的比例极限 σ_p、弹性极限 σ_e、弹性模量 E 和屈服极限 σ_s 等，都与拉伸时基本相同。进入强化阶段后，试件越压越扁，试件的横截面面积显著增大，由于两端面上的摩擦，试件变成鼓形；然而在计算应力时，仍用试件初始的横截面面积，结果使压缩时的名义应力大于拉伸时的名义应力，两曲线逐渐分离，压缩曲线上升。由于试件压缩时不会产生断裂，故测不出材料的抗压强度极限，所以一般不做低碳钢的压缩试验，而从拉伸试验得到压缩时的主要力学性能。

脆性材料拉伸和压缩时的力学性能显著不同，铸铁压缩时的 σ-ε 曲线如图 2.3.32 所示，图中虚线为拉伸时的 σ-ε 曲线。从中可以看出，铸铁压缩时的 σ-ε 曲线，也没有直线部分，因此压缩时也只是近似地符合胡克定律。铸铁压缩时的强度极限比拉伸时高出 $4\sim5$ 倍。对于其他脆性材料，如硅石、水泥等，其抗压强度也显著高于抗拉强度。另外，铸铁压缩时，断裂面与轴线夹角约为 $45°$，说明铸铁的抗剪能力低于抗压能力。

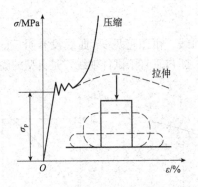

图 2.3.31　低碳钢压缩时的 σ-ε 曲线

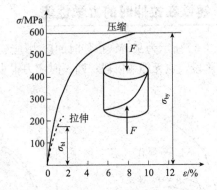

图 2.3.32　铸铁压缩时的 σ-ε 曲线

在实际工程中，常用的混凝土压缩时的应力-应变曲线如图 2.3.33 所示。从曲线上可以看出，混凝土的抗压强度要比抗拉强度大 10 倍左右。混凝土试样压缩破坏形式与两端面所受摩擦阻力的大小有关。如图 2.3.34(a)所示，混凝土试样两端面加润滑剂后，压坏时沿纵向开裂。如图 2.3.34(b)所示，试样两端面不加润滑剂，压坏时是靠中间剥落而形成两个锥截面。

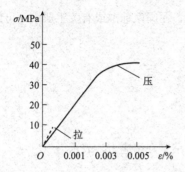

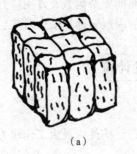

图 2.3.33　混凝土压缩时的 σ-ε 曲线　　　　图 2.3.34　混凝土试样压缩破坏

任务六　　轴向拉压变形杆件的强度计算

一、案例导入

轴向拉伸与压缩变形杆件是工程中常见的受力构件，是杆件的一种最基本的变形形式，图 2.3.35 所示悬臂起重机的杆件及图 2.3.36 桥梁结构中的拉索都属于这种变形的构件。为了满足工程结构的承载能力，在结构设计过程中，需要对这类构件进行强度计算。

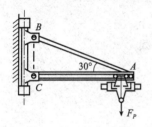

图 2.3.35　悬臂起重机　　　　　　　　　图 2.3.36　悬索桥

二、许用应力及安全系数

在力学性能试验中，我们测得了两个重要的强度指标，即屈服极限 σ_s 和强度极限 σ_b。对于塑性材料，当应力达到屈服极限时，构件已发生明显的塑性变形，影响其正常工作，称之为失效，因此，将屈服极限作为塑性材料的极限应力。对于脆性材料，直到断裂也无明显的塑性变形，断裂是失效的唯一标志，因而，将强度极限作为脆性材料的极限应力。

为了保障构件在工作中有足够的强度，构件在荷载作用下的工作应力必须低于极限应力。为了确保安全，构件还应有一定的安全储备。在强度计算中，将极限应力 σ_n 除以一个大于 1 的因数，得到的应力值称为许用应力，用 $[\sigma]$ 表示，即

$$[\sigma]=\frac{\sigma_n}{n} \qquad (2.3.20)$$

式中，$[\sigma]$ 为材料的许用应力，许用拉应力用 $[\sigma_t]$ 表示，许用压应力用 $[\sigma_c]$ 表示；σ_n 为材料的极限应力；n 为材料的安全因数。在工程中，安全因数 n 的取值范围由国家标准规定，一般不能任

意改变。对于一般常用材料的安全因数及许用应力数值，在国家标准或有关手册中均可以查到。

式(2.3.20)中大于1的因数 n 称为安全因数。

三、拉压杆的强度计算

(一)强度条件

为了保障构件安全工作，构件内**最大工作应力**必须小于许用应力，表示为

$$\sigma_{\max} = \left(\frac{N}{A}\right)_{\max} \leqslant [\sigma] \tag{2.3.21}$$

式(2.3.21)称为拉压杆的**强度条件**。对于等截面拉压杆，还可以表示为

$$\sigma_{\max} = \frac{N_{\max}}{A} \leqslant [\sigma] \tag{2.3.22}$$

(二)强度条件应用

利用强度条件，可以解决以下三类工程的强度问题。

1. 强度校核

已知杆件的材料、截面尺寸和所承受的荷载，校核杆件是否满足强度条件公式(2.3.22)。

2. 选择截面

已知杆件的材料和所承受的荷载，确定杆件的截面面积和相应的尺寸。

$$A \geqslant \frac{N}{[\sigma]} \tag{2.3.23}$$

3. 许用荷载

已知杆件的材料和截面尺寸，确定杆件或整个结构所承担的最大荷载。

$$N \leqslant A[\sigma] \tag{2.3.24}$$

四、问题分析：轴向拉(压)杆件的强度计算

【案例 2.3.7】 起重吊钩的上端用螺母固定，如图 2.3.37 所示，若吊钩螺栓内径 $d = 55$ mm，$F = 170$ kN，材料许用应力 $[\sigma] = 160$ MPa。试校核螺栓部分的强度。

解：计算螺栓内径处的面积

$$A = \frac{\pi d^2}{4} = \frac{\pi \times 55^2}{4} = 2\,375\,(\text{mm}^2)$$

$$\sigma = \frac{F}{A} = \frac{170 \times 10^3}{2\,375} = 71.6\,(\text{MPa}) < [\sigma] = 160\ \text{MPa}$$

吊钩螺栓部分安全。

【案例 2.3.8】 某桁架如图 2.3.38(a)所示，杆 1 与杆 2 的横截面均为圆形，直径分别为 $d_1 = 30$ mm 与 $d_2 = 20$ mm，两杆材料相同，许用应力 $[\sigma] = 160$ MPa。该桁架在节点 A 处承受铅直方向的荷载 $F = 80$ kN 的作用，试校核此桁架的强度。

解：(1)取节点 A 为研究对象，受力图如图 2.3.38(b)所示。

(2)列平衡方程，求出 AB 和 AC 两杆所受的力：

$$\sum F_x = 0 \quad -N_{AB}\sin 30° + N_{AC}\sin 45° = 0$$

$$\sum F_y = 0 \quad N_{AB}\cos 30° + N_{AC}\cos 45° - F = 0$$

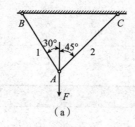

（a）

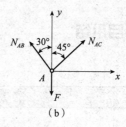

（b）

图 2.3.37 起重吊钩　　　　　图 2.3.38 某桁架受力图

解得

$$N_{AC}=\frac{\sqrt{2}}{\sqrt{3}+1}F=41.4 \text{ kN} \quad N_{AB}=\frac{2}{\sqrt{3}+1}F=58.6 \text{ kN}$$

（3）分别对两杆进行强度计算：

$$\sigma_{AB}=\frac{N_{AB}}{A_1}=\frac{58.6\times10^3}{\frac{\pi d_1^2}{4}}=82.9(\text{MPa})<[\sigma]=160 \text{ MPa}$$

$$\sigma_{AC}=\frac{N_{AC}}{A_2}=\frac{41.4\times10^3}{\frac{\pi d_2^2}{4}}=131.8(\text{MPa})<[\sigma]=160 \text{ MPa}$$

所以桁架的强度满足要求。

【案例 2.3.9】 一简易起重机的简图如图 2.3.39（a）所示。斜杆 AB 为圆形钢杆，材料为 Q235 钢，其许用应力 $[\sigma]=160$ MPa，荷载 $P=19$ kN。试计算斜杆 AB 的直径 d。

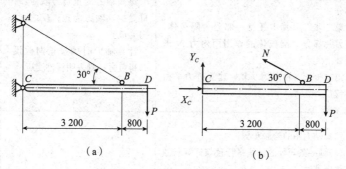

图 2.3.39 简易起重机受力图

解：（1）计算斜杆 AB 的轴力。取横梁 CD 为研究对象，受力图如图 2.3.39（b）所示。列平衡方程：

由 $\sum M_C(\overline{F})=0$ 可得 $\quad N\sin30°\times3.2-P\times4=0$

则 $\quad N=\dfrac{P\times4}{3.2\times\sin30°}=\dfrac{19\times4}{3.2\times0.5}=47.5(\text{kN})$

（2）由强度条件可知

斜杆 AB： $\quad \sigma=\dfrac{N}{\dfrac{\pi\cdot d^2}{4}}\leqslant[\sigma]$

则得

$$d\geqslant\sqrt{\frac{4N}{\pi\sigma}}=\sqrt{\frac{4\times47.5\times10^3}{\pi\times160}}=19.4(\text{mm})$$

即斜杆 AB 的直径 d 至少为 19.4 mm。

序号	知识点	能力要求	学习成果	学习应用
1	杆件基本变形	熟记实际工程中杆件的4种基本变形形式：拉伸和压缩、剪切、扭转、弯曲	熟知杆件的4种基本变形形式的外力特点	根据杆件的受力特点，准确地判断杆件的变形形式
2	轴向拉压变形杆件的内力计算	熟记内力的概念及内力的计算方法——截面法。 截面法计算步骤如下： (1)截开：用假想的截面将构件在所求内力的截面处截开。 (2)代替：取被截开的构件的一部分为隔离体，用作用于截面上的内力替代另一部分对该部分的作用。 (3)平衡求解：建立关于隔离体的静力平衡方程，求解未知内力	熟练地应用截面法求内力	熟记截面法的计算步骤
		熟记轴力计算步骤： 第一步，用假想的截面将杆件截为两部分。 第二步，取其中任意一部分为隔离体，将另一部分对隔离体的作用用内力 N 来代替。 第三步，以轴向为 x 轴，建立静力平衡方程	熟知轴力的正负号规定：杆件受拉，轴力为正；反之，轴力为负。 计算轴力时均按正向假设，若得负号，则表明杆件受压	熟练地应用轴力的计算步骤
		熟知轴力图的绘制步骤： (1)画一条与杆的轴线平行且与杆等长的直线做基线。 (2)将杆分段，凡是集中力作用点处均应取做分段点。 (3)用截面法，通过平衡方程求出每段杆的轴力；画受力图时，截面轴力一定按正的规定来画。 (4)按大小比例和正负号，将各段杆的轴力画在基线两侧，并在图上示出数值和正负号	熟练地绘制拉压杆的轴力图	熟练地应用轴力图
3	轴向拉压变形杆件横截面上的应力计算	熟记应力的概念	熟知轴向拉压杆的应力	熟练应用应力
		熟记拉(压)杆的正应力 σ 在横截面上是均匀分布的，其计算公式为 $$\sigma = \frac{N}{A}$$	熟知正应力计算公式的含义	熟练应用应力计算公式求解力学问题

序号	知识点	能力要求	学习成果	学习应用
4	轴向拉压杆件的变形计算	熟记杆件纵向变形的概念和计算公式。 熟记胡克定律，该定律建立了应力和应变之间的关系，其表达式为 $$\Delta l = \frac{Nl}{EA}$$ 或 $\sigma = E\varepsilon$	熟知胡克定律公式的含义	熟练应用胡克定律计算公式求解力学问题
		熟记杆件横向变形的概念和计算公式。 熟记纵向应变 ε 和横向应变 ε' 之间有如下关系： $$\varepsilon' = -\nu\varepsilon$$ ν 为泊松比	熟知泊松比的含义	熟练应用纵向应变 ε 和横向应变 ε' 之间的关系
5	材料在拉伸与压缩时的力学性能	熟记低碳钢和铸铁在拉伸时的特点。 熟记低碳钢的拉伸应力-应变曲线的 4 个阶段，即弹性阶段、屈服阶段、强化阶段和颈缩阶段	熟记材料在拉伸时重要的强度指标：σ_s 和 σ_b；塑性指标有 δ 和 ψ	熟知低碳钢和铸铁在拉伸时的区别
		低碳钢和铸铁在压缩时的特点	熟记材料在压缩时重要的强度指标	熟知低碳钢和铸铁在压缩时的区别
6	轴向拉压杆件的强度计算	熟记许用应力、安全因数和强度的概念	熟记许用应力的计算公式	熟知工程中许用应力、安全因数的应用
		熟记轴向拉（压）杆件的强度条件为 $$\sigma_{max} = \frac{N}{A} \leqslant [\sigma]$$	熟知强度条件中各个符号的含义	熟知强度在工程中的应用
		熟记强度条件可以解决工程中强度校核、设计截面和确定承载能力这三类强度计算问题	熟知强度条件的 3 个方面的应用	熟知强度条件在工程计算中的应用

 课后练习

按要求完成表格中的任务。

序号	基本任务		任务解决方法、过程	考核评价
1	求图所示各杆 1—1、2—2 和 3—3 截面上的轴力，并作轴力图	(1) (2) (3) 		
2	已知等截面直杆横截面面积 $A=500 \text{ mm}^2$，受轴向力作用如图所示，已知 $F_1=10 \text{ kN}$，$F_2=20 \text{ kN}$，$F_3=20 \text{ kN}$，试求直杆各段的轴力和应力	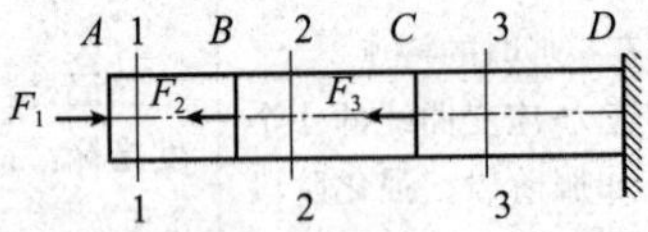		
3	简易起吊架如图所示，AB 为 10 cm×10 cm 的杉木，BC 为 $d=2$ cm 的圆钢，$F=26$ kN。试求斜杆及水平杆横截面上的应力	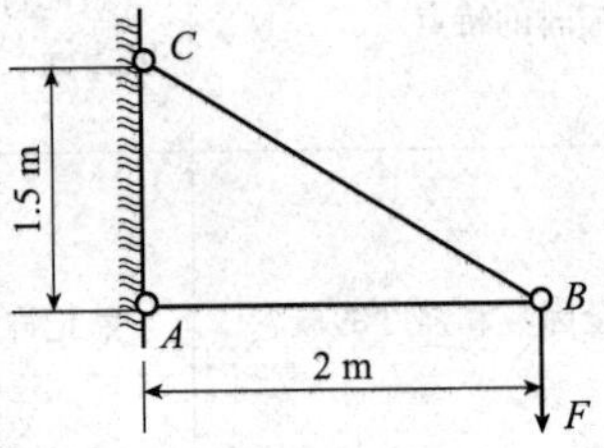		
4	截面直杆如图所示。已知 $A_1=8 \text{ cm}^2$，$A_2=4 \text{ cm}^2$，$E=200$ GPa。求杆的总伸长 Δl	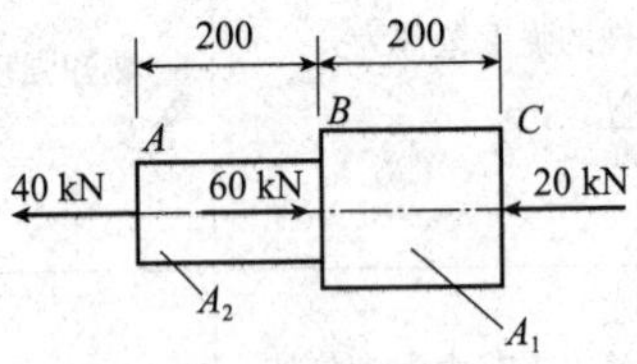		
5	外径 D 为 32 mm、内径 d 为 20 mm 的空心钢杆，如图所示。设某处有直径 $d_1=5$ mm 的销钉孔，材料为 Q235A 钢，许用应力 $[\sigma]=170$ MPa，若承受拉力 $F=60$ kN，试校核该杆的强度	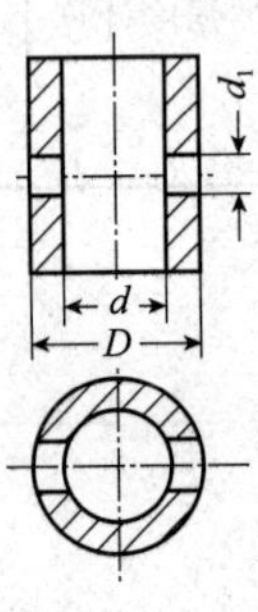		

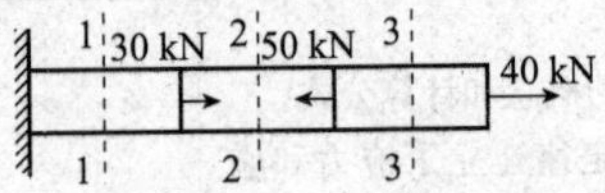

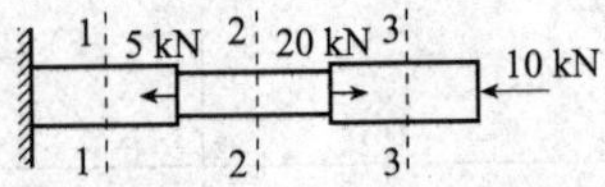

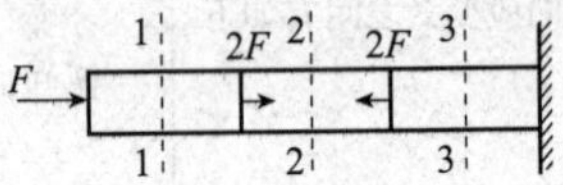

续表

序号	基本任务		任务解决方法、过程	考核评价
6	如图所示，已知：木杆横截面面积 $A_1=104\ \text{mm}^2$，$[\sigma]_1=7\ \text{MPa}$，钢杆横截面面积 $A_2=600\ \text{mm}^2$，$[\sigma]_2=160\ \text{MPa}$，试确定许用荷载$[G]$	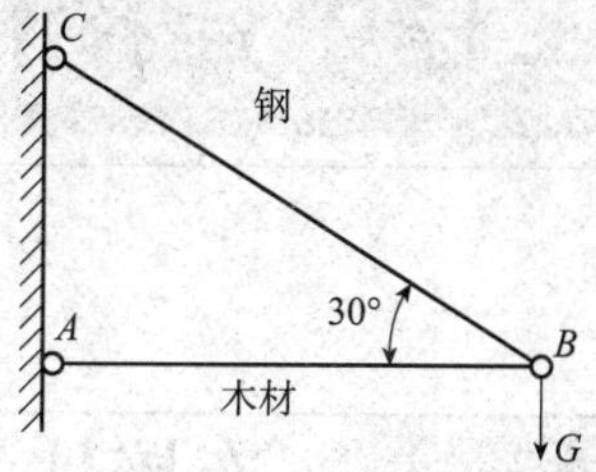		

项目四　工程中连接件强度计算

任务一　连接件的概念

一、案例导入

在实际工程中，为了将机械和结构物的各部分互相连接起来，通常要用到各种各样的连接件。例如，桥梁桁架节点处的铆钉(或高强度螺栓)连接，如图 2.4.1(a)所示；机械中的轴与齿轮之间的键连接，如图 2.4.1(b)所示；木结构中的榫齿连接，如图 2.4.1(c)所示；钢结构中的焊缝连接等，如图 2.4.1(d)所示。

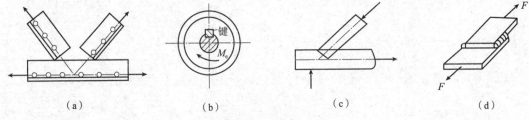

(a)　　　　　　　　(b)　　　　　　　　(c)　　　　　　　　(d)

图 2.4.1　连接件

连接件虽然体形较小，但对保证连接或整个结构安全和牢固起着非常重要的作用。在连接件的强度计算中，因为连接件一般不是细长的杆，并且受力和变形都比较复杂，要从理论上计算它们的工作应力往往非常困难。在工程设计中，为简化计算，通常采用工程实用计算方法，即按照连接的破坏可能性采用能反映其受力基本特征，并简化计算的假设，计算其应力，然后根据直接试验的结果，确定其相应的许用应力进行强度计算。

二、连接件的变形

(一)剪切

受剪切构件的外力特点：作用在构件两侧面上的横向外力的合力大小相等，方向相反，作用线相距很近。受剪切构件的变形特点：在这样的外力作用下，两力之间的横截面发生相对错动，这种变形形式叫作**剪切**。

(二)挤压

铆钉在受剪切的同时，在钢板和铆钉的相互接触面上，还会出现局部受压现象，称为**挤压**。这种挤压作用有可能使接触处局部区域内的材料发生较大的塑性变形，连接件与被连接件的相互接触面，称为挤压面。挤压面上传递的压力称为挤压力，用 F_c 表示。挤压面上的应力称为挤压应力。

任务二 剪切和挤压的实用计算

一、案例导入

在工程中，连接件主要产生剪切变形。如图 2.4.2(a)所示，两块钢板通过铆钉连接，铆钉即为连接件。下面对铆钉进行实用计算。

二、剪切的实用计算

(一)剪力

在外力作用下，对铆钉进行受力分析，受力图如图 2.4.2(b)所示。铆钉的 m—n 截面将发生相对错动，称为**剪切面**。利用截面法，从 m—n 截面截开，在剪切面上与截面相切的内力，如图 2.4.2(c)所示，称为剪力，用 Q 表示，由平衡方程可知

$$Q = F_P$$

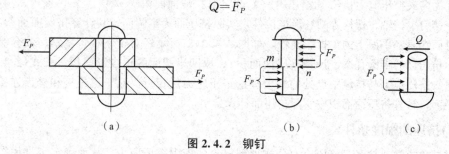

（a）　　　　　　　　　　（b）　　　　　　　　　　（c）

图 2.4.2 铆钉

(二)剪应力(切应力)

在剪切面上，假设切应力均匀分布，得到名义切应力，即

$$\tau = \frac{Q}{A} \tag{2.4.1}$$

式中，A 为剪切面面积。

(三)剪切的强度条件

剪切极限应力可通过材料的剪切破坏试验确定。在试验中测得材料剪断时的剪力值，同样按式(2.4.1)计算，得剪切极限应力 τ_u，剪切极限应力 τ_u 除以安全因数，即得出材料的许用切应力 $[\tau]$。则剪切强度条件表示为

$$\tau = \frac{Q}{A} \leqslant [\tau] \tag{2.4.2}$$

在工程中，剪切计算主要有 3 种情况：强度校核；截面设计；计算许用荷载。

三、挤压的实用计算

(一)挤压力

如图 2.4.3(a)所示，铆钉连接中铆钉与钢板在相互接触的侧面上相互压紧，将铆钉或钢板

的铆钉孔压成局部塑性变形。如图 2.4.3(b)所示就是铆钉孔被压成长圆孔的情况。当然，铆钉也可能被压成扁圆柱，所以应该进行挤压强度计算。在挤压面上应力分布一般也比较复杂。在实用计算中，也是假设在挤压面上应力均匀分布。

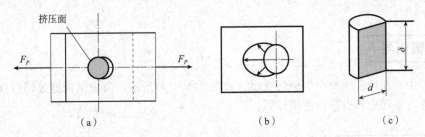

图 2.4.3　挤压变形

(二)挤压应力

工程上为了简化计算，假定挤压应力在计算挤压面上均匀分布，表示为

$$\sigma_c = \frac{F_c}{A_c} \tag{2.4.3}$$

式中，σ_c 为名义挤压应力；F_c 为挤压力；A_c 为计算挤压面面积。

对于铆钉、销轴、螺栓等圆柱形连接件，实际挤压面为半圆面，其计算挤压面面积 A_c 取为实际接触面在直径平面上的正投影面积，如图 2.4.3(c)所示；对于钢板、型钢、轴套等被连接件，实际挤压面为半圆孔壁，计算挤压面面积 A_c 取凹半圆面的正投影面积。按式(2.4.3)计算得到的名义挤压应力与接触中点处的最大理论挤压应力值相近。对于键连接和榫齿连接，其挤压面为平面，计算挤压面面积按实际挤压面计算。

(三)挤压的强度条件

通过试验方法，按名义挤压应力公式得到材料的极限挤压应力，从而确定了许用挤压应力 $[\sigma_c]$。为保障连接件和被连接件不致因挤压而失效，其挤压强度条件为

$$\sigma_c = \frac{F_c}{A_c} \leqslant [\sigma_c] \tag{2.4.4}$$

对于钢材等塑性材料，许用挤压应力 $[\sigma_c]$ 与许用拉应力 $[\sigma_t]$ 有如下关系：

$$[\sigma_c] = (1.7 \sim 2.0)[\sigma_t] \tag{2.4.5}$$

如果连接件和被连接件的材料不同，应按抵抗挤压能力较弱的构件为准进行强度计算。

四、问题分析——剪切和挤压的实用计算

【案例 2.4.1】　正方形截面的混凝土柱，如图 2.4.4 所示。其横截面边长为 200 mm，其基底为边长 1 m 的正方形混凝土板，柱承受轴向压力 $F=100$ kN。设地基对混凝土板的支反力为均匀分布，混凝土的许用切应力 $[\tau]=1.5$ MPa。试计算混凝土板的最小厚度 δ 为多少时，柱才不会穿过混凝土板。

解：(1)混凝土板的受剪面面积。

$A = 0.2 \times 4 \times \delta = 0.8\delta$

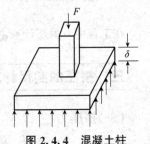

图 2.4.4　混凝土柱

(2)剪力计算。

$$Q = F - \left[0.2 \times 0.2 \times \left(\frac{F}{1 \times 1} \right) \right] = 100 \times 10^3 - \left[0.04 \times \left(\frac{100 \times 10^3}{1} \right) \right]$$
$$= 100 \times 10^3 - 4\,000 = 96 \times 10^3 (\text{N})$$

(3)混凝土板厚度设计。

$$\delta \geqslant \frac{Q}{[\tau] \times 800} = \frac{96 \times 10^3}{1.5 \times 800} = 80 (\text{mm})$$

(4)取混凝土板厚度 $\delta = 80$ mm。

【案例 2.4.2】 高炉热风围管套环与吊杆通过销轴连接,如图 2.4.5(a)所示。每个吊杆上承担的重量 $P = 188$ kN,销轴直径 $d = 90$ mm,在连接处吊杆端部厚 $\delta_1 = 110$ mm,套环厚 $\delta_2 = 75$ mm,吊杆、套环和销轴的材料均为 Q235 钢,许用切应力 $[\tau] = 90$ MPa,$[\sigma_c] = 200$ MPa,试校核销轴连接的强度。

解:(1)校核剪切强度。销轴的受力如图 2.4.5(b)所示,$a-a$、$b-b$ 两截面皆为剪切面,这种情况称为双剪。根据平衡条件,销轴上的剪力为

$$Q = \frac{P}{2} = \frac{188}{2} = 94(\text{kN})$$

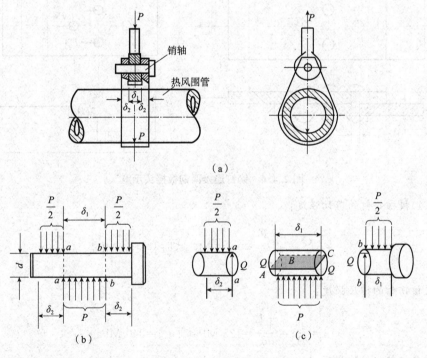

图 2.4.5 销轴受力图

剪切面的面积为

$$A = \frac{\pi d^2}{4} = \frac{\pi \times 90^2}{4} = 63.6 \times 10^{-4} (\text{m}^2)$$

销轴的工作应力为

$$\tau = \frac{Q}{A} = \frac{94 \times 1\,000}{63.6 \times 10^{-4}} = 14.8 \times 10^6 (\text{Pa}) = 14.8 \text{ MPa} < [\tau] = 90 \text{ MPa}$$

故剪切强度满足要求。

(2)校核挤压强度。销轴的挤压面是圆柱面,用通过圆柱直径的平面面积作为挤压面的计算

面积，如图 2.4.5(c)所示。

又因为长度 $\delta_1 < 2\delta_2$，应以面积较小者来校核挤压强度，此时的挤压面(ABCD)上的挤压力为

$$P = 188 \text{ kN}$$

挤压面的计算面积 $A_c = \delta_1 d = 11 \times 9 = 99 (\text{cm}^2) = 9.9 \times 10^{-3} \text{ m}^2$

所以工作挤压应力为

$$\sigma_c = \frac{P}{A_c} = \frac{188 \times 1\,000}{9.9 \times 10^{-3}} = 19 \times 10^6 (\text{Pa}) = 19 \text{ MPa} < [\sigma_c] = 200 \text{ MPa}$$

故挤压强度也满足要求。

【案例 2.4.3】 两钢板由铆钉连接接头，如图 2.4.6 所示，承受轴向荷载 F 作用，试校核该接头的强度。已知：荷载 $F = 80$ kN，板宽 $b = 80$ mm，板厚 $\delta = 10$ mm，铆钉直径 $d = 16$ mm，许用应力 $[\sigma] = 160$ MPa，许用切应力 $[\tau] = 120$ MPa，许用挤压应力 $[\sigma_c] = 340$ MPa。板件与铆钉的材料相同。

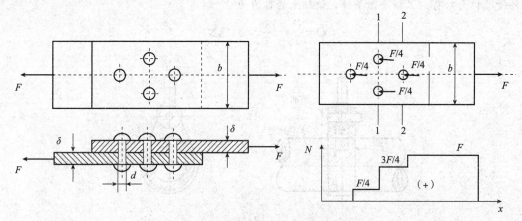

图 2.4.6 铆钉连接两钢板接头示意

解：(1)校核铆钉的剪切强度：

$$\tau = \frac{Q}{A} = \frac{\frac{1}{4}F}{\frac{1}{4}\pi d^2} = 99.5 \text{ MPa} \leqslant [\tau] = 120 \text{ MPa}$$

(2)校核铆钉的挤压强度：

$$\sigma_c = \frac{F_c}{A_c} = \frac{\frac{1}{4}F}{d\delta} = 125 \text{ MPa} \leqslant [\sigma_c] = 340 \text{ MPa}$$

(3)考虑板件的拉伸强度：

对板件受力分析，画板件的轴力图，如图 2.4.6 所示。

校核 1—1 截面的拉伸强度：

$$\sigma_1 = \frac{N_1}{A_1} = \frac{\frac{3F}{4}}{(b-2d)\delta} = 125 \text{ MPa} \leqslant [\sigma] = 160 \text{ MPa}$$

校核 2—2 截面的拉伸强度：

$$\sigma_1 = \frac{N_2}{A_2} = \frac{F}{(b-d)\delta} = 125 \text{ MPa} \leqslant [\sigma] = 160 \text{ MPa}$$

所以，接头的强度足够。

项目小结

序号	知识点	能力要求	学习成果	学习应用
1	剪切变形	熟记剪切变形的概念，构件受到大小相等、方向相反、作用线平行且相距很近的两外力作用时，两力之间的截面发生相对错位，这种变形称为剪切变形	熟知剪切实用计算内容：剪力、切应力的计算	正确、熟练地判断工程中发生剪切变形的杆件
2	挤压变形	熟记工程中的连接件在承受剪力的同时，还伴随着挤压的作用，即在传力的接触面上出现局部的不均匀压缩变形	熟知挤压实用计算内容：挤压力、挤压应力的计算	正确、熟练地判断工程中发生挤压变形的杆件
3	剪切强度	熟记剪切的强度条件：剪切实用计算是为了保障连接件和被连接件不致因剪切而破坏	熟记剪切强度条件公式：$$\tau = \frac{Q}{A} \leqslant [\tau]$$	熟记剪切强度的应用：(1)强度校核；(2)截面设计；(3)计算许用荷载
4	挤压强度	熟知挤压的强度条件内容：挤压实用计算是为了保障连接件和被连接件不致因挤压而破坏	熟记挤压强度条件公式：$$\sigma_c = \frac{F_c}{A_c} \leqslant [\sigma_c]$$	熟记挤压强度的应用：(1)强度校核；(2)截面设计；(3)计算许用荷载

 课后练习

按要求完成表格中的任务。

序号	基本任务	任务解决方法、过程	考核评价
1	木榫接头如图所示，已知 $b=12$ cm，$l=35$ cm，$a=4.5$ cm，$F=40$ kN。试求接头的切应力和挤压应力(基本型) 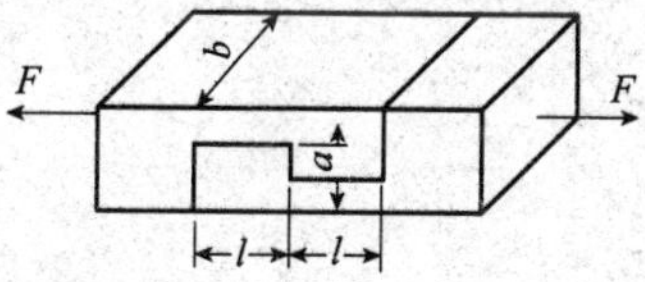		
2	销钉连接如图所示。已知 $F=100$ kN，销钉的直径 $d=30$ mm，材料的许用切应力 $[\tau]=60$ MPa。试校核销钉的剪切强度，若强度不够，应改用多大直径的销钉(综合型) 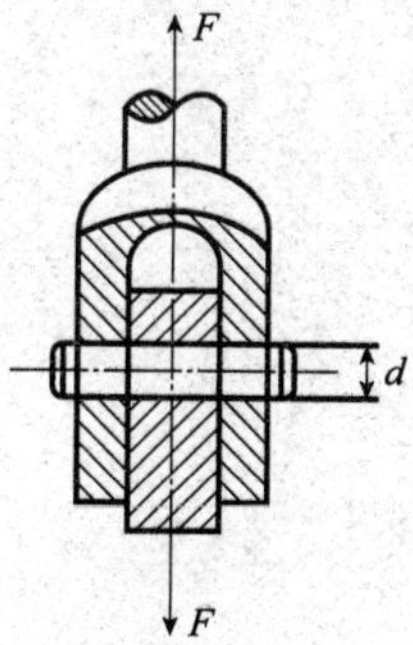		

序号	基本任务		任务解决方法、过程	考核评价
3	如图所示，接头中两端被连接杆直径为 D，许用应力为 $[\sigma]$。若销钉许用剪应力 $[\tau]=0.5[\sigma]$，试确定销钉的直径 d。若销钉和杆的许用挤压应力为 $[\sigma_c]=1.2[\sigma]$，销钉的工作长度 L 应为多大？（基本型）	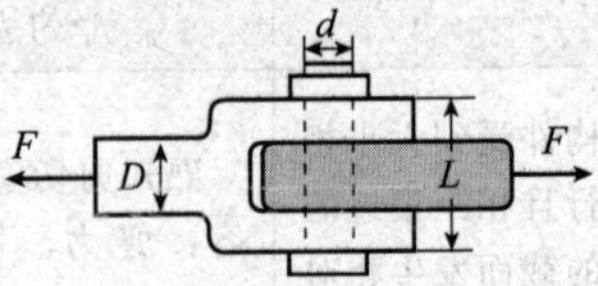 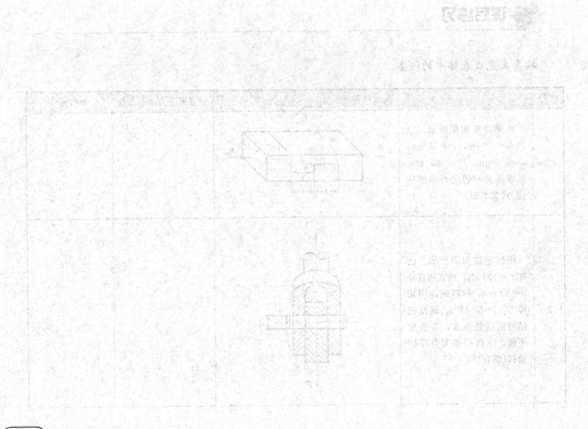		
4	螺栓接头如图所示，已知 $F=40$ kN，螺栓的许用切应力 $[\tau]=130$ MPa，许用挤压应力 $[\sigma_c]=300$ MPa。试求螺栓所需的直径 d（应用型）	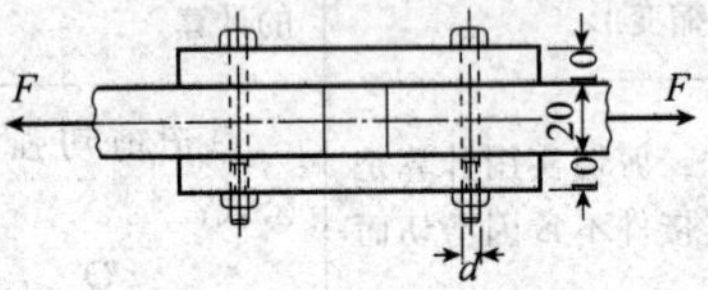		

项目五　工程中梁的强度计算

梁是在实际工程中很常见的杆件，在外力的作用下，梁将发生弯曲变形。所以，弯曲变形是工程中最常见的变形形式，也是最复杂的一种基本变形。梁的强度计算是非常重要的。

任务一　梁弯曲时横截面上的内力计算

一、案例导入——吊车横梁的内力分析

计算弯曲变形杆件的任一截面上的内力大小是非常重要的，梁的弯曲内力分析及内力图的绘制是解决梁的强度问题的基础部分。在进行结构设计及相关计算时，应保证结构的各个构件能够正常工作，即构件应具有足够的强度。解决强度问题，必须首先确定内力。物体受外力作用而发生变形时，其内部将产生附加内力，外力越大，产生的内力就越大。

吊车横梁如图 2.5.1（a）所示。其简易结构如图 2.5.1（b）所示，力学的计算简图如图 2.5.1（c）所示，强度计算的基础是绘制出吊车横梁的内力图。

下面学习梁的内力分析方法及内力图绘制。

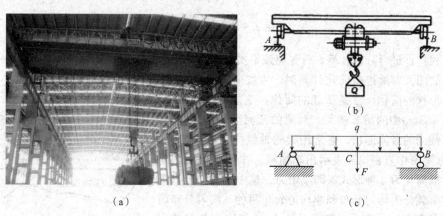

图 2.5.1　吊车横梁

二、平面弯曲的概念

各种桥梁结构都存在弯曲变形的问题，如图 2.5.2 所示。弯曲是实际工程中常见的一种基本变形形式，如图 2.5.3 所示。作用于这些杆件上的外力垂直于杆件的轴线，使原为轴线的直线变形为曲线，这种变形称为弯曲变形。以承受弯曲变形为主的杆件称为梁。轴线为直线的杆

件称为直梁；轴线为曲线的杆件称为曲梁。

图 2.5.2　梁的实例

在实际工程中最常用到的梁，其横截面大多有一根对称轴，如图 2.5.4 所示。通过梁轴线和横截面对称轴的平面称为纵向对称平面。当梁上所有的外力都作用在纵向对称平面内时，梁的轴线将弯曲成一条位于纵向对称平面内的平面曲线，这种弯曲称为平面弯曲。平面弯曲是弯曲问题中最简单和最常见的情况。本项目将讨论平面弯曲的相关问题。

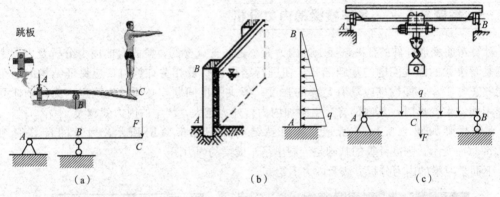

　（a）　　　　　　　　　　　（b）　　　　　　　　　　（c）

图 2.5.3　梁的弯曲

对工程构件进行分析计算，首先应该将实际构件简化为一个计算简图。对梁进行简化计算时，主要考虑 3 个方面：一是几何形状的简化；二是荷载的简化；三是支座的简化。参见图 2.5.3(c)中的吊车横梁。对梁的几何形状做简化时，暂不考虑截面的具体形状，通常用梁的轴线代替，图 2.5.3 (c)的计算简图中直杆 AB 表示吊车横梁。作用在梁上的荷载一般可以简化为 3 种形式，即集中力、集中力偶和分布荷载。分布荷载分为均匀分布和非均匀分布两种。均匀分布荷载又称均布荷载，分布在单位长度上的荷载称为荷载的集度，用 q 表示，单位为 N/m 或 kN/m。图 2.5.3(c)中吊车横梁的重力用均布荷载 q 表示。电葫芦对梁的压力可简化为集中力 F。

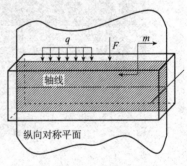

图 2.5.4　平面弯曲

计算简图中对梁支座的简化，主要根据每个支座对梁的约束情况来确定。一般可简化为固定铰支座、可动铰支座和固定端支座 3 种。

支座反力可以根据静力平衡方程求出的梁称为静定梁。由静力学方程不可求出支反力或不能求出全部支反力的梁称为非静定梁。梁的两个支座之间的长度称为跨度。根据梁的支承情况，静定梁可分为以下 3 种基本形式：

（1）简支梁：梁的一端为固定铰支座，另一端为可动铰支座，如图 2.5.5(a)所示。

（2）外伸梁：梁由固定铰支座和可动铰支座支承组成，梁的一端或两端伸出支座之外，如图 2.5.5(b)所示。

（3）悬臂梁：梁的一端为固定端，另一端为自由端，如图 2.5.5(c)所示。

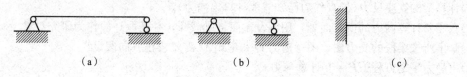

（a）　　　　　　　　　　（b）　　　　　　　　　（c）

图 2.5.5　梁的基本形式

(a)简支梁；(b)外伸梁；(c)悬臂梁

梁是实际工程中常用到的构件，而且往往是结构中的主要构件。下面将先后讨论梁的内力、应力和变形情况。

三、梁弯曲时的内力计算

确定了梁上所有的荷载和支座反力后，为计算梁的应力和强度，必须首先确定梁的内力。下面研究横截面上的内力，采用截面法。

梁在外力作用下，其任一横截面上的内力可用截面法来确定。图 2.5.6(a)所示的简支梁在外力作用下处于平衡状态，现分析距 A 端为 x 处横截面 m—m 上的内力。按截面法在横截面 m—m 处假想地将梁分为两段，因为梁原来处于平衡状态，被截出的一段梁也应保持平衡状态。如果取左段为研究对象，则右段梁对左段梁的作用以截开面上的内力来代替。左、右段梁要保持平衡，在其横截面 m—m 上，存在两个内力分量：力 Q 和力偶矩 M。内力 Q 与截面相切，称为剪力，内力偶矩 M 称为弯矩，如图 2.5.6(b)、(c)所示。

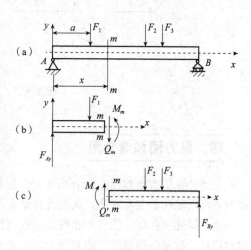

图 2.5.6　梁的内力计算

无论是取出左段还是右段(选取一个就可以计算出截面 m—m 上的内力)，所取的研究对象仍处于平衡状态，那么所受的力必将满足平衡方程。由此可计算出 m—m 截面上的剪力和弯矩，包括剪力和弯矩大小、方向或转向。

如果取左段为研究对象，根据平衡可得

$$\sum F_y = 0,\ F_{Ay} - Q_m = 0,\ Q_m = F_{Ay}$$
$$\sum M_C(F) = 0,\ M_m - F_{Ay} \cdot x = 0,\ M_m = F_{Ay} \cdot x$$

注意：上面第二个式子是将所有外力和内力对研究对象的截面 m—m 的形心 C 取矩，截面 m—m 上的剪力对形心 C 的力臂为零，所以方程中无此项。

为了使左、右两段在同一截面上的内力正负号相同，同时也为计算方便，通常对剪力 Q 和弯矩 M 的正负号做如下规定：

剪力 Q：使微段梁的左侧截面向上、右侧截面向下错动时，即截面剪力绕微段梁顺时针转动，剪力为正；反之，剪力为负。

弯矩 M：使微段梁的下侧受拉时，弯矩为正；反之，弯矩为负。

或将此规则归纳为一简单的口诀："顺转，剪力为正；下侧拉伸，弯矩为正。"如图 2.5.7 所示。

综上所述，可将计算剪力和弯矩的方法概括如下：

(1)计算梁的支座反力(只有外力已知才能计算出内力)。

(2)在需要计算内力的横截面处，用假设截面将梁截开，并任取一段作为研究对象。

(3)画出所选梁段的受力图，图中剪力 Q 和弯矩 M 需要按正方向假设。

(4)由静力平衡方程 $\sum F_y = 0$ 计算剪力 Q。

(5)由静力平衡方程 $\sum M_C(F) = 0$ 计算弯矩 M。

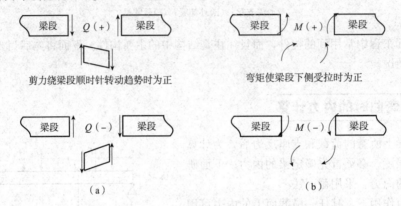

图 2.5.7　梁的内力符号规定

四、剪力图和弯矩图

上述计算了指定截面的剪力和弯矩，但是为了分析和解决梁的强度问题，还必须知道剪力和弯矩沿梁轴线的变化规律，从而找到最大内力对应的截面，以便解决梁的设计等计算问题。

为了描述横截面上的剪力和弯矩随截面位置变化的规律，可以用坐标 x 表示横截面沿梁轴线的位置，将梁各横截面上的剪力和弯矩表示为坐标 x 的函数，即

$$Q = Q(x), \quad M = M(x)$$

这两个函数表达式称为剪力方程和弯矩方程。

为了更清晰地表明梁各横截面上的剪力和弯矩沿梁轴线的变化情况，在设计计算中常将横截面上的剪力和弯矩用图形来表示。取一平行于梁轴线的横坐标 x，表示横截面的位置，以纵坐标表示各对应横截面上的剪力和弯矩，画出剪力和弯矩随 x 变化的曲线。这样得出的图形称为梁的剪力图和弯矩图，简称 Q 和 M 图。

绘图时，一般规定正号的剪力画在 x 轴的上侧，负号的剪力画在 x 轴的下侧；正弯矩画在 x 轴下侧，负弯矩画在 x 轴上侧，即将弯矩画在梁受拉的一侧。

利用剪力方程和弯矩方程作剪力图、弯矩图的步骤如下：

(1)计算梁的支座反力；

(2)分段，在集中力(包括支座反力)、集中力偶作用处，以及分布荷载的两端处分段；

(3)采用截面法列出各段的剪力方程和弯矩方程；

(4)根据剪力方程和弯矩方程，作出相应的剪力图和弯矩图；

(5)确定最大剪力和最大弯矩及所在截面。

五、梁弯曲时的内力图绘制

利用荷载集度、剪力和弯矩的微分关系了解原计算简图、剪力图和弯矩图之间的关系，掌握图形之间的规律，可以简便、快速、准确地画出剪力图和弯矩图。以图2.5.8简支梁为例，梁上作用有均布荷载 q，其剪力方程和弯矩方程分别为

$$Q=\frac{ql}{2}-qx$$

$$M=\frac{ql}{2}\cdot x-\frac{q}{2}x^2$$

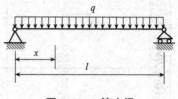

图 2.5.8　简支梁

如果将弯矩对 x 求一阶导数，得 $\dfrac{\mathrm{d}M}{\mathrm{d}x}=\dfrac{ql}{2}-qx=Q$，其结果就是剪力。

如果将剪力对 x 求一阶导数，得 $\dfrac{\mathrm{d}Q}{\mathrm{d}x}=-q$，其结果就是分布荷载的集度。这一关系普遍存在于其他情况的梁，即

$$\frac{\mathrm{d}Q}{\mathrm{d}x}=q,\quad \frac{\mathrm{d}M}{\mathrm{d}x}=Q,\quad \frac{\mathrm{d}^2M}{\mathrm{d}x^2}=q$$

这种微分关系说明：剪力图中曲线上某点切线的斜率等于梁上对应点处的荷载集度；弯矩图中曲线上某点切线的斜率等于梁在对应截面上的剪力。

根据上述关系，可以得到荷载、剪力图和弯矩图三者之间的关系(表2.5.1)。

剪力图和弯矩图有以下规律：

(1)梁上没有分布荷载的区段，剪力图为水平线；弯矩图为斜直线。

(2)有均布荷载的一段梁内，剪力图为倾斜直线；弯矩图为二次抛物线。

(3)在集中力作用处，剪力图有突变，突变值即该处的集中力的大小，当剪力图由左向右绘制时，突变方向与集中力指向一致(集中力向下，向下突变；反之，向上突变)；弯矩图在此有一折角。

(4)在集中力偶作用处，剪力图没有变化，弯矩图有突变，突变值即该处的集中力偶的大小。

(5)同一区段内(有分布荷载或无分布荷载)，任两个截面的弯矩的差值等于这两个截面之间剪力图围成的面积。

六、问题分析——内力计算、内力图绘制

【案例 2.5.1】　如图2.5.9(a)所示，简支梁在点 C 处作用一集中力 $F=10$ kN，求截面 $n-n$ 上的剪力和弯矩。

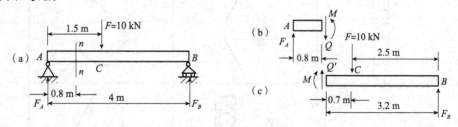

图 2.5.9　案例 2.5.1 简支梁

解：求梁的支座反力。

由 $\sum m_A=0$，$4F_B-1.5F=0$

解得 $F_B=3.75$ kN

表 2.5.1 直杆上荷载、剪力图和弯矩图三者之间的关系

梁上荷载情况	无均布荷载段	有均布荷载段	集中力	集中力偶	铰
荷载	$q=0$	q（↓↓↓）	F（↓）／F（↑）	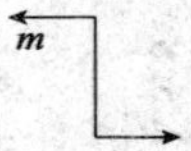 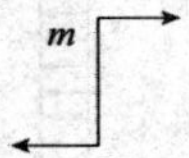 m（↶）／m（↷）	
剪力图	水平线（+／−） 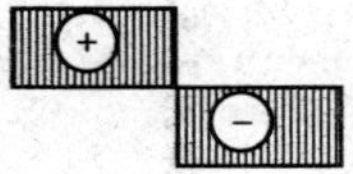	斜直线 	向下突变（由左向右观察）／向上突变（由左向右观察） 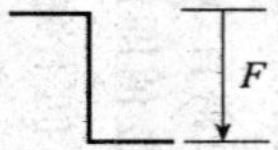 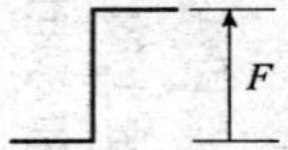	无变化	无影响
弯矩图	斜直线 	抛物线；有极值（抛物线顶点） 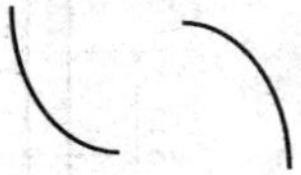	向下尖角／向上尖角  	向上突变（由左向右观察）／向下突变（由左向右观察） 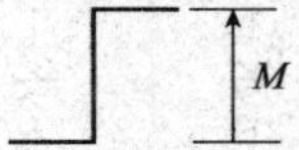 	为零

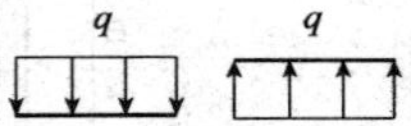

90

由 $\sum F_y = 0$, $F_A + F_B - F = 0$

解得 $F_A = 6.25$ kN

求截面 $n-n$ 的内力：

取左段：$Q = F_A = 6.25$ kN $\qquad M = F_A \times 0.8 = 5 (\text{kN} \cdot \text{m})$

取右段：$Q' = F - F_B = 6.25$ kN $\qquad M = F_B \times (4 - 0.8) - F \times (1.5 - 0.8) = 5 (\text{kN} \cdot \text{m})$

【案例 2.5.2】 外伸梁受荷载作用如图 2.5.10(a)所示。图中截面 1—1 和 2—2 都无限接近截面 A，截面 3—3 和 4—4 也都无限接近截面 D。求图示各截面的剪力和弯矩。

解：(1)根据平衡条件求约束反力：

$$F_{Ay} = \frac{5}{4}F, \quad F_{By} = -\frac{1}{4}F$$

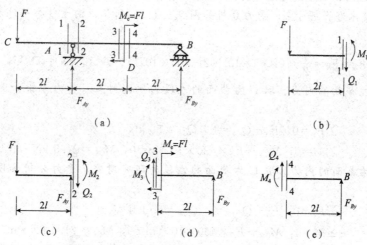

图 2.5.10　案例 2.5.2 外伸梁

(2)求截面 1—1 的内力。用截面 1—1 截取左段梁为研究对象，其受力如图 2.5.10(b)所示。

$$\sum F_y = 0, \quad -F - Q_1 = 0, \quad Q_1 = -F$$

$$\sum M = 0, \quad 2Fl + M_1 = 0, \quad M_1 = -2Fl$$

(3)求截面 2—2 的内力。用截面 2—2 截取左段梁为研究对象，如图 2.5.10(c)所示。

$$\sum F_y = 0, \quad F_{Ay} - F - Q_2 = 0$$

$$\frac{5F}{4} - F - Q_2 = 0, \quad Q_2 = \frac{F}{4}$$

$$\sum M = 0, \quad 2Fl + M_2 = 0, \quad M_2 = -2Fl$$

(4)求截面 3—3 的内力。用截面 3—3 截取右段梁为研究对象，如图 2.5.10(d)所示。

$$\sum F_y = 0, \quad F_{By} + Q_3 = 0$$

$$-\frac{F}{4} + Q_3 = 0, \quad Q_3 = \frac{F}{4}$$

$$\sum M = 0, \quad -M_e - M_3 + 2F_{By}l = 0, \quad M_3 = -\frac{3}{2}Fl$$

(5)求截面 4—4 的内力。用截面 4—4 截取右段梁为研究对象，如图 2.5.10(e)所示。

$$\sum F_y = 0, \quad F_{By} + Q_4 = 0$$

$$-\frac{F}{4} + Q_4 = 0, \quad Q_4 = \frac{F}{4}$$

$$\sum M = 0, \quad -M_4 + 2F_{By}l = 0, \quad M_4 = -\frac{1}{2}Fl$$

分析：比较截面1—1和2—2的内力发现，在集中力左右两侧无限接近的横截面上弯矩相同，而剪力不同，剪力相差的数值等于该集中力的值。就是说在集中力的两侧截面剪力发生了突变，突变值等于该集中力的值。

比较截面3—3和4—4的内力，在集中力偶两侧横截面上剪力相同，而弯矩发生了突变，突变值就等于集中力偶的力偶矩。

比较截面2—2和3—3的内力，剪力相同，弯矩不同。

在集中力作用截面处，应分左、右截面计算剪力；在集中力偶作用截面处，也应分左、右截面计算弯矩。

【案例 2.5.3】 如图 2.5.11(a)所示，已知简支梁 $q=12.5\times10^4$ N/m，求简支梁跨度中点 E、截面 C 左和截面 C 右上的弯矩和剪力(图中尺寸单位：mm)。

解：(1)以整体为研究对象，受力分析如图 2.5.11(a)所示，由于整个构件和受力均对称，可知

$$F_A=F_B=\frac{1}{2}\times(12.5\times10^4\times2\times400\times10^{-3})=5\times10^4(N)=50\text{ kN}$$

(2)计算 C 左截面的内力。取 C 左截面的左段为研究对象，受力分析如图 2.5.11(b)所示，有

$$\sum F_y=0,\ F_A-Q_{C左}=0,\ Q_{C左}=50\text{ kN}$$
$$\sum M=0,\ M_{C左}-F_A\times430\times10^{-3}\text{m}=0,\ M_{C左}=21.5\text{ kN}\cdot\text{m}$$

(3)计算 C 右截面的内力。取 C 右截面的左段为研究对象，受力分析如图 2.5.11(c)所示，有

$$\sum F_y=0,\ F_A-Q_{C右}=0,\ Q_{C右}=50\text{ kN}$$
$$\sum M=0,\ M_{C右}-F_A\times430\times10^{-3}\text{ m}=0,\ M_{C右}=21.5\text{ kN}\cdot\text{m}$$

(4)计算截面 E 的内力。取截面 E 的左段为研究对象，受力分析如图 2.5.11(d)所示，有

$$\sum F_y=0,\ F_A-12.5\times10^4\text{ N/m}\times0.4\text{ m}-Q_E=0,\ Q_E=0$$
$$\sum M=0,\ M_E+12.5\times10^4\text{ N/m}\times0.4\text{ m}\times0.2\text{ m}-F_A\times0.83\text{ m}=0$$
$$M_E=31.5\text{ kN}\cdot\text{m}$$

【案例 2.5.4】 如图 2.5.12(a)所示，悬臂梁受集中力 F 作用，试作此梁的剪力图和弯矩图。

解：(1)列剪力方程和弯矩方程。以梁左端 A 点为 x 轴坐标原点，如图 2.5.12(b)所示。于是剪力方程和弯矩方程分别为

$$Q(x)=-F\quad(0<x<l)\qquad\qquad\text{(a)}$$
$$M(x)=-Fx\quad(0\leqslant x<l)\qquad\qquad\text{(b)}$$

(2)作剪力图和弯矩图。式(a)表明，剪力图是一条平行于 x 轴的直线，且位于 x 轴下方，如图 2.5.12(c)所示。式(b)表明，弯矩图是一条倾斜直线，只需确定梁上两端点弯矩值，便可画出弯矩图。由式(b)，当 $x=0$，$M_A=0$；当 $x=l$ 时，$M_B=-Fl$。画出的弯矩图如图 2.5.12(d)所示。

由剪力图和弯矩图可知，剪力在全梁各截面都相等，在梁右端的固定端截面上，弯矩的绝对值最大，所以有

$$|Q|_{\max}=F$$
$$|M|_{\max}=Fl$$

画图时应将剪力图、弯矩图与计算简图的相应位置对齐，并注明图名(Q 或 M 图)、控制点值及正负号。

极惯性矩定义为

$$I_\rho = \int_A \rho^2 \, \mathrm{d}A = \int_A (z^2 + y^2) \, \mathrm{d}A = I_z + I_y \tag{2.5.7}$$

从上面公式可以看出，惯性矩总是大于零，因为坐标的平方总是正数，惯性积可以是正、负和零；惯性矩、惯性积和极惯性矩的单位都是长度的四次方，用 m^4 或 cm^4、mm^4 等表示。

常用简单图形的惯性矩计算公式如下：

(1)矩形截面对其对称轴 z 轴和 y 轴的惯性矩（图 2.5.14）为

$$I_z = \frac{bh^3}{12} \tag{2.5.8a}$$

$$I_y = \frac{hb^3}{12} \tag{2.5.8b}$$

(2)圆形截面对过形心 O 的 z、y 轴的惯性矩（图 2.5.15）为

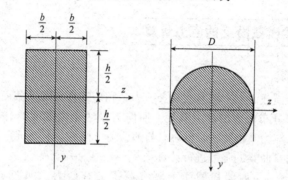

图 2.5.14　矩形截面　　　图 2.5.15　圆形截面

$$I_z = I_y = \frac{\pi D^4}{64} \tag{2.5.9}$$

(3)圆环截面对过形心 O 的 z、y 轴的惯性矩为

$$I_z = I_y = \frac{\pi}{64}(D^4 - d^4) = \frac{\pi}{64} D^4 (1 - \alpha^4) \tag{2.5.10}$$

其中，圆环截面外直径为 D，内直径为 d，而 $\alpha = \dfrac{d}{D}$。

(三)惯性半径

工程中把截面对某轴的惯性矩与截面面积比值的算术平方根定义为截面对该轴的惯性半径，用 i 来表示。

$$i = \sqrt{\frac{I}{A}} \tag{2.5.11}$$

例如，圆截面对过形心 O 的 z 轴的惯性半径为

$$i_z = \sqrt{\frac{I_z}{A}} = \sqrt{\frac{\pi D^4 / 64}{\pi D^2 / 4}} = \frac{D}{4} \tag{2.5.12}$$

图 2.5.14 中矩形截面对 z 轴的惯性半径为

$$i_z = \sqrt{\frac{I_z}{A}} = \sqrt{\frac{bh^3 / 12}{bh}} = \frac{h}{2\sqrt{3}} \tag{2.5.13}$$

对 y 轴的惯性半径为

$$i_y = \sqrt{\frac{I_y}{A}} = \sqrt{\frac{hb^3 / 12}{bh}} = \frac{b}{2\sqrt{3}} \tag{2.5.14}$$

(四)平行移轴定理

同一截面对不同的平行轴的惯性矩不同。图 2.5.16 所示，任意截面过形心 C 有平行于 z'、y' 的两个坐标轴 z 和 y，已知截面对形心轴 z 轴、y 轴的惯性矩为 I_z、I_y。该截面在 $Oz'y'$ 坐标系下形心坐标为 $C(a, b)$。因此，z' 轴与 z 轴平行且距离为 a，y' 轴与 y 轴平行且距离为 b。该截面对 z' 轴和 y' 轴的惯性矩分别为 I'_z、I'_y，可以通过下面的平行移轴公式计算得到

$$I'_z = I_z + b^2 A \tag{2.5.15a}$$
$$I'_y = I_y + a^2 A \tag{2.5.15b}$$

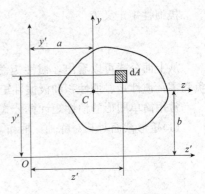

图 2.5.16　平行轴的惯性矩

三、纯弯曲时梁横截面上的应力计算

(一)纯弯曲的概念

梁在荷载作用下，横截面上一般有弯矩和剪力，相应地在梁的横截面上有正应力和剪应力。弯矩是垂直于横截面的分布内力的合力偶矩；而剪力是切于横截面的分布内力的合力。所以，弯矩只与横截面上的正应力 σ 相关，而剪力只与剪应力 τ 相关。下面研究正应力 σ 和剪应力 τ 的分布规律，从而对平面弯曲梁的强度进行计算。

在平面弯曲情况下，一般梁横截面上既有弯矩又有剪力，如图 2.5.17 所示梁的 AC、DB 段；而在 CD 段内，梁横截面上剪力等于零，只有弯矩，这种情况称为纯弯曲。在研究梁横截面上正应力的分布规律时，为方便推导公式，选取纯弯曲梁作为研究对象。

(二)梁横截面上的正应力计算公式

首先，通过试验观察梁的变形情况。取图 2.5.17 中梁的 CD 段作为研究对象。未加载前在其表面画上平行于梁轴线的纵向线和垂直于梁轴线的横向线，如图 2.5.18 所示，在梁的两端施加一对位于梁纵向对称平面内的力偶，则梁发生纯弯曲。

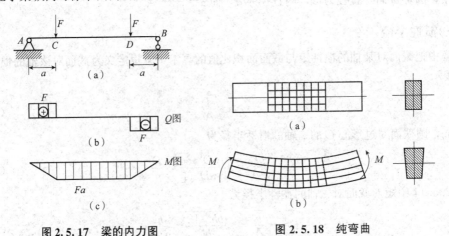

图 2.5.17　梁的内力图　　　　　图 2.5.18　纯弯曲

通过梁的纯弯曲试验可观察到如下现象：

(1)纵向线弯曲成曲线，其间距不变。

(2)横向线仍为直线，且和纵向线正交，横向线间相对地转过一个微小的角度。

根据上述现象,可对梁的变形提出假设:

(1)平面假设:梁在纯弯曲变形时,各横截面始终保持为平面,仅绕某轴转过一个微小的角度。

(2)单轴受力假设:设梁由无数条纵向纤维组成,在梁的变形过程中,这些纵向纤维处于单向受拉或受压状态。

根据平面假设,纵向纤维的变形沿高度方向应该是连续变化的,所以从伸长区到缩短区,中间必有一层纤维既不伸长也不缩短,这层纤维层称为中性层,如图 2.5.19 所示。中性层与横截面的交线称为中性轴,用 z 表示。纯弯曲时,梁的横截面绕中性轴 z 转过一微小的角度。

综上所述,梁在纯弯曲时横截面上的应力分布有如下特点:

(1)中性轴上的线应变为零,所以其正应力也为零。

(2)距中性轴距离相等的各点,其线应变大小相等。根据胡克定律,它们正应力的绝对值也相等。

(3)在如图 2.5.18 所示的受力情况下,中性轴上部各点正应力为负值,中性轴下部各点正应力为正值。

(4)正应力沿 y 轴线性分布,如图 2.5.20 所示。最大正应力(绝对值)发生在距中性轴最远的上、下边缘处。

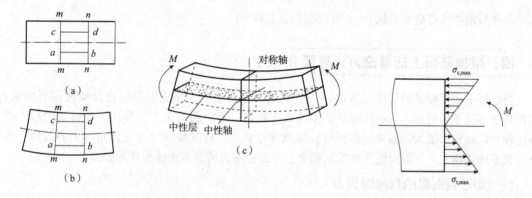

(a)

(b)

图 2.5.19 中性层和中性轴

图 2.5.20 梁的正应力分布图

由梁变形的几何关系、物理关系及静力学关系,可以证明距离中性轴为 y 处点的正应力计算公式为

$$\sigma = \frac{M}{I_z} \cdot y \tag{2.5.16}$$

式中,σ 为横截面上距离中性轴为 y 处各点的正应力;M 为横截面上的弯矩(N·m);I_z 为横截面对中性轴 z 的惯性矩(m⁴ 或 mm⁴)。实际使用时,M 和 y 都可以取绝对值,由梁的变形来判断 σ 的正负。式(2.5.16)即梁纯弯曲时正应力的计算公式。

应该指出,以上公式虽然是在纯弯曲的情况下,以矩形梁为例建立的,但对于具有纵向对称平面的其他截面形式的梁,如I形、T形和圆形截面梁等仍然可以使用。同时,在实际工程中大多数受横向力作用的梁,横截面上都存在剪力和弯矩;但对于一般细长梁,剪力的存在对正应力分布规律的影响很小。因此,式(2.5.16)也适用于非纯弯曲的情况。

由式(2.5.16)可知,$y = y_{max}$ 即在距离中性轴最远的各点处,弯曲正应力最大,其值为

$$\sigma_{max} = \frac{M}{I_z} \cdot y_{max} = \frac{M}{\dfrac{I_z}{y_{max}}} \tag{2.5.17}$$

式中，比值 I_z/y_{max} 仅与截面的形状与尺寸有关，称为抗弯截面系数，也称抗弯截面模量。用 W_z 表示，即

$$W_z = \frac{I_z}{y_{max}} \tag{2.5.18}$$

于是，最大弯曲正应力即

$$\sigma_{max} = \frac{M}{W_z} \tag{2.5.19}$$

矩形和圆形截面的抗弯截面系数如下：

(1)矩形截面(高为 h，宽为 b)：

$$W_z = \frac{I_z}{y_{max}} = \frac{bh^3/12}{h/2} = \frac{bh^2}{6} \tag{2.5.20a}$$

(2)圆形截面(直径为 D)：

$$W_z = \frac{I_z}{y_{max}} = \frac{\pi D^4/64}{D/2} = \frac{\pi D^3}{32} \tag{2.5.20b}$$

(3)圆环形截面$\left(外直径为 D，内直径为 d，\alpha = \frac{d}{D}\right)$：

$$W_z = \frac{I_z}{y_{max}} = \frac{\pi D^4(1-\alpha^4)/64}{D/2} = \frac{\pi D^3}{32}(1-\alpha^4) \tag{2.5.20c}$$

各种型钢的抗弯截面系数 W_z，可由型钢表查得。

四、梁横截面上的剪应力计算简介

当进行平面弯曲梁的强度计算时，一般来说，弯曲正应力是支配梁强度计算的主要因素；但在某些情况下，例如，当梁的跨度很小或在支座附近有很大的集中力作用，这时梁的最大弯矩比较小，而剪力很大，如果梁截面窄且高或薄壁截面，这时剪应力可达到相当大的数值，剪应力就不能忽略了。下面介绍几种常见截面上弯曲剪应力的分布规律和计算公式。

(一)矩形截面梁的弯曲剪应力

在横力弯曲时，梁横截面除由弯矩引起的正应力外，还有由剪力引起的剪应力。设矩形截面梁的横截面宽度、高度分别为 b、h，横截面上的剪力为 Q，如图 2.5.21(a)所示。剪应力的分布有如下假设：

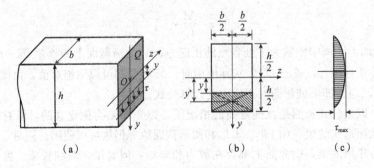

图 2.5.21 梁的剪应力分布图

(1)横截面上各点处的剪应力方向与 Q 平行；
(2)剪应力沿截面的宽度均匀分布，距中性轴 z 等距离的各点剪应力大小相等。
推导可得，距中性轴 y 处的剪应力的计算公式为

$$\tau = \frac{Q \cdot S_z^*}{I_z \cdot b} \tag{2.5.21}$$

式中，S_z^* 为截面上距中性轴为 y 的横线一侧部分的矩形面积对中性轴的静矩。

由图 2.5.21(b)可得

$$S_z^* = \int_A y \mathrm{d}A = A^* \cdot y^* = b\left(\frac{h}{2} - y\right) \times \left(y + \frac{h/2 - y}{2}\right) = \frac{b}{2}\left(\frac{h^2}{4} - y^2\right)$$

将上式及 $I_z = \frac{bh^3}{12}$ 代入式(2.5.21)，可得

$$\tau = \frac{3Q}{2bh}\left(1 - \frac{4y^2}{h^2}\right) \tag{2.5.22}$$

由式(2.5.22)可知，弯曲剪应力沿截面高度呈抛物线分布，如图 2.5.21(c)所示。在中性轴上有最大剪应力，其值为

$$\tau_{max} = \frac{3}{2} \cdot \frac{Q}{A} \tag{2.5.23}$$

(二)I 形截面梁的弯曲剪应力

I 形截面梁由腹板和翼缘组成。其横截面如图 2.5.22 所示。中间狭长部分为腹板，上、下扁平部分为翼缘。梁横截面上的剪应力主要分布于腹板上，翼缘部分的剪应力情况比较复杂，数值很小，可以不予考虑。由于腹板比较狭长，因此可以假设：腹板上各点处的弯曲剪应力平行于腹板侧边，并沿腹板厚度均匀分布。腹板的剪应力平行于腹板的竖边，且沿宽度方向均匀分布。根据上述假设，并采用前述矩形截面梁的分析方法，得腹板上 y 处的弯曲剪应力为

$$\tau = \frac{QS_z^*}{I_z b}$$

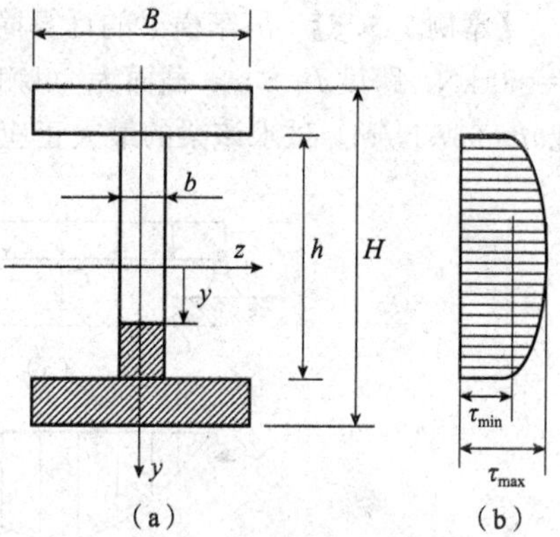

图 2.5.22　I 形截面梁的剪应力分布图

式中，I_z 为整个 I 形截面对中性轴 z 的惯性矩；S_z^* 为 y 处横线一侧的部分截面对该轴的静矩；b 为腹板的厚度。

由图 2.5.22(a)可以看出，y 处横线以下的截面是由下翼缘部分与部分腹板组成的，该截面对中性轴 z 的静矩为

$$S_z^* = \frac{B}{8}(H^2 - h^2) + \frac{b}{2}\left(\frac{h^2}{4} - y^2\right) \tag{2.5.24}$$

因此，腹板上 y 处的弯曲剪应力为

$$\tau = \frac{Q}{I_z b}\left[\frac{B}{8}(H^2 - h^2) + \frac{b}{2}\left(\frac{h^2}{4} - y^2\right)\right] \tag{2.5.25}$$

由此可见，腹板上的弯曲剪应力沿腹板高度方向也是呈二次抛物线分布，如图 2.5.22(b)所示。在中性轴处($y = 0$)，剪应力最大，在腹板与翼缘的交接处($y = \pm h/2$)，剪应力最小，其值分别为

$$\tau_{max} = \frac{Q}{I_z b}\left[\frac{BH^2}{8} - (B - b)\frac{h^2}{8}\right] \text{ 或 } \tau_{max} = \frac{Q}{\frac{I_z}{S^*}b} \tag{2.5.26}$$

$$\tau_{min} = \frac{Q}{I_z b}\left(\frac{BH^2}{8} - \frac{Bh^2}{8}\right) \tag{2.5.27}$$

由以上两式可见，当腹板的宽度 b 远小于翼缘的宽度 B，τ_{max} 与 τ_{min} 实际上相差不大，所以可

以认为在腹板上剪应力大致是均匀分布的。可用腹板的截面面积除剪力 Q，近似地得到表示腹板的剪应力，即

$$\tau = \frac{Q}{bh} \tag{2.5.28}$$

在 I 形截面梁的腹板与翼缘的交接处，剪应力分布比较复杂，而且存在应力集中现象，为了减小应力集中，宜将接合处做成圆角。

五、问题分析——吊车横梁的应力分析

弯矩是影响梁的强度的主要因素。所以，掌握梁横截面上的正应力特点是工程应用中必要的知识。梁横截面上正应力特点如下：

(1)梁横截面上正应力的分布规律：正应力沿截面高度直线分布，沿截面宽度均匀分布，中性轴上的点正应力等于零，离中性轴最远的点取得该截面上正应力的最大值。

(2)正应力的大小与弯矩和截面几何尺寸有关系。

(3)发生弯曲变形的梁，中性层一侧为拉伸，另一侧为压缩。

【案例 2.5.5】 吊车横梁的计算简图和弯矩图如图 2.5.23(a)、(b)所示，并且已知吊起重物 $F = 60$ kN，跨度 $l = 8$ m，截面为 36b 工字钢，另由型钢表查得 36b 工字钢 $W_z = 919$ cm³，均布荷载 $q = 657$ N/m。试求该梁的最大正应力及其位置。

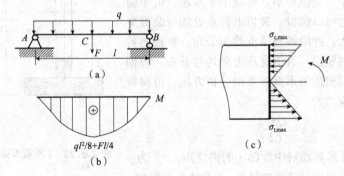

图 2.5.23 案例 2.5.5 吊车横梁的计算简图和弯矩图

解：(1)计算梁的最大弯矩 M_{max}。

$$M_{max} = \frac{ql^2}{8} + \frac{Fl}{4} = \frac{657 \times (8)^2}{8} + \frac{60 \times 10^3 \times 8}{4} = 125.3 \text{(kN} \cdot \text{m)}$$

由弯矩图可知，梁下侧受拉伸，绘制正应力分布图，如图 2.5.23(c)所示。

(2)计算最大正应力。

根据正应力计算公式有

$$\sigma_{max} = \frac{M_{max}}{W_z} = \frac{125.3 \times 10^3}{919 \times 10^{-6}} = 136.3 \times 10^6 \text{(Pa)} = 136.3 \text{ MPa}$$

由于工字钢上下对称，$\sigma_{max}^+ = \sigma_{max}^- = 136.3$ MPa。根据应力分布图，最大拉应力发生在 C 截面下边缘点，最大压应力发生在 C 截面上边缘点。

【案例 2.5.6】 图 2.5.24 所示悬臂梁，自由端承受集中荷载 F 作用，已知：$h = 18$ cm，$b = 12$ cm，$y = 6$ cm，$a = 2$ m，$F = 1.5$ kN。计算 A 截面上 K 点的弯曲正应力。

解：先计算截面上的弯矩

$$M_A = -Fa = -1.5 \times 2 = -3 \text{(kN} \cdot \text{m)}$$

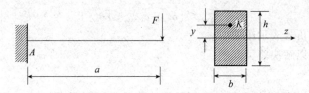

图 2.5.24 案例 2.5.6 悬臂梁受力图

截面对中性轴的惯性矩

$$I_z = \frac{bh^3}{12} = \frac{120 \times 180^3}{12} = 5.832 \times 10^7 (\text{mm}^4)$$

则

$$\sigma_K = \frac{M_A}{I_z} y = \frac{3 \times 10^6}{5.832 \times 10^7} \times 60 = 3.09$$

A 截面上的弯矩为负(梁上部分受拉),K 点是在中性轴的上边,所以为拉应力。

任务三　　梁弯曲时的强度计算

一、案例导入——吊车横梁的强度分析

有了梁横截面上最大应力的大小及所处位置,还不足以说明该梁能否在工程中应用。进行梁的强度分析是最为关键的一步。那么怎样进行强度分析呢?

以上已经分析出吊车横梁的最大应力值及其位置,如果材料的许用应力为 $[\sigma] = 150\ \text{MPa}$,该梁是否满足强度要求?如果载重 $F = 60\ \text{kN}$,能否满足强度要求?该吊车横梁吊起的最大重量为多少(已知采用 36b 工字钢,跨度 $l = 8\ \text{m}$,$W_z = 919\ \text{cm}^3$,$q = 657\ \text{N/m}$)?

下面学习梁弯曲的强度分析方法和强度计算。

二、梁弯曲时的强度条件及计算

在一般情况下,梁内同时存在弯曲正应力和剪应力,为了保证梁的安全工作,梁最大应力不能超出一定的限度,也就是说,梁必须要同时满足正应力强度条件和剪应力强度条件。

(一)弯曲正应力强度条件

最大弯曲正应力发生在横截面上离中性轴最远的各点处,而该处的剪应力一般为零或很小,因而最大弯曲正应力作用点可看成处于单向受力状态,所以,弯曲正应力强度条件为

$$\sigma_{\max} = \left[\frac{M}{W_z}\right]_{\max} \leqslant [\sigma] \qquad (2.5.29)$$

即要求梁内的最大弯曲正应力 $\sigma_{\max}$ 不超过材料在单向受力时的许用应力 $[\sigma]$。

对于等截面直梁,上式变为

$$\sigma_{\max} = \frac{M_{\max}}{W_z} \leqslant [\sigma] \qquad (2.5.30)$$

由于塑性材料的抗拉和抗压能力近似相同,所以直接按式(2.5.30)计算。

而脆性材料的抗拉和抗压能力不同,所以有

$$\sigma_{t,max} \leqslant [\sigma_t]; \quad \sigma_{c,max} \leqslant [\sigma_c] \tag{2.5.31}$$

正号表示拉伸，负号表示压缩。

应用强度条件可以解决 3 类问题。

1. 强度校核

已知材料的 $[\sigma]$、截面形状和尺寸及所承受的荷载，可利用式(2.5.30)检验梁的正应力是否满足强度要求。

2. 确定横截面的尺寸

已知材料的 $[\sigma]$ 及梁上所承受的荷载，确定梁横截面的弯曲截面系数 W_z，即可由 W_z 值进一步确定梁横截面的尺寸。

$$W_z \geqslant \frac{M_{max}}{[\sigma]} \tag{2.5.32}$$

3. 确定许用荷载

已知材料的 $[\sigma]$ 和截面形状及尺寸，可利用式(2.5.33)计算出梁所能承受的最大弯矩，再由弯矩进一步确定梁所能承受的外荷载的大小。

$$M_{max} \leqslant W_z[\sigma] \tag{2.5.33}$$

(二)弯曲剪应力强度条件

最大弯曲剪应力通常发生在中性轴上各点处，而该处的弯曲正应力为零，因此，最大弯曲剪应力作用点处于纯剪切状态，相应的强度条件为

$$\tau_{max} = \left(\frac{QS_z^*}{I_z b} \right)_{max} \leqslant [\tau] \tag{2.5.34a}$$

即要求梁内的最大弯曲剪应力 τ_{max} 不超过材料在纯剪切时的许用剪应力 $[\tau]$。对于等截面直梁，上式可变为

$$\tau_{max} = \frac{QS_{z,max}^*}{I_z b} \leqslant [\tau] \tag{2.5.34b}$$

在一般细长的非薄壁截面梁中，最大弯曲正应力远大于最大弯曲剪应力。因此，通常强度的计算由正应力强度条件控制。在选择梁的截面时，一般是按正应力强度条件选择，选好截面后再按剪应力强度条件进行校核。但是，对于薄壁截面梁与弯矩较小而剪力较大的梁，后者如短而粗的梁、集中荷载作用在支座附近的梁等，则不仅应考虑弯曲正应力强度条件，而且弯曲剪应力强度条件也可能起控制作用。

三、提高梁抗弯强度的措施

前面已指出，在横力弯曲中，控制梁强度的主要因素是梁的最大正应力，梁的正应力强度条件

$$\sigma_{max} = \frac{M_{max}}{W} \leqslant [\sigma]$$

为设计梁的主要依据。由这个条件可以看出，对于一定长度的梁，在承受一定荷载的情况下，应设法适当地安排梁所受的力，使梁最大的弯矩绝对值降低，同时，选用合理的截面形状和尺寸，使抗弯截面模量 W 值增大，以达到设计出的梁满足节约材料和安全适用的要求。关于提高梁的抗弯强度问题，分别做以下几个方面讨论分析。

(一)合理安排梁的受力情况

若改变梁的承载方式，从集中承载到分散承载，梁的最大弯矩逐渐变小，均布承载的最大弯

矩仅为集中承载的一半，梁的承载能力可以增大一倍。在梁的设计中要尽量避免承受集中荷载而采用分散承载的方式，最好采用均布承载的形式，以提高梁的承载能力，如图 2.5.25 所示。

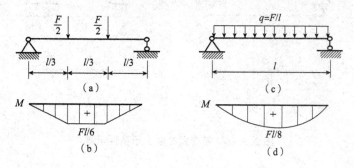

图 2.5.25　简支梁

(二)选用合理的截面形状

从弯曲强度方面考虑，比较合理的截面形状是使用较小的截面面积，却能获得较大抗弯截面系数的截面。截面形状和放置位置不同，W_z/A 比值不同，因此，可用比值 W_z/A 来衡量截面的合理性和经济性，比值越大，所采用的截面就越经济、合理。

现以跨中受集中力作用的简支梁为例，其截面形状分别为圆形、矩形和 I 形 3 种情况做一粗略比较。设 3 种梁的面积 A、跨度和材料都相同，容许正应力为 170 MPa。其抗弯截面系数 W_z 和最大承载力比较见表 2.5.2。

表 2.5.2　几种常见截面形状的 W_z 和最大承载力比较

截面形状	尺寸	W_z/mm^3	$W_z/A/cm$	最大承载力/kN
圆形	$d=87.4$ mm $A=60$ cm²	$\dfrac{\pi d^3}{32}=65.5\times10^3$	1.09	44.5
矩形	$b=60$ mm $h=100$ mm $A=60$ cm²	$\dfrac{bh^2}{6}=100\times10^3$	1.67	68.0
工字钢 No. 28b	$A=60$ cm²	534×10^3	8.9	383

从表 2.5.2 中可以看出，矩形截面比圆形截面好，I 形截面比矩形截面好得多。

从正应力分布规律分析，正应力沿截面高度线性分布，当离中性轴最远各点处的正应力达到许用应力值时，中性轴附近各点处的正应力仍很小。因此，在离中性轴较远的位置，配置较多的材料，将提高材料的应用率。

根据上述原则，对于抗拉强度与抗压强度相同的塑性材料梁，宜采用对中性轴对称的截面，如 I 形截面等。而对于抗拉强度低于抗压强度的脆性材料梁，则最好采用中性轴偏于受拉一侧的截面，如 T 形和槽形截面等。

(三)改变梁的支承条件

改变梁的支承条件同样能提高梁的承载能力。例如，图 2.5.26(a)所示的简支梁，承受均布荷载 q 作用，如果将梁两端的铰支座各向内移动少许，如移动 $0.2l$，如图 2.5.26(b)所示，则后者的最大弯矩仅为前者的 1/5。

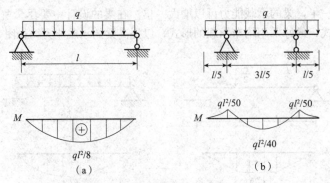

图 2.5.26　简支梁改变支承条件示意

四、问题分析——吊车横梁的强度分析

通过对弯曲梁强度分析的学习，能够解决工程中 3 类强度问题，即强度校核、截面设计和许用荷载计算。注意以下几点：

(1)对于等截面直梁，若材料的拉、压强度相等，则最大弯矩所在面称为危险面，危险面上距中性轴最远的点称为危险点。强度条件为 $\sigma_{max}=\dfrac{M_{max}}{W_z}\leqslant[\sigma]$。

(2)对于由脆性材料制成的梁，由于其抗拉强度和抗压强度相差甚大，所以要对最大拉应力点和最大压应力点分别进行校核。强度条件为 $\sigma_{t,max}\leqslant[\sigma_t]$，且 $\sigma_{c,max}\leqslant[\sigma_c]$。

(3)需要指出的是，对于某些特殊情形，如梁的跨度较小或荷载靠近支座时，焊接或铆接的壁薄截面梁，或梁沿某一方向的抗剪能力较差(木梁的顺纹方向、胶合梁的胶合层)等，还需进行弯曲剪应力强度校核。

【案例 2.5.7】　吊车横梁的最大应力 $\sigma_{max}=136.2$ MPa$\leqslant[\sigma]$，所以当载重 $F=60$ kN，该吊车横梁的强度满足工程要求。那么该吊车横梁吊起的最大重量为多少呢？(已知采用 36b 工字钢，跨度 $l=8$ m，$W_z=919$ cm³，$q=657$ N/m。)

解：首先计算梁的最大弯矩

$$M_{max}=\frac{ql^2}{8}+\frac{Fl}{4}=\frac{657\times(8)^2}{8}+\frac{F\times8}{4}=(5\ 256+2F)\text{N}\cdot\text{m}$$

根据强度条件 $\sigma_{max}=\dfrac{M_{max}}{W_z}\leqslant[\sigma]$，有 $M_{max}\leqslant[\sigma]W_z$，即 $5\ 256+2F\leqslant[\sigma]W_z$，所以

$$F\leqslant\frac{[\sigma]W_z-5\ 256}{2}=\frac{150\times10^6\times919\times10^{-6}-5\ 256}{2}=66.3(\text{kN})$$

可见，吊车横梁吊起的最大重量为 66.3 kN。

【案例 2.5.8】　图 2.5.27(a)所示的外伸梁，用铸铁制成，横截面为 T 形，并承受均布荷载 q 作用。试校核该梁的强度。已知荷载集度 $q=25$ N/mm，截面形心离底边与顶边的距离分别为 $y_1=45$ mm 和 $y_2=95$ mm，惯性矩 $I_z=8.84\times10^{-6}$ m⁴，许用拉应力 $[\sigma_t]=35$ MPa，许用压应力 $[\sigma_c]=140$ MPa。

解：(1)求支座反力。

$$\sum M_A=0,\ R_B\times1\ 500-q\times2\ 000\times1\ 000=0,\ R_B=33.3\text{ kN}$$
$$\sum M_B=0,\ -R_A\times1\ 500+q\times2\ 000\times500=0,\ R_A=16.7\text{ kN}$$

(2)危险面与危险点确定梁的弯矩如图 2.5.27(b)所示，在横截面 D 与 B 上，分别作用有最大正弯矩与最大负弯矩，因此，该二截面均为危险面。

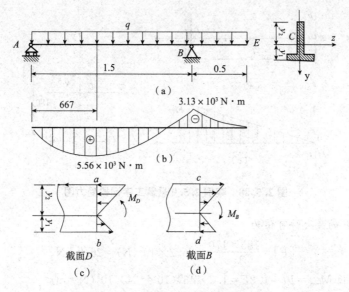

图 2.5.27　案例 2.5.8 外伸梁受力图

截面 D 与 B 的弯曲正应力分布分别如图 2.5.27(c) 与 (d) 所示。截面 D 的 a 点与截面 B 的 d 点处均受压；而截面 D 的 b 点与截面 B 的 c 点处均受拉。

由于 $|M_D| > |M_B|$，$|y_a| > |y_d|$，因此 $|\sigma_a| > |\sigma_d|$。

即梁内的最大弯曲压应力 $\sigma_{c,max}$ 发生在截面 D 的 a 点处。至于最大弯曲拉应力 $\sigma_{t,max}$，究竟发生在 b 点处，还是 c 点处，则须经计算后才能确定。概言之，a、b、c 三点处为可能最先发生破坏的部位，简称为危险点。

(3) 强度校核。由弯曲正应力计算公式得 a、b、c 三点处的弯曲正应力分别为

$$\sigma_a = \frac{M_D y_a}{I_z} = \frac{5.56 \times 10^3 \times 0.095}{8.84 \times 10^{-6}} = 59.8 (\mathrm{MPa})$$

$$\sigma_b = \frac{M_D y_b}{I_z} = \frac{5.56 \times 10^3 \times 0.045}{8.84 \times 10^{-6}} = 28.3 (\mathrm{MPa})$$

$$\sigma_c = \frac{M_B y_c}{I_z} = \frac{3.13 \times 10^3 \times 0.095}{8.84 \times 10^{-6}} = 33.6 (\mathrm{MPa})$$

由此得

$$\sigma_{c,max} = \sigma_a = 59.8 \ \mathrm{MPa} < [\sigma_c]$$

$$\sigma_{t,max} = \sigma_c = 33.6 \ \mathrm{MPa} < [\sigma_t]$$

可见，梁的弯曲强度符合要求。

【**案例 2.5.9**】悬臂工字钢梁 AB 如图 2.5.28(a) 所示，长 $l = 1.2 \ \mathrm{m}$，在自由端有一集中荷载 F，工字钢的型号为 18 号，已知钢的许用应力 $[\sigma] = 170 \ \mathrm{MPa}$，略去梁的自重。

(1) 试计算集中荷载 F 的最大许可值。

(2) 若集中荷载为 45 kN，试确定工字钢的型号。

解：(1) 梁的弯矩图如图 2.5.28(c) 所示，最大弯矩在靠近固定端处，其绝对值为

$$M_{max} = Fl = 1.2F$$

由型钢表可得，18 号工字钢的抗弯截面系数为

$$W_z = 185 \times 10^3 \ \mathrm{mm}^3$$

由式 (2.5.33) 得

$$1.2F \leqslant 185 \times 10^{-6} \times 170 \times 10^6$$

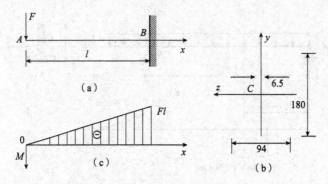

图 2.5.28　案例 2.5.9 悬臂工字钢梁受力图

因此，可知 F 的最大许可值为

$$[F] = \frac{185 \times 170}{1.2} = 26.2 \times 10^3 (\text{N}) = 26.2 \text{ kN}$$

(2)最大弯矩值 $M_{max} = Fl = 1.2F = 1.2 \times 45 \times 10^3 = 54 \times 10^3 (\text{N} \cdot \text{m})$

按强度条件计算所需抗弯截面系数为

$$W_z \geqslant \frac{M_{max}}{[\sigma]} = \frac{54 \times 10^3}{170} = \frac{54 \times 10^6}{170} = 3.18 \times 10^5 (\text{mm}^3) = 318 \text{ cm}^3$$

由型钢表可得，22b 号工字钢的抗弯截面系数为 325 cm³，所以可选用 22b 号工字钢。

 项目小结

序号	知识点	能力要求	学习成果	学习应用
1	弯曲变形	熟记梁的受力特点：杆件受到垂直于轴线的力作用。变形特点：杆件轴线由直线变为曲线。 熟知平面弯曲的概念：作用于梁上的所有外力都在纵向对称平面内，则变形后梁的轴线也将在此对称平面内弯曲成一条平面曲线	熟知静定梁基本形式：简支梁、外伸梁、悬臂梁	根据杆件的受力特点，准确地判断杆件发生弯曲变形
2	平面图形的几何性质	熟记形心计算公式： $y_C = \dfrac{\sum A_i z_G}{\sum A_i}$	熟练应用平行移轴公式： $I'_y = I_y + a^2 A$ $I'_z = I_z + b^2 A$	熟记常用简单图形的惯性矩计算公式： 矩形截面： $I_z = \dfrac{bh^3}{12}$ $I_y = \dfrac{hb^3}{12}$ 圆形截面： $I_z = I_y = \dfrac{\pi D^4}{64}$

序号	知识点	能力要求	学习成果	学习应用
3	弯曲内力：剪力和弯矩	熟记截面法计算剪力和弯矩的步骤： (1)计算梁的支座反力(只有外力已知才能计算出内力)。 (2)在需要计算内力的横截面处，用假设截面将梁截开，并任取一段作为研究对象。 (3)画出所选梁段的受力图，图中剪力 Q 和弯矩 M 需要按正方向假设。 (4)由静力平衡方程 $\sum F_y = 0$ 计算剪力 Q。 (5)由静力平衡方程 $\sum M_C(F) = 0$ 计算弯矩 M	熟知正负号规定：截面剪力绕微段梁顺时针转动，剪力为正；反之，剪力为负。 弯矩使微段梁的下侧受拉时，弯矩为正；反之，弯矩为负	熟练绘制剪力图和弯矩图： (1)图形纵横坐标：以梁轴线为横坐标 x，表示横截面的位置；纵坐标表示各对应横截面上的剪力和弯矩。 (2)利用剪力方程与弯矩方程绘图(不方便、不常用)；利用荷载、剪力和弯矩的微分关系绘图(常用)
4	弯曲应力	熟知纯弯曲和剪力弯曲、中性层、中性轴的概念。 变形特点：杆件轴线由直线变为曲线	熟记梁横截面上的正应力 $$\sigma = \frac{M}{I_z} \cdot y$$	对于等截面梁，横截面最大正应力为 $$\sigma_{max} = \frac{M}{W_z}$$ 其中，抗弯截面系数 $$W_z = \frac{I_z}{y_{max}}$$
5	弯曲强度	熟记梁的强度条件： 塑性材料抗拉和抗压能力近似相同，所以有 $$\sigma_{max} = \frac{M_{max}}{W_z} \leqslant [\sigma]$$ 脆性材料的抗拉和抗压能力不同，所以有 $\sigma_{t,max} \leqslant [\sigma_t]$；$\sigma_{c,max} \leqslant [\sigma_c]$。 正号表示拉伸，负号表示压缩	熟知确定横截面的尺寸。 已知材料的 $[\sigma]$ 及梁上所承受的荷载，确定梁横截面的弯曲截面系数 W_z，即可由 W_z 值进一步确定梁横截面的尺寸	应用强度条件可以解决3类问题： (1)强度校核。 已知材料的 $[\sigma]$、截面形状和尺寸及所承受的荷载，强度满足：$$\sigma_{max} = \frac{M_{max}}{W_z} \leqslant [\sigma]$$ (2)确定许用荷载。 已知材料的 $[\sigma]$ 和截面形状及尺寸，可利用下面公式计算出梁所承受的最大弯矩，再由弯矩进一步确定梁所能承受的外荷载的大小。$$M_{max} \leqslant W_z[\sigma]$$ (3)确定横截面的尺寸。 已知材料的 $[\sigma]$ 及梁上所承受的荷载，确定梁横截面的弯曲截面系数 W_z，即可由 W_z 值进一步确定梁横截面的尺寸。$$W_z = \frac{M_{max}}{[\sigma]}$$
6	弯曲剪应力简介	了解剪应力计算公式：$$\tau = \frac{Q \cdot S_z^*}{I_z \cdot b}$$	理解矩形截面：中性轴上有最大剪应力 $\tau_{max} = \dfrac{3Q}{2A}$	能够计算弯曲剪应力

按要求完成表格中的任务。

序号	基本任务		任务解决方法、过程	考核评价
1	试计算图示各梁指定截面(标有细线的截面)的剪力与弯矩(基本型)	(1) 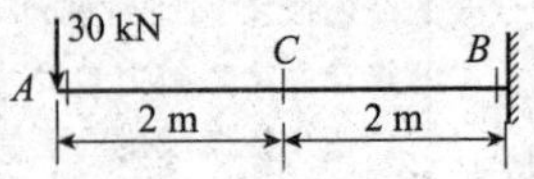 30 kN C B A 2 m 2 m		
		(2) C 40 kN A B 2 m 2 m 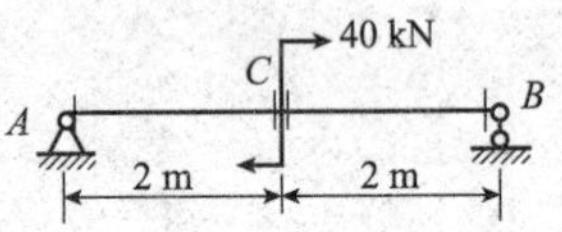		
		(3) 20 kN A C B 3 m 1 m 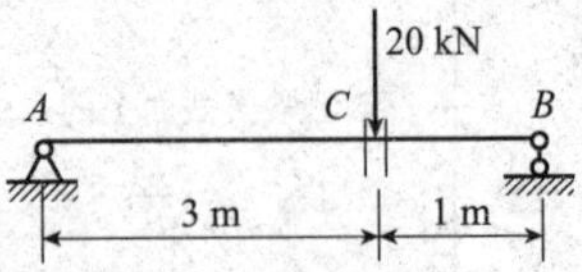		
		(4) 10 kN/m C B 3 m 3 m 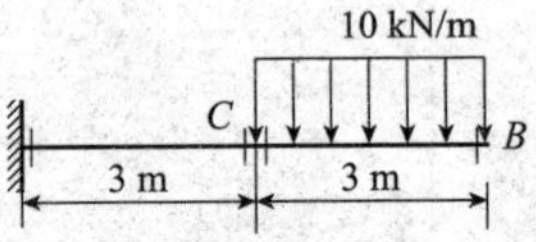		
2	试建立图示各梁的剪力方程与弯矩方程,并画剪力图与弯矩图(基本型)	(1) 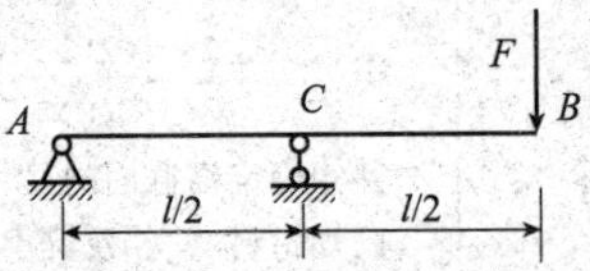 F A C B l/2 l/2		
		(2) q A B l ql/4 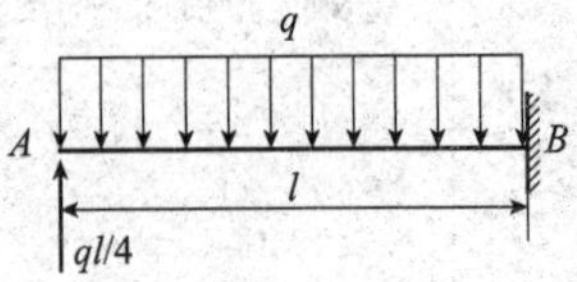		
		(3) q C A B a/2 a 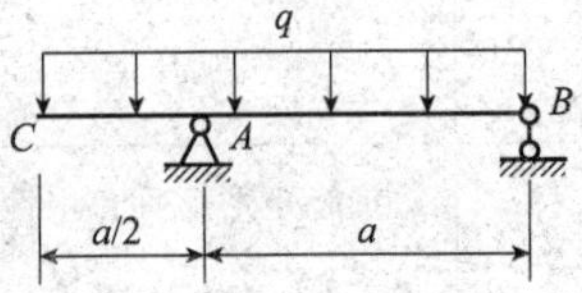		

序号	基本任务		任务解决方法、过程	考核评价
3	图示各梁，试利用剪力、弯矩与荷载集度的关系画剪力图与弯矩图(综合型)	(1) 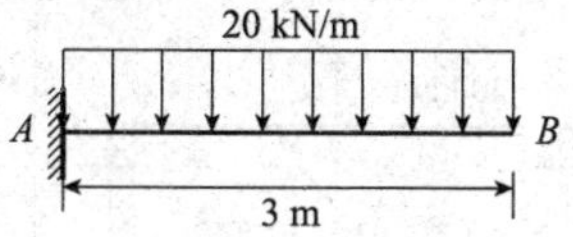 20 kN/m A —— B 3 m		
		(2) 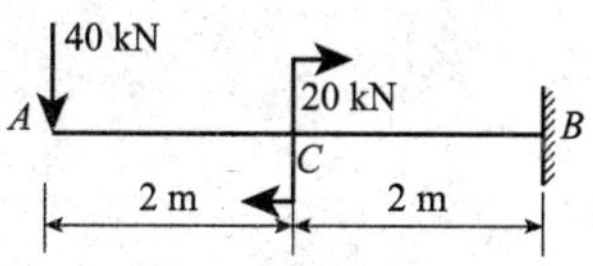 40 kN 20 kN A C B 2 m 2 m		
		(3) 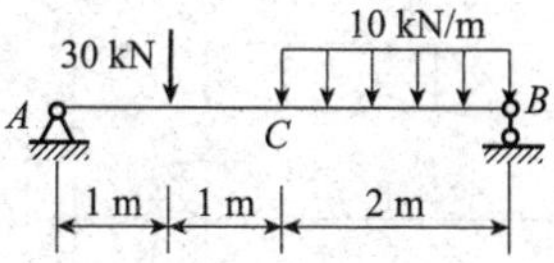 30 kN 10 kN/m A C B 1 m 1 m 2 m		
		(4) 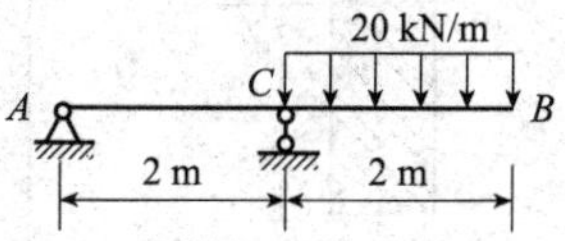 20 kN/m A C B 2 m 2 m		
4	试求图示两平面图形形心 C 的位置。图中尺寸单位为 mm (基本型)	150 50 200 50		
5	外伸梁受力及梁截面尺寸如图所示，已知 $[\sigma]=120$ MPa，试校核梁的强度(应用型)	90 kN 20 kN/m A B D 1 m 1 m 2 m 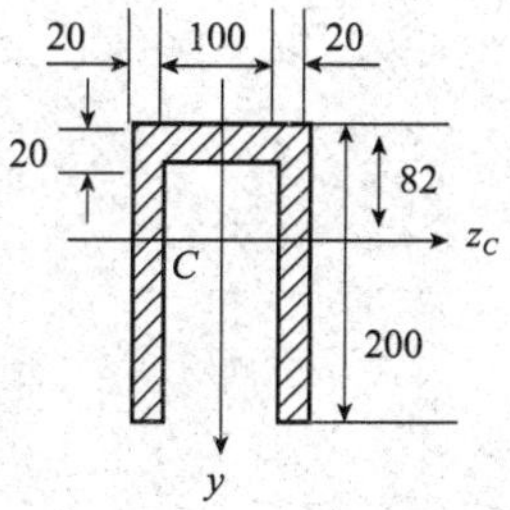 20 100 20 20 82 z_C C 200 y		

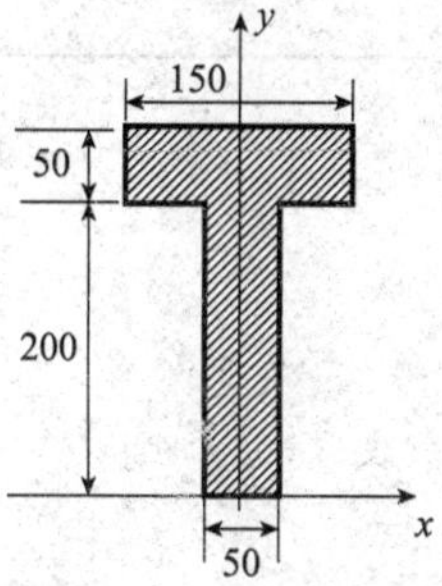

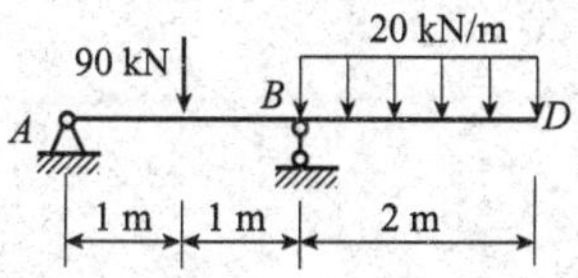

序号	基本任务		任务解决方法、过程	考核评价
6	简支梁在跨中受集中荷载，$[\sigma]=120$ MPa。试为梁选择工字钢型号(应用型)	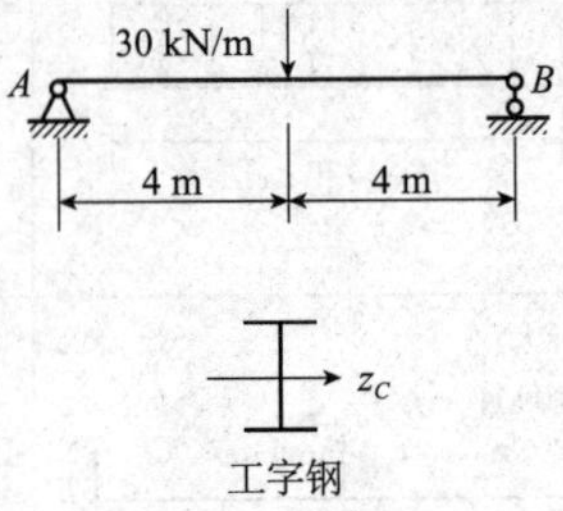		
7	矩形截面梁如图所示。已知 $[\sigma]=160$ MPa，试确定图示梁的许用荷载$[q]$(应用型)	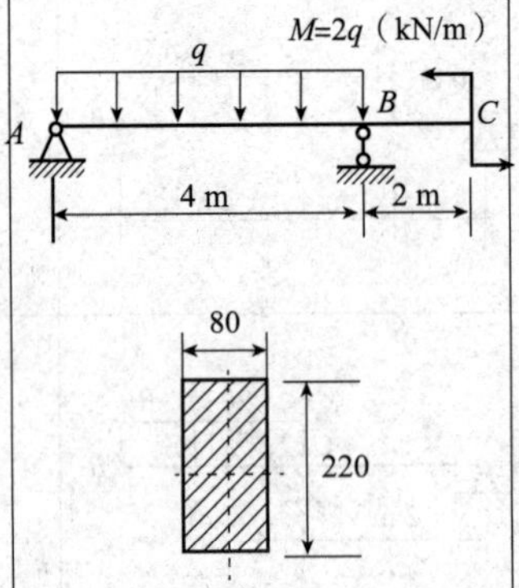		

模块三
土力学基本知识

模块概要

本模块主要内容：
(1)土的物理性质及工程分类；
(2)土的渗透性；
(3)土中应力；
(4)土的压缩性；
(5)土的抗剪强度。

通过本模块的学习，了解土力学的研究任务、研究对象。了解土力学是利用力学知识和土工试验技术，研究土的特性及其受力、变形、强度、稳定性和其随时间变化规律的科学。了解土力学主要任务是研究、分析地基承载能力、土体的变形和稳定问题，以及土中渗流问题。熟知土的工程用途是：①作为建筑物的地基，在土层上修筑桥梁、住宅等；②作为建筑材料，如修筑路基或堤坝等；③作为周围介质或环境，如边坡。能解决土力学工程问题：①地基土体的稳定性问题；②地基变形问题；③地基渗流问题等。

项目一　土的物理性质及工程分类

任务一　土的组成与结构

一、任务描述

任何建(构)筑物都是建造在岩(土)层上。土是由固体颗粒、水和气体组成的三相分散体系，它不同于一般的建筑材料，土体的物质组成、三相比例关系、土的结构与构造决定着土的物理力学性质，如图 3.1.1 所示。

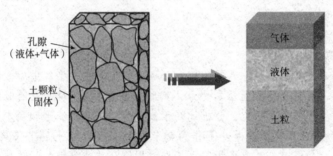

孔隙
(液体+气体)

土颗粒
(固体)

气体

液体

土粒

图 3.1.1　土的三相组成及简化示意

二、任务分析

各种土的颗粒大小和矿物成分差别很大，土的三相间的数量比例也不尽相同，而且土粒与其周围的水又发生了复杂的物理化学作用。所以，要研究土的性质就必须了解土的三相组成以及在天然状态下土的结构和构造等特征。该任务涉及的知识点包括以下两个方面：

(1)土的三相组成；

(2)土的结构。

三、土的三相组成

天然状态的土是由各种大小不同的土粒、水和气体按某一比例组合而成的，土粒之间贯穿着孔隙，孔隙之间存在水和空气，即土体为固相(土粒)、气相(气体)和液相(水)组成的三相体系。若土中孔隙全部由气体填充，称为干土，此时黏土呈坚硬状态，砂土呈松散状态；若孔隙全部由水填充，称为饱和土，此时粉细砂或粉土遇强烈地震，可能产生液化，而使工程遭受破坏，黏土地基受建筑荷载作用发生沉降需十几年才能稳定；若孔隙中同时有水和气体存在，称为非饱和土，此时黏土多为可塑状态。饱和土和干土是两种特殊情况的土，均为二相系。土的三相组成比例会随着环境条件的变化而变化，当土的三相组成比例发生变化时，土的状态和工程性质也发生变化，土体三相组成部分本身的性质及它们之间的比例关系和相互作用决定着土的物理力学性质。

(一)土的固体颗粒(固相)

土中的固体颗粒(简称土颗粒或土粒)是土的主要组成部分，土粒的大小、形状、矿物成分及其组成情况是决定土的物理力学性质的重要因素。

1. 土粒的矿物成分

土粒的矿物成分包括无机矿物颗粒和有机质。土粒的无机矿物成分取决于成土母岩的矿物成分及其所经受的风化作用。按所经受的风化作用不同，土粒的矿物成分可分为原生矿物和次生矿物两大类(表 3.1.1)。

(1)原生矿物：岩石经物理风化作用后破碎形成的矿物颗粒称为原生矿物，原生矿物的化学成分与母岩的矿物成分相同。常见的原生矿物有石英、长石和云母等。

(2)次生矿物：岩石经化学风化作用所形成的新矿物称为次生矿物。次生矿物按其与水的作用可分为易溶的、难溶的和不溶的，次生矿物的水溶性对土的性质具有重要的影响。常见的次生矿物有黏土矿物和碳酸盐矿物等。

表 3.1.1　土粒的矿物成分

名称	成因	矿物成分	特征
原生矿物	岩石经物理风化形成	石英、长石、云母、角闪石、辉石等，矿物成分与母岩的相同	颗粒较粗，性质稳定，无黏性，透水性较大，吸水能力很弱，压缩性较低
次生矿物	原生矿物经化学风化后形成	蒙脱石、伊利石、高岭石等，矿物成分与母岩的不同	颗粒极细，种类很多，以晶体矿物为主，次生矿物主要是黏土矿物，性质较不稳定，具有较强的亲水性，遇水易膨胀

2. 土中的有机质

土中的有机质是土在形成过程中动植物残骸及其分解物质与土混掺沉积在一起，经生物化学作用生成的物质。其成分比较复杂，主要是动植物残骸、未完全分解的泥炭和完全分解的腐殖质。有机质亲水性很强，有机质含量高的土通常压缩性强，强度低。在工程应用中，规定有机质含量大于 5% 的土不宜用作填筑材料，否则会影响工程的质量。

3. 土的粒组划分

自然界中的土都是由大小不同的土颗粒组成。颗粒的大小及其含量直接影响着土的工程性质。如颗粒较大的卵石、砾石和砂砾等，其透水性较大，无黏性和可塑性；而颗粒很小的黏粒，透水性较小，黏性和可塑性较大。颗粒的大小称为粒度，通常以粒径表示。工程上将各种不同的土粒按其粒径范围，划分为若干粒组，每个粒组内的土的物理、力学性质基本相同。划分粒组的分界尺寸称为界限粒径。土的粒组划分标准，不同国家，甚至同一国家的各行业部门都有不同的规定。《土工试验方法标准》(GB/T 50123—2019)的粒组划分标准见表 3.1.2。

4. 土的颗粒级配

天然土体大多是由几种粒组混合搭配而成的，而土的性质取决于不同粒组的相对含量。土中各粒组的相对含量用各粒组质量占土粒总质量的百分数来表示，称为土的颗粒级配。土的颗粒级配是通过土的颗粒分析试验(简称颗分试验)测定的。常用的颗分试验方法有筛分法和沉降分析法。沉降分析法又分为密度计法(比重计法)、移液管法等。

表 3.1.2　土的粒组划分

粒组	颗粒名称		粒径 d 的范围/mm	一般特征
巨粒	漂石(块石)		$d>200$	透水性很大,无黏性,无毛细水
	卵石(碎石)		$60<d\leqslant200$	透水性大,无黏性,毛细水上升高度不超过粒径大小
粗粒	砾粒(角砾)	粗砾	$20<d\leqslant60$	易透水,当混入云母等杂质时透水性减小,而压缩性增大,无黏性,遇水不膨胀,干燥时松散;毛细水上升高度不大,随粒径变小而增大
		中砾	$5<d\leqslant20$	
		细砾	$2<d\leqslant5$	
	砂粒	粗砂	$0.5<d\leqslant2$	透水性小,湿时稍有黏性,遇水膨胀小,干时稍有收缩;毛细水上升高度较大、较快。极易出现冻胀现象
		中砂	$0.25<d\leqslant0.5$	
		细砂	$0.075<d\leqslant0.25$	
细粒	粉粒		$0.005<d\leqslant0.075$	透水性很小,湿时有黏性、可塑性,遇水膨胀大,干时收缩显著;毛细水上升高度大,但速度较慢
	黏粒		$d\leqslant0.005$	

(1)颗粒分析试验。

①筛分法。筛分法适用于粒径大于 0.075 mm 的粗粒土。试验时,用一套孔径不同的标准筛按从上到下筛孔逐渐减小放置(图 3.1.2),将一定质量的有代表性的风干、分散的土样倒入标准筛的顶部,再经人工或机械的方法充分振摇,然后称出留在各筛上土的质量,分别计算出小于某一孔径(即粒径)的土质量占土样总质量的百分数。

②沉降分析法。对于粒径小于 0.075 mm 的细粒土,可用沉降分析法测定。沉降分析法是根据球状的细颗粒在水中下沉的速度与颗粒直径的平方成正比的原理,将颗粒按其在水中的下沉速度进行粗细分组。在实验室具体操作时,可采用密度计法(比重计法)或移液管法测得某一时间土粒沉降距离 L 处土粒和水混合悬液的密度,据此可计算小于某一粒径的累计百分含量。采用不同的测试时间,可计算细颗粒各粒组的相对含量。

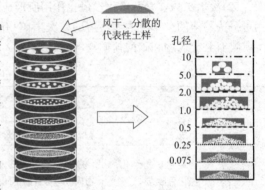

图 3.1.2　筛分法示意

若土中粗、细粒组兼有,可将土样用振捣法或水冲法过 0.075 mm 的筛子,使其分为两部分。粒径大于 0.075 mm 的土样采用筛分法进行分析,粒径小于 0.075 mm 的土样用密度计法进行分析,然后将两种试验结果组合在一起。

(2)颗粒级配表达方式。

①表格法。表格法常见于土工试验报告书(表 3.1.3),方便根据粒组成分确定土的分类名称。

表 3.1.3　土的粒组成分表

粒组/mm	土样 A/%	土样 B/%
5~10	—	25.0
2~5	3.1	20.0
1~2	6.0	12.3
0.5~1	16.4	8.0
0.25~0.5	41.5	6.2
0.10~0.25	26.0	4.9

②累计曲线法。土颗粒大小分析试验的成果，通常在半对数坐标系中点绘制成一条曲线，称为土的颗粒级配曲线，如图 3.1.3 所示。图中曲线的纵坐标为小于某粒径的土的质量百分数，横坐标为用对数尺度表示的土粒粒径。由于土体中所含粒组的粒径往往相差悬殊，且细粒土的含量对土的性质影响很大，必须清楚表示，横坐标用对数尺度可以将细粒土部分的粒径间距放大，而将粗粒土部分的粒径间距缩小，将粒径相差悬殊的粗、细粒土的含量都表示出来。土中各粒组的相对含量为两个小于分界粒径质量百分数之差。常根据颗粒级配曲线计算各粒组的百分比含量，以此评价土的级配是否良好，并作为对土进行工程分类的依据。

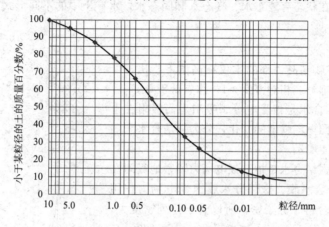

图 3.1.3　土的颗粒级配累积曲线

（3）级配良好与否的判别。颗粒级配常作为选择填筑土料的依据，级配良好的土，粗、细颗粒搭配较好，粗颗粒间的孔隙被细颗粒填充，易被压实到较大的密度，因而渗透性和压缩性较小，强度较大。在颗粒级配曲线上，可根据土粒的分布情况，定性地判别土的均匀程度或级配情况。

如果曲线的坡度是渐变的，则表示土的颗粒大小分布是连续的，称为连续级配；如果曲线中出现水平段，则表示土中缺乏某些粒径的土粒，这样的级配称为不连续级配。如果曲线形状平缓，土粒大小变化范围大，表示土粒大小不均匀，土的级配良好；如果曲线形状较陡，土粒大小变化范围小，表示土粒均匀，土的颗粒级配不良。

为了能定量地反映土的颗粒级配是否良好，常用不均匀系数 C_u 和曲率系数 C_c 两个判别指标。

$$C_u = \frac{d_{60}}{d_{10}} \tag{3.1.1}$$

$$C_c = \frac{d_{30}^2}{d_{10}d_{60}} \tag{3.1.2}$$

式中，d_{60} 为小于某粒径的土粒质量占土总质量为 60% 时相应的粒径，称为限定粒径；d_{10} 为小于某粒径的土粒质量占土总质量为 10% 时相应的粒径，称为有效粒径；d_{30} 为小于某粒径的土粒质量占土总质量为 30% 时相应的粒径，称为中间粒径。

不均匀系数 C_u 是反映级配曲线坡度和颗粒大小不均匀程度的指标。C_u 值越大，表示颗粒级配曲线的坡度越平缓，土粒粒径的变化范围越大，土粒就越不均匀；反之，C_u 值越小，表示颗粒级配曲线的坡度越陡，土粒粒径的变化范围越小，土粒也就越均匀。工程上常将 $C_u < 5$ 的土称为均匀土，把 $C_u \geqslant 5$ 的土称为不均匀土，即级配良好的土。

曲率系数 C_c 是反映 d_{60} 与 d_{10} 之间曲线主段弯曲形状的指标。一般，$C_c = 1 \sim 3$ 时，颗粒级配曲线主段的弯曲适中，土粒大小的连续性较好；$C_c < 1$ 或 $C_c > 3$ 时，颗粒级配曲线都有明显弯曲而呈阶梯状。一般认为，砂类土或砾类土同时满足 $C_u \geq 5$ 和 $C_c = 1 \sim 3$ 两个条件时，则为级配良好砂或级配良好砾；若不能同时满足上述两个条件，则为级配不良砂或级配不良砾。

(二)土中的水(液相)

水在土中的存在状态有液态水、气态水和固态水，水在土中的不同形式及含量，对土的性质影响很大。

1. 液态水

(1)结晶水。矿物结晶内部的水仅在高温下析出，可视作矿物本身的一部分。相对密度 >1，冰点低于 $0\,℃$。

(2)结合水。结合水是指受电分子吸引力而吸附在土颗粒表面的水，按照电场强度的变化，分为强结合水和弱结合水，如图3.1.4所示。

①强结合水。强结合水是指被强电场力紧紧地吸附在土粒表面附近的结合水膜。这部分水膜因受电场力作用大，与土粒表面结合得十分紧密，所以分子排列密度大，其密度一般为 $1.2 \sim 2.4 \ \text{g/cm}^3$，冰点很低，可达 $-78\,℃$，沸点较高，在 $105\,℃$ 以上才蒸发，而且很难移动，没有溶解能力，不传递静水压力，失去了普通水的基本特性，其性质接近固体，具有很大的黏滞性、弹性和抗剪强度。土中只含有强结合水时呈固体状态；砂土仅有较少的强结合水时呈散粒状态。

②弱结合水。弱结合水是指分布在强结合水外围，电场作用范围以内的结合水。弱结合水受到土粒的吸引力较小，其密度一般为 $1.0 \sim 1.7 \ \text{g/cm}^3$，冰点低于 $0\,℃$，其呈黏滞体状态，在外界压力下可以挤压变形，不能传递静水压力，但较厚的弱结合水能向邻近较薄的水膜缓慢转移。弱结合水对黏性土的物理力学性质影响最大，砂土可认为不含弱结合水。

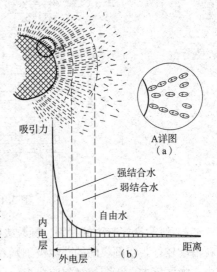

图3.1.4 固体颗粒和水分子间的相互作用

(3)自由水。自由水是指存在于土粒形成的电场范围以外能自由移动的水，其性质和普通水相同。自由水按其移动时所受作用力的不同，可分为重力水和毛细水。

①重力水。重力水是指在重力或压力差的作用下，能在土中自由流动的水。一般是指地下水水位以下的透水土层中的地下水，对于土粒和结构物的水下部分起浮力作用。重力水具有溶解能力，可溶解土中的水溶盐，使土的强度降低，压缩性增大；可以对土粒产生浮托力，使土的重度减小；还可以在水头差的作用下形成渗透水流，并对土粒产生渗透力，使土体发生渗透变形。

②毛细水。土中存在着很多大小不同的孔隙，这些孔隙有的可以相互连通，形成弯曲的细小通道(毛细管)。由于水分与土粒表面之间的附着力和水表面张力的作用，地下水将沿着土中的细小通道逐渐上升，形成一定高度的毛细水带(图3.1.5)。这部分在地下水水位以上的自由水称为毛细水。在土层中，毛细水上升的高度取决于土的粒径、矿物成分、孔隙的大小和形状等因素，可用试验方法测定。

在工程实践中应注意，毛细水的上升可能使地基浸湿，使地下室受潮或使地基、路基产生冻胀，造成土地盐渍化等问题。另外，在一般潮湿的砂土(尤其是粉砂、细砂)中，孔隙中的水仅在土粒接触点周围并形成互不连通的弯液面。由于水的表面张力的作用，弯液面下孔隙水的压力小于大气压力，因而产生使土粒相互挤紧的力，这个力称为毛细水压力，如图3.1.6所示。

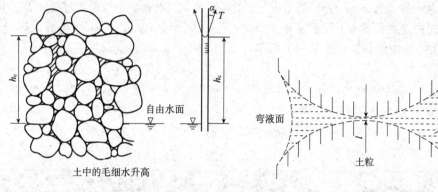

图 3.1.5　土中的毛细管水升高　　　　图 3.1.6　毛细水压力示意

2. 固态水

固态水是指土中水当温度低于 0 ℃时冻结成冰，形成冻土。由于固态水在土中起着胶结作用，所以土的强度增强。但解冻时，土的强度迅速降低，而且往往低于原来的强度。

3. 气态水

气态水即土中出现的水蒸气，一般对土的性质影响不大。

(三)土中的气体(气相)

土中的气体即土的气相，存在于土孔隙中未被水占据的空间。土中气体分为自由气体和封闭气体。

1. 自由气体

自由气体与大气连通，在粗粒土中常见自由气体，在外力作用下，自由气体极易排出，它对土的性质影响不大。

2. 封闭气体

封闭气体与大气隔绝，以气泡形式存在。在细粒土中常存在封闭气体，封闭气体不能排出，在压力作用下可被压缩或溶解于水中，压力减小时又能有所复原，使土的渗透性减小、弹性增大、延长土体受力后变形达到稳定的时间，对土的性质影响较大。

土中气体的成分与大气成分比较，主要的区别在于 CO_2、O_2、N_2 的含量不同。一般土中气体含有更多的 CO_2、较少的 O_2 和较多的 N_2。土中气体与大气交换越困难，两者的差别就越大。与大气连通不畅的地下工程施工中，要注意氧气的补给，以保证施工人员的安全。

四、土的结构与构造

(一)土的结构

土的结构是指由土粒单元的大小、形状、相互排列及其联结关系等因素形成的综合特征。土的结构与土粒的矿物成分、颗粒形状和沉积条件有关。

1. 单粒结构

粒间作用力以重力起决定性的作用，有时还会受到毛细力的作用，土粒间的分子吸引力相对很小，颗粒间基本没有联结，较粗颗粒的土(卵石、砾石、砂粒等)的结构如图 3.1.7(a)所示。

2. 蜂窝状结构

粒径为 0.005~0.075 mm(粉粒)的土粒沉积时形成蜂窝状结构。土粒间的吸引力大于重力，土粒停留在最初的接触点不再下沉而形成此结构。孔隙大、联结作用弱、可产生较大沉降。较细颗粒的土(粉粒等)的结构如图 3.1.7(b)所示。

3. 絮凝结构

粒径<0.005 mm 的黏粒能够在水中长期悬浮，不因自重而下沉，当这些悬浮在水中的黏粒被带到电解质浓度较大的环境时，如海水中，黏粒就会凝聚成絮状的集粒而下沉，并相继和已沉积的絮状集粒接触，而形成类似蜂窝而孔隙很大的絮凝结构。微小的黏粒(粒径小于 0.005 mm)、胶体颗粒的结构如图 3.1.7(c)所示。

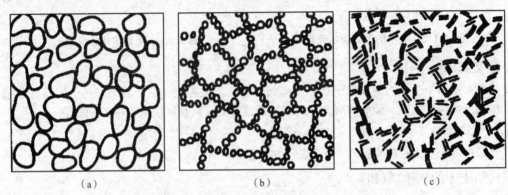

（a）　　　　　　　　　（b）　　　　　　　　　（c）

图 3.1.7　土的结构
(a)单粒结构；(b)蜂窝状结构；(c)絮凝结构

单粒结构强度大，压缩性小，工程性质最好；蜂窝结构次之；絮凝结构最差。

(二)土的构造

土的构造是指土体中各组成部分之间的排列、分布及外貌特征，如土层的层理、裂隙及大孔隙等宏观特征，反映了土的成因、土形成时的地质环境、气候特征及土层形成后的演变结果等。土的构造直接反映了土体的不均匀性、各向异性等特点，它影响土体的强度及变形特征、密实度、渗透性、稳定性等物理力学特性。

1. 层理构造

在土的形成过程中，由于不同阶段沉积的物质成分、颗粒大小或颜色不同，沿竖向呈现的成层特征即层理构造，常见的有水平层理构造和交错层理构造。

2. 分散构造

土粒分布均匀、性质相近的土层，如砂、砾石、卵石层等都属于分散构造。

3. 裂隙构造

土体被许多不连续的小裂隙所分割，裂隙中往往填充各种盐类沉淀物。不少坚硬状态与硬塑状态的黏性土都具有此种构造，如黄土的柱状裂隙。裂隙的存在大大降低了土体的强度和稳定性，增大透水性，对工程不利。

任务二　土的物理性质指标

一、案例导入

某土石坝工程(图 3.1.8)在进行某地基勘察时，取一原状土样，由试验测得：土的天然密度 $\rho=1.8\ \mathrm{g/cm^3}$，土粒的相对密度 $d_s=2.70$，土的天然含水率 $w=18.0\%$，试求其余六个指标。

图 3.1.8　土石坝填筑

二、问题分析

土的性质不仅取决于三相组成中各相的性质，三相之间量的比例关系也是一个非常重要的影响因素。土体三相之间量的比例关系称为土的物理性质指标，工程中常用的土的物理性质指标是评价土体工程性质优劣的基本指标。土的物理性质指标包括九个未知的基本物理量，其中五个和体积相关，四个和质量相关。一种是可以通过试验直接测定的，称为实测指标，也称基本指标；另一种是通过直接测定指标经换算得出，称为换算指标，也称为计算指标或导出指标。

该任务涉及的知识点包括以下几个方面：

(1)土的实测物理性质指标；

(2)土的换算物理性质指标；

(3)各物理性质指标的换算。

土的物理性质指标

三、土的三相图

定量研究三相之间的比例关系时，为了便于说明和计算，将三相体系中分散的土颗粒、水和气体分别集中在一起，并按适当的比例画一个土的三相图，如图 3.1.9 所示，用土的三相图表示各部分之间的数量关系。其中，气体的质量比其他两部分质量小很多，可忽略不计。

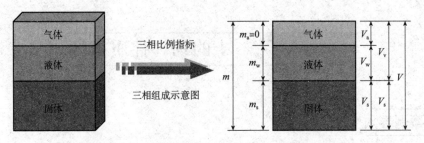

图 3.1.9　土的三相图

V—土的总体积；V_v—土的孔隙体积；V_s—土粒的体积；V_w—水的体积；

V_a—气体的体积；m—土的总质量；m_s—土粒的质量；m_w—水的质量；m_a—气体的质量

四、土的物理性质指标

(一)基本指标

基本指标是指土的密度(质量密度)ρ 和土的重力密度(简称重度)γ、土粒比重(土粒相对密度)d_s 及土的含水率 w，一般由实验室直接测定其数值。

1. 土的密度 ρ

天然状态下单位体积土的质量称为土的密度，用 ρ 表示，单位为 g/cm³ 或 t/m³。其表达式为

$$\rho = \frac{m}{V} = \frac{m_s + m_w}{V_s + V_w + V_a} \tag{3.1.3}$$

天然状态下土的密度变化范围较大。一般黏性土 $\rho = (1.8 \sim 2.0)$ g/cm³；砂土 $\rho = (1.6 \sim 2.0)$ g/cm³；腐殖土 $\rho = (1.5 \sim 1.7)$ g/cm³。土的密度一般用"环刀法"测定，如图 3.1.10 所示。

2. 土的重度 γ

工程中常用重度 γ 来表示单位体积土的重力，单位为 kN/m³，其表达式为

$$\gamma = \frac{W}{V} = \frac{mg}{V} = \rho g \tag{3.1.4}$$

式中，g 为重力加速度，在国际单位制中常取 9.81 m/s²，为换算方便，也可采用 10 m/s² 进行计算。

3. 土粒相对密度 d_s

土的固体颗粒在 105 ℃～110 ℃下烘干至恒重时的质量与同体积 4 ℃时纯水的质量之比，称为土粒比重(土粒相对密度)，简称比重，用 d_s 表示。其表达式为

$$d_s = \frac{m_s}{V_s \rho_{w1}} = \frac{\rho_s}{\rho_{w1}} \tag{3.1.5}$$

式中，ρ_{w1} 为 4 ℃时纯水的密度，取 $\rho_{w1} = 1$ g/cm³；ρ_s 为土粒的密度，即单位体积土粒的质量。

天然土的颗粒是由不同的矿物组成的，其比重各不相同。同一种类的土，由于其矿物成分类似，其相对密度变化幅度很小，一般为 2.6～2.8。对于某些特殊土，如有机质土的土粒相对密度一般为 2.4～2.5，而泥炭土的土粒相对密度多为 1.5～1.8。

土粒相对密度常用比重瓶法(图 3.1.11)测得。试验测得的土粒相对密度是土粒相对密度的平均值。由于土粒相对密度变化不大，通常可按经验数值选用，一般参考值见表 3.1.4。

表 3.1.4　土粒相对密度参考值

土的名称	砂土	粉土		黏性土	
		砂质粉土	黏质粉土	粉质黏土	黏土
土粒相对密度	2.65～2.69	2.70	2.71	2.72～2.73	2.74～2.76

4. 土的含水率 ω

土的含水率定义为土中水的质量与土粒质量之比，用 w 表示，以百分数表示，其表达式为

$$w=\frac{m_{\mathrm{w}}}{m_{\mathrm{s}}}\times100\%\tag{3.1.6}$$

土的含水率是反映土干湿程度的指标，常用烘干法(图 3.1.12)测定，现场也可用核子密度仪测定。在天然状态下，土的含水率变化幅度很大，完全干燥状态时含水率为 0，有的淤泥类土的含水率可高达 300%。一般来说，同一种土，随着土的含水率增大，土变湿、变软，强度会降低，压缩性也会增大。所以，土的含水率是控制填土压实质量、确定地基承载力特征值和换算其他物理性质指标的重要指标。

图 3.1.10　环刀法　　　　图 3.1.11　比重瓶法　　　　图 3.1.12　烘干法

(二)换算指标

1. 几种不同状态下土的密度和重度

(1)干密度 ρ_{d} 和干重度 γ_{d}。土的干密度 ρ_{d} 是指单位体积土中土粒的质量，即土体中土粒质量 m_{s} 与总体积 V 之比，单位为 g/cm³。其表达式为

$$\rho_{\mathrm{d}}=\frac{m_{\mathrm{s}}}{V}\tag{3.1.7}$$

单位体积的干土所受的重力称为干重度 γ_{d}，单位为 kN/m³，可按下式计算：

$$\gamma_{\mathrm{d}}=\frac{W_{\mathrm{s}}}{V}=\frac{m_{\mathrm{s}}g}{V}=\rho_{\mathrm{d}}g\tag{3.1.8}$$

土的干密度或干重度是评价土的密实程度的指标，土的干密度越大，土越密实，强度越高，土稳定性越好。在填方过程中，干密度常用作填土设计和施工质量控制的指标。一般填土的设计干密度为 1.5～1.7 g/cm³。

(2)饱和密度 ρ_{sat} 和饱和重度 γ_{sat}。土的饱和密度 ρ_{sat} 是指土在饱和状态时单位体积土的质量。此时，土中的孔隙完全被水充满，土体处于二相状态，单位为 g/cm³。其表达式为

$$\rho_{\mathrm{sat}}=\frac{m_{\mathrm{s}}+m'_{\mathrm{w}}}{V}=\frac{m_{\mathrm{s}}+V_{\mathrm{v}}\rho_{\mathrm{w}}}{V}\tag{3.1.9}$$

式中，m'_{w} 为土中孔隙全部充满水时水的质量；ρ_{w} 为水的密度，$\rho_{\mathrm{w}}=1$ g/cm³。

土在饱和状态下，单位体积土的质量称为土的饱和重度 γ_{sat}，单位为 kN/m³，其表达式为

$$\gamma_{sat} = \rho_{sat} g = \frac{m_s + V_v \rho_w}{V} g \qquad (3.1.10)$$

(3)浮密度 ρ' 与浮重度 γ'。位于地下水位以下的土，受到浮力作用，此时土中固体颗粒的质量扣除同体积固体颗粒排开水的质量与土样体积之比，称为土的浮密度或有效密度，单位为 g/cm^3，表达式为

$$\rho' = \frac{m_s - \rho_w V_s}{V} \qquad (3.1.11)$$

与其相应，单位土体积中土粒的质量扣除浮力后所得的质量即为土的浮重度 γ'（有效重度），单位为 kN/m^3。其表达式为

$$\gamma' = \frac{W_s - \gamma_w V_s}{V} = \frac{(m_s - \rho_w V_s)g}{V} = \rho' g \qquad (3.1.12)$$

从上述土的四种密度或重度的定义可知，同一土样各种密度或重度在数值上的关系是 $\rho_{sat} \geqslant \rho \geqslant \rho_d > \rho'$，$\gamma_{sat} \geqslant \gamma \geqslant \gamma_d > \gamma'$。

2. 土体中表征孔隙含量的指标

(1)孔隙比 e。孔隙比 e 定义为土中孔隙体积与土粒体积之比，表达式为

$$e = \frac{V_v}{V_s} \qquad (3.1.13)$$

(2)孔隙率 n。孔隙率 n 定义为土中孔隙体积与土总体积之比，以百分数计，表达式为

$$n = \frac{V_v}{V} \times 100\% \qquad (3.1.14)$$

孔隙比与孔隙率都是用来反映土的密实程度的指标，容易证明两者之间具有以下关系：

$$n = \frac{e}{1+e} \times 100\% \qquad (3.1.15)$$

$$e = \frac{n}{1-n} \qquad (3.1.16)$$

对于同一种土，e 或 n 越大，表明土越疏松；反之，越密实。在计算地基沉降量和评价砂土的密实度时，常用孔隙比而不用孔隙率。

3. 表示土中含水程度的指标

土的饱和度 S_r 是表示土中含水程度的指标，是指土中水的体积与孔隙总体积之比，以百分数计，表达式为

$$S_r = \frac{V_w}{V_v} \times 100\% \qquad (3.1.17)$$

土的饱和度反映土中孔隙被水充满的程度。砂土根据饱和度 S_r 的指标值分为稍湿、很湿、饱和三种湿润状态，其划分标准见表 3.1.5。

表 3.1.5　砂土湿度状态的划分

砂土湿度状态	稍湿	很湿	饱和
饱和度 $S_r/\%$	$S_r \leqslant 50$	$50 < S_r \leqslant 80$	$S_r > 80$

(三)指标换算

土的三相比例指标常用换算公式见表 3.1.6。

表 3.1.6 土的三相比例指标常用换算公式

	名称	符号	三相比例表达式	常用换算公式	单位	常见的数值范围
基本指标	密度	ρ	$\rho=\dfrac{m}{V}$	$\rho=\rho_d(1+w)$ $\rho=\dfrac{d_s(1+w)}{1+e}\rho_w$	g/cm³ t/m³	1.6～2.0
	相对密度	d_s	$d_s=\dfrac{m_s}{V_s\rho_{w1}}$	$d_s=\dfrac{S_r e}{w}$		黏性土: 2.72～7.75 粉土: 2.70～2.71 砂土: 2.65～2.69
	含水率	w	$w=\dfrac{m_w}{m_s}\times100\%$	$w=\dfrac{S_r e}{d_s}=\dfrac{\rho}{\rho_d}-1$		20～60
换算指标	重度	γ	$\gamma=\rho g$	$\gamma=\gamma_d(1+w)$ $\gamma=\dfrac{d_s(1+w)}{1+e}\gamma_w$	kN/m³	16～20
	干密度	ρ_d	$\rho_d=\dfrac{m_s}{V}$	$\rho_d=\dfrac{\rho_w d_s}{1+e}=\dfrac{\rho}{1+w}$	g/cm³ t/m³	1.3～1.8
	干重度	γ_d	$\gamma_d=\dfrac{m_s g}{V}=\rho_d g$	$\gamma_d=\dfrac{\gamma_w d_s}{1+e}+\dfrac{\gamma}{1+w}$	kN/m³	13～18
	饱和密度	ρ_{sat}	$\rho_{sat}=\dfrac{m_s+V_v\rho_w}{V}$	$\rho_{sat}=\dfrac{\rho_w(d_s+e)}{1+e}$	g/cm³ t/m³	1.8～2.3
	浮密度 (有效密度)	ρ'	$\rho'=\dfrac{m_s-\rho_w V_s}{V}$	$\rho'=\rho_{sat}-\rho_w$ $\rho'=(d_x-1)(1-n)\rho_w$	g/cm³ t/m³	8～12
	饱和重度	γ_{sat}	$\gamma_{sat}=\dfrac{m_s+\rho_w V_v g}{V}=\rho_{sat}g$	$\gamma_{sat}=\dfrac{\gamma_w(d_s+e)}{1+e}$	kN/m³	18～23
	浮重度 (有效重度)	γ'	$\gamma'=\dfrac{(m_s-\rho_w V_s)g}{V}$	$\gamma'=\gamma_{sat}-\gamma_s$ $\gamma'=\dfrac{\gamma_w(d_s-1)}{1+e}$	kN/m³	0.8～1.2
	孔隙比	e	$e=\dfrac{V_v}{V_s}$	$e=\dfrac{d_s(1+w)\rho_w}{\rho}-1$ $e=\dfrac{d_s\rho_w}{\rho_d}-1$		黏性土: 0.4～1.2 粉土: 0.4～1.2 砂土: 0.3～0.9
	孔隙率	n	$n=\dfrac{V_v}{V}\times100\%$	$n=1-\dfrac{\rho_d}{d_s\rho_w}=\dfrac{e}{1+e}$		黏性土: 30～60 粉土: 30～60 砂土: 25～45
	饱和度	S_r	$S_r=\dfrac{V_w}{V_v}\times100\%$	$S_r=\dfrac{w\rho_d}{n\rho_w}\times100\%$ $S_r=\dfrac{wd_s}{e}\times100\%$		0～100

案例详解：

【解】$e=\dfrac{d_s(1+w)\rho_w}{\rho}-1=\dfrac{2.7\times(1+0.18)\times1.0}{1.8}-1=0.77$

$n=\dfrac{e}{1+e}=\dfrac{0.77}{1+0.77}\times100\%=43.5\%$

$S_r=\dfrac{wd_s}{e}\times100\%=\dfrac{0.18\times2.7}{0.77}\times100\%=63.1\%$

$\rho_d=\dfrac{\rho}{1+w}=\dfrac{1.8}{1+0.18}=1.525(\text{g/cm}^3)$

$\rho_{sat}=\dfrac{\rho_w(d_s+e)}{1+e}=\dfrac{1.0\times(2.7+0.77)}{1+0.77}=1.96(\text{g/cm}^3)$

$\rho'=\dfrac{\rho_w(d_s-1)}{1+e}=\dfrac{1.0\times(2.7-1)}{1+0.77}=0.96(\text{g/cm}^3)$

任务三　　土的物理状态指标

一、案例导入

1. 如图 3.1.13 所示，某砂土密度 $\rho=1.77$ g/cm³，含水率 $w=9.8\%$，土粒相对密度 $d_s=2.68$，由该砂样的相对密实度试验，得到其最大干密度 $\rho_{dmax}=1.74$ g/cm³，最小干密度 $\rho_{dmin}=1.37$ g/cm³，请确定该砂土的相对密实度 D_r 并判断其密实度。

2. 如图 3.1.14 所示，某一完全饱和黏性土试样的含水率 $w=30\%$，土粒相对密度 $d_s=2.73$，液限为 17%。试求孔隙比、干密度和饱和密度，并按塑性指数和液性指数分别确定该黏性土的分类名称和软硬状态。

图 3.1.13　砂土

图 3.1.14　黏土

二、问题分析

在天然状态下，土所表现出来的干湿、软硬、松密等特征，统称为土的物理状态，反映土的物理状态的指标称为土的物理状态指标。无黏性土的力学性质主要受密实度的影响；黏性土的力学性质则主要受含水率变化的影响。

该任务涉及的知识点包括以下两个方面：

(1)无黏性土的孔隙比、相对密实度；

(2)黏性土的界限含水率、塑性指数与液性指数。

三、无黏性土的特性

无黏性土一般是指砂土和碎石土，这两类土中一般黏粒含量很少，不具有可塑性，呈单粒结构，其最主要的物理状态指标是密实度。土的密实度是指单位体积土中固体颗粒的含量。土的密实度是反映无黏性土工程性质的主要指标。

1. 砂土的密实度

(1)孔隙比 e。用孔隙比 e 来判断砂土的密实度是最简便的方法。孔隙比越小，表示土越密实；孔隙比越大，表示土越疏松。根据天然孔隙比，可将砂土划分为密实、中密、稍密和松散四种状态。具体划分标准见表 3.1.7。

表 3.1.7　按孔隙比 e 划分砂土的密实度

土的名称 \ 密实度	密实	中密	稍密	松散
砂砾、粗砂、中砂	$e < 0.60$	$0.60 \leqslant e \leqslant 0.75$	$0.75 < e \leqslant 0.85$	$e > 0.85$
细砂、粗砂、中砂	$e < 0.70$	$0.70 \leqslant e \leqslant 0.85$	$0.85 < e \leqslant 0.95$	$e > 0.95$

此方法由于没有考虑到颗粒级配这一重要因素对砂土密实状态的影响，再加上从现场取原状砂样存在实际困难，因而砂土的天然孔隙比的数值很不可靠，故该方法在应用中存在缺陷。

(2)相对密实度 D_r。为了更合理地判断砂土所处的密实状态，可用天然孔隙比 e 与同种砂土的最疏松状态孔隙比 e_{max} 和最密实状态孔隙比 e_{min} 进行对比，看 e 是靠近 e_{max} 还是靠近 e_{min}，以此来判别它的密实度，即相对密实度。其表达式为

$$D_r = \frac{e_{max} - e}{e_{max} - e_{min}} \tag{3.1.18}$$

式中，e 为砂土在天然状态下或某种控制状态下的孔隙比；e_{max} 为砂土在最疏松状态下的孔隙比，即最大孔隙比；e_{min} 为砂土在最密实状态下的孔隙比，即最小孔隙比。

将式(3.1.18)中的孔隙比用干密度替换 $\left(e_{max} = \dfrac{d_s \rho_w}{\rho_{dmin}} - 1 、 e_{min} = \dfrac{d_s \rho_w}{\rho_{dmax}} - 1 \right)$，可得到用干密度表示的相对密实度表达式，即

$$D_r = \frac{(\rho_d - \rho_{dmin}) \rho_{dmax}}{(\rho_{dmax} - \rho_{dmin}) \rho_d} \tag{3.1.19}$$

式中，ρ_d 为砂土的天然干密度；ρ_{dmax} 为砂土的最大干密度；ρ_{dmin} 为砂土的最小干密度。

从式(3.1.18)可以看出，当 e 接近 e_{min} 时，D_r 接近 1，表明砂土接近最密实状态；当 e 接近 e_{max} 时，D_r 接近 0，表明砂土接近最疏松状态。工程中根据砂土的相对密实度 D_r 可将砂土的密实状态划分为以下三种：

$$1 \geqslant D_r > 0.67 \quad 密实$$

$$0.67 \geqslant D_r > 0.33 \quad 中密$$

$$0.33 \geqslant D_r > 0 \quad 松散$$

(3)标准贯入试验锤击数。为了避免取原状土样的困难，在工程实践中较普遍的做法是采用

标准贯入试验锤击数 N 来现场判定天然砂土的密实度。砂土根据标准贯入试验锤击数 N 可分为松散、稍密、中密和密实四种状态，具体的划分标准见表 3.1.8。

表 3.1.8　按标准贯入试验锤击数 N 划分砂土的密实度

密实度	松散	稍密	中密	密实
标准贯入试验锤击数 N	$N \leqslant 10$	$10 < N \leqslant 15$	$15 < N \leqslant 30$	$N > 30$
注：当用静力触探探头阻力判定砂土的密实度时，可根据当地经验确定				

2. 碎石土的密实度

由于碎石土粒径较大，土的天然孔隙比 e、最大孔隙比 e_{max}、最小孔隙比 e_{min} 测不准，以及可贯性差，通常不采用孔隙比 e、相对密实度 D_r 和标准贯入试验锤击数 N 作为指标评价其密实度。《建筑地基基础设计规范》(GB 50007—2011) 中规定，碎石（类）土的密实度可按重型圆锥动力触探试验锤击数 $N_{63.5}$ 划分，见表 3.1.9。

表 3.1.9　碎石土的密实度

密实度	松散	稍密	中密	密实
重型圆锥动力触探锤击数 $N_{63.5}$	$N_{63.5} \leqslant 5$	$5 < N_{63.5} \leqslant 10$	$10 < N_{63.5} \leqslant 20$	$N_{63.5} > 20$

对于平均粒径大于 50 mm 或最大粒径大于 100 mm 的碎石土，可根据野外鉴别可挖性、可钻性和骨架颗粒含量与排列方式，划分为密实、中密、稍密、松散四种密实状态，其划分标准见表 3.1.10。

表 3.1.10　碎石土密实度野外鉴别方法

密实度	骨架颗粒含量与排列方式	可挖性	可钻性
密实	骨架颗粒含量大于总重的 60%～70%，呈交叉排列，连续接触	锹镐挖掘困难，用撬棍方能松动，井壁一般较稳定	钻进极困难；冲击钻探时，钻杆、吊锤跳动剧烈，孔壁较稳定
中密	骨架颗粒含量等于总重的 60%～70%，呈交叉排列，大部分接触	锹镐可挖掘；井壁有掉块现象，从井壁取出大颗粒处，能保持颗粒凹面形状	钻进较困难；冲击钻探时，钻杆、吊锤跳动不剧烈，孔壁有坍塌现象
稍密	骨架颗粒含量等于总重的 55%～60%，排列混乱，大部分不接触	锹镐可挖掘；井壁易坍塌，从井壁取出大颗粒后，砂土立即塌落	钻进较容易；冲击钻探时，钻杆、吊锤稍有跳动，孔壁易坍塌
松散	骨架颗粒含量小于总重的 55%，排列十分混乱，绝大部分不接触	锹镐易挖掘；井壁极易坍塌	钻进很容易；冲击钻探时，钻杆无跳动，孔壁易坍塌
注：碎石土密实度的划分，应按表列各项要求综合确定			

四、黏性土的特性

(一)黏性土的稠度状态

黏性土是一种细颗粒土，颗粒粒径极小，所含黏土矿物成分较多，土粒表面与水相互作用的能力较强，故黏性土的含水率对土所处的状态影响很大。黏性土由于含水率的不同，而分别处于固态、半固态、可塑状态及流动状态。黏性土最主要的状态特征是它的稠度，稠度就是指土的软硬程度，是衡量黏性土软硬程度的指标。

(二)黏性土的界限含水率

黏性土由一种状态转换到另一种状态的分界含水率(图 3.1.15)称为界限含水率，也称稠度界限，界限含水率都以百分数表示。

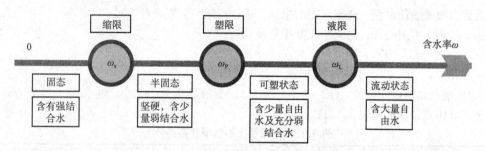

图 3.1.15　黏性土的界限含水率及物理状态

1. 缩限 ω_s

土从半固态转到固态的界限含水率称为缩限。当含水率小于缩限 w_s 时，土体的体积不随含水率的减小而发生变化；当含水率大于缩限 w_s 时，土体的体积随含水率的增加而变大。

2. 塑限 ω_P

土从可塑状态转到半固态的界限含水率称为塑限，也就是可塑状态的下限，即含水率小于塑限 w_P 时，黏性土不具有可塑性。

塑限的测定：液塑限联合测定仪、搓条法，如图 3.1.16、图 3.1.17 所示。

3. 液限 ω_L

土从流动状态转到可塑状态的界限含水率称为液限，也就是黏性土可塑状态的上限含水率。

液限的测定：锥式液限仪(图 3.1.18)、液塑限联合测定仪(图 3.1.16)、碟式液限仪。

 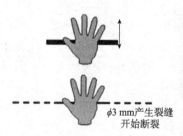 

图 3.1.16　液塑限联合测定仪　　图 3.1.17　搓条法　　图 3.1.18　锥式液限仪

(三)两个重要指标及其工程应用

1. 塑性指数(I_P)

塑性指数是指液限和塑限的差值，用符号 I_P 表示，计算时不带%，即

$$I_P = w_L - w_P \tag{3.1.20}$$

I_P 越大,土的可塑性范围越广,土中的黏粒、胶粒、黏土矿物含量也越高。

工程上常利用塑性指数对黏性土进行分类:$I_P > 17$ 为黏土;$10 < I_P \leqslant 17$ 为粉质黏土。

2. 液性指数(I_L)

液性指数是指黏性土的天然含水率和塑限的差值与塑性指数的比值,用符号 I_L 表示,即

$$I_L = \frac{w - w_P}{w_L - w_P} = \frac{w - w_P}{I_P} \tag{3.1.21}$$

液性指数是表征黏性土软硬状态的指标,液性指数一般用小数表示。

$w < w_P$ 时,I_L 小于 0,则天然土处于坚硬状态;

$w > w_L$ 时,I_L 大于 1,则天然土处于流动状态;

$w_L < w < w_P$ 时,I_L 为 0~1,则天然土处于可塑状态。

《建筑地基基础设计规范》(GB 50007—2011)根据液性指数的大小,将黏性土划分为五种软硬状态,具体划分标准见表 3.1.11。

表 3.1.11 黏性土的软硬状态划分

状态	坚硬	硬塑	可塑	软塑	流塑
液性指数 I_L	$I_L \leqslant 0$	$0 < I_L \leqslant 0.25$	$0.25 < I_L \leqslant 0.75$	$0.75 < I_L \leqslant 1$	$I_L > 1$
注:当用静力触探探头阻力判定黏性土的状态时,可根据当地经验确定					

案例详解:

1.【解】(1)该砂土的最大孔隙比和最小孔隙比分别为

$$e_{\max} = \frac{d_s \rho_w}{\rho_{d\min}} - 1 = \frac{2.68 \times 1}{1.37} - 1 = 0.956$$

$$e_{\min} = \frac{d_s \rho_w}{\rho_{d\max}} - 1 = \frac{2.68 \times 1}{1.74} - 1 = 0.540$$

(2)该砂土的天然孔隙比为

$$e = \frac{d_s(1+w)\rho_w}{\rho} - 1 = \frac{2.68 \times 1.098 \times 1}{1.77} - 1 = 0.663$$

(3)该砂土的相对密实度为

$$D_r = \frac{e_{\max} - e}{e_{\max} - e_{\min}} = \frac{0.956 - 0.663}{0.956 - 0.540} = 0.7$$

(4)该砂土的密实程度判断:$D_r = 0.7 > 0.67$,所以,该砂土处于密实状态。

2.【解】由于试样是完全饱和黏性土,所以 $S_r = 100\%$。

由 $S_r = \dfrac{w d_s}{e} = 100\% \Rightarrow e = \dfrac{w d_s}{S_r} = \dfrac{30\% \times 2.73}{100\%} = 0.819$

$$\rho_d = \frac{d_s \rho_w}{1+e} = \frac{2.73 \times 1}{1 + 0.819} = 1.5 (\text{g/cm}^3)$$

$$\rho_{sat} = \frac{(d_s + e)\rho_w}{1+e} = \frac{(2.73 + 0.819) \times 1}{1 + 0.819} = 1.95 (\text{g/cm}^3)$$

$I_P = w_L - w_P = 33 - 17 = 16 < 17$,为粉质黏土。

$I_L = \dfrac{w - w_P}{w_L - w_P} = \dfrac{30 - 17}{33 - 17} = 0.8125 < 1$,处于软塑状态。

任务四　土的击实性

一、任务描述

在工程建设中，常用土料填筑土堤、土坝、路基和地基等，这些填土工程都必须采用夯打、碾压(图 3.1.19)或振动等方法将土料击实到一定的密实程度，从而改善填土的工程性质，提高填土的抗剪强度，降低压缩性和渗透性，以保证地基稳定和建筑物的安全。

图 3.1.19　土的碾压施工

二、问题分析

土的击实是指土体在一定击实功的作用下，土颗粒克服粒间阻力产生位移，颗粒重新排列，使土中的孔隙比减小，密实度增大，并具有较高的强度。但是在击实过程中，即使采用相同的击实功，对于不同种类、不同含水率的土，击实效果也不完全相同。因此，为了技术上可靠和经济上合理，必须对填土的击实性进行研究。

解决该问题涉及的知识点包括以下几个方面：

(1)击实效果；

(2)击实影响因素；

(3)击实试验的方法及成果应用。

三、击实方法

1. 碾压法

碾压法就是利用压路机、推土机或羊足碾等机械滚轮的压力，在土层上来回开动击实土壤，使其达到所需的密实度。碾压机具如图 3.1.20 所示。

2. 重锤夯实法

重锤夯实法是利用重锤提升到一定高度，再自由下落所得到的冲击力来夯实土壤。通过重复夯打击实地基，使土体孔隙被压缩，土粒排列得更加紧密，如图 3.1.21 所示。

3. 振动击实法

振动击实法就是将振动击实机放在土层表面，在振动压实机的振动作用下，土颗粒间发生相对位移，减小土的孔隙比而达到紧密状态，如图 3.1.22 所示。

四、击实效果的主要影响因素

土的击实效果不仅与击实的方法有关，还和土的种类、含水率、颗粒级配状况，以及击实功能和碾压层的厚度、碾压遍数等因素密切相关。将在一定的击实功能情况下，黏性土能压到最密实的含水率，称为最优含水率(ω_{op})，此时对应的干密度为最大干密度，可以通过室内击实试验测定。

图 3.1.20　碾压机具

图 3.1.21　夯击机具

图 3.1.22　振动机具

1. 含水率

含水率很小时，颗粒表面的水膜很薄，要使颗粒相互移动需要克服很大的粒间阻力，因而需要消耗很大的能量；含水率逐渐增大，水膜加厚，粒间阻力必然减小，颗粒自然容易移动。但是，当含水率超过最优含水率 ω_{op} 后，水膜润滑作用不再明显增加；土中的剩余空气已经不多，并且处于与大气隔绝的封闭状态，封闭气体很难全部被赶走，击实不会达到完全饱和状态。在一定击实功下，只有达到最优含水率时，才能击实到较大的密实度。将不同含水率及所对应的土体达到饱和状态时的干密度点绘于击实曲线图中，得到饱和度为 $2S_r=100\%$ 的饱和曲线(图 3.1.23)，试验的击实曲线在峰值以右逐渐接近饱和曲线，并且大体上与其平行，但永不相交。试验证明，一般黏性土在其最佳击实状态下(击实曲线峰点)，其饱和度通常为 80%。

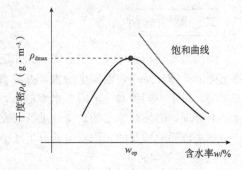
图 3.1.23　击实曲线

2. 击实功

击实功(＝锤重×锤落高×锤击数)是指击实每单位体积土所消耗的能量。在室内击实试验中，当锤重和锤落高一定时，击实功的大小还可用锤击数 n 的多少来表示。对于同一种土，最优含水率和最大干密度并不恒定，而随击实功变化，击实功越大，最优含水率越小，相应的最大干密度越高。超过最优含水率后，击实功的影响随含水率的增大逐渐减小，击实曲线均靠近饱和曲线。

3. 颗粒级配

在相同的击实功条件下，级配不同的土，其击实特性是不同的，粗粒含量较多的土，最大干密度较高，而最优含水率较小。级配良好是所有粗粒土达到密实状态的必备条件。

五、击实试验

击实试验是在室内研究细粒土击实性的基本方法。击实试验分为重型和轻型两种。它们分别适用于粒径不大于 20 mm 的土和粒径小于 5 mm 的黏性土。击实仪主要包括击实筒、击实锤及导筒等，如图 3.1.24、图 3.1.25 所示。击实锤质量分别为 4.5 kg 和 2.5 kg，锤落高分别为 457 mm 和 305 mm。击实筒用来盛装制备土样，击实锤用来对土样进行夯实。击实试验时，先将待测的土料按不同的预定含水率(不少于 5 个)制备成试样。然后，将制备好的某一试样分三层装入击实筒，每层按 25 击(或 27 击)进行击实。

轻型击实试验方法简述如下：

(1)取代表性土样 20 kg，风干碾碎，过 5 mm 筛，制备 5 份不同含水率的试样，各含水率的差值约为 2%。

(2)每个试验，将土样分 3 层装入击实筒，击实筒内径为 102 mm，筒高为 116 mm，击实锤质量为 2.5 kg，锤落高为 305 mm，每层 25 击。

(3)测出击实后土试样总质量、含水率，计算干密度。

(4)在直角坐标中，以含水率 w 为横坐标，以干密度 ρ_d 为纵坐标，绘制 ρ_d-w 关系曲线，为击实曲线。取曲线峰值相应的纵坐标为试样的最大干密度 ρ_{dmax}，其对应的横坐标为试样的最优含水量 w_{op}。最优含水率 w_{op} 与土的塑限 w_P 相近，大致为 $w_{op}=w_P+2\%$，填土中含有的黏土矿物越多，则最优含水率越大。

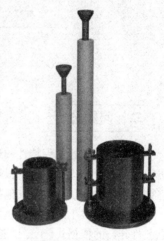

图 3.1.24 击实筒

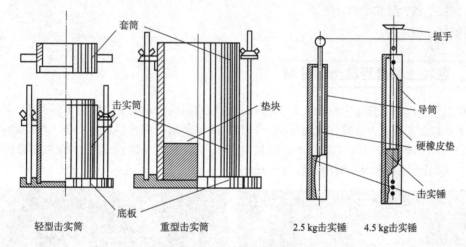

图 3.1.25 击实仪示意

工程上常采用击实度 D_c 作为填方击实密度控制的标准，其表达式为

$$D_c=\frac{填土的干密度\ \rho_d}{室内标准击实试验的最大干密度\ \rho_{dmax}}\times100\%$$

1、2 级土石坝和 3 级以下高坝击实度不应低于 98%；3 级中坝、低坝及 3 级以下中坝击实度不应低于 96%。

任务五　土的工程分类

一、案例导入

1. 已知某细粒土的液限 $w_L=47\%$，塑限 $w_P=33\%$，天然含水率 $w=43\%$。试用《土工试验方法标准》(GB/T 50123—2019)的分类法确定土的名称。

2. 某工程进行工程地质勘察时，取回一砂土试样，经筛析试验，得到各粒组含量百分比，如图 3.1.26 所示，试确定砂土名称。

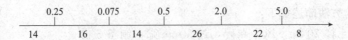

图 3.1.26 某土样各粒组含量

二、问题分析

为了判别土的工程特性和评价土作为地基或建筑材料的适宜性，有必要对成分、结构和性质千差万别的土进行分类。根据分类名称，可以大致判断土体的工程特性、评价土体作为建筑材料的适宜性，以及结合其他指标来确定地基的承载力等。

通常选用对土的工程性质影响最大、最能反映土的基本属性、又便于测试的指标，作为对土进行分类的依据。《土工试验方法标准》(GB/T 50123—2019)分类依据为土颗粒组成及特征、土的塑性指标和有机质含量。该任务涉及的知识点包括以下两个方面：

(1)巨粒土和含巨粒土的分类；

(2)细粒土的分类。

三、巨粒土和含巨粒土的分类

巨粒土和含巨粒土按土中粒径大于 60 mm 的巨粒含量区分。若土中巨粒含量多于 75%，则该土属于巨粒土；若土中巨粒含量为 50%~75%，则该土属于混合巨粒土；若土中巨粒含量为 15%~50%，则该土属于巨粒混合土，巨粒混合土可根据所含粗粒或细粒的含量进行细分。图 3.1.27 所示为漂石和块石组(粒径>200 mm)。

图 3.1.27 漂石和块石组(粒径>200 mm)

当试样中巨粒组含量不大于 15% 时，可扣除巨粒，按粗粒类土或细粒类土的相应规定分类；当巨粒对土的总体性状有影响时，可将巨粒计入砾粒组进行分类。

试样中粗粒组含量大于 50% 的土称为粗粒类土，其分类应符合下列规定：砾粒组含量大于砂粒组含量的土称为砾类土；砾粒组含量不大于砂粒组含量的土称为砂类土。图 3.1.28 所示为卵石和碎石组(60~200 mm)，图 3.1.29 所示为砾(2~60 mm)和砂(0.075~2 mm)。

巨粒土类、砾类土和砂类土分类见表 3.12~表 3.14。

图 3.1.28　卵石和碎石组(60~200 mm)

图 3.1.29　砾(2~60 mm)和砂(0.075~2 mm)

表 3.1.12　巨粒土类的分类

土类	粒组含量		土类代号	土类名称
巨粒土	巨粒含量>75%	漂石含量大于卵石含量	B	漂石(块石)
		漂石含量不大于卵石含量	Cb	卵石(碎石)
混合巨粒土	50%<巨粒含量≤75%	漂石含量大于卵石含量	BSl	混合土漂石(块石)
		漂石含量不大于卵石含量	CbSl	混合土卵石(块石)
巨粒混合土	15%<巨粒含量≤50%	漂石含量大于卵石含量	SlB	漂石(碎石)混合土
		漂石含量不大于卵石含量	SlCb	卵石(碎石)混合土

表 3.1.13　砾类土的分类

土类	粒组含量		土类代号	土类名称
砾	细粒含量<5%	级配:C_u≥5, C_c=1~3	GW	级配良好砾
		级配:不同时满足上述要求	GP	级配不良砾
含细粒土砾	5%≤细粒含量<15%		GF	含细粒土砾
细粒土质砾	15%≤细粒含量<50%	细粒组中粉粒含量不大于50%	GC	黏土质砾
		细粒组中粉粒含量大于50%	GM	粉土质砾

表 3.1.14　砂类土的分类

土类	粒组含量		土类代号	土类名称
砂	细粒含量<5%	级配：$C_u \geqslant 5$，$C_c = 1 \sim 3$	SW	级配良好砂
		级配：不同时满足上述要求	SP	级配不良砂
含细粒土砂	5%≤细粒含量<15%		SF	含细粒土砂
细粒土质砂	15%≤细粒含量<50%	细粒组中粉粒含量不大于50%	SC	黏土质砂
		细粒组中粉粒含量大于50%	SM	粉土质砂

四、细粒土的分类

试样中细粒组含量不小于50%的土称为细粒类土。细粒类土应按下列规定划分：粗粒组含量不大于25%的土称为细粒土；粗粒组含量大于25%且不大于50%的土称含粗粒的细粒土；有机质含量小于10%且不小于5%的土称为有机质土。

图3.1.30所示为粉粒（<0.075 mm）和黏粒组（<0.005 mm）。

图 3.1.30　粉粒（<0.075 mm）和黏粒组（<0.005 mm）

细粒土可按塑性图（图3.1.31）进一步细分。塑性图中横坐标为液限，纵坐标为塑性指数。图3.1.31中A线方程式：$I_P = 0.73(w_L - 20)$，A线上侧为黏土，下侧为粉土；B线方程式为$w_L = 50\%$，$w_L \geqslant 50\%$为高液限，$w_L \leqslant 50\%$为低液限。

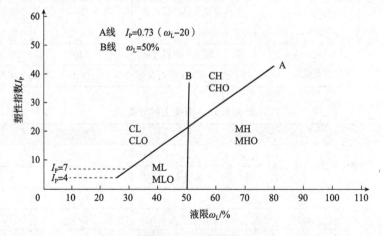

图 3.1.31　塑性图

有机质土是按表3.1.15确定细粒土名称，再在相应土类代号之后缀以代号O，如CHO为有机质高液限黏土，MLO为有机质低液限粉土。

表 3.1.15　细类土的分类

土的塑性指标在塑性图中的位置		土类代号	土类名称
$I_P \geqslant 0.73(w_L-20)$ 和 $I_P \geqslant 7$	$w_L \geqslant 50\%$	CH	高液限黏土
	$w_L < 50\%$	CL	低液限黏土
$I_P \geqslant 0.73(w_L-20)$ 和 $I_P < 4$	$w_L \geqslant 50\%$	MH	高液限粉土
	$w_L < 50\%$	ML	低液限粉土

五、针对特殊性土的划分

自然界中还分布有特殊性质的土，如湿陷性土、黄土、红黏土、软土（包括淤泥和淤泥质土）、混合土、填土、多年冻土、膨胀土、盐渍土、污染土等，它们的分类都有专门的规范。

案例详解：

1.【解】该土的液限 $w_L = 47\% < 50\%$，该土在塑性图中位于 B 线左边，属于低液限土。

土的塑性指数 $I_P = w_L - w_P = 47 - 33 = 14$，

而塑性土 A 线的 $I_P = 0.73(w_L-20) = 0.73 \times (47-20) = 19.71$，该土在塑性图中位于 A 线的下方，属于粉土。

根据土的液限和塑性指数，该土位于塑性图的 ML 区，为低液限粉土。

2.【解】由图 3.1.26 可知：粒径 $d > 2$ mm 含量占 30%，属于 25%～50% 范围，因此，该砂土的名称确定为砾砂。

 项目小结

本项目主要讨论了土的物质组成以及定性、定量描述其物质组成的方法，包括土的三相组成、土的三相指标、土的结构与构造、黏性土的界限含水率、砂土的密实度、土的击实性和土的工程分类等。这些内容是学习土力学原理和基础工程设计与施工技术所必需的基本知识，也是评价土的工程性质、分析与解决土的工程技术问题时讨论的最基本的内容。

 课后练习

［任务一］

一、判断题

1. 有机质亲水性很强，有机质含量高的土通常压缩性大，强度低。（　　）

2. 沉降分析法适用于粒径大于 0.075 mm 的粗粒土。（　　）

3. 土中各粒组的相对含量为两个小于分界粒径质量百分数之差。（　　）

4. 颗粒级配曲线形状平缓，土粒大小变化范围大，表示土粒大小不均匀，土的级配不良。（　　）

5. 一般认为，砂类土或砾类土同时满足 $C_u \geqslant 5$ 和 $C_c = 1 \sim 3$ 两个条件时，则为级配良好砂或级配良好砾。（　　）

6. 粒径为 0.005～0.075 mm(粉粒)的土粒沉积时形成絮凝结构。( )

二、填空题

1. 土体为_____、_____和_____组成的三相体系。

2. 划分粒组的分界尺寸称为_____。

3. 水在土中的存在状态有_____、_____和_____。

4. 土颗粒大小分析试验的成果，通常在半对数坐标系中点绘成一条曲线，称为土的_____。

5. 在颗粒级配曲线上，可根据土粒的分布情况，定性地判别土的_____程度或_____情况。

[任务二]

一、填空题

1. 土的固体颗粒在 105 ℃～110 ℃下烘至恒重时的质量与同体积 4 ℃时纯水的质量之比，称为_____，常用_____法测得。

2. 土的含水率定义为土中_____的质量与_____质量之比。

3. 土的干密度 ρ_d 是指单位体积土中土粒的质量，即土体中_____与_____之比。

4. _____与_____都是用来反映土的密实程度的指标。

5. 土的_____是表示土中含水程度的指标，是指土中水的体积与孔隙总体积之比。

二、计算题

1. 某原状土样，经试验测得土的湿重度 $\gamma=18.44$ kN/m³，天然含水率 $w=24.3\%$，土粒相对密度 $d_s=2.68$，试利用三相草图求该土样的干重度 γ_d、饱和重度 γ_{sat}、孔隙比 e 和饱和度 S_r 等指标值。

2. 用体积 $V=60$ cm³ 的环刀切取原状土样，用天平称出土样质量为 96.00 g，烘干后质量为 75.72 g，测得土粒相对密度 $d_s=2.68$。求该土样的湿重度 γ、含水率 w、干重度 γ_d、孔隙比 e 和饱和度 S_r 等指标值。

[任务四]

一、判断题

1. 土的密实度是反映黏性土工程性质的主要指标。( )

2. 当 e 接近 e_{max} 时，D_r 接近 0，表明砂土接近最疏松状态。( )

3. 碎石土骨架颗粒含量大于总质量的 60%，呈交叉排列，连续接触，为密实状态。( )

4. 稠度是衡量黏性土软硬程度的指标。( )

5. 土从半固态转到固态的界限含水率称为塑限。( )

6. 塑性指数越大，土的可塑性范围越广。( )

7. 在击实过程中，即使采用相同的击实功，对于不同种类、不同含水率的土，击实效果也不完全相同。( )

8. 土的击实效果，仅与击实的方法有关。( )

9. 轻型击实适用于粒径小于 5 mm 的黏性土。( )

10. 轻型击实仪击实锤质量为 2.5 kg。( )

11. 击实试验时，先将待测的土料按不同的预定含水率(不少于 3 个)制备成试样。( )

二、填空题

1. 将在一定的击实功能情况下，黏性土能压到最密实的含水率，称为_____含水率，此时对应的干密度为_____干密度。

2. 击实试验分_____和_____两种。

3. 最优含水率 w_{op} 与土的_____相近。

4. 以_____为横坐标，以_____为纵坐标，绘制击实曲线。

5. 击实试验时，取制备好的某一试样，分_____层装入击实筒，每层按_____击进行击实。

三、计算题

1. 某砂层的湿重度 $\gamma=18.20$ kN/m³，含水率 $w=13\%$，土粒相对密度 $d_s=2.65$，最大干密度 $\rho_{dmax}=1.89$ kg/m³，最小干密度 $\rho_{dmin}=1.47$ kg/m³，该土层处于什么状态？

2. 从某地基中取原状土样，用 76 g 圆锥仪测得土的 10 mm 液限 $w_L=47\%$，塑限 $w_P=18\%$，天然含水率 $w=40\%$，问该地基土处于什么状态？

[任务五]

一、填空题

1. 《土工试验方法标准》(GB/T 50123—2019)分类依据为_____、_____和_____。

2. 巨粒土和含巨粒土按土中粒径大于_____ mm 的巨粒含量区分。

3. 试样中粗粒组含量大于50%的土称为_____类。

4. 试样中细粒组含量不小于_____的土称为细粒类土。

5. 塑性图中 A 线上侧为_____土，下侧为_____土。

二、简答题

1. 土的粒组是怎样划分的？

2. 什么是土的颗粒级配？颗粒级配曲线的纵坐标表示什么？

3. 土的物理性质指标有哪几个？

4. 黏性土最主要的物理状态指标是什么？无黏性土最主要的物理状态指标有哪几个？

5. 岩石的主要物理力学性质指标有哪些？

三、计算题

1. 已知某细粒土样的液限 $w_L=48\%$，塑限 $w_P=31\%$，天然含水率 $w=42\%$。试用《土工试验方法标准》(GB/T 50123—2019)的分类法确定土的名称。

2. 有3份土样，若其中 A 土的 $w_L=21\%$，$I_P=0\%$，B 土的 $w_L=22\%$，$w_P=14\%$，$I_P=8\%$，而 C 上无塑性，试对这三份土样进行分类命名。

3. 使用体积为 60 cm³ 的环刀取土样，测得土样质量为 110 g，烘干后质量为 93 g，又经相对密度试验测得 $d_s=2.70$，试求该土的湿密度 ρ、湿重度 γ、含水率 w 和干重度 γ_d。

4. 某原状土样，测出土的湿重度 $\gamma=17.8$ kN/m³，含水率 $w=25\%$，$d_s=2.65$，试计算该土的干重度 γ_d、孔隙比 e、饱和重度 γ_{sat}、浮重度 γ' 和饱和度 S_r。

5. 某黏性土的击实试验成果见表 3.1.16，试绘制该土的击实曲线并确定其最优含水率和最大干密度。

表 3.1.16　击实试验成果表

含水率/%	9.0	12.0	15.5	18.5	21.0
干密度/(g·cm⁻³)	1.55	1.58	1.60	1.60	1.59

项目二 土的渗透性

任务一 达西定律

一、任务描述

在许多水利及土木工程中都会遇到渗流问题，如土坝和闸基、水渠、边坡、基坑等，通常要求计算其渗流量并评判其渗透稳定性。当渗流的流速较大时，水流拖曳土体产生的渗透力将导致土体发生渗透变形，并可能危及建筑物或周围设施的安全。

二、问题分析

土是由固体的颗粒、孔隙中的液体和气体三相组成的，土中的孔隙是连通的，当土作为水土建筑物的地基或直接将它用作水土建筑物的材料时，若土中两点存在水头差，水就会在水头差的作用下从水位高的点向水位低的点流动。这种水在土体孔隙中流动的现象称为渗流，土被水等液体透过的性质称为土的渗透性。该任务涉及的知识点包括以下两个方面：

(1)土的渗透性与渗流相关概念；

(2)达西定律。

三、土的渗透性与渗流相关概念

(一)土的渗流性的定义

渗流：土是具有连续孔隙的介质，在水头差的作用下，水就会从水位较高的一侧透过土体的孔隙流向水位较低的一侧。

渗透：在水头差的作用下，水透过土体孔隙的现象。

渗透性：土具有被水等流体透过的性质。

(二)与渗流相关的工程问题

1. 渗流量问题

土坝坝身、坝基及渠道的渗漏水量估算，如图 3.2.1(a)(b)所示；基坑工程中渗水量及排水量的计算，如图 3.2.1(c)所示；水井供水量估算，如图 3.2.1(d)所示。渗流量的大小直接关系到工程的经济效益。

土的渗透性

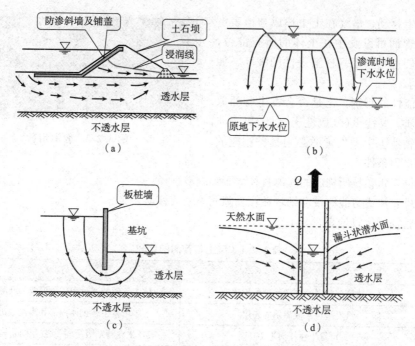

图 3.2.1　渗流示意

（a）坝身及坝基渗流；（b）渠道渗流；（c）基坑渗流；（d）水井渗流

2. 渗透变形(渗透破坏)问题

水在土体中漂流，水流会对土颗粒产生拖曳的作用力，这种力称为渗透力。当渗透力较大时，就会引起土颗粒的移动，甚至将土颗粒带出而流失，使土体产生变形和破坏，这称为渗透变形或渗透破坏。渗透变形直接关系到建筑物的安全与稳定，往往是许多堤防工程、深基坑工程失事的重要原因之一。

(1)流土。流土是指在渗流作用下，局部土体隆起、浮动或颗粒群同时发生移动而流失的现象。流土一般发生在无保护的流出口处，而不发生在土体内部。开挖基坑或道时出现的所谓"流砂"现象，就是流土的常见形式，如图 3.2.2 所示。

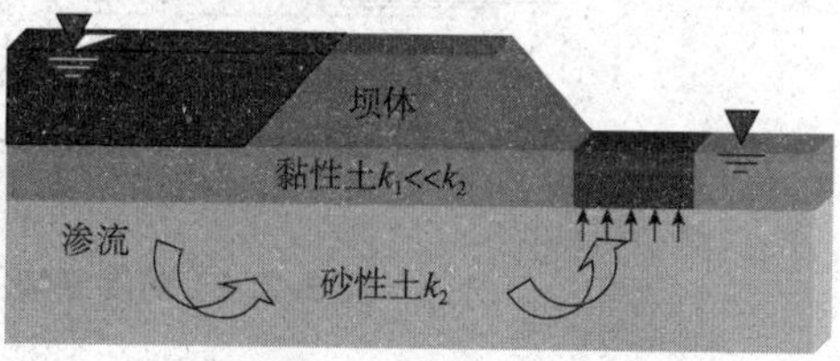

流土可能性的判别：在自下而上的渗流溢出处，任何土，包括黏性土和无黏性土，只要满足渗透梯度 i 大于临界水力梯度 i_{cr} 这一水力条件，均会发生流土。

$i < i_{cr}$：土体处于稳定状态；

$i = i_{cr}$：土体处于临界状态；

$i > i_{cr}$：土体发生流土破坏。

$$i_{cr} = \frac{\gamma'}{\gamma_w} = \frac{d_s - 1}{1 + e}$$

工程设计：$i \leqslant [i] = \dfrac{i_{cr}}{F_s}$（$[i]$——允许梯度；$F_s$——安全系数，取 1.5~2.0）；$d_s$——土的相对密度。

(2)管涌。管涌是指在渗流作用下，一定级配的无黏性土中的细小颗粒，通过较大颗粒所形

图 3.2.2　流土示意

成的孔隙发生移动，最终在土中形成与地表贯通的管道。管涌可以发生在土体的所有部位，有一定的发展过程，是一种渐进性的破坏，如图3.2.3所示。

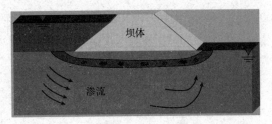

图 3.2.3　管涌示意

管涌可能性的判别：土是否会发生管涌取决于土的性质。黏性土（分散性土除外）属于非管涌土，无黏性土中发生管涌必须具备相应的几何条件和水力条件。

几何条件：粗颗粒所构成的孔隙直径大于细颗粒直径。

水力条件：渗透力能够带动细颗粒在孔隙间滚动或移动。

流土与管涌的比较见表3.2.1。

表 3.2.1　流土与管涌的比较

渗透变形	流土	管涌
现象	土体局部范围的颗粒同时发生移动	土体内细颗粒通过粗颗粒形成的孔隙通道移动
位置	只发生在水流渗出的表层	可发生于土体内部和渗流溢出处
土类	可发生在任何土中	一般发生在特定级配的无黏性土或分散性黏土中
历时	破坏过程短	破坏过程相对较长
后果	导致下游坡面产生局部滑动等	导致结构发生塌陷或溃口

（3）渗流控制问题。当渗漏量和渗透变形不能满足设计要求时，需要采取工程措施加以控制，称之为渗流控制，如图3.2.4、图3.2.5所示。

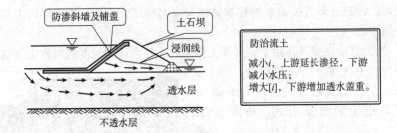

图 3.2.4　防渗斜墙及水平黏土铺盖防渗措施示意

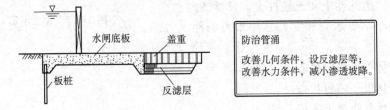

图 3.2.5　水闸防渗措施示意

3. 水工建筑物防渗措施

（1）设置垂直防渗体，延长渗径长度。心墙坝的黏土截水槽如图3.2.6所示，心墙坝混凝土防渗墙如图3.2.7所示；板桩和帷幕灌浆及新发展的防渗技术，如劈裂灌浆、高压定向喷射灌浆、倒挂井防渗墙等。

(2)设置水平黏土铺盖或铺设土工合成材料，与坝体防渗体连接，延长渗径长度。图3.2.8所示为坝体水平黏土铺盖防渗措施。江河堤防工程中的吹填固堤工程，通过增加堤宽，延长渗径长度，防止渗透变形。

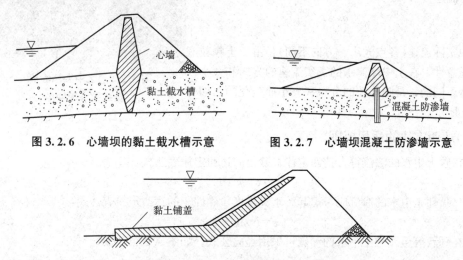

图3.2.6　心墙坝的黏土截水槽示意　　　图3.2.7　心墙坝混凝土防渗墙示意

图3.2.8　坝体水平黏土铺盖防渗措施

(3)设置反滤层和盖重。在渗流溢出部位铺筑2～3层不同粒径的无黏性土料(砂、砾、卵石或碎石)即为反滤层，其作用是滤土排水。它是一项提高抗渗能力、防止渗透变形很有效的措施。在下游可能发生流土的部位设置透水盖重，增强土体抵抗流土破坏的能力。

(4)设置减压设备。根据相对不透水层的厚薄采用排水沟或减压井。

4. 基坑开挖防渗措施

(1)井点降水。井点降水，即先在基坑范围以外设置井点降低地下水水位后再开挖，减小或消除基坑内外的水位差，达到降低水力坡降的目的。

(2)设置板桩。设置板桩可延长渗透路径，减小水力坡降。板桩沿坑壁打入，其深度要超过坑底，使受保护土体内的水力坡降小于临界水力坡降，同时还可起到加固坑壁的作用。

(3)采用水下挖掘或枯水期开挖。采用水下挖掘或枯水期开挖，也可以进行土层加固处理，如采用冻结法、注浆法。

四、达西定律及其适用范围

(一)达西定律概述

1. 达西定律的定义

达西定律也称渗流定律，在层流状态的渗流中，渗流速度v与渗透梯度i的一次方成正比，并与土的性质有关。

$$v = k \cdot i \qquad\qquad (3.2.1)$$

2. 渗透系数 k

渗透系数是反映土的透水性能的比例系数，其物理意义为渗透梯度$i=1$时的渗流速度，单位为 cm/s、m/s、m/day。

3. 渗流速度v

渗流速度是指土体试样全截面的平均渗流速度，也称假想渗流速度。

$$v = \frac{q}{A} \qquad (3.2.2)$$

土中实际流速(各点大小、方向不同)：由于土颗粒排列的任意性，在土中渗流水的真实流速的方向和大小各点都是不同的，是随孔隙的分布和大小而变化的，如图 3.2.9 所示。

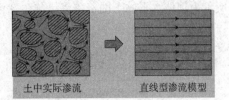

图 3.2.9　土中实际渗流与直线型渗流模型

(二)达西定律的适用范围

(1)在砂土中水的渗流符合达西定律，砂土的达西定律表达式：

$$v = k \cdot i \qquad (3.2.3)$$

(2)在黏性土中水的渗流应考虑起始水头梯度，黏性土的达西定律表达式：

$$v = k \cdot (i - i_0) \qquad (3.2.4)$$

(3)在砾石等粗颗粒土中水的渗流可采用经验公式，如图 3.2.10 所示。

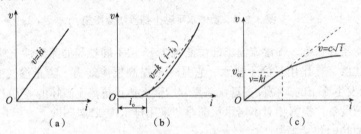

图 3.2.10　土的渗流速度与水力坡降的关系
(a)砂土；(b)密实黏土；(c)砾石土

任务二　渗透系数的测定

一、案例导入

1. 用一套常水头渗透试验装置测定某粉土土样的渗透系数，土样面积为 32.2 cm^3，土样高度为 4 cm，经 958 s，流出水量 30 cm^3，土样的两端总水头差为 15 cm，求渗透系数 k。

2. 对一原状土样进行变水头渗透试验，土样截面面积为 30 cm^2，长度为 4 cm，水头管截面面积为 0.3 cm^2，观测开始水头为 160 cm，终了水头为 150 cm，经历时间为 5 min，试验水温为 12.5 ℃，试计算 k_{20}。

二、问题分析

土的渗透系数是衡量土的渗透性强弱的重要指标，是反映土的透水性能的基本参数，需要通过试验测得。

渗透系数的测定：室外试验和室内试验两大类，均以达西定律为依据。

渗透试验：室内试验按试验原理可划分为常水头试验和变水头试验两种；室外试验通常有井孔抽水试验和井孔注水试验两种。

三、室内试验测定方法——常水头试验法

常水头试验法适用于透水性较强的粗粒土(砂质土)。常水头试验法的原理是在整个试验过程中水头保持不变。其试验装置如图3.2.11所示。

设土样渗径长度为 L，土样截面面积为 A，试验时的水头差为 h，这三项在试验前可以直接测量。试验中用量筒和秒表测定在某一时段 t 内流经土样的水量 V，由达西定律得

$$V = kiAt = k \cdot \frac{h}{L} \cdot At$$

即

$$k = \frac{VL}{hAt} \tag{3.2.5}$$

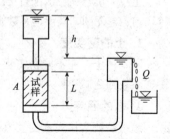

图3.2.11 常水头试验法装置示意

四、室内试验测定方法——变水头试验法

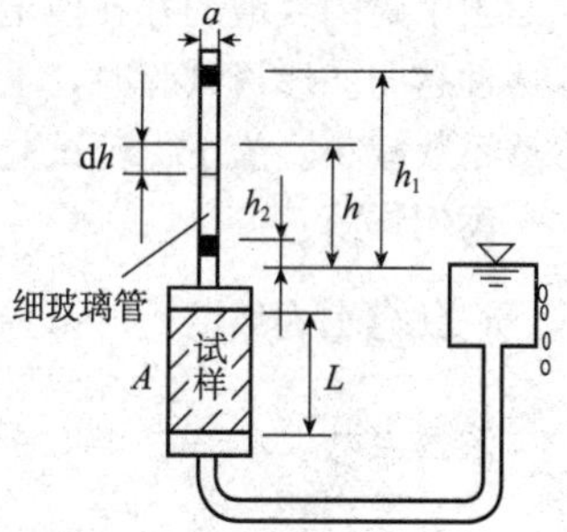

变水头试验法适用于渗水性弱的细粒土(黏性土、粉土)。变水头试验法的原理是在试验过程中，试样顶部的水头随时间而变化，试样两端的水头差随时间发生变化，利用水头变化与渗流通过试样截面的水量关系测定土的渗透系数。变水头试验法装置如图3.2.12所示。将土样的一端与一根带有刻度的直立细玻璃管(水头管)相连，细玻璃管的内横截面面积为 A，试验时分别量出某一时段 t 开始(t_1)和结束时(t_2)细玻璃管中的水头差(h_1、h_2)。

图3.2.12 变水头试验法装置示意

变水头试验法土的渗透系数计算公式为

$$k = \frac{aL}{A(t_2 - t_1)} \cdot \ln \frac{h_1}{h_2}$$

如用常对数表示，则有

$$k = 2.3 \frac{aL}{A(t_2 - t_1)} \cdot \lg \frac{h_1}{h_2} \tag{3.2.6}$$

室内试验测定方法的优缺点。

优点：设备简单，花费较少，因此在工程中得到普遍采用。

缺点：难以取得具有代表性的原状土样，测定的渗透系数受土样结构扰动的影响，难以准确反映现场土体的实际渗透性质，多用于重塑土。

五、室外试验测定方法

室外试验通常有井孔抽水试验和井孔注水试验两种。井孔抽水试验是现场测定渗透系数的常用方法，多适用于均质粗粒土体；井孔注水试验的原理与井孔抽水试验的相似，只是以注水代替抽水，先连续向试验孔内注水，直至形成稳定的水位和注入量，再以此数据进行土体渗透系数的计算。具体可参考有关资料。

六、影响渗透系数的主要因素

1. 土粒大小与颗粒级配

土粒大小与颗粒级配直接决定土中孔隙的大小，对土的渗透系数影响最大。粗粒土颗粒越大、越均匀、越浑圆，其渗透系数则越大；细粒土颗粒越小、黏粒含量越多，其渗透系数则越小。

2. 土的密实度

同一种土，在不同密实状态下具有不同的渗透系数。土的密实度增大，孔隙比变小，土的渗透系数随之减小。

3. 水的温度

渗透系数直接受水的动力黏滞系数的影响。水温越高，水的动力黏滞系数就越小，水在土中的渗透系数则越大。同一种土在不同的温度下，将有不同的渗透系数。

4. 封闭气泡含量

土中封闭气泡的存在使土的有效渗透面积减小，渗透系数减小。封闭气泡含量越多，土的渗透性越弱。渗透试验时，土的渗透系数受土体饱和度影响，饱和度低的土，可能有封闭气泡，渗透系数减小。为了保证试验的可靠性，要求土样必须充分饱和。

案例详解：

1.【解】水力坡度：$i = \dfrac{h}{l} = \dfrac{15}{4} = 3.75$

渗透系数：$k = \dfrac{VL}{hAt} = \dfrac{30 \times 4}{15 \times 32.2 \times 958} = 2.59 \times 10^{-4}$（cm/s）

2.【解】$k_{20} = 2.3\dfrac{aL}{A(t_2 - t_1)} \cdot \lg \dfrac{h_1}{h_2} = 2.3 \times \dfrac{0.3 \times 4}{30 \times (20 - 12.5)} \times \lg \dfrac{160}{150} = 3.44 \times 10^{-4}$（cm/s）

$e = \dfrac{wd_s}{S_r} = \dfrac{30\% \times 2.73}{100\%} = 0.819$，处于软塑状态

 项目小结

水在压力作用下，在土体中要发生渗流，这会带来渗漏问题和渗透稳定问题。

达西定律是土中渗流的基本规律，运用达西定律可以求得土中的渗流量。其中，渗透系数需要经过试验测定。室内试验方法有常水头试验法和变水头试验法，适用于不同透水性的土体。室外渗透系数的测定通常采用井孔抽水试验或井孔注水试验两种方法。

水在土中的渗透产生了渗透力，会改变土中的应力状态，可能形成渗透变形，渗透变形的基本形式为流土和管涌，两者发生条件不同。对于可能发生渗透变形的情况应加以判别，判别不稳定时，需要采取工程措施加以防止。

 课后练习

[任务一]

一、名词解释

1. 渗透：

2. 渗透变形：

3. 流土：

4. 管涌：

5. 渗透系数：

二、判断题

1. 流土一般发生在土体内部。 （　　）

2. 在自下而上的渗流溢出处，任何土，包括黏性土和无黏性土，只要满足渗透梯度 i 大于临界水力梯度 i_{cr} 这一水力条件，均可发生流土。 （　　）

3. 管涌可以发生在土体的所有部位，有一定的发展过程，是一种渐进性的破坏。 （　　）

4. 在砂土中水的渗流应考虑起始水头梯度。 （　　）

5. 黏性土与砂土的达西定律表达式是一样的。 （　　）

[任务二]

一、简答题

1. 常水头试验法的原理是什么？其适用于哪种类型的土？

2. 变水头试验法的原理是什么？其适用于哪种类型的土？

3. 影响渗透系数的主要因素有哪些？

4. 土的渗透性对工程有何影响？

5. 土的渗透系数随温度升高而增大吗？

6. 临界水力坡降越大，土体越容易发生渗透变形吗？为什么？

二、计算题

1. 土样在 18 ℃下做常水头试验，土样长度为 150 cm，横截面面积为 60 cm²，两端水头差为 60 cm，通过土样的流量为 45 cm³/min，试求该土样的渗透系数 k。

2. 一原状土样做变水头试验，土样的截面面积 $A=30$ cm²，长度 $L=4$ cm，水管的截面面积 $a=0.3$ cm²，试验开始时的作用水头 $h=155$ cm，终止时水头 $h=142$ cm，试验水温为 22 ℃，试验经历时间为 90 s，试求该土样的渗透系数 k_{20}。

项目三　土中应力

一、案例导入

某地基土层剖面如图 3.3.1 所示，试计算并绘制地基中的自重应力 σ_{cz} 沿深度的分布曲线。

二、问题分析

自重应力为在修建建筑物前地基中由土体本身的有效重量而产生的应力。成层地基中的自重应力计算公式为 $\sigma_{cz} = \sum_{i=1}^{n} \gamma_i h_i$，由于各土层的重度不同，所以，成层土中的自重应力沿深度呈折线分布，转折点位于土层分界面处。

解决该问题涉及的知识点包括以下两个方面：

(1)土体中应力的分类与应力状态；

(2)土体自重应力的计算方法。

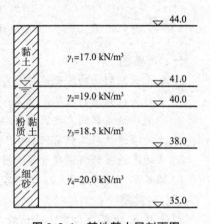

图 3.3.1　某地基土层剖面图

三、土体中应力的分类

(一)按照应力的引起原因分类

1. 自重应力

自重应力是指地基土体的自重产生的应力，通常认为变形已经稳定。

2. 附加应力

附加应力是由于外荷载在地基内部所引起的应力，一般指建筑物基底附加压力在土体中所引起的应力，它是使地基土体产生新的压缩变形，造成地基失稳的原因。

(二)按照应力承担或传递的方式分类

1. 有效应力

有效应力是指土骨架承担或传递的应力。有效应力是使土体产生变形并带来强度的主要原因。

2. 孔隙水应力

孔隙水应力是指土体中孔隙水和气传递(或承担)的应力。孔隙水应力可以进一步分为静孔隙水应力和超静孔隙水应力。

应力分类如图 3.3.2、图 3.3.3 所示。

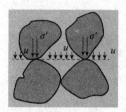

图 3.3.2　总应力＝有效应力＋孔隙水应力

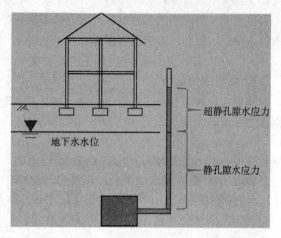

图 3.3.3　孔隙水应力＝静孔隙水应力＋超静孔隙水应力

四、土中的应力状态

(一)相关概念

1. 半无限空间弹性体
在计算地基应力时，将地基当作半无限空间弹性体来考虑，即将其看作具有水平界面、深度和广度都无限大的空间弹性体。

2. 应力-应变关系
将土体假设为连续的、完全弹性的、均质的和各向同性的介质。

3. 土中应力的正负符号规定
法向应力以压为正，剪应力以逆时针方向为正。

(二)土中的应力状态

1. 三维应力状态
具有水平表面的地基，通常可以简化为半无限空间体，在半无限空间体中，取一立方体微单元进行分析，三维应力状态及 9 个应力分量如图 3.3.4 所示。

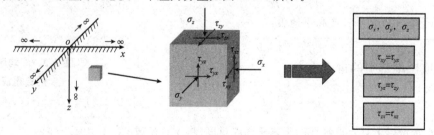

图 3.3.4　土中一点三维应力状态的 9 个应力分量

2. 平面应变状态
地基中的任一点应力分量只是两个坐标的函数，当建筑物基础一个方向的尺寸远比另一个方向的尺寸大得多，且每个截面上的应力大小和分布形式均相同时，在地基中引起的应力状态可以简化为平面应变状态，如路堤、挡土墙、条形基础下地基中的应力状态(图3.3.5)。

垂直于y轴断面的几何形状与应力状态相同；沿y方向有足够长度，$l/b \geqslant 10$；在x，z平面内可以变形，但在y方向没有变形，即

$$\varepsilon_y = 0, \quad \gamma_{yx} = \gamma_{yz} = 0$$

3. 侧限应力状态

侧限应力状态是指侧向受到约束，土体只有竖向变形，侧向应变为零的一种应力状态，如图3.3.6所示。

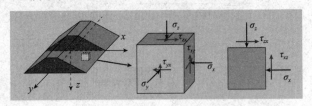
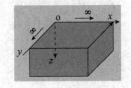

图3.3.5　土的平面应变状态(二维应力状态)　　图3.3.6　土的侧限应力状态

将水平地基当作半无限空间体。半无限弹性地基内的自重应力只与z有关。土质点或土单元不可能有侧向位移，侧限应变条件：

$$\varepsilon_x = \varepsilon_y = 0, \quad \gamma_{xy} = \gamma_{yz} = \gamma_{zx} = 0$$

任何竖直面都是对称面。

五、地基中的自重应力

(一)水平地基自重应力作用下土体的应力

水平地基仅有自重应力作用时，地基土中的一点存在竖向的正应力和在侧向各方向相等的正应力。

竖向正应力：σ_{cz}

水平向正应力：$\sigma_{cx} = \sigma_{cz} = \sigma_{ch}$

在水平面和任意竖直面上的剪应力：$\tau_{xy} = \tau_{yz} = \tau_{zx} = 0$

(二)均质地基中的自重应力

(1)无地下水情况(图3.3.7)：

$$\sigma_{cz} = \gamma z \tag{3.3.1}$$

(2)地下水与地表平齐或高于地表：

$$\sigma_{cz} = \gamma' z \tag{3.3.2}$$

(三)成层地基中的自重应力

$$\sigma_{cz} = \sum_{i=1}^{n} \gamma_i h_i \tag{3.3.3}$$

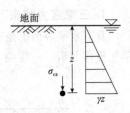

图3.3.7　均质地基中的自重应力

地下水水位以下具有透水性的土体采用浮重度(将γ替换成γ'，$\gamma_i' = \gamma_{isat} - \gamma_w$)。

当地下水水位以下的土为坚硬黏土时，基本不透水，在饱和坚硬黏土中只含结合水，计算时应采用饱和重度。

当介于两者之间时，视具体情况由是否透水决定。

当位于地下水水位以下有不透水层，该层的自重应力为上部土的自重应力和静水压力总和：

$$\sigma_{cz} = \sum_{i=1}^{n} \gamma_i h_i + \gamma_w h_w$$

多层地基中自重应力如图 3.3.8 所示。

图 3.3.9 中不透水层处自重应力：

$$\sigma_{cz} = \gamma_1 h_1 + \gamma_2' h_2 + \gamma_w h_2$$

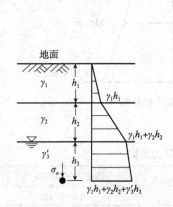

图 3.3.8 多层地基中的自重应力 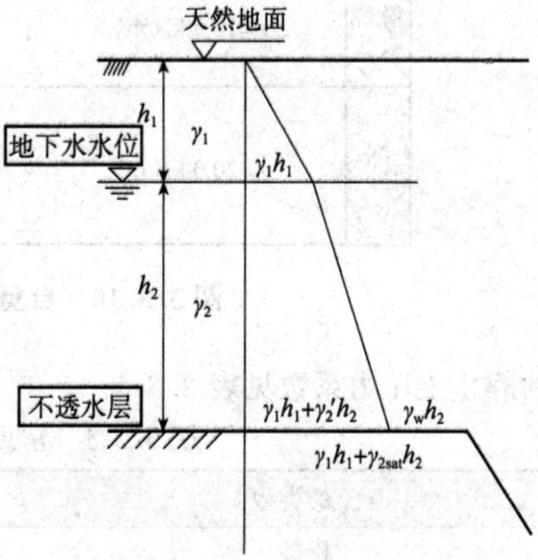   图 3.3.9 不透水层处自重应力

自重应力的分布规律如下：
(1)在每个土层中呈直线分布；
(2)在多层地基中呈折线分布；
(3)在土层分界面处(地下水位处)垂直应力发生转折；
(4)在土层分界面处水平应力发生突变。

案例详解：

【解】(1)▽41.0 高程处(地下水水位高程处)：

$$H_1 = 44.0 - 41.0 = 3.0(m)$$
$$\sigma_{cz} = \gamma_1 H_1 = 17.0 \times 3.0 = 51(kN/m^2)$$

(2)▽40.0 高程处：

$$H_2 = 41.0 - 40.0 = 1.0(m)$$
$$\sigma_{cz} = \gamma_1 H_1 + \gamma_2' H_2 = 51 + (19.0 - 9.8) \times 1.0 = 60.2(kN/m^2)$$

(3)▽38.0 高程处：

$$H_3 = 40.0 - 38.0 = 2.0(m)$$
$$\sigma_{cz} = \gamma_1 H_1 + \gamma_2' H_2 + \gamma_3' H_3 = 60.2 + (18.5 - 9.8) \times 2.0 = 77.6(kN/m^2)$$

(4)▽35.0 高程处：

$$H_4 = 38.0 - 35.0 = 3.0(m)$$
$$\sigma_{cz} = \gamma_1 H_1 + \gamma_2' H_2 + \gamma_3' H_3 + \gamma_4' H_4 = 77.6 + (20 - 9.8) \times 3.0 = 108.2(kN/m^2)$$

自重应力沿深度分布曲线如图 3.3.10 所示。

(四)侧向应力

仅有自重作用下，半无限体中，土体不发生侧向变形，任一点水平侧向力在环向相等。

$$\sigma_{ch} = \sigma_{cx} = \sigma_{cy} = K_0 \sigma_{cz} \qquad (3.3.4)$$

式中，K_0 为静止土压力系数，即无侧向变形条件下，侧向有效应力与自重应力(竖向有效应力)之比。

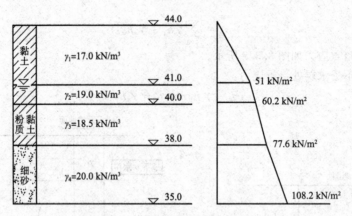

图 3.3.10 自重应力沿深度分布曲线

常见的静止土压力系数见表 3.3.1。

表 3.3.1 常见的静止土压力系数

土的类型	静止土压力系数
松砂	0.40～0.45
密砂	0.45～0.50
压实填土	0.8～1.5
正常固结黏土	0.5～0.6
超固结黏土	1.0～4.0

(五)地基中的静孔隙水应力和总应力

自重应力是指有效自重应力,地基土中的全部应力还应包括孔隙水应力。

在无附加应力作用的地基土中,对于地下水水位以下的土体,静孔隙水应力:

$$u_0 = \gamma_w h_w \tag{3.3.5}$$

总应力＝有效应力＋静孔隙水应力

竖直方向总应力:

$$\sigma_v = \sigma_{cz} + u_0 \tag{3.3.6}$$

水平方向总应力:

$$\sigma_h = \sigma_{ch} + u_0 = K_0 \sigma_{cz} + u_0 \tag{3.3.7}$$

(六)地下水水位升降对自重应力的影响

(1)地下水水位下降:自重应力增大,地面发生沉降。

(2)地下水水位上升:自重应力减小,地基变软,承载力减小,湿陷性黄土发生湿陷沉降。

(七)土质堤坝坝身内部的自重应力

土质堤坝坝身形状虽然不符合半无限空间体假定,但是为了方便,仍然采用水平地基中自重应力的算法。土质堤坝坝身内部一点的自重应力等于计算点以上土的重度乘以计算点至堤坝表面的高度(图 3.3.11)。

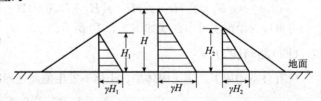

图 3.3.11 土质堤坝坝身内部的自重应力

任务二 基底压力

一、案例导入

如图 3.3.12 所示，某水闸基底尺寸长度 $l=4$ m，宽度 $b=3$ m，其上作用有竖向荷载 $F_1=3\,600$ kN，水平荷载 $F_2=600$ kN，弯矩 $M_{顶}=100$ kN·m，基础宽度方向没有偏心。基础埋深 $d=3.5$ m，$\gamma_G=20$ kN/m³，$\gamma_0=16$ kN/m³。求基底压力和基底附加压力。

二、问题分析

基底压力也称基底接触压力，是基础底面（简称基底）传递给地基表面的压力。基底压力既是计算地基中附加应力的外荷载，也是计算基础结构内力的外荷载。

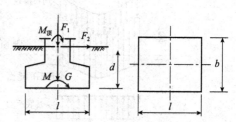

图 3.3.12 某水闸基底示意

基底压力中扣除基底标高处原有土的自重应力，才是基础底面下真正施加于地基的应力，称为基底附加压力。

解决该问题涉及的知识点包括以下几个方面：
(1)基底压力的概念、分布规律；
(2)基底压力的计算方法；
(3)基底附加压力的概念和计算方法。

三、基底压力的概念

(一)基底压力(基底接触压力)

基础底面传递给地基表面的压力称为基底压力，也称基底接触压力。基底压力既是计算地基中附加应力的外荷载，也是计算基础结构内力的外荷载。

(二)基底附加应力(基底净压力)

基底压力扣除因基础埋深所开挖土的自重应力后，施加于基础底面处地基上的单位面积压力，称为基底附加应力(基底净压力)。

(三)基底反力

地基土反向施加于基础底面的压力，与基底压力大小相等，方向相反。

四、基底压力的影响因素

基底压力是地基和基础在上部荷载作用下相互作用的结果，不仅与上部荷载的大小、方向和分布有关，而且与基础的刚度、尺寸、形状、埋深也有关，同时还受地基土的性质如级配、密度和刚度等的影响，如图 3.3.13 所示。暂不考虑上部结构的影响，用荷载代替上部结构，使问题得以简化。

五、基底压力的分布规律

(一)对于刚性很小的基础和柔性基础

如果基础的刚度相对地基较小，基础的变形能够与地基表面的变形相协调，那么基底压力的分布与作用在基底上的荷载分布相似(图 3.3.14)。

在实际工程中，通常将土堤、路堤及用钢板做成的储油罐底板等视为柔性基础。

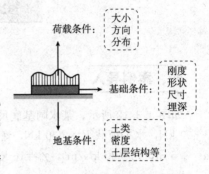

图 3.3.13 基底压力的影响因素

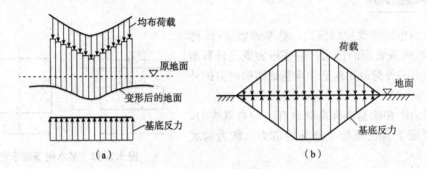

图 3.3.14 柔性基础基底反力分布

(a)均匀分布荷载；(b)梯形分布荷载

(二)对于刚性基础

如果基础的刚度相比地基很大，基础通过自身的刚度可以调整和重新分配上部荷载的分布形式，则基底压力分布将随上部荷载的大小、基础的埋深和土的性质而不同(图 3.3.15)。

在实际工程中，墩式基础、箱形基础、水闸基础、混凝土坝等视为刚性基础。

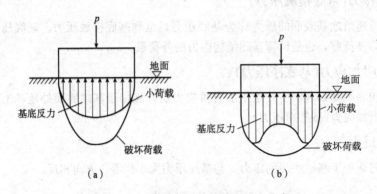

图 3.3.15 刚性条形基础基底反力分布

(a)砂土地基；(b)黏性土地基

六、基底压力计算的假定

圣维南原理：基础底面下一定深度处的附加应力与基底荷载分布的形态无关，只与合力的大小和作用点位置有关。

简化假定：尺寸不大、荷载较小的基础，基底压力按直线变化计算。

七、基底压力的简化计算

(一)中心荷载下的基底压力

承受竖向中心荷载作用的基础，其荷载的合力通过基底形心，基底压力为均匀分布。

1. 矩形基础和圆形基础

根据基底压力计算假定，对于矩形底面的基础，基底压力 p 等于上部荷载 F 与基础及其上覆回填土自重 G 的合力除以基底面积 A，即

$$p = \frac{F+G}{A} \tag{3.3.8}$$

式中，对于矩形基础 $A = l \times b$，l 与 b 分别为基础的长度与宽度；对于圆形基础 $A = \pi d^2/4$，d 为基础底面直径。基础及其上覆回填土总重力 $G = \gamma_G A \bar{h}$，其中 γ_G 为基础及其上覆回填土的平均重度，一般可取 20 kN/m^3，地下水水位以下应取有效重度；$\bar{h}$ 必须从设计地面或室内、外平均地面算起。

2. 条形基础

理论上，当 $l/b = \infty$ 时视为条形基础，在水利工程的基础，当 $l/b \geqslant 5$ 时也可视为条形基础，其精度仍满足要求。若荷载沿长度方向均匀分布，计算基底压力时，可沿基底长度方向取一单位长度来考虑。其基底压力为

$$\bar{p} = \frac{\bar{F}+\bar{G}}{b} \tag{3.3.9}$$

式中，$\bar{p}$ 为平均基底压力；$\bar{F}$、$\bar{G}$ 为沿基底长度方向 1 m 长基础上的荷载和基础自重。

中心荷载矩形、条形基底压力计算如图 3.3.16 所示。

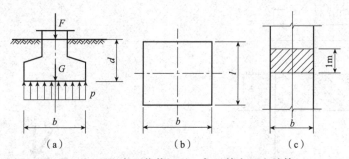

图 3.3.16　中心荷载矩形、条形基底压力计算

(二)单向偏心荷载作用下的基底压力

基础承受单向偏心竖直荷载作用，如图 3.3.17 所示的矩形基础，为了抵抗荷载的偏心作用，通常取基础长边 l 与偏心方向一致。假定基底压力为直线分布，基底两端最大压力 p_{max} 与最小压力 p_{min}，按材料力学的偏心受压公式计算，即

$$p_{\min}^{\max}=\frac{F+G}{A}\pm\frac{M}{W}=\frac{F+G}{A}\left(1\pm\frac{6e}{l}\right) \qquad (3.3.10)$$

式中，M 为作用于基础底面的力矩；W 为基础底面的抵抗矩，对于矩形基础，$W=bl^2/6$；e 为荷载的偏心距，$e=M/F+G$。

由式(3.3.10)可见，基底压力有以下三种分布形式（以矩形基础基底压力分布为例说明）：

在图 3.3.17(a)中，$e<1/6$，小偏心受压，$p_{\min}>0$，基底压力呈梯形分布；

在图 3.3.17(b)中，$e=1/6$，临界偏心受压，$p_{\min}=0$，基底压力呈三角形分布；

在图 3.3.17(c)中，$e>1/6$，大偏心受压，$p_{\min}<0$，基底出现拉应力区，基底压力进行重分布，工程中应尽量避免大偏心导致基础倾斜。

对于条形基础，仍沿长边方向取 1 m 进行计算，如图 3.3.18 所示，则 $A=1\times b$，偏心方向与基础宽度一致，基底压力分别为

$$p_{\min}^{\max}=\frac{\overline{F}+\overline{G}}{A}\left(1\pm\frac{6e}{l}\right) \qquad (3.3.11)$$

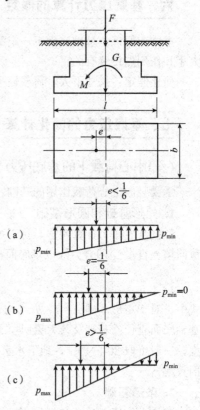

图 3.3.17　单向偏心荷载下作用矩形基础基底压力分布

(三)偏心斜向荷载作用下的基底压力

当基础承受偏心斜向荷载作用时（如基础在竖直荷载与水压力共同作用下），可将其斜向荷载 P 分解为竖向分量 P_{v} 和水平分量 P_{h}，如图 3.3.19 所示。

由竖向荷载 P_{v} 引起的基底压力 p_{v}，可按式(3.3.10)或(3.3.11)计算。

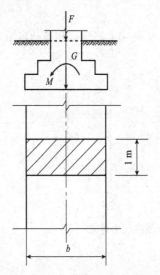

图 3.3.18　单向偏心荷载作用下条形基础基底压力分布

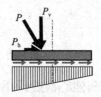

图 3.3.19　偏心斜向荷载作用下的基底压力分布

由横向荷载 P_{h} 引起的基底压力 p_{h}，一般假定为均匀分布，其水平基底压力计算公式：

矩形基础：$p_h = \dfrac{P_h}{A}$ (3.3.12)

条形基础： $p_h = \dfrac{\overline{P}_h}{b}$ (3.3.13)

式中，$\overline{P}_h$ 为 1 m 长基底上作用的水平荷载。

八、基底附加压力

(一)概念

基底附加压力是基底压力与基底标高位置原有自重应力之差，是引起地基土中的附加应力和变形的主要原因。

(二)计算方法

基底附加压力用 p_0 表示。基础在地面以下埋深为 d，基底压力中除去基底标高处原有土的自重应力，才是基础底面下真正施加于地基的应力。

对于基底压力为均布的情况，其基底附加压力为

$$p_0 = p - \sigma_{cd} = p - \gamma_0 d \tag{3.3.14}$$

对于偏心荷载作用下梯形分布的基底压力，其基底附加压力为

$$p_0{}^{\max}_{\min} = p^{\max}_{\min} - \gamma_0 d \tag{3.3.15}$$

式中，γ_0 为基础底面标高以上天然土体的加权平均重度；d 为基底埋深，从天然地面算起，新填土地区则从老地面算起。

案例详解：

【解】基础底面作用的总弯矩：

$$M = M_{顶} + F_2 d = 100 + 600 \times 3.5 = 2\,200(\text{kN} \cdot \text{m})$$

传到基底的力为 F，偏心距为 e。

$$F = F_1 + \gamma_G \cdot A \cdot d = 3\,600 + 20 \times 12 \times 3.5 = 4\,440(\text{kN})$$

$$e = \frac{M}{F} = \frac{2\,200}{4\,440} = 0.495(\text{m}) < l/6 = 0.667\ \text{m}$$

判断为小偏心受压，基底压力分布为梯形。偏心受压公式为

$$p^{\max}_{\min} = \frac{F+G}{A} \pm \frac{M}{W} = \frac{F+G}{A}\left(1 \pm \frac{6e}{l}\right)$$

(1)基底压力：

$$p^{\max}_{\min} = \frac{F+G}{A} \pm \frac{M}{W} = \frac{F+G}{A}\left(1 \pm \frac{6e}{l}\right) = \frac{4\,440}{4 \times 3}\left(1 \pm \frac{6 \times 0.495}{4}\right) = {}^{645}_{95}\text{kPak}$$

(2)基底附加压力：

$$p_0{}^{\max}_{\min} = p^{\max}_{\text{mix}} - \gamma_0 d = {}^{589}_{39}\text{kPa}$$

(3)基底水平方向附加压力：

$$p_h = \frac{F_2}{A} = \frac{600}{3 \times 4} = 50(\text{kPa})$$

基底压力及基底附加压力分布图如图 3.3.20 所示。

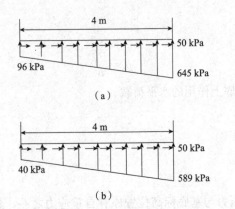

图 3.3.20　基底压力及基底附加压力分布图

任务三　地基中的附加应力

一、案例导入

有两相邻基础 A 和 B，其尺寸、相对位置及基底附加应力分布如图 3.3.21 所示，若考虑相邻荷载的影响，试求 A 基础底面中心点 O 向下 2 m 处的竖向附加应力。

二、问题分析

附加应力是修建建筑物后在地基内新增加的应力，它是使地基发生变形从而引起建筑物沉降的主要原因。

如图 3.3.21 所示，基础 A 和 B 均为矩形基础，可用角点法计算基底附加应力。

本节任务涉及的知识点包括以下几个方面：

(1)竖向集中荷载作用下地基中的附加应力；

(2)矩形基础受竖向均布荷载时地基中的附加应力；

(3)矩形基底受竖向三角形荷载时地基中的竖向附加应力；

(4)条形基础受均布荷载作用下的地基附加应力；

(5)条形基础受竖直三角形分布荷载作用下的地基附加应力；

(6)条形基础受水平均布荷载作用下的地基附加应力。

本案例主要应用"(2)矩形基础受竖向均布荷载时地基中的附加应力"来求解。

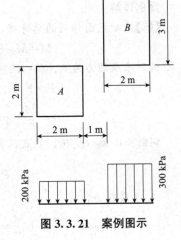

图 3.3.21　案例图示

三、竖向集中荷载作用下地基中的附加应力

(一)附加应力的相关概念

(1)地基中的附加应力：基底附加压力在地基中引起的应力。

（2）基本假定：地基土是均匀的、连续的、各向同性的半无限空间弹性体。

（3）平面应变：只在平面内有应变，与该面垂直方向的应变可忽略，如土坝、河堤、水闸、路基、挡土墙等条形基础。

（二）竖向集中荷载作用下地基中的附加应力

基于弹性理论，在半无限空间弹性体表面作用有竖向集中力 P 时（图 3.3.22），在弹性体内任一点 M 所引起的竖向附加应力：

$$\sigma_z = \frac{3P}{2\pi} \cdot \frac{z^3}{R^5} = \alpha \frac{P}{z^2} \qquad (3.3.16)$$

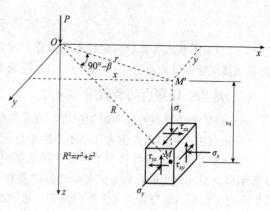

图 3.3.22　竖直集中力作用下土中一点的应力

式中，α 为竖向集中荷载作用下应力系数，是 r/z 的函数，$\alpha = \frac{3}{2\pi} \cdot \frac{1}{\{[1+(r/z)^2]\}^{5/2}}$，可根据 r/z 查相关应力系数表获得 r，即 M 点到集中力 P 作用线的水平距离。R 为集中力 P 作用点至计算点 M 的距离，$R^2 = z^2 + x^2$。

竖向集中荷载作用下地基中的附加应力是使地基土压缩变形产生沉降的原因。如果有若干个竖向集中荷载 P_i 作用在地基表面，则采用叠加原理，在地面下深度 z 处，某点 M 的竖向附加应力

$$\sigma_z = \frac{3P}{2\pi} \cdot \frac{z^3}{R^5} = \alpha_c p_0 \qquad (3.3.17)$$

四、矩形基底受竖向均布荷载时地基中的附加应力

矩形基础是工程中最常见的基础，当 $l/b < 10$ 时，按空间问题计算附加应力。矩形基底受竖向均布荷载作用如图 3.3.23 所示。

（一）基础角点下的附加应力

矩形基底均布荷载角点下的附加应力（图 3.3.24）计算公式：

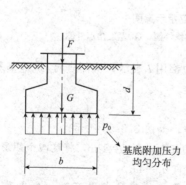

图 3.3.23　矩形基底受竖向均布荷载作用

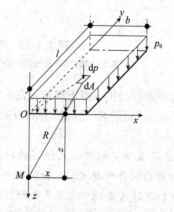

图 3.3.24　矩形基底均布荷载角点下的附加应力

$$\sigma_z = \frac{3P}{2\pi} \cdot \frac{z^3}{R^5} = \alpha_c p_0 \tag{3.3.18}$$

式中，α_c 为矩形基础底面受竖向均布荷载作用时，角点以下的竖向附加应力系数，可通过查看《建筑地基基础设计规范》(GB 50007—2011)附录 K.0.1 获得。

(二)地基中任意点的竖向附加应力

对于地基中任意点的竖向附加应力，可采用角点法。

(1)角点法。将非角点化为几个矩形的角点，再运用式(3.3.18)和叠加原理计算附加应力。

(2)矩形基底均布荷载作用下地基中任意点的竖向附加应力角点法的运用。计算地基中任意 M' 点的竖向附加应力时，划分的每个矩形都要有一个角点是 M' 点；所有划分的矩形面积总和应等于原受荷面积；划分后的每个矩形面积，短边都用 b 表示，长边都用 l 表示。

(3)角点法举例。

①均布荷载 p_0 作用下，计算点 M' 在基底边缘，如图 3.3.25(a)所示，在 z 深度处的竖向附加应力：

$$\sigma_z = (\alpha_{c\text{I}} + \alpha_{c\text{II}}) p_0 \tag{3.3.19}$$

②计算点 M' 在矩形基础范围内，如图 3.3.25(b)所示，则

$$\sigma_z = (\alpha_{c\text{I}} + \alpha_{c\text{II}} + \alpha_{c\text{III}} + \alpha_{c\text{IV}}) p_0 \tag{3.3.20}$$

③计算点 M' 在矩形基础范围外，如图 3.3.25(c)所示，则

$$\sigma_z = (\alpha_{c\text{I}} + \alpha_{c\text{III}} - \alpha_{c\text{II}} - \alpha_{c\text{IV}}) p_0 \tag{3.3.21}$$

④计算点 M' 在矩形基础基底角点外侧，如图 3.3.25(d)所示，则

$$\sigma_z = (\alpha_{c\text{I}} - \alpha_{c\text{II}} - \alpha_{c\text{III}} + \alpha_{c\text{IV}}) p_0 \tag{3.3.22}$$

计算地基中任意点 M 的竖向附加应力时：

划分的每个矩形都要有一个公共角点 M'，使 M 点位于 M' 角点之下；

所有划分的矩形面积总和应等于原受荷面积；

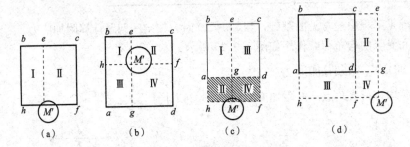

图 3.3.25 角点法应用示意图

(a)基底边缘；(b)基底内；(c)基底边缘外侧；(d)基底角点外侧

划分后的每个矩形面积，短边都用 b 表示，长边都用 l 表示，从而查《建筑地基基础设计规范》(GB 50007—2011)附录 K.0.1 获得附加应力系数。

案例详解：

【解】(1)计算 A 基础引起中心点 O 下的附加应力，如图 3.3.26 所示。

将 A 基础矩形面积沿中心点 O 划分为四个相等的矩形，$l = b = 1$ m，将这四个矩形面积角点 O 下的附加应力相加得到 A 基础中心点下的附加应力，即 $\sigma_z = 4\alpha_c p_A$

根据 $l/b = 1.0$、$z/b = 2.0$，查矩形面积受均布荷载作用时角点下附加应力系数表，$\alpha_c = 0.084\,0$，计算得到 $\sigma_z = 4\alpha_c p_A = 4 \times 0.084\,0 \times 200 = 67.2$(kPa)。

（2）计算 B 基础引起 A 基础中心点 O 下的附加应力，如图 3.3.26 所示，可按角外点的附加应力计算方法计算，即 $\sigma_z = (\alpha_{cI} - \alpha_{cII} - \alpha_{cIII} + \alpha_{cIV}) p_B$。

矩形 I：$l/b = 4/4 = 1.0$，$z/b = 2/4 = 0.5$，查矩形面积受均布荷载作用时角点下附加应力系数表得 $\alpha_c = 0.231\,5$。

矩形 II：$l/b = 4/2 = 2.0$，$z/b = 2/2 = 1.0$，查矩形面积受均布荷载作用时角点下附加应力系数表得 $\alpha_c = 0.199\,9$。

矩形 III：$l/b = 4/1 = 4.0$，$z/b = 2/1 = 2.0$，查矩形面积受均布荷载作用时角点下附加应力系数表得 $\alpha_c = 0.135\,0$。

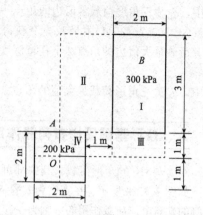

图 3.3.26　两相邻基础 A 和 B 计算图

矩形 IV：$l/b = 2/1 = 2.0$，$z/b = 2/1 = 2.0$，查矩形面积受均布荷载作用时角点下附加应力系数表得 $\alpha_c = 0.120\,2$。

$$\sigma_z = (0.231\,5 - 0.199\,9 - 0.135\,0 + 0.120\,2) \times 300 = 5.04\,(\text{kPa})$$

（3）A 基础底面中心点 O 下 2 m 处的竖向附加应力：

$$\sigma_z = 67.2 + 5.04 = 72.24\,(\text{kPa})$$

五、矩形基底受竖向三角形荷载时地基中的竖向附加应力

矩形基底受竖向三角形荷载作用（图 3.3.27），三角形荷载零值边的角点 1 下的竖向附加应力的计算公式（图 3.3.28）：

$$\sigma_z = \alpha_{t1} p_0 \tag{3.3.23}$$

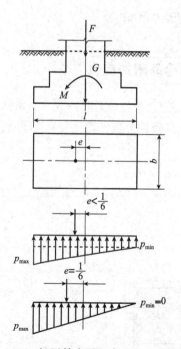

图 3.3.27　矩形基底受竖直三角形荷载作用

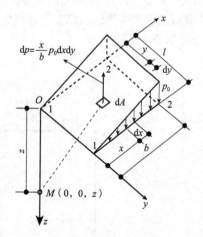

图 3.3.28　矩形基底受竖直三角形荷载作用
角点下的附加应力

式中，α_{t1}为三角形荷载零值边的角点 1 下的竖向附加应力系数，可通过查《建筑地基基础设计规范》(GB 50007—2011)附录 K.0.2 获得。

荷载最大值边的角点 2 下任意深度 z 处的竖向附加应力计算公式：

$$\sigma_z = \alpha_{t2} p_0 = (\alpha_c - \alpha_{t1}) p_0 \tag{3.3.24}$$

式中，α_{t2}为三角形荷载最大值的角点 2 下的竖向附加应力系数。

六、条形基础受均布荷载作用下的地基附加应力

对 $l/b \geqslant 10$ 的矩形荷载，其中部可近似按条形荷载计算。

如图 3.3.29 所示，在宽度为 b 的条形基础上作用竖直均布线荷载 p。将坐标原点 O 取在基础一侧的端点上，荷载作用的一侧为 x 正方向。地基中任意点 M 的竖向附加应力 σ_z 的简化形式为

$$\sigma_z = \alpha_z^s p$$

式中，α_z^s 为条形基础受均布荷载作用下的地基附加应力系数。

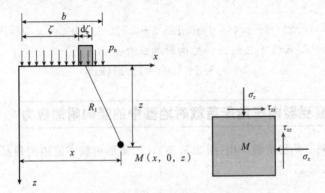

图 3.3.29　条形基础受均布荷载作用下的地基附加应力

七、条形基础受竖直三角形分布荷载作用下的地基附加应力

如图 3.3.30 所示，条形基础在竖直三角形分布荷载作用下，荷载最大值为 p_t。将坐标原点 O 取在荷载强调为零侧的端点上，以荷载强度增大方向为 x 正方向。地基中任意点 M 的竖向附加应力 σ_z 的简化形式为

$$\sigma_z = \alpha_z^t p_t \tag{3.3.25}$$

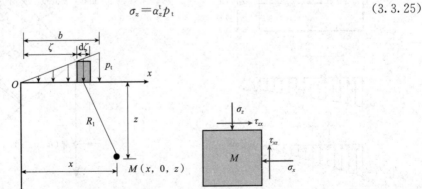

图 3.3.30　条形基础受竖直三角形分布荷载作用下的地基附加应力

式中，α_z^t 为条形基础受竖直三角形分布荷载作用下的竖向附加应力系数。

八、条形基础受水平均布荷载作用下的地基附加应力

如图 3.3.31 所示，条形基础在水平均布荷载 p_h 作用下，将坐标原点 O 取在水平荷载起始端点侧，水平荷载作用方向为 x 正方向。地基中任意点 M 的竖向附加应力 σ_z 的简化形式为

$$\sigma_z = \alpha_z^h p_h \qquad\qquad (3.3.26)$$

式中，α_z^h 为条形基础受水平均布荷载作用下的竖向附加应力系数。

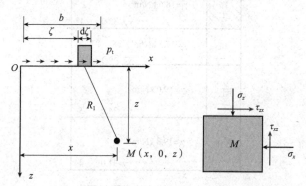

图 3.3.31　条形基础受水平均布荷载作用下的地基附加应力

 项目小结

本项目主要学习了土的自重应力和附加应力的计算及其分布规律。土中自重应力的计算可归纳为 $\sigma_{cz} = \sum\limits_{i=1}^{n} \gamma_i h_i$，而土中附加应力的计算可归纳为 $\sigma_z = \alpha p_0$。土中应力是引起土体变形的外因，对于自重作用沉积稳定的土层来说，在附加应力作用下会产生新的沉降，使建筑物发生沉降、倾斜及水平位移等。另外，当土中应力过大时，可能使土体因强度不足发生破坏，甚至使土体发生滑动失去稳定。

土是三相体，具有明显的各向异性和非线性特征。为简便起见，目前计算土中应力的方法仍采用弹性理论公式，将地基土视作均匀的、连续的、各向同性的半无限体，这种假定同土体的实际情况有差别，不过其计算结果尚能满足实际工程的要求。

 课后练习

［任务二］

一、名词解释

1. 自重应力：

2. 附加应力：

3. 有效应力：

4. 孔隙水应力：

5. 基底压力：

6. 基底附加应力：

7. 基底反力：

二、计算题

某地基土层剖面如图 3.3.32 所示，试计算各分层面处（1、2、3、4 点）的自重应力，并绘制地基中的自重应力 σ_{cz} 沿深度的分布图。

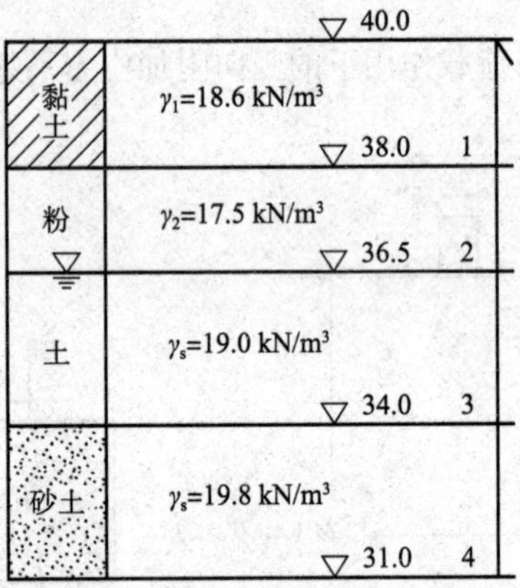

<table>
<tr><td></td><td></td><td>▽ 40.0</td><td></td></tr>
<tr><td>黏土</td><td>γ_1=18.6 kN/m³</td><td></td><td></td></tr>
<tr><td></td><td></td><td>▽ 38.0</td><td>1</td></tr>
<tr><td>粉</td><td>γ_2=17.5 kN/m³</td><td></td><td></td></tr>
<tr><td>▽土</td><td></td><td>▽ 36.5</td><td>2</td></tr>
<tr><td></td><td>γ_s=19.0 kN/m³</td><td></td><td></td></tr>
<tr><td></td><td></td><td>▽ 34.0</td><td>3</td></tr>
<tr><td>砂土</td><td>γ_s=19.8 kN/m³</td><td></td><td></td></tr>
<tr><td></td><td></td><td>▽ 31.0</td><td>4</td></tr>
</table>

图 3.3.32　某地基土层剖面图

三、思考题

1. 基底压力的影响因素有哪些？

2. 为何要计算基底附加压力？有何作用？

[任务三]

一、思考题

1. 土的自重应力分布有何规律？分布图如何绘制？

2. 基底压力和基底附加压力有何区别？为何要计算基底附加压力？

3. 偏心荷载作用下的基底压力简化计算应注意什么？

4. 土中附加应力的计算对于矩形基础和条形基础有何区别？

二、计算题

1. 水闸基底尺寸长度宽度 $b=15$ m，$l=150$ m，其上作用有偏心竖向荷载与水平荷载，如图 3.3.33 所示，试绘出基底中点 O 及 A 点以下 30 m 深度范围内的附加应力的分布曲线（基础埋深较小，可不计埋深的影响）。

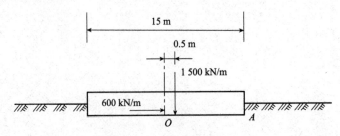

图 3.3.33　某水闸基底示意

2. 如图 3.3.34 所示某地基土层剖面、各层土的厚度及重度，试绘制土的自重应力分布图。

3. 如图 3.3.35 所示的条形基础，其上作用均布荷载 $p=140$ kPa，试求图中 A 点以下 6 m 深处的附加应力 σ_z。

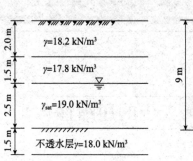
图 3.3.34 某地基土层剖面

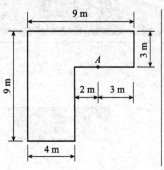
图 3.3.35 条形基础

项目四　土的压缩性

任务一 　　　土的压缩性

一、案例导入

举世闻名的意大利比萨斜塔(图 3.4.1)是建筑物倾斜的典型实例。全塔共 8 层，总荷重约为 145 MN，塔身传递到地基的平均压力为 50 kPa。目前，该塔北侧的沉降量约 90 cm，南侧的沉降量约 270 cm，塔身倾斜约 5.5°，十分严重。

经计算比萨斜塔基础底面倾斜值为 0.093，已超过我国国家标准允许值的 18 倍。可见，比萨斜塔倾斜已达到极危险的状态。

比萨斜塔倾斜的原因：基础持力层为粉砂，土质软，承载力不足；不均匀粉土和黏土层，压缩性差异大；邻近新增建筑物或堆载引起附加沉降；抽地下水引起附加沉降。

图 3.4.1　比萨斜塔

二、问题分析

土在压力作用下体积减小的特性称为土的压缩性。因建筑物荷载作用或其他原因引起土中应力的增加，均会使地基土体产生变形；其变形的大小与土体的压缩性有直接关系。土体压缩性可以由压缩性指标进行判别，而压缩性指标可通过试验测得。

该问题涉及的知识点包括以下两个方面：

(1)土的压缩性、压缩性指标的确定；

(2)应力历史对土的压缩性和固结沉降的影响。

三、基本概念

(一)土的压缩性

土的压缩性是指地基土在压力作用下体积减小的特性。

评价土的压缩性的方法有室内侧限压缩试验(室内固结试验)、现场荷载试验两种。

土可被压缩的原因：①土颗粒的压缩；②土中水的压缩；③空气的排出和压缩；④水的排出。

其中①、②占总压缩量的 1/400 不到，可忽略不计；③、④是压缩量的主要组成部分，即孔隙体积的减小。

(二)沉降

工程实际中，在附加应力作用下，将地基土产生体积缩小，从而引起建筑物基础的竖直方向的位移(或下沉)称为沉降。

(三)土的固结

土的固结是土的压缩随时间而增长的过程。

(1)无黏性土：透水性好，水易排出，压缩稳定很快完成。

(2)黏性土：透水性差，水不易排出，压缩稳定需要很长一段时间。

对于黏性土地基，建筑物基础的沉降不是瞬时发生的，而是随时间增长逐渐完成的。

(四)单向固结

单向固结是指饱和土体在某一压力作用下，压缩随着孔隙水的逐渐向外排出而向一个方向发生。如果孔隙水只沿一个方向排出，土的压缩也只在一个方向发生(一般指竖直方向)。

四、侧限压缩试验(单向固结试验)

(一)侧限压缩试验原理

土在压缩过程中只能发生竖向变形，而不能发生侧向变形。

(二)压缩仪器

压缩仪又称固结仪，如图 3.4.2 所示。

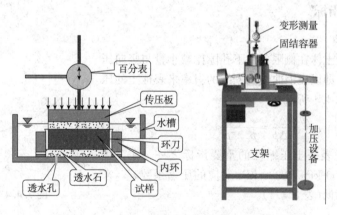

图 3.4.2 常规单向压缩仪及压缩试验示意

(三)试验加载方式

分级加载，并测定竖向变形值，等压缩稳定后再加载下一级荷载，直至试验结束，可加载、卸载、再加载。常用的分级加荷量 p 为 50 kPa、100 kPa、200 kPa、400 kPa。

(四)土的压缩曲线

根据压缩过程中土样变形与土的三相指标的关系，可以导出试验过程孔隙比 e 与压缩量 Δs 的关系，即

$$e = e_0 - \frac{\Delta s}{H_0}(1 + e_0) \qquad (3.4.1)$$

式中，e_0 为土样受压前的初始孔隙比；H_0 为土样初始高度；Δs 为土样压缩量。

根据式(3.4.1)即可得到各级荷载下对应的孔隙比，从而可绘制出土样压缩试验的 $e-p$ 曲线及 $e-\lg p$ 曲线，如图3.4.3所示。压缩曲线是压缩试验的主要成果，表示的是各级压力作用下土样压缩稳定时的孔隙比与相应压力的关系。压缩曲线的形状可以形象地说明土的压缩性高低。曲线越陡，说明在相同压力增量作用下，孔隙比减小得越显著，土的压缩性越高。根据压缩曲线可以得到3个压缩性指标。

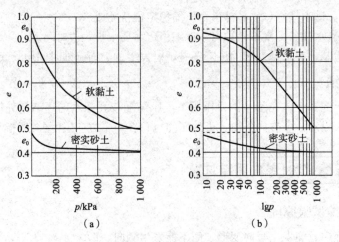

图 3.4.3　土的压缩曲线
(a)$e-p$ 曲线；(b)$e-\lg p$ 曲线

(五)压缩性指标

1. 压缩系数 a

压缩系数 a 为土体在侧限条件下孔隙比减小量与竖向压应力增量的比值，即以压缩曲线的割线的斜率来表征土的压缩性高低，如图3.4.4所示。

$$a = -\frac{\Delta e}{\Delta p} = \frac{e_1 - e_2}{p_2 - p_1} \qquad (3.4.2)$$

压缩系数 a 是表征土压缩性的重要指标之一。在工程中，习惯上采用100 kPa和200 kPa对应的压缩系数 a_{1-2} 来衡量土的压缩性高低(表3.4.1)。

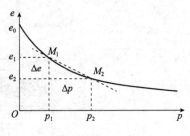

图 3.4.4　$e-p$ 曲线

表 3.4.1　地基土压缩性的划分

压缩系数	土的压缩性
$a_{1-2} < 0.1\ \mathrm{MPa^{-1}}$	低压缩性土
$0.1\ \mathrm{MPa^{-1}} \leqslant a_{1-2} < 0.5\ \mathrm{MPa^{-1}}$	中压缩性土
$a_{1-2} > 0.5\ \mathrm{MPa^{-1}}$	高压缩性土

2. 压缩指数 C_c

如采用 e-$\lg p$ 曲线，如图 3.4.5 所示，可以看到，当压力较大时，e-$\lg p$ 曲线接近直线。将 e-$\lg p$ 曲线直线段的斜率用 C_c 来表示，称为压缩指数。

$$C_c = \frac{e_1 - e_2}{\lg p_2 - \lg p_1} = \frac{e_1 - e_2}{\lg \left(\dfrac{p_2}{p_1} \right)} \qquad (3.4.3)$$

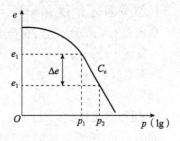

图 3.4.5 e-$\lg p$ 曲线

《水工设计手册》：	说明：
$C_c < 0.2$　　低压缩性土 $0.2 \leqslant C_c \leqslant 0.35$　　中压缩性土 $C_c > 0.35$　　高压缩性土	压缩指数 C_c 与压缩系数 a 不同，它在压力较大时为常数，不随压力变化而变化。C_c 值越大，土的压缩性越高

3. 压缩模量 E_s

土在完全侧限条件下竖向应力增量 Δp 与相应的竖向应变 ε 的比值为侧限压缩模量，简称压缩模量。

$$E_s = \Delta p / \varepsilon \qquad (3.4.4)$$

土的压缩模量 E_s 与压缩系数 a 有如下关系：

$$E_s = \frac{(1 + e_1)}{a} \qquad (3.4.5)$$

同样，可采用 100 kPa 和 200 kPa 对应的压缩模量 E_s 来评价土的压缩性高低。

	说明：
$E_s < 4$ MPa　　高压缩性土 4 MPa $\leqslant E_s \leqslant$ 15 MPa　　中压缩性土 $E_s > 15$ MPa　　低压缩性土	压缩模量 E_s 与压缩系数 a 成反比。 E_s 越大，a 越小，土的压缩性越低； E_s 越小，a 越大，土的压缩性越高

五、应力历史对土体压缩性的影响

(一)基本概念

(1)应力历史：是指土体在历史上曾经受到过的应力状态。

(2)固结应力：是能使土体产生固结或压缩的应力。

(3)前期固结应力 p_c：土在历史上曾经受到的最大有效应力。

(4)现有有效应力 p_0'：土体现在已经受到的固结应力。

(5)现有固结应力 p_0：土体现在应该具有的固结应力。

(6)超固结比：$OCR = \dfrac{\text{前期固结应力 } p_c}{\text{现有有效应力 } p_0'}$

(二)土层按超固结比的分类

根据 OCR 可将天然土层分为超固结土($OCR > 1$)、正常固结土($OCR = 1$)、欠固结土($OCR < 1$)三种类型。

1. 正常固结土($OCR=1$)

如图 3.4.6 所示，土层在自重作用下，已固结稳定，自重应力全部转化为有效应力。地面下任一深度 z 处：

现有有效应力：$p_0' = \gamma' z$

前期固结应力：$p_c = p_0'$

2. 超固结土($OCR>1$)

如图 3.4.7 所示，前期土层由于地质作用，受到冲蚀而形成现有的地面。地面下任一深度 z 处：

现有有效应力：$p_0' = \gamma' z$

前期固结应力：$p_c = \gamma' h > p_0'$

3. 欠固结土($OCR<1$)

如图 3.4.8 所示，土层是近代沉积起来的，沉积时间不长，在自重作用下尚未完全固结稳定，仍有一部分应力由孔隙水承担。

现有有效应力：$p_0' = \gamma' z$

前期固结应力：$p_c = p_0'$

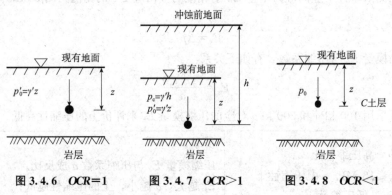

图 3.4.6　$OCR=1$　　　图 3.4.7　$OCR>1$　　　图 3.4.8　$OCR<1$

任务二　地基沉降量计算

一、案例导入

某建筑物的柱下独立基础，底面尺寸长和宽均为 4 m，基础埋深 $d=2$ m。上部结构传至基础顶面中心荷载 $F=4\,720$ kN。地基土表层为细砂，重度 $\gamma_1=17.5$ kN/m³，压缩模量 $E_{s1}=8$ MPa，厚度 $h_1=6$ m；第二层为粉质黏土，$E_{s2}=3.33$ MPa，$h_2=3$ m；第三层为碎石，$E_{s3}=22$ MPa，$h_3=4.5$ m。用分层总和法计算该粉质黏土层产生的沉降量。

二、问题分析

分层总和法，通常是将压缩层范围内的地基土分成若干层，先分层计算土体竖向压缩量，然后求和得到总竖向压缩量，即为总沉降量。

分层总和法计算地基沉降量，土体压缩量计算模型采用一维压缩计算模型；竖向应力采用弹性理论；压缩性指标采用室内压缩试验（如 $e\text{-}p$ 曲线或 $e\text{-}\lg p$ 曲线）；通常采用压缩模量 E_s 来评判土体的压缩性。

解决该问题涉及的知识点包括以下几个方面：

（1）分层总和法计算原理；

（2）分层总和法的基本假设；

（3）分层总和法的计算方法与计算步骤。

三、分层总和法计算地基最终沉降量

(一)分层总和法计算原理

天然地基一般呈层状分布，也称成层土。由于各土层的土性参数不一样，需要分层计算地基的沉降量；同时，在地基的压缩层深度范围内，地基中的附加应力分布也是变化的，因此，也需要分层计算地基的沉降量。

在工程中广泛采用的是分层总和法，它是以侧限变形条件下的压缩变形量计算公式为基础：

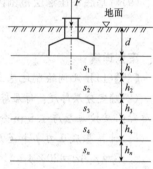

$$\Delta s_i = \frac{e_{1i} - e_{2i}}{1 + e_{1i}} h_i \text{（已知 } e\text{-}p \text{ 曲线）} \qquad (3.4.6)$$

$$\Delta s_i = \frac{\sigma_{zi}}{E_{si}} h_i = \frac{p_{2i} - p_{1i}}{E_{si}} h_i \text{（已知压缩模量）} \qquad (3.4.7)$$

$$\Delta s_i = \frac{a_i \sigma_{zi}}{1 + e_{1i}} h_i = \frac{a_i (p_{2i} - p_{1i})}{1 + e_{1i}} h_i \text{（已知压缩系数）} \qquad (3.4.8)$$

分层总和法本质上是先计算各分层的沉降，然后进行累加（图3.4.9）。

图 3.4.9　分层总和法计算简图

$$s = \sum_{i=1}^{n} s_i = \sum_{i=1}^{n} \varepsilon_i h_i \qquad (3.4.9)$$

式中，s_i 为第 i 层土的压缩量；ε_i 为第 i 层土的侧限压缩应变；h_i 为第 i 层土的厚度。

(二)分层总和法的基本假设

（1）对地基土进行分层，认为每一层土都符合胡克定律。

（2）土体仅在竖向产生压缩，而没有侧向变形，所以，采用室内侧限压缩试验获得的压缩性指标进行计算。

（3）使用基底中心点下的附加应力进行计算。

（4）因附加应力随深度而减小，超过某一深度后的土层沉降量很小，可以忽略不计，但是受压层下有软弱土层时，沉降量应计算到软弱土层底部。

(三)分层总和法的计算方法与计算步骤

（1）按比例绘制地基土层和基础的剖面图，如图3.4.10所示。

（2）对地基进行分层，将不同土性的土层分界面和地下水位面作为分层面；对于相同土性的土层，按每层厚度为 $0.4b$ 或 $1\sim2$ m 再细分，在每一分层面处编号。

（3）计算土中每一分层面上作用的自重应力 σ_{cz}，按比例画在基础中心线的左侧，从天然地面算起。

（4）计算基础底面的附加压力：

$$p_0 = \frac{F+G}{A} - \gamma_0 d$$

(5)运用角点法计算基础中心点下地基中每一分层面上作用的竖向附加应力 σ_z，绘制在基础中心线的右侧，从基础底面算起。

(6)地基受压层的计算深度 z_n，按在该深度水平面上 $\sigma_z = 0.2\sigma_{cz}$（软土为 $\sigma_z = 0.1\sigma_{cz}$）来确定。

(7)对每个分层厚度 h_i 的压缩土层，计算平均自重应力和平均附加应力：

$$\bar{\sigma}_{czi} = (\sigma_{czi\pm} + \sigma_{czi\mp})/2, \quad \bar{\sigma}_{zi} = (\sigma_{zi\pm} + \sigma_{zi\mp})/2$$

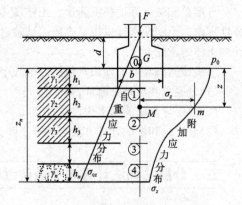

图 3.4.10　地基土层和基础剖面图
（分层总和法）

(8)在 e-p 曲线上依据 $p_{1i} = \bar{\sigma}_{czi}$ 和 $p_{2i} = p_{1i} + \bar{\sigma}_{zi}$ 查出相应的孔隙比 e_{1i} 和 e_{2i}，根据式(3.4.6)计算各受压土层的压缩变形量 s_i。若已知压缩模量或压缩系数，可以按式(3.4.7)、式(3.4.8)计算各土层的变形量。

(9)对基底下压缩层范围内各土层计算的压缩量进行求和，得到基础的最终总沉降量：

$$s = \sum_{i=1}^{n} s_i$$

案例详解：

【解】(1)按比例绘制地基土层和基础的剖面图，如图3.4.11所示。

(2)确定分层厚度：每层厚度 $h_i \leq 0.4b = 0.16$ m；粉质黏土层按每层厚1.5 m分为2层。

(3)计算基底压力 p 和基底附加压力 p_0：

$$G = \gamma_G A d = 20 \times 4 \times 4 \times 2 = 640 (\text{kN})$$

$$p = \frac{F+G}{A} = \frac{4\,720 + 640}{4 \times 4} = 335 (\text{kPa})$$

$$p_0 = p - \gamma_1 d = 335 - 17.5 \times 2 = 300 (\text{kPa})$$

(4)计算地基附加应力：

$$\sigma_z = 4\alpha_c p_0$$

(5)计算粉质黏土层沉降量，根据沉降计算公式 $s_i = \dfrac{\sigma_{zi}}{E_{si}} h_i$：

其中压缩模量已知，$E_{s2} = 3.33$ MPa。

计算结果见表3.4.2。

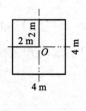

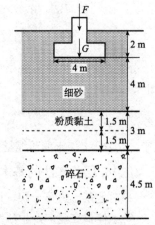

图 3.4.11　柱下独立基础基底压力图

表 3.4.2　计算结果

z/m	l/b	z'/b	α_c	σ_z	h_i/mm	平均附加应力	沉降量 s_i/mm
0	1	2	0.0840	100.8	1 500	81.48	36.7
1.5	1	2.75	0.051 8	62.16	1 500	51.72	23.3
3.0	1	3.5	0.034 4	41.28			
注：z从粉质黏土层顶面算起，z'的取值从基础底面算起							

故粉质黏土层的沉降量：

$$s = s_1 + s_2 = 36.7 + 23.3 = 60 (\text{mm})$$

四、"规范法"计算地基最终沉降量

分层总和法的概念明确，计算简单，参数易于确定，便于工程运用；但是由于在理论上和参数选取上做了假设，与实际测试结果会有差异。

《建筑地基基础设计规范》(GB 50007—2011)推荐的计算变形量的方法对分层总和法进行了修正：一方面基于分层总和法的思想，运用平均附加应力系数的概念，计算各分层土的压缩量；另一方面结合大量工程实际中沉降量观测的统计分析，以沉降计算经验系数进行修正，使计算结果更接近实测值。

《建筑地基基础设计规范》(GB 50007—2011)推荐的成层土地基最终变形量 s 的计算公式：

$$s = \psi_s s' \tag{3.4.10}$$

$$s' = \sum_{i=1}^{n} s_i' = \sum_{i=1}^{n} \frac{p_0}{E_{si}}(z_i \bar{\alpha}_i - z_{i-1} \bar{\alpha}_{i-1}) \tag{3.4.11}$$

式中，ψ 为沉降计算经验系数，根据地区沉降观测资料及经验确定，按规范查相关表获得；s' 为按分层总和法对各层土的压缩量求和，所得到的地基变形量；s_i' 为第 i 层土的压缩量；n 为地基变形计算深度范围内所划分的土层数；z_i、z_{i-1} 为基础底面至第 i 层土、第 $i-1$ 层土底面的距离；$\bar{\alpha}_i$、$\bar{\alpha}_{i-1}$ 为基础底面计算点至第 i 层土、第 $i-1$ 层土底面范围内平均附加应力系数，可按规范查相关表获得；p_0 为基底附加压力；E_{si} 为基底以下第 i 层土的压缩模量。

 项目小结

在地基上建造建筑物后，地基土将在附加应力作用下产生新的变形，这种变形一般包括体积变形和形状变形。前者通常表现为体积缩小，而这种在外力作用下土体积缩小的特性称为土的压缩性。

土的压缩主要是由孔隙体积减小而引起的。对于土体，在一般工程压力(100~600 kPa)作用下，土体压缩则主要是土中孔隙水和空气的排出。其排水与压缩过程需要一定时间才能完成，土的这种压缩随时间而增长的过程称为土的固结。对于饱和黏性土等透水性较差的土，通过孔隙水的排出逐渐被压缩，所需时间较长，该过程称为渗透固结。其固结过程实际为孔隙水压力向有效应力转化的过程。

 课后练习

一、名词解释

1. 土的压缩性：

2. 沉降：

3. 土的固结：

4. 侧限压缩试验原理：

5. 应力历史：

二、计算题

1. 对某原状土样进行侧限压缩试验，已知土样高度 $H = 2$ cm，截面面积 $A = 30$ cm^2，已知试验土样的湿重度 $\gamma = 19.0$ kN/m^2，天然含水率 $w = 25\%$，土粒相对密度 $d_s = 2.70$，试样在各级荷载作用下压缩稳定后的总变形量见表3.4.3，试绘制 e-p 曲线并求压缩系数及评定土的压

缩性高低。

表 3.4.3　试样在各级荷载作用下压缩稳定后的总变形量

压力 p/kPa	0	50	100	200	300	400
试样总变形量$\sum \Delta H_i$/mm	0	0.480	0.808	1.232	1.526 0	1.735

2. 已知柱下单独方形基础，基础底面尺寸为 2.5 m×2.5 m，埋深 2 m，作用于基础上(设计地面标高处)的轴向荷载 $N=1\,250$ kN，有关地基勘察资料与基础剖面如图 3.4.12 所示。试用单向分层总和法计算基础中点的最终沉降量。

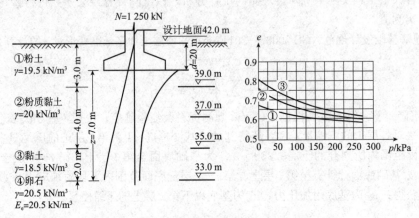

图 3.4.12　地基勘察资料与基础剖面

3. 对一土样做压缩试验，已知试验土样的湿重度 $\gamma=18.2$ kN/m³，天然含水率 $w=38\%$，土粒相对密度 $d_s=2.75$，试样高度 $H=20$ mm，试样在各级荷载作用下压缩稳定后的总变形量见表 3.4.4，试绘制 e-p 曲线并求压缩系数及评定土的压缩性高低。

表 3.4.4　试样在各级荷载作用下压缩稳定后的总变形量

压力 p/kPa	0	50	100	200	300	400
试样总变形量$\sum \Delta H_i$/mm	0	0.926	1.308	1.886	2.310	2.564

4. 某地基压缩层为厚 8 m 的饱和软黏土层，下部为隔水层，软黏土加荷之前的孔隙比 $e_1=0.7$，渗透系数 $k=2.0$ cm/a，土的压缩系数 $a=0.25$ MPa^{-1}，附加应力分布如图 3.4.13 所示，求一年后地基沉降量为多少？需要加荷多长时间，地基固结度可达 80%？

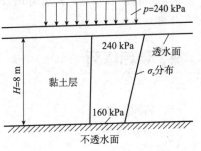

图 3.4.13　附加应力分布图

三、简答题

1. 为什么说土的压缩变形实际上是土的孔隙体积的减小？

2. 压缩系数的物理意义是什么？怎样用 a_{1-2} 判别土的压缩性？

3. 压缩系数与压缩模量两者之间有何关系？

4. 土体的压缩曲线是如何获得的？

项目五　土的抗剪强度

任务一　库仑定律

一、案例导入

加拿大特朗斯康谷仓建于 1913 年，南北长 59.44 m，东西宽 23.47 m，高 31.00 m。其基础为钢筋混凝土筏板基础，厚 61 cm，埋深 3.66 m。该谷仓自重 20 000 t，相当于装满谷物后总重的 42.5%。1913 年 9 月装谷物，装至 31 822 m³ 时，发现谷仓 1 小时内沉降达 30.5 cm，并向西倾斜，24 小时后倾倒，西侧下陷 7.32 m，东侧抬高 1.52 m，倾斜 27°。地基虽破坏，但钢筋混凝土筒仓安然无恙，后用 388 个 50 t 千斤顶纠正后继续使用，但位置较原来下降 4 m。工程实例如图 3.5.1 所示。

图 3.5.1　加拿大特朗斯康谷仓

二、问题分析

加拿大特朗斯康谷仓发生失稳事故的主要原因：对谷仓地基土层事先未做勘察，试验与研究勘探不足，造成采用的设计荷载超过地基土抗剪强度且加荷速度过快，引起剪切破坏。谷仓整体刚度较高，地基破坏后筒仓仍保持完整，因而地基发生强度破坏而整体失稳。

土的抗剪强度是指土体对于外荷载所产生的剪应力的极限抵抗能力，土的强度问题实质上就是土的抗剪强度问题。土的抗剪强度数学表达式也称为库仑定律。

该任务涉及的知识点包括以下两个方面：

(1)抗剪强度的库仑定律；

(2)土的抗剪强度构成及抗剪强度指标。

三、基本概念

(一)抗剪强度

抗剪强度是指土体对于外荷载所产生的颗粒之间剪应力的极限抵抗能力。

如图 3.5.2 所示，土体发生剪切破坏时，将沿着其内部某一曲面(滑动面)产生相对滑动，而该滑动面上的剪应力就等于土的抗剪强度。

影响土体抗剪强度的内因是土体基本性质(组成、状态和结构);外因是土体所受的应力状态。

(二)剪切破坏

当外荷载产生的剪应力超过土体自身的抗剪强度时,土体就会发生剪切破坏。

当土中某一点的抗剪强度小于剪应力,该点就发生剪切破坏;当无数点发生剪切破坏时,连续成滑裂面,就是我们看见的滑坡等工程病害。

需要注意的是:边坡土体土质基本相同,当坡度相同时,各个点的受力基本相等。因此,当一个点发生剪切破坏时,就是很多点同时发生剪切破坏时。

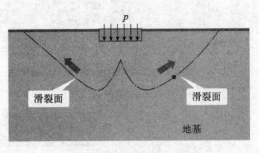

图 3.5.2 地基破坏示意

四、抗剪强度的规律——库仑定律

(一)库仑定律表达式

法国学者库仑于 1776 年总结土体剪切试验成果,提出了土体抗剪强度的表达式,也称库仑定律。

$$\tau_f = \sigma \tan \varphi + c \tag{3.5.1}$$

式中,τ_f 为土的抗剪强度(kPa);σ 为作用在剪切面上的法向应力(kPa);c 为土的黏聚力或内聚力(kPa),对于无黏性土,$c=0$;φ 为土的内摩擦角(°)。

库仑定律反映了土体抗剪强度 τ_f 是 σ、c 和 φ 的函数,表明在一般应力水平下,土的抗剪强度 τ_f 与滑动面上的法向应力 σ 呈正比,其由土的摩擦阻力及黏聚力两部分组成。根据库仑定律可以绘出图 3.5.3 所示的库仑直线,其中库仑直线与横轴的夹角 φ 称为土的内摩擦角,库仑直线在纵轴上的截距 c 为黏聚力。

上述土的抗剪强度表达式中采用的法向应力为总应力 σ,称为总应力表达式。根据有效应力原理,土中某点的总应力 σ 等于有效应力总应力 σ' 和孔隙水压力总应力 u 之和,即 $\sigma = \sigma' + u$。

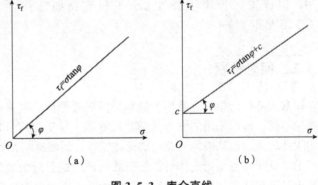

图 3.5.3 库仑直线
(a)砂土;(b)黏土

若法向应力采用有效应力总应力 σ',则可以得到抗剪强度的有效应力表达式:

$$\tau_f = \sigma' \tan \varphi' + c' \tag{3.5.2}$$

式中,c' 为有效黏聚力;φ' 为有效内摩擦角。

(二)土的抗剪强度指标

库仑定律中的 c 和 φ 称为土的抗剪强度指标。c、φ 与土的性质有关,需根据试验测定。一般情况下,内摩擦角 φ 的取值范围:粉细砂 20°~40°,中砂、粗砂及砾砂 30°~42°,黏性土及粉土 0°~30°。黏聚力 c 的变化范围为 5~100 kPa。

抗剪强度指标 c、φ 不仅与土的性质有关，而且与测定方法有关。同一种土体在不同条件下测出的抗剪强度指标也有所不同，但同一种图在同一方法下测定的抗剪强度指标基本相同。

(三)受剪面的破坏准则

既然土的抗剪强度是抵抗剪切破坏的最大能力，那么，根据受剪面上的剪应力 τ 与最大剪应力 τ_f 的大小关系可以判别土中任意一点是否发生剪切破坏。

当 $\tau < \tau_f$ 时，土体受剪面是稳定的，处于弹性平衡状态；当 $\tau > \tau_f$ 时，土体受剪面已经破坏；当 $\tau = \tau_f$ 时，土体受剪面正好处于将要破坏的临界状态，称为受剪面的极限平衡状态。

任务二　土的极限平衡条件

一、案例导入

某土层的抗剪强度指标内摩擦角 $\varphi = 20°$，黏聚力 $c = 20$ kPa，其中某一点的大主应力 $\sigma_1 = 300$ kPa，小主应力 $\sigma_3 = 120$ kPa，问该点是否破坏？

二、问题分析

如果知道土单元实际上所受的应力，如 σ_1 或 σ_3，以及土的抗剪强度指标 c 和 φ，运用土的极限平衡条件，就可以判断该土单元是否产生剪切破坏。土的极限平衡条件即为土在极限平衡状态下，土中的主应力与抗剪强度参数之间的关系式(图 3.5.4)。

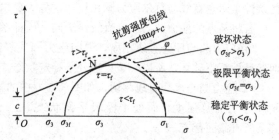

图 3.5.4　极限平衡的几何条件

该任务涉及的知识点包括以下几个方面：

(1)土中一点的应力状态；

(2)莫尔—库仑准则；

(3)土的极限平衡条件。

三、土中一点的应力状态

设某一土体单元上作用着的大、小主应力分别为 σ_1 和 σ_3[图 3.5.5(a)]，根据材料力学理论，此土体单元内与最大主应力 σ_1 作用平面呈 α 角的平面上的正应力 σ 和切应力 τ 可分别表示如下：

$$\sigma = \frac{1}{2}(\sigma_1 + \sigma_3) + \frac{1}{2}(\sigma_1 - \sigma_3)\cos 2\alpha \qquad (3.5.3)$$

$$\tau = \frac{1}{2}(\sigma_1 - \sigma_3)\sin 2\alpha \qquad (3.5.4)$$

式(3.5.3)、式(3.5.4)中的 σ、τ 满足以 $\frac{1}{2}(\sigma_1 + \sigma_3)$ 为圆心，以 $\frac{1}{2}(\sigma_1 - \sigma_3)$ 为半径的圆方程，即单元体上各截面上的应力可绘制成一应力圆，称为莫尔应力圆，如图 3.5.5(b)所示。

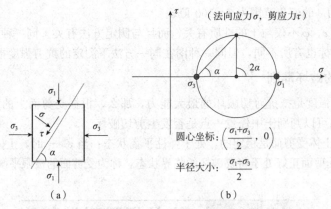

（法向应力σ，剪应力τ）

圆心坐标：$\left(\dfrac{\sigma_1+\sigma_3}{2},\ 0\right)$

半径大小：$\dfrac{\sigma_1-\sigma_3}{2}$

（a）　　　　　　　（b）

图 3.5.5　土中应力状态

(a)单元体应力；(b)莫尔应力圆

单元体与莫尔应力圆有如下关系：圆上一点，单元体上一面，转角 2 倍，转向相同。

圆周上任意一点的坐标代表单元体上一截面的正应力 σ 和切应力 τ，若该截面与第一主平面夹角为 α，则对应莫尔应力圆圆周上的一点 A 与第一主平面在圆周上的一点 B 之间的圆心角为 2α，并且有相同的转向，圆周上的点与单元体的面一一对应。

四、莫尔—库仑准则

土中一点的状态可以通过库仑直线与莫尔应力圆的几何关系判别。土中一点极限平衡的几何条件是库仑直线与莫尔应力圆相切。这称为莫尔—库仑准则。

若将某点的应力圆与库仑直线绘于同一坐标系中，则圆与直线的关系可能有三种情况：

（1）应力圆与库仑直线相离，说明应力圆代表的单元体上各截面的剪应力均小于抗剪强度，即各截面都不破坏，所以，该点也处于稳定状态，如图 3.5.6 圆 a 所示。

（2）应力圆与库仑直线相切，如图 3.5.6 中的圆 b 所示，说明单元体上有一个截面的剪应力刚好等于抗剪强度，而处于极限平衡状态，其余所有截面都有 $\tau<\tau_f$。

（3）应力圆与库仑直线相割，说明库仑直线上方的一段弧线所代表的各截面的剪应力均大于抗剪强度，即该点已有破坏面产生，如图 3.5.6 中的圆 c 所示，事实上这种应力状态是不可能存在的。

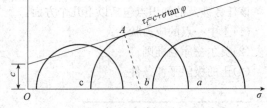

图 3.5.6　不同应力状态时的莫尔圆

五、土的极限平衡条件

1. 土中一点的极限平衡条件式

根据应力圆与抗剪强度线相切时的几何关系，可建立土的极限平衡条件如下：

$$\sin\varphi=\frac{\sigma_1-\sigma_2}{2c\cot\varphi+\sigma_1+\sigma_3} \tag{3.5.5}$$

经三角函数变换或通过几何证明，得

$$\sigma_{1f}=\sigma_3\tan^2\left(45^\circ+\frac{\varphi}{2}\right)+2c\tan\left(45^\circ+\frac{\varphi}{2}\right) \tag{3.5.6}$$

$$\sigma_{3f}=\sigma_1\tan^2\left(45°-\frac{\varphi}{2}\right)-2c\tan\left(45°-\frac{\varphi}{2}\right) \tag{3.5.7}$$

土的极限平衡条件同时表明,土体剪切破坏时的破裂面不是发生在最大剪应力 τ_{max} 的作用面上,而是与最大主应力的作用面成 $45°+\dfrac{\varphi}{2}$ 的平面上。

2. 土的极限平衡条件的应用

土的极限平衡条件常用来评判土中某点的平衡状态,具体方法:根据实际最小主应力 σ_3 及土的极限平衡条件式(3.5.6),可推出土体处于极限平衡状态时所能承受的最大主应力 σ_{1f},或根据实际最大主应力及土的极限平衡条件式(3.5.7),推出土体处于极限平衡状态时所能承受的最小主应力 σ_{3f},再通过比较计算值与实际值即可评判该点的平衡状态。

(1)当 $\sigma_1<\sigma_{1f}$ 或 $\sigma_3>\sigma_{3f}$ 时,土体中该点处于稳定平衡状态。

(2)当 $\sigma_1=\sigma_{1f}$ 或 $\sigma_3=\sigma_{3f}$ 时,土体中该点处于极限平衡状态。

(3)当 $\sigma_1>\sigma_{1f}$ 或 $\sigma_3<\sigma_{3f}$ 时,土体中该点处于破坏状态。

案例详解

【解】(1)根据土的极限平衡条件,用 σ_1 判别:

将 $\sigma_3=120$ kPa、$\varphi=20°$、$c=20$ kPa 代入式(3.5.6),得

$$\sigma_{1f}=120\times\tan^2\left(45°+\frac{20°}{2}\right)+2\times20\times\tan\left(45°+\frac{20°}{2}\right)$$

$$=301.88(\text{kPa})>\sigma_1=300 \text{ kPa}$$

因此,该点稳定。

(2)用 σ_3 判别:

将 $\sigma_3=120$ kPa、$\varphi=20°$、$c=20$ kPa 代入式(3.5.7),得

$$\sigma_{3f}=300\times\tan^2\left(45°-\frac{20°}{2}\right)-2\times20\times\tan\left(45°-\frac{20°}{2}\right)$$

$$=119.08(\text{kPa})<\sigma_3=120 \text{ kPa}$$

因此,该点稳定。

思考:若保持 σ_3 不变,该点不破坏的 σ_1 最大为多少?

任务三　土的抗剪强度指标的试验方法

一、案例导入

某天然地基,取原状土,分别进行直接快剪、固结快剪和直接慢剪试验,其试验成果见表3.5.1,试用作图法求该土的三种抗剪强度指标。

表 3.5.1　直剪试验成果

σ/kPa		100	200	300	400
τ_f/kPa	直接快剪	65	68	70	73
	固结快剪	65	88	111	133
	直接慢剪	80	123	176	225

二、问题分析

测定土的抗剪强度指标 φ 和 c，通常有室内试验和现场试验两类。常用的室内试验有直接剪切试验、三轴剪切试验等，常用的现场试验主要有十字板剪切试验。

直接剪切试验是运用直接剪切仪(简称直剪仪)进行土的抗剪强度参数测定的方法。对于同一种土至少需要 3 个土样，在不同的法向应力 σ 下进行剪切试验，测出相应的抗剪强度 τ_f，然后根据 3～4 组相应的试验数据可以点绘出库仑直线，由此求出土的抗剪强度指标 φ、c。解决该问题涉及的知识点包括以下几个方面：

(1)直接剪切试验；

(2)三轴剪切试验；

(3)十字板剪切试验。

三、直接剪切试验

(一)试验仪器及原理

直接剪切试验简称直剪试验，是运用直接剪切仪(简称直剪仪，如图 3.5.7、图 3.5.8 所示)进行土的抗剪强度参数测定的方法。直剪仪可分为应力控制式和应变控制式两种。试验中通常采用应变控制式直剪仪，该直剪仪主要由剪力盒、垂直和水平加载系统及测量系统等部分组成，其结构如图 3.5.9 所示。剪力盒分为上盒和下盒，试验时对齐上、下盒，将土样放于盒内，并在土样上、下各放一块透水石，通常根据试验方法的不同在透水石与土样之间分别放置滤纸或不透水膜。安装好土样后，通过垂直加压系统施加垂直荷载，即受剪面上的法向应力 σ，再通过均匀旋转手轮向土样施加水平剪应力 τ，当土样受到剪切破坏时，受剪面上所施加的剪应力即为土的抗剪强度 τ_f。对于同一种土至少需要 3～4 个土样，在不同的法向应力 σ 下进行剪切试验，测出相应的抗剪强度 τ_f，然后根据 3～4 组相应的试验数据可以点绘出库仑直线，由此求出土的抗剪强度指标 φ、c，如图 3.5.10 所示。

图 3.5.7　四联直剪仪

图 3.5.8　大型直剪仪

(二)直剪试验类型

直剪试验有施加垂直压力和水平剪力两个过程，通过控制两个过程的时间，便会得到相应的三种试验方法，即快剪、固结快剪和慢剪。

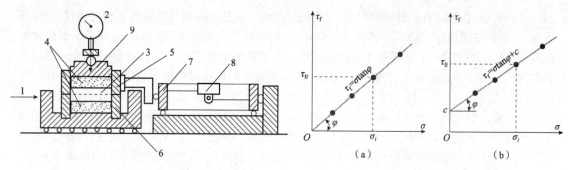

图 3.5.9　应变控制式直剪仪结构示意
1—轮轴推力；2—竖向变形量表；3—土样；
4—透水石；5—上盒；6—下盒；
7—钢环仪；8—径向变形量表；9—传压板

图 3.5.10　直接剪切试验成果图
(a)砂土；(b)黏性土

1. 快剪

快剪是指对试样施加竖向荷载后，立即以 0.8 mm/min 的剪切速率快速施加剪应力进行剪切，使土样在 3～5 min 内被剪切破坏，强度指标用 c_q、φ_q 表示。在整个试验过程中，土中的水来不及排出，土的含水率保持不变，土样中存在超孔隙水压力，使有效应力减小。快剪主要用于分析地基排水条件不好、施工速度快的建筑物地基。

2. 固结快剪

固结快剪是指施加竖向荷载后，先使土样充分排水固结，固结完成后再以 0.8 mm/min 的剪切速率快速施加水平剪应力进行剪切，使土样在 3～5 min 内剪坏。强度指标用 c_{cq}、φ_{cq} 表示，可用于验算水库水位骤降时土坝边坡稳定安全系数或使用期建筑物地基的稳定问题。

3. 慢剪

竖向荷载施加后，让土样充分排水固结，待沉降稳定后以 0.8 mm/min 的剪切速率施加水平剪应力，直至试样被剪切破坏。强度指标用 c_s、φ_s 表示。通常用于分析透水性好、施工速度较慢的建筑物地基的稳定性。

由上述试验方法可知：即使在同一垂直压力作用下，由于试验时的排水条件不同，作用在受剪面积上的有效用力也不同，所以测得的抗剪强度指标也不同。一般情况下，$\varphi_s > \varphi_{cq} > \varphi_q$。

(三)直剪试验优点、缺点

1. 优点

仪器构造简单，操作方便，结果便于整理，测试时间短，省时，目前仍然被广泛应用。

2. 缺点

人为规定了受剪面，不能真正反映土体的软弱剪切面；在试验过程中，土样的受剪面积逐渐减小，垂直荷载发生偏心，土样中剪应力分布不均匀；试验土样的固结和排水是靠加荷速度快慢来控制的，实际无法严格控制排水或测量孔隙水压力。

四、三轴剪切试验

(一)实验仪器及原理

三轴剪切试验是土样在三维受力状态下，进行抗剪强度参数测定的方法，也是室内测定土的抗剪强度的一种较为完整的试验方法。

三轴剪切试验的理论根据是莫尔—库仑强度理论。试验使用的仪器称为三轴剪切仪（三轴压缩仪）。三轴剪切仪（图 3.5.11）的核心部位是三轴剪切仪压力室，如图 3.5.12 所示。试验用的试样为圆柱形，试验时，先通过水压力对试样三个轴向施加周围压力 σ_3，并保持不变，然后在轴向施加压力 σ_y，在保持 σ_3 不变的情况下，逐渐增大 σ_y，直到试样被剪切破坏。此时，作用于试样的垂直压力 $\sigma_1 = \sigma_3 + \sigma_y$ 为最大主应力，周围压力 σ_3 为最小主应力，由 σ_1 和 σ_3 可以绘得一个极限应力圆。对于同一种土，取 3～4 个试样，在不同的周围压力 σ_3 的作用下，进行剪切直至破坏，可得到相应的 σ_1，便可绘出几个不同的极限应力圆，如图 3.5.13 所示。这些极限应力圆的公切线即为该土的抗剪强度包线，通常称为强度包线。强度包线的倾角为该土的内摩擦角 φ，与纵坐标的截距为该土的黏聚力 c。

图 3.5.11　三轴剪切仪

压力室

图 3.5.12　三轴剪切仪压力室

（二）三轴剪切试验类型

　　根据土样在周围压力作用下的固结条件和剪切时的排水条件不同，可分为以下三种试验方法。

1. 不固结不排水剪（UU）试验

　　不固结不排水剪简称不排水剪。在试验过程中，无论是施加周围压力 σ_3，还是施加轴向竖直应力，始终关闭排水阀门，土样中的水始终不能排出，不产

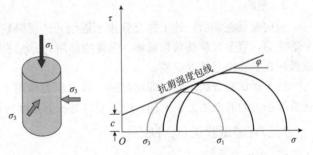

图 3.5.13　常规三轴剪切试验成果

生体积变形，因此，土样中孔隙水应力大，有效应力很小，所得强度指标用 c_u、φ_u 表示。该试验方法适用于地基排水条件不好，加荷速度又快的施工期地基稳定或土工构筑物稳定情况分析。

2. 固结不排水剪（CU）试验

　　在周围压力 σ_3 作用下，打开排水阀门，让土样充分固结后，再关闭排水阀，施加轴向竖直压力 $\Delta\sigma$，直至土样破坏。在周围压力作用下，土内孔隙水应力逐渐减小至零；在竖向压力 $\Delta\sigma$ 作用下，土样内产生孔隙水应力，所得强度指标用 c_{cu}、φ_{cu} 表示。该试验方法适用于一般正常固结土在工程竣工或在使用阶段受到大量的、快速的动荷载或新增荷载的作用所对应的受力情况，如地震情况、路基正常使用情况等。

3. 固结排水剪（CD）试验

　　固结排水剪简称排水剪。在试验过程中，始终打开排水阀门，让土样充分排水固结，使土

样中孔隙水应力始终接近零，施加的压力即为有效应力，所得强度指标用 c_d、φ_d 表示。该方法适用于地基排水条件好、加荷速度慢的情况。

(三)三轴剪切试验的优点、缺点

1. 优点

三轴剪切试验突出的优点是能控制排水条件，并可以测量孔隙水应力的变化。另外，三轴剪切试验中试件的应力状态比较明确，剪切破坏就发生在土样的最薄弱处，消除了直剪试验人为限定剪切面的缺点，试验结果可靠，是目前推广使用的试验方法。

2. 缺点

三轴剪切试验的主要缺点是土样所受的力是轴对称的，即在三个主应力中有两个是相等的，并非工程的实际情况。另外，三轴剪切试验的试件制备比较麻烦，土样易受扰动。

五、十字板剪切试验

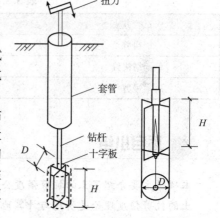

图 3.5.14 十字板剪切仪的构造

十字板剪切试验是一种原位测定土的抗剪强度的试验方法，该方法适用于测定饱和软黏土的原位不排水抗剪强度，特别是均匀饱和软黏土。

十字板剪切仪的构造如图 3.5.14 所示。试验时在钻孔中放入十字板，并压入土中 75 cm，通过地面上的装置施加扭矩，使埋在土中的十字板扭转，直至土体被剪切破坏，记录土体被破坏时的扭矩 M。土体破坏面为圆柱面，作用在破坏土体圆柱面上的剪应力所产生的抵抗矩应该等于所施加的扭矩 M，即

$$M = \frac{1}{2}\pi D^2 H \tau_V + \frac{1}{6}\pi D^2 H \tau_H \qquad (3.5.8)$$

式中，τ_V、τ_H 为剪切破坏时圆柱体侧面和上下底面土的抗剪强度；H 为十字板的高度；D 为十字板的直径。

实际上往往假定土体是各向同性的，即 $\tau_V = \tau_H$，于是，式(3.5.8)可以写成

$$\tau_+ = \frac{2M}{\pi D^2 \left(H + \dfrac{D}{3}\right)} \qquad (3.5.9)$$

由于十字板剪切试验是直接在原位地基中进行的，没有取样过程，以及运输土样、制备土样的扰动影响，故被认为是比较能反映土体原位强度的测定方法。

十字板剪切试验一般进行的速度较快，通常认为在试验过程中土体不排水，超静孔隙水压力不消散，因此，所得强度指标为不排水强度指标。

十字板剪切试验适用于测定饱和黏性土的原位不排水强度 C_u，特别适用于均匀的饱和软黏土。

案例详解：

【解】根据表 3.5.1 所列数据，依次绘出三种试验方法的库仑直线，如图 3.5.15 所示，各种抗剪强度指标见表 3.5.2。

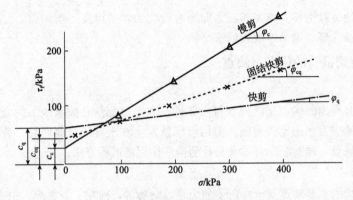

图 3.5.15　库仑直线

表 3.5.2　直剪试验抗剪强度指标

试验方法	抗剪强度指标	
快剪	$\varphi_q = 1.5°$	$c_q = 62$ kPa
固结快剪	$\varphi_{cq} = 13°$	$c_{cq} = 41$ kPa
慢剪	$\varphi_s = 27°$	$c_s = 28$ kPa

 项目小结

　　本项目主要介绍了土的抗剪强度公式、土的极限平衡条件和抗剪强度指标的试验测定方法。
土的抗剪强度理论是研究与计算地基承载力以及分析地基承载力和地基承载稳定性的基础。
土的抗剪强度可以采用库仑公式表达，基于莫尔—库仑强度理论导出的土的极限平衡条件是判
定土中一点平衡状态的基准。土的抗剪强度指标 c、φ 值一般通过试验确定，试验条件尤其是排
水条件对强度指标带来很大的影响，故在选择抗剪强度指标时应尽可能符合工程实际的受力条
件和排水条件。

 课后练习

[任务二]

一、名词解释

1. 抗剪强度：

2. 剪切破坏：

3. 弹性平衡状态：

4. 极限平衡状态：

二、简答题

1. 土样破坏时，破坏面位置在何处？是否沿最大剪应力作用面破坏？

2. 最大剪应力为多少？作用在哪个面上？

三、计算题

1. 已知某黏性土的某土体抗剪强度指标 $\varphi = 22°$，$c = 25$ kPa，受剪面上正应力 $\sigma = 80$ kPa。

该面上所能承受的最大剪应力是多少？

2. 已知某土层的抗剪强度指标内摩擦角 $\varphi=25°$，黏聚力 $c=22$ kPa，如对土样施加大主应力 $\sigma_1=200$ kPa，小主应力 $\sigma_3=100$ kPa，土样是否被破坏？

[任务三]

一、填空题

1. 直剪仪可分为_____控制式和_____控制式两种。

2. 直剪试验有_____和_____两个过程。

3. 三轴剪切试验的理论根据是_____。

4. 固结快剪是竖向荷载施加后，先使土样充分排水固结，固结完成后再以_____的剪切速率快速施加水平剪应力，使土样在_____min 内剪坏。

5. _____试验可用来验算水库水位骤降时土坝边坡稳定安全系数或使用期建筑物地基的稳定问题。

二、简答题

1. 土的抗剪强度是不是一个定值？

2. 应力圆的圆心坐标如何表示？半径为多少？

3. 土中达到极限平衡状态时的地基是否已经破坏？

三、计算题

1. 某天然地基，取原状土进行固结快剪试验，其试验成果见表 3.5.3，试用作图法求该土的抗剪强度指标。

表 3.5.3　直剪试验成果

σ/kPa	100	200	300	400
固结快剪 τ_f/kPa	34	65	93	103

2. 已知某无黏性土的某土体抗剪强度指标 $\varphi=20°$，$c=0$，受剪面上正应力 $\sigma=10$ kPa，该面上所能承受的最大剪应力是多少？

3. 某土体抗剪强度指标 $\varphi=30°$，$c=10$ kPa，若对该土样取样做试验：对土样施加的大、小主应力分别为 $\sigma_1=200$ kPa，$\sigma_3=100$ kPa，土样会被破坏吗？

4. 天然地基的原状土样，用直剪仪进行直接快剪试验，其试验成果见表 3.5.4，试用作图法求该土的抗剪强度指标 φ、c。

表 3.5.4　直剪快剪试验成果

σ/kPa	100	200	300	400
τ_f/kPa	105	151	207	260

模块四
工程地质基本知识

模块概要

本模块主要内容：

(1)矿物与岩石的分类、组成、物理力学性质指标；

(2)地质年代、地质构造、地质图识读；

(3)水利工程中常见的工程地质问题与处理方法。

通过本模块的学习，了解工程地质的概念、研究对象、研究任务。

熟知工程地质是一门研究与工程建设有关地质问题的学科。它研究建设工程在规划、设计、施工、运营过程中合理地处理和正确地使用自然条件及改造不良地质条件等地质问题，是地质学的分支学科。

了解地质环境与工程建筑物之间的相互制约关系，寻求两者矛盾的转化和解决方法。

熟知工程地质研究任务是：①选择工程地质条件最优良的建筑地址；②查明建筑地区的工程地质条件和可能发生的不良工程地质作用；③根据选定地址的工程地质条件，提出枢纽布置、建筑物结构类型、施工方法及运营使用中应注意的事项。

能够解决工程地质问题。工程地质问题是指工程建设与地质环境相互作用和相互矛盾而产生的对工程建设的设计、施工、运营带来重大影响的地质问题。具体指的是研究地区的工程地质条件由于不能满足某种工程建设的需求，在建筑物的稳定、经济或正常使用方面常常发生的问题。其主要包括两个方面：一是区域稳定问题；二是工程稳定问题，如地基稳定性问题、边坡稳定性问题、洞室围岩稳定性问题等。

了解水利工程中常见的地质问题：①坝基、坝肩稳定性问题；②边坡稳定性问题；③洞室(隧洞)围岩稳定性问题；④水库坝区渗漏、水库库岸稳定、水库淤积、滨库地区浸没、水库诱发地震等问题。

熟知工程地质条件是指工程活动有关的地质环境的综合，它包括地层岩性(岩土类型及性质)、地质构造、地形地貌、水文地质、不良地质作用(物理地质现象)和天然建筑材料等。需要注意的是：不能将上述诸点中的某一方面理解为工程地质条件，而必须是它们的总和。

项目一　矿物与岩石

矿物与岩石的分类与组成

一、任务描述

地球是一个具有圈层构造的旋转椭球体。它的外部被大气圈、水圈、生物圈、岩石圈所包围(图 4.1.1),地球内部由地壳、地幔和地核组成。

如图 4.1.2 所示,地球的表层——地壳是由各种岩石组成的。其密度为 $2.7 \sim 2.9 \ \mathrm{g/cm^3}$。地壳的厚度很不均匀,各地有很大差异,位于大陆的地壳厚度大,平均约为 33 km,高山区可达 $70 \sim 80$ km。位于大洋底部的大洋地壳厚度小,平均 6 km。组成地壳的基本物质是各种化学元素,其中以 O、Si、Al、Fe、Ca、Na、K、Mg、Ti 为主,这 9 种元素占地壳总质量的 99.96%。其中,硅、氧、铝三种元素就占了地壳元素质量的 82.96%。元素在一定的地质条件下聚集形成矿物。各种矿物在一定的环境条件下自然集合形成岩石。

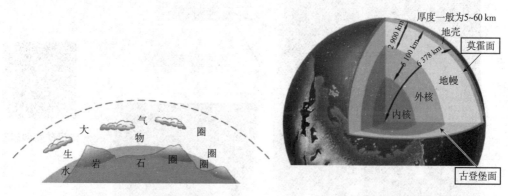

图 4.1.1　地球的外部圈层　　　　　图 4.1.2　地球的内部圈层

二、任务分析

不同成因岩石的形成条件、矿物成分、结构和构造各不相同,故它们的物理力学性质也不同。因此,在各种工程建筑中,必须对组成地壳的主要矿物和常见岩石及它们的工程地质性质进行研究。

该任务涉及的知识点包括以下几个方面:

(1)矿物及其基本性质;

(2)岩浆岩的基本结构、分类方法及其常见岩石；

(3)沉积岩的基本结构、基本构造及其常见岩石；

(4)变质岩的基本结构、基本构造及其常见岩石。

三、矿物

(一)矿物的概念

矿物是指由地质作用或宇宙作用所形成的，具有一定的化学成分和内部结构，在一定的物理化学条件下，相对稳定的天然结晶态的单质或化合物。在自然界中，只有少数矿物以自然元素形式出现，如金刚石(C)、硫黄(S)。其他绝大多数是由两种或两种以上元素组成的化合物。目前，在自然界中已被发现的矿物达 3 000 多种。在岩石中经常见到，明显影响岩石性质，对鉴定和区别岩石种类起重要作用的矿物称为主要造岩矿物(约 20 种)。

(二)矿物的类型

1. 晶质体与非晶质体

(1)晶质体。晶质体是指由结晶物质构成的、其内部的构造质点(如原子、分子)呈平移周期性规律排列的固体。

(2)非晶质体。非晶质体是指组成物质的分子(或原子、离子)不呈空间有规则周期性排列的固体，如图 4.1.3 所示。

图 4.1.3　晶质体矿物与非晶质体矿物

2. 矿物成因类型

(1)原生矿物。原生矿物是指在造岩和成矿作用过程中，岩浆冷凝结晶形成的矿物，如石英、正长石。其原有的化学组成和结晶构造均未改变。

(2)次生矿物。次生矿物是指原生矿物遭受化学风化而改造成的新生矿物，如正长石经过水解作用后形成的高岭石。

(3)变质矿物。变质矿物是指由变质作用形成的矿物。如结晶片岩中的蓝晶石和十字石。

(三)矿物的物理性质

1. 光学性质

光学性质是指矿物对光的吸收、反射、折射及光在矿物中传播的性质，主要有矿物的颜色、条痕、光泽和透明度等。

(1)颜色。颜色是矿物对光线吸收和反射的物理性能。许多矿物具有绚丽多彩的颜色，十分美观，甚至有些矿物的名称就是根据颜色而定名。矿物的颜色是鉴定矿物的最大特征之一，有自色、他色和假色之分。

(2)条痕。矿物的条痕实际上就是矿物粉末的颜色。通常矿物的条痕就是在白色无釉瓷板上画出的线条颜色。有些矿物的颜色与条痕一致，如金的颜色和条痕都是金黄色。有些矿物的颜色与条痕不同，如赤铁矿无论其颜色是暗红色还是铁黑色，其条痕总是樱红色。条痕比矿物的颜色更为稳定，但一般仅适用于深黑色矿物，对浅色矿物无鉴定意义。

(3)光泽。矿物表面对光的反射能力，即光线照射到矿物表面上时矿物表面对光的反射能力，称之为光泽。按照矿物表明反光的强度，光泽可以由强到弱地分为金属光泽、半金属光泽、金刚光泽、玻璃光泽、油脂光泽、松脂光泽等。

(4)透明度。矿物透过光线的程度即透明度。可以说，所有金属矿物都是不透明的，所有非金属矿物都是透明的。

2. 力学性质

力学性质是指矿物受外力作用，如刻划、摩擦、打击、弯曲时显示出来的性质，即矿物受力后的反应。

(1)硬度。矿物抵抗机械作用(如刻划、摩擦、压入)的能力称为硬度。

莫氏硬度是取自然界常见的10种矿物作为标准，将硬度分为1～10的等级，如图4.1.4所示。测定某矿物的硬度，只需将该矿物同硬度计中的标准矿物相互刻划比较即可。如某矿物能刻划方解石，但又能被萤石划破，则该矿物硬度为3～4。

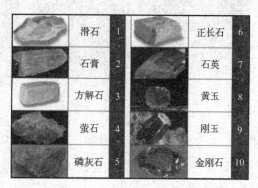

滑石	1	正长石	6
石膏	2	石英	7
方解石	3	黄玉	8
萤石	4	刚玉	9
磷灰石	5	金刚石	10

图4.1.4 莫氏硬度等级

常用野外判别方法：软铅笔(1度)、指甲(2～2.5度)、铁刀刃(3～3.5度)、玻璃(5～5.5度)、钢刀刃(6～6.5度)。矿物的硬度受风化、裂隙、杂质等影响，所以要注意在矿物的新鲜晶面或解理面上进行。

(2)解理。矿物被敲打后，沿一定方向规则破裂的性质是解理，这种破裂面就称为解理面。解理面一般非常平滑且有光泽。在不同矿物或同一矿物的不同方向上，解理发育的程度是不一样的。有些矿物的解理只有一个方向，呈薄片状；有些矿物的解理有两个方向，呈块状；有些矿物甚至有三个方向和四个方向的解理，如图4.1.5所示。

(3)断口。断口是矿物受到打击后所产生的不规则的破裂面。断口按断口的形状可分为以下几种：贝壳状断口，如石英的断口；平坦状断口，如高岭石的断口；参差状断口，如电气石的断口；锯齿状断口，如自然金属矿物的断口。矿物断口形状如图4.1.6所示。

(4)脆性。脆性是矿物受外力作用(如刀刻、锤击)时易破碎的性质。脆性与矿物硬度无关。脆性的矿物如石盐、萤石、金刚石等。

(5)延展性。延展性是矿物在锤击或拉引下容易形成薄片或细丝的性质。通常温度提高，矿物的延展性就会增强。例如，自然金、自然铜、自然银等就具有很好的延展性。

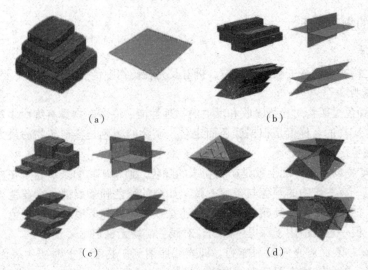

图 4.1.5　矿物解理

(a)单向解理云母、蛭石；(b)双向解理辉石、角闪石；(c)三向解理方铅矿；(d)四向和多向解理萤石

（a）　　　　　（b）　　　　　（c）　　　　　（d）

图 4.1.6　矿物断口形状

(a)平坦状断口；(b)贝壳状断口；(c)参差状断口；(d)锯齿状断口

(6)挠性。挠性是矿物因受外力而变形，当外力除去后，不能恢复原状的性质，如绿泥石、滑石、蛭石等。

(7)弹性。弹性是矿物因受外力而变形，当外力除去后，在弹性限度内，能恢复原状的性质，如白云母等。

四、岩石

岩石是由一种或多种矿物组成的矿物集合体。它是建造各种工程结构物的地基，是天然的建筑材料，因此，了解岩石的工程地质性质对工程设计、施工等都十分重要。

自然界有各种各样的岩石。岩石按其形成方式分为岩浆岩(火成岩)、沉积岩(水成岩)和变质岩三大类。

(一)岩浆岩(火成岩)

岩浆岩或称火成岩，是岩浆沿着地壳薄弱带向上侵入地壳或喷出地表逐渐冷凝而形成的岩石，约占地壳总体积的65%，可以分为侵入岩和喷出岩。侵入岩根据形成深度的不同，又细分为深成岩和浅成岩。

1. 岩浆岩的结构

岩浆岩的结构是指岩浆岩中矿物结晶程度、颗粒大小及颗粒之间的结合关系。

(1)按岩石中矿物结晶程度划分(图4.1.7)：

①全晶质结构。岩石全部由结晶矿物所组成，多见于深成侵入岩。

②半晶质结构。岩石由结晶质矿物和非结晶的玻璃物质组成，多见于喷出岩中。

③玻璃质(非晶质)结构。全部由玻璃物质所组成的岩石结构，是由于岩浆温度快速下降，各种组分来不及结晶即冷凝而形成，喷出岩所具有。

(2)按岩石中矿物颗粒的相对大小划分：

①等粒结构。指在肉眼或放大镜下可分辨出矿物晶体颗粒的结构。按矿物颗粒直径 d 的大小又可分为：

粗粒结构($d>5.0$ mm)、中粒结构($d=5.0\sim1.0$ mm)、细粒结构($d=1.0\sim0.1$ mm)。

②隐晶质结构。晶粒直径小于 0.1 mm，肉眼和放大镜均不能分辨，在显微镜下才能分辨出矿物晶粒特征，岩石呈致密状。一般为侵入岩、熔岩和喷出岩所有。

(3)按岩石中矿物颗粒的绝对大小划分：

①等粒结构。指岩石中同种主要矿物的颗粒粒径大致相等的结构。

②不等粒结构。指岩石中同种主要矿物的颗粒大小不等，且粒度大小成连续变化系列的结构。

③斑状结构及似斑状结构。岩石中矿物颗粒的大小明显分为两组，大颗粒镶嵌在细小的隐晶质或玻璃质的基质中，大的称为斑晶，小的称为基质。斑晶为隐晶质及玻璃质的，称为斑状结构，基质为显晶质的，称为似斑状结构。斑状结构的特点是矿物颗粒大小差别大，分布不均匀。似斑状结构的特点是矿物颗粒大小差别较小，分布相对均匀。

2. 岩浆岩的构造(图4.1.8)

(1)块状构造。组成岩石的各种矿物均匀分布于岩石中的构造称为块状构造，花岗岩、花岗斑岩等侵入岩常具有块状构造。

(2)气孔状构造与杏仁状构造。由熔岩冷凝后尚未逸出的气体留下的孔洞构造称为气孔状构造，多集中在岩流的上部，形状多为圆形或椭圆形和管状等不规则形状。如果气孔被一些次生矿物(如石英、方解石等)所充填，则形成杏仁状构造。

(3)流纹状构造。流纹状构造表现为不同颜色和结构的条带以及浆屑和斑晶或拉长气孔等的定向排列。流纹状构造仅为喷出岩所特有，如流纹岩等。

图 4.1.7　按岩石的结晶程度划分的三种结构

(左上—全晶质结构；右上—半晶质结构；

下—玻璃质结构)

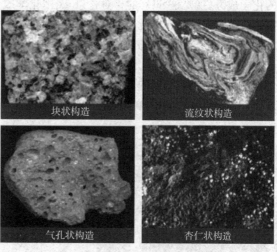

块状构造　　流纹状构造

气孔状构造　　杏仁状构造

图 4.1.8　岩石常见的构造

3. 岩浆岩的产状

岩浆岩的产状可用来反映岩体空间位置与围岩的相互关系及其形态特征，如图4.1.9所示。

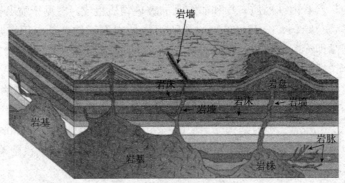

图4.1.9 岩浆岩的产状

(1)岩基和岩株。岩基和岩株为深成岩产状。岩基规模最大，基底埋藏深，形状不规则，表面起伏不平；岩株规模比岩基小，其下部与岩基相连，与围岩接触较陡，宏观上呈树枝状。深层岩体边部常有在岩浆上升过程中从围岩上剥落掉下来的碎块，称为捕房体。

(2)岩盘和岩床。岩盘和岩床为浅成岩产状。岩浆冷凝成为上凸下平、呈透镜状的岩体，底部通过颈体与更大的侵入体连通，形成岩盘，若形状下凹，则称为岩盆；岩浆沿着层面流动方向侵入，表面无凸起，略为平整，形成岩床，范围一般可达几米。

(3)岩墙和岩脉。岩墙和岩脉属规模较小的浅成岩产状。岩浆沿近于垂直的围岩裂隙侵入，形成的狭长形岩体称为岩墙，长数十米至数千米，宽数米至数十米；岩浆侵入围岩的各种断层和裂隙，形成的脉状岩体称为岩脉，长数厘米至数十米，宽数毫米至数米。

(4)火山锥和熔岩流。火山锥和熔岩流属喷出岩的产状。火山锥是岩浆在喷出火山口后，在火山口周围冷凝而成的钟状或锥状岩体；岩浆在喷出火山口后，迅速向地表较低处流动，在沟谷中冷凝形成长舌状，称为熔岩流；在平坦地面则铺开成层，称为熔岩被。

4. 岩浆岩的分类

岩浆岩的分类依据主要是岩石的化学成分、结构、构造、形成条件和产状等。根据岩浆岩的化学成分(主要是SiO_2的相对含量)及由化学成分所决定的岩石中矿物的种类与含量关系，岩浆岩可分为酸性岩、中性岩、基性岩、超基性岩。根据岩浆岩的形成条件，岩浆岩可分为深成岩(在地面以下很深的地方形成的岩石)，如花岗岩、正长岩、闪长岩、辉长岩和橄榄岩等；浅成岩(在地面以下较浅的地方形成的岩石)，如斑岩、辉绿岩、煌斑岩等；喷出岩(也称为火山岩，它是从火山喷出来的岩浆凝固而成的岩石)，如黑曜岩、珍珠岩、玄武岩等。在此基础上，进一步考虑岩浆岩的结构、构造、产状等因素。据此划分的岩浆岩主要类型见表4.1.1。

表4.1.1 岩浆岩分类表

岩石类型		酸性岩		中性岩	基性岩	超基性岩
化学成分特点		富含Si、Al			富含Fe、Mg	
SiO_2含量/%		>65		65~52	52~45	<45
颜色		浅色(灰白、浅红、褐等)→深色(深灰、暗绿、黑等)				
成因、构造、结构、矿物成分	主要矿物	正长石 石英	正长石	斜长石 角闪石	斜长石 辉石	橄榄石 辉石
	次要矿物	角闪石	黑云母 角闪石	角闪石 黑云母	黑云母 辉石	角闪石 橄榄石

喷出岩		流纹状 气孔状 杏仁状 块状	玻璃质 隐晶质 火山碎屑 斑状	黑曜岩、浮岩、火山凝灰岩、火山角砾岩、火山集块岩				
				玄武岩	苦橄岩	流纹岩	粗面岩	安山岩
侵入岩	浅成岩	块状	隐晶质 似斑状 细粒	伟晶岩、细晶岩、煌斑岩等各种脉岩类				
				花岗斑岩	正长斑岩	玢岩	辉绿岩	苦橄玢岩
	深成岩	块状	全晶质 均粒	花岗岩	正长岩	闪长岩	辉长岩	橄榄岩 辉石岩

5. 常见的岩浆岩

(1)深成岩(表4.1.2)。

表 4.1.2　深成岩

①花岗岩：显晶质结构，块状构造，呈肉红色、灰白色或灰色，矿物成分以石英(含量在25%以上)和长石(含量约为60%)为主；次要矿物为黑云母、角闪石、辉石、白云母等。花岗岩质地坚硬，强度高，是工程上广泛采用的一种良好建筑材料和地基	
②闪长岩：全晶质中，呈粗粒等粒结构，中性深成侵入岩。浅灰色、灰色或灰绿色，块状构造。矿物成分以斜长石(含量在50%以上、白色、灰白色、板柱状)和角闪石(含量约为30%、棕褐色、绿色、长柱状或针状)为主，次要矿物为辉石和黑云母。	
③正长岩：显晶质结构，呈浅灰或肉红色，主要矿物为正长石，呈等粒状结构、块状构造，为深成侵入岩。其物理力学性质与花岗岩类似，但不如花岗岩坚硬，且易风化	

④辉长岩：显晶质结构，多为深灰、黑绿至黑色，主要矿物成分为辉石（黑色粒状）和斜长石（灰色、灰白色），块状构造，为深成岩。岩石质地坚硬、强度高，是良好的地基和建筑材料	

(2)浅成岩（表4.1.3）。

表4.1.3　浅成岩

①辉绿岩：隐晶质结构，多为绿色至黑绿色，主要矿物成分为辉石和斜长石，块状构造，为浅成岩。具有良好的物理力学性质，但常因节理发育，较易风化	
②花岗斑岩：斑状结构，块状构造，灰白色或肉红色，斑晶（钾长石和石英；有时为黑云母和角闪石）的成分与基质相同；基质呈隐晶质或微晶；矿物成分与花岗岩相似	
③闪长玢岩：具有明显的斑状结构，基质为细粒或隐晶质结构。其斑晶多为斜长石和普通角闪石，偶见黑云母。岩石整体颜色多为灰及灰绿色	

(3)喷出岩(表 4.1.4)。

表 4.1.4 喷出岩

①流纹岩：斑状结构，斑晶主要为正长石和石英，为浅红色、浅黑色或灰紫色，基质为隐晶质，流纹状构造，为喷出岩。晶体形状为方形板状，有玻璃光泽，但有节理。岩石为灰色、粉红色或砖红色，有流纹状构造和斑状结构。其岩石坚硬，强度较高，可作为良好的建筑材料	
②粗面岩：成分相当于正长岩，与安山岩同属于中性火山喷出岩。其基质为隐晶质，呈浅灰色、浅黄色或粉红色，有气孔或多孔的熔渣构造	
③安山岩：斑状结构，多呈灰色、棕色或绿色，斑晶(白色)为斜长石，而且斑晶常呈定向排列，这是由于岩浆是在流动中冷却的。基质为隐晶质，块状构造，为喷出岩。安山岩也会有气孔状和杏仁状构造	
④玄武岩：隐晶质结构，多为灰黑色、黑绿色至黑色，气孔状和杏仁状构造，主要矿物成分为辉石和斜长石，为喷出岩。玄武岩致密坚硬，强度很高，但具有气孔状构造时易风化	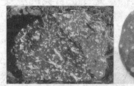

(二)沉积岩

沉积岩是指在地表或接近地表的常温、常压条件下，由原岩经风化破碎、搬运、沉积和成岩等作用形成的岩石。沉积岩占地壳岩石总体积的 7.9%，但在地壳表层分布较广，约占地壳表面积的 75%，常呈层状分布。

1. 沉积岩的矿物组成

(1)碎屑矿物。碎屑矿物也称原生矿物，由先成岩石经物理风化作用产生的碎屑物质组成。大部分为化学性质稳定、难溶于水的原生矿物的碎屑，如石英、长石、白云母等。

(2)黏土矿物。黏土矿物是指主要由含铝硅酸盐类矿物的岩石，经化学风化作用形成的次生矿物，如高岭石、水云母等。该矿物颗粒细，具有很强的亲水性、可塑性及膨胀性。

(3)化学沉积矿物。化学沉积矿物是指主要由纯化学作用或生物化学作用沉淀结晶产生的沉积矿物，如方解石、白云石、石膏的氧化物或氢氧化物等。

(4)有机质。有机质是指由生物残骸或有机化学变化形成的物质，如贝壳、硅藻土、泥炭及其他有机质等。

在沉积岩的组成物质中，黏土矿物、方解石、白云石、有机质等是沉积岩所特有的，是物质组成上区别于岩浆岩的一个重要特征。

2. 沉积岩的结构

(1)碎屑结构。碎屑结构是由碎屑物质被胶结物胶结而成。按碎屑粒径的大小，其可分为砾状结构(粒径大于 2 mm)、砂状结构(粒径为 0.05~2 mm)及粉砂状结构(粒径为 0.005~0.05 mm)三类；按胶结物的成分可分为硅质胶结、铁质胶结、钙质胶结和泥质胶结四类；按胶结类型可分为基底式胶结、孔隙式胶结和接触式胶结(图 4.1.10)。

图 4.1.10　碎屑结构的常见类型

(2)泥质结构。绝大多数(95%以上)由粒径小于 0.005 mm 的黏土质点组成，是泥岩、页岩等黏土岩的主要结构，是黏土岩类的主要特征(图 4.1.11)。

图 4.1.11　泥质结构的沉积岩

(3)晶粒状结构。晶粒状结构是由溶液中沉淀或经重结晶所形成的结构，由沉淀生成的晶粒极细，经重结晶形成的晶粒变粗，但一般小于 1 mm，肉眼不易分辨，是石灰岩、白云岩等化学岩的主要结构(图 4.1.12)。

(4)生物结构。生物结构由生物遗体或碎片所组成，如贝壳结构、珊瑚结构等，是生物化学岩所具有的结构。其内部所含有的生物骨骼达 30%以上，常见于石灰岩、硅质岩和磷质岩中。

石灰岩　　　　　　　　　　　白云岩

图 4.1.12　晶粒状结构的沉积岩——石灰岩和白云岩

3. 沉积岩的构造

(1)层理构造。层理构造是沉积岩最典型的构造，是指一个岩层中矿物或岩屑的颗粒大小、形状、成分和颜色不同的层交替时显示出来的纹理。根据层理的形态，可分为水平层理、单斜层理、交错层理、波状层理等类型(表 4.1.5)。

表 4.1.5　层理构造

①水平层理：细层界面平直，彼此互相平行，并且都与层面一致。细层可以由颜色差异、粒度变化、矿物成分不同、片状矿物定向排列等形式显示出来。水平层理见于泥质岩、粉砂岩中，是静水或微弱水流中缓慢沉积作用的标志	
②单斜层理：由一系列与层面斜交的细层组成，主要见于细粒岩石(黏土岩、粉细砂岩、泥晶灰岩等)中	
③交错层理：由一系列斜交于层系界面的纹层组成，斜层系可以彼此重叠、交错、切割的方式组合，纹层倾向表示介质流动方向，多见于湖滨、滨海、浅海底带或风成堆积层中	
④波状层理：细层界面呈波状起伏，但总方向平行层面。层系界面或平行细层或切割细层。波形有对称的，也有不对称的；有规则的，也有不规则的。波状层理一般由水介质的波浪运动而形成，也可由水介质的单向运动造成，后者形成不对称波状层理	

(2)层面构造见表 4.1.6。

表 4.1.6 层面构造

①波痕：细层界面平直，彼此互相平行，并且都与层面一致。细层可以由颜色差异、粒度变化、矿物成分不同、片状矿物定向排列等形式显示出来。水平层理见于泥质岩、粉砂岩中，是静水或微弱水流中缓慢沉积作用的标志	
②泥裂：在沉积过程中，当沉积物未固结即露出水面，受到日晒，水分蒸发，体积缩小而产生的。在层面上呈多角形或网状龟裂纹，裂隙形成 V 形断面，也可呈 U 形，可指示顶底面。裂隙被上覆层的砂质、粉砂质充填。泥裂多见于泥岩、泥质砂岩中	
③雨痕：雨点降落在未固结的泥质、砂质沉积物表面，所产生圆形或椭圆形的凹穴。雨痕常见于泥质、砂质岩层的顶面，边缘稍高，也可在上覆岩层的底面留下圆形或椭圆形凸出的印模。因此，雨痕也可用来判断岩层的顶面和底面	

(3)化石(图 4.1.13)。在沉积岩形成过程中，随沉积物质一起沉积下来，并经过石化而被保存在岩石中的生物遗迹称为化石。

(4)结核(图 4.1.14)。结核指包裹在沉积岩体中某些矿物集合体的团块，其成分、结构、颜色等一般与围岩不同。

图 4.1.13 化石

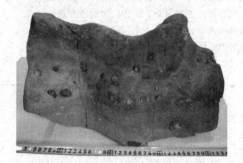

图 4.1.14 含燧石结核生物碎屑灰岩

4. 沉积岩的分类及主要沉积岩

根据沉积岩的组成成分、结构、构造和形成条件，沉积岩可分为碎屑岩、黏土岩、化学岩及生物化学岩类，见表4.1.7。

表 4.1.7　主要沉积岩分类表

岩石类型	结构		主要矿物成分	主要岩石
碎屑岩	粒状结构($d>2.00$ mm)		岩石碎屑或岩块	角砾岩
	砂质结构($d=0.05\sim2.00$ mm)		石英、长石、云母、角闪石、辉石、磁铁矿等	砾岩
	砂质结构($d<0.005$ mm)		石英、长石、黏土矿物、碳酸盐矿物	粉砂岩
黏土岩	泥质结构($d<0.005$ mm)		黏土矿物为主，含少量石英、云母等	泥岩、页岩
化学岩及生物化学岩	化学结构及生物结构	致密状、粒状、鲕状	方解石为主、白云石、黏土矿物	泥灰岩、石灰岩
			白云石、方解石	白云质灰岩、白云岩
		结核状、鲕状、纤维状、致密状	自生石英、玉髓、蛋白石	燧石岩、硅藻岩
			钙、钾、钠、镁的硫酸盐及氯化物	石膏岩、石盐岩、钾石盐岩
			碳、碳氢化合物、有机质	煤、油页岩

(1)碎屑岩类(表4.1.8)。具有碎屑结构，即岩石由粗粒的碎屑和细粒的胶结物两部分组成。

表 4.1.8　碎屑岩类

①角砾岩：由粒径大于 2 mm 的棱角状的砾石胶结而成。组成角砾岩的碎屑物质，一般因原地堆积或搬运距离很短，因此，磨圆度极低，分选很差，形状各异，棱角分明	
②砾岩：与角砾岩类似，但碎屑一般磨圆度较好。粒径大于 2 mm 的圆状和次圆状的砾石占岩石总量 30%以上的碎屑岩。砾岩中碎屑组分主要是岩屑，只有少量矿物碎屑，填隙物为砂、粉砂、黏土物质和化学沉淀物质	
③砂岩：由粒径为 0.05~2 mm 的砂粒胶结而成，可分为石英砂岩、长石砂岩和岩屑砂岩	 砂岩

(2)黏土岩类(表4.1.9)。主要是由粒径小于0.005 mm的黏土矿物组成的岩石。

表4.1.9　黏土岩类

①页岩：由极细的黏土、泥质，经过紧压固结、脱水、重结晶后形成的，具有薄页状层理构造。页岩可分为硅质页岩、黏土质页岩、砂质页岩、钙质页岩和碳质页岩。其中除硅质页岩强度稍高外，其余岩性软弱，易风化，强度低，遇水易软化、丧失稳定性	
②泥岩：成分与页岩相似，厚层状构造。泥岩多呈灰白色、黄白色、玫瑰色或浅绿色。吸水性强，遇水后易软化；吸水后体积急剧膨胀	

(3)化学及生物化学岩类(表4.1.10)。最常见的是由碳酸盐矿物组成的岩石。

表4.1.10　化学及生物化学岩类

①白云岩：矿物成分主要为白云石、少量方解石和黏土矿物。结晶结构，纯质白云岩为白色，含杂质可呈不同的颜色；白云岩的性质与石灰岩相似，但强度和稳定性比石灰岩高，是一种良好的建筑石料	
②石灰岩：简称灰岩，是以方解石为主要成分的碳酸盐岩。有时含有白云石、黏土矿物和碎屑矿物，有灰、灰白、灰黑、黄、浅红、褐红等颜色，硬度一般不大，与稀盐酸有剧烈的化学反应。石灰岩主要是在浅海的环境下形成的，纯化学作用生成的石灰岩具有结晶结构；生物化学作用生成的石灰岩，常含有丰富的有机物残骸	

(三)变质岩

变质岩是指由于地壳运动、岩浆活动造成的高温、高压环境或化学活动性流体的作用，使岩石的结构、构造或矿物成分发生改变，形成的新的岩石。

1. 变质岩的成分及矿物组成

变质岩矿物成分主要取决于原岩成分，也受变质作用的影响。因此，变质岩的矿物成分可分为两大类。一类是岩浆岩、沉积岩原有的，如石英、长石、云母、角闪石、辉石、方解石等。它们大多是原岩残留下来的，有的是变质作用形成的。另一类是在变质作用中产生的变质岩所特有的矿物，如石墨、滑石、蛇纹石、石榴子石、绿泥石、绢云母、硅灰石、晶石、红柱石等，称为变质矿物。

变质矿物是变质岩所特有的，是区分变质岩与其他岩石的主要依据。

2. 变质岩的结构

(1)变晶结构。变晶结构是指在变质结晶过程中形成的结构，其中的矿物晶体称为变晶，如图4.1.15所示。

石灰岩 —————→ 大理岩

图4.1.15　变晶结构

①按矿物粒度的大小、相对大小，可分为粗粒(>3 mm)、中粒(1~3 mm)、细粒(<1 mm)变晶结构和等粒、不等粒、斑状变晶结构等。

②按变质岩中矿物的结晶习性和形态，可分为粒状、鳞片状、纤状变晶结构等。

③按矿物的交生关系，可分为包含、筛状、穿插变晶结构等。

少数以单一矿物成分为主的变质岩常以某一结构为其特征(如以粒状矿物为主的岩石为粒状变晶结构、以片状矿物为主的岩石为鳞片状变晶结构)，在多数变质岩的矿物组成中，既有粒状矿物，又有片、柱状矿物。因此，变质岩的结构常采用复合描述和命名，如具有斑状变晶的中粒鳞片状变晶结构等。变晶结构是变质岩的主要特征，是成因和分类研究的基础。

(2)变余结构。变余结构又称残留结构，指在变质岩中仍保留的原岩的结构。它是由于变质重结晶作用不彻底，原岩的结构特征部分被保存下来，如变余砾状结构、变余砂状结构、变余辉绿结构等。

(3)碎裂结构。碎裂结构是岩石在定向应力作用下，发生碎裂、变形而形成的结构。常见的有碎裂结构、角砾结构、糜棱结构。原岩的性质、应力的强度、作用的方式和持续的时间等因素，决定着碎裂结构的特点。

3. 变质岩的构造

变质岩的构造是变质岩区别于其他两类岩石的特有标志(图4.1.16)。

(1)片理构造。片理构造是指岩石中矿物定向排列所显示的构造，是变质岩中最常见、最带有特征性的构造。

①板状构造。岩石具有由微小晶体定向排列所造成的平行、较密集而平坦的破裂面，沿此面岩石易于分裂成板状体。板理面常见有微弱的丝绢光泽。这种岩石常具有变余泥质结构。它是岩石受较轻的定向压力作用而形成的。

②千枚状构造。岩石中各组分基本已重结晶并呈定向排列，但结晶程度较低而使肉眼尚不能分辨矿物，仅在岩石的自然破裂面上见有强烈的丝绢光泽，是由绢云母、绿泥石造成的。沿劈理面不易裂开。有时具有挠曲和小褶皱。

③片状构造。在定向挤压应力的长期作用下，岩石中所含大量柱状或片状矿物(如云母、绿泥石、滑石等)，都呈平行定向排列。岩石中各组分全部重结晶，而且肉眼可以看出矿物颗粒。具有此种构造的岩石，各向异性特征显著，沿片理面易于裂开，其强度、透水性、抗风化能力

等也随方向而改变。

④片麻状构造。以粒状变晶矿物为主，其间夹以鳞片状、柱状变晶矿物，它们的结晶程度都比较高，并呈大致平行的断续带状分布。岩石多呈块状，不能分割成片。片麻状构造是片麻岩中常见的构造。

（2）块状构造。岩石中的矿物均匀分布，结构均一，无定向排列，这是大理岩和石英岩常有的构造。

（3）变余构造。变余构造是因变质作用不彻底，从而保留下来的原岩构造。如变余层理构造、变余气孔构造等。

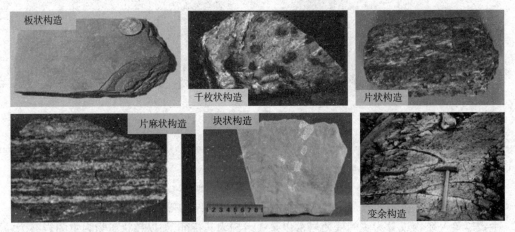

图 4.1.16 变质岩的构造

4. 变质岩的分类

变质岩的分类与命名，首先是根据其构造特征，其次是根据结构和主要矿物成分。其分类见表 4.1.11。

表 4.1.11 主要变质岩分类

变质作用	构造、结构		岩石名称	主要矿物成分	原岩
区域变质	片麻状构造、结晶结构		片麻岩	石英、长石、云母、角闪石等	中、酸性岩浆岩，砂岩，粉砂岩，黏土岩
	麻状构造、结晶结构		片岩	云母、滑石、绿泥石、石英等	黏土岩、砂岩、泥灰岩、岩浆岩、凝灰岩
	千枚状构造、变晶结构		千枚岩	绢云母、石英、绿泥石等	黏土岩、粉砂岩、凝灰岩
	板状构造、变余结构		板岩	黏土矿物、绢云母、绿泥石、石英等	黏土岩、黏土质粉砂岩
接触变质	变晶结构		石英岩	石英为主，有时含绢云母等	砂岩、硅质岩
			大理岩	方解石、白云石	石灰岩、白云岩
动力变质	块状构造	碎裂结构	碎裂岩	原岩岩块	各类岩石
		糜棱结构	糜棱岩	原岩碎屑、粉末	各类岩石

5. 常见变质岩

常见变质岩见表 4.1.12。

表 4.1.12　常见变质岩

①片麻岩：由酸性岩石、中性喷出岩、浅成岩、长石砂岩或泥质岩经区域变质作用形成的具有明显片麻状构造的变质岩。片麻岩主要是由石英、长石、云母、角闪石等组成的岩石，具有鳞片粒状变晶结构。其可作为建筑石料和铺路材料

②片岩：具有明显片状构造，岩石具有鳞片变晶结构、纤状变晶结构和斑状变晶结构。片岩的石英含量一般大于长石，长石含量常少于 30%，其按主要片状或柱状矿物的不同可分为云母片岩、滑石片岩、石墨片岩等。片岩强度较低，且易风化。由于片理发育，易沿片理裂开

③板岩：由页岩经浅变质而成。板岩颜色随其所含有杂质不同而变化，多为深灰至黑灰色，也有绿色及紫色。板岩的主要成分为硅质和泥质矿物，肉眼不易辨别，结构致密均匀，具有板状构造，沿板状构造易于裂开成薄板状。击打时发出清脆声可作为与页岩的区别。能加工成各种尺寸的石板，可作为建筑材料和装饰材料。板岩透水性弱，可作隔水层加以利用，但在水的长期作用下易软化、泥化形成软弱夹层

④千枚岩：变质程度介于板岩与片岩之间的一种岩石，多由黏土质岩石变质而成。其矿物成分主要为石英、绢云母、绿泥石等。结晶程度差，晶粒极细小、致密，肉眼不能直接辨别。外表呈黄绿、褐红、灰黑等颜色。由于含有较多的绢云母矿物，片理面上常具有微弱的丝绢光泽，这是千枚岩的特征，可作为鉴定千枚岩的标志。千枚岩性质软弱，易风化破碎

⑤石英岩：由石英砂岩和硅质岩变质而成，矿物成分以石英为主（85%以上），其次为云母、磁铁矿和角闪石。一般呈白色，含铁质氧化物时呈红褐色或紫褐色。石英岩具有油脂光泽、变余粒状结构、块状构造，是一种非常坚硬、抗风化能力很强的岩石，岩块抗压强度可达 300 MPa 以上，可作为良好的建筑物地基，但因性脆，较易产生密集性裂隙，形成渗漏通道，应采取必要的防渗措施	
⑥大理岩：俗称汉白玉，为石灰岩重结晶而成，具有细粒、中粒和粗粒结构，以及粒状变晶结构。大理岩的主要矿物为方解石和白云石。纯大理岩是白色，含有杂质时带有灰色、黄色、蔷薇色，呈现美丽花纹，是贵重的雕刻和建筑石料。大理岩硬度较小，与盐酸作用起泡，所以很容易鉴别。其具有可溶性，强度随其颗粒胶结性质及颗粒大小而异，抗压强度一般为 50～120 MPa	

任务二　岩石的物理力学性质指标

一、岩石的主要物理性质指标

(一)块体密度和重度

岩石块体密度 $\rho(\mathrm{g/cm^3})$ 是试样质量 $m(\mathrm{g})$ 与试样体积 $V(\mathrm{cm^3})$ 的比值。岩石空隙中完全没有水存在时的密度称为干密度 ρ_d。岩石中的空隙完全被水充满时的密度称为岩石的饱和密度 ρ_{sat}。密度的表达式为

$$\rho=\frac{m}{V} \tag{4.1.1}$$

岩石的密度取决于其矿物成分、孔隙大小及含水率高低，常见岩石的密度为 $2.3\sim2.8\ \mathrm{g/cm^3}$。测定岩石块体密度可采用量积法、水中称量法或蜡封法。

岩石的重力密度简称重度 $\gamma(\mathrm{kN/m^3})$，是单位体积岩石受到的重力，它与密度的关系为

$$\gamma=\rho g \tag{4.1.2}$$

通常，岩石的重度越大，性质越好，反之越差。岩石的重度一般为 $26.5\sim28.0\ \mathrm{kN/m^3}$。

(二)颗粒密度

岩石颗粒密度 $\rho_s(\mathrm{g/cm^3})$ 是烘干岩粉质量 $m_s(\mathrm{g})$ 与岩石固体体积 $V_s(\mathrm{cm^3})$ 之比，即

$$\rho_s = \frac{m_s}{V_s} \tag{4.1.3}$$

岩石的颗粒密度取决于组成岩石的矿物密度，一般用比重瓶法或水中称量法测定。常见岩石的颗粒密度一般为 $2.5 \sim 3.3$ g/cm^3。

(三)相对密度

岩石的相对密度 Δ_s 是指岩石固体部分单位体积的重量与同体积的纯水在 4 ℃时的重量比，即

$$\Delta_s = \frac{m_s}{V_s \gamma_w} \tag{4.1.4}$$

式中，γ_w 为 4 ℃时纯水的重度(kN/m^3)。

岩石相对密度的大小，取决于组成岩石的矿物的相对密度及其在岩石中的相对含量。如果岩石含有较多的相对密度大的矿物，则其相对密度大。常见岩石的相对密度多为 $2.5 \sim 3.3$。

(四)孔隙率

岩石的孔隙率(或孔隙度)n(%)是指岩石试样中孔隙(包括裂隙)的体积 V_v(cm^3)与岩石试样总体积 V(cm^3)的比值，常以百分数(%)表示，即

$$n = \frac{V_v}{V} \times 100\% \tag{4.1.5}$$

坚硬岩石的孔隙率一般小于 3%，但砾岩、砂岩等多孔岩石常具有较大的孔隙率。

常见岩石的重度、颗粒密度、孔隙率见表 4.1.13。

表 4.1.13　常见岩石的重度、颗粒密度、孔隙率

岩石	重度 /(kN·m^{-3})	颗粒密度 /(g·cm^{-3})	孔隙率/%	岩石	重度 /(kN·m^{-3})	颗粒密度 /(g·cm^{-3})	孔隙率/%
花岗岩	26~27	2.5~2.84	0.5~1.5	页岩	20~24	2.57~2.77	10~30
粗玄岩	30~30.5	—	0.1~0.5	石灰岩	22~26	2.48~2.85	5~20
流纹岩	24~26	—	4~6	白云岩	25~26	2.2~2.9	1~5
安山岩	22~23	2.4~2.8	10~15	片麻岩	29~30	2.63~3.07	0.5~1.5
辉长岩	30~31	2.7~3.2	0.1~0.2	大理岩	26~27	2.6~2.8	0.5~2
玄武岩	28~29	2.6~3.3	0.1~1.0	石英岩	26.5	2.53~2.84	0.1~0.5
砂岩	20~26	2.6~2.75	5~25	板岩	26~27	2.68~2.76	0.1~0.5

二、岩石的水理性质指标

(一)含水率

岩石含水率(%)是岩石试件在 105 ℃~110 ℃的温度下烘至恒量时所失去的水的质量 $m_0 - m_s$(g)与烘干后的质量 m_s(g)的比值，以百分数表示，即

$$w = \frac{m_0 - m_s}{m_s} \times 100\% \tag{4.1.6}$$

(二)岩石的吸水性

岩石在一定条件下吸收水分的性能称为岩石的吸水性。它取决于岩石孔隙的数量、大小、

开闭程度和分布状况。

1. 吸水率

岩石的吸水率 w_a(%)是试件在常温常压条件下所吸水分的质量 $m_0 - m_s$ 与烘干试件质量 m_s 的比值，以百分数表示，即

$$w_a = \frac{m_0 - m_s}{m_s} \times 100\% \qquad (4.1.7)$$

式中，m_0 为试件浸水 48 h 后的质量(g)。

2. 饱和吸水率

岩石的饱和吸水率 w_{sa}(%)是试件在强制饱和状态下(高压，一般为 15 MPa 或真空)的最大吸水量 $m_p - m_s$ 与烘干试件质量 m_s 的比值，以百分数表示，即

$$w_{sa} = \frac{m_p - m_s}{m_s} \times 100\% \qquad (4.1.8)$$

式中，m_p 为试件经强制饱和后的质量(g)。

岩石吸水性试验包括岩石吸水率试验和岩石饱和吸水率试验。岩石吸水率采用自由浸水法测定。岩石饱和吸水率采用煮沸法或真空抽气法强制饱和后测定。

3. 饱水系数

岩石的饱水系数 k_w 是指岩石吸水率与饱和吸水率的比值，即

$$k_w = \frac{w_a}{w_{sa}} \qquad (4.1.9)$$

一般岩石的饱水系数为 0.5~0.8。饱水系数越大，岩石的抗冻性越差。工程上常用岩石的吸水率作为判断岩石的抗冻性和风化程度的指标。

(三)岩石的透水性

岩石能被水透过的性质称为岩石的透水性。岩石的透水性用渗透系数 K 表示。根据达西定律，某岩石断面上的水渗流速度与水力坡度成正比，即

$$v = KI \qquad (4.1.10)$$

其中，比例系数 K 即为渗透系数。在数值上，K 等于水力坡度等于 1 时的渗流速度。由于水力坡度的单位为 1，所以，渗透系数的单位取速度的单位，一般为 m/d 或 cm/s 表示。

(四)岩石的持水性

岩石具有容纳和保持一定水量的性能称为岩石的持水性。持水度即表征岩石持水性的水文地质指标。其数值等于自然状态下，所保留水体积与整个岩石体积之比，用小数或百分数表示。

按持水度的不同可将岩石分为三类：持水的，如泥炭、黏土、粉质黏土等；弱持水的，如黏质砂土、黄土、泥灰岩、黏土质砂岩等；不持水的，如砂、砾石、火成岩和坚硬的沉积岩。

持水度又可分为下列数种：饱和持水度，即水充满了岩石全部空隙时的水量；毛细持水度，即岩石中的水以毛细水的形态存在时岩石所能保持的水量；最大分子持水度，即岩石保持的最大薄膜水量。

岩石的饱和持水度与天然湿度之差，称为饱和差。

(五)岩石的给水性

在重力影响下重力水由饱水岩石中流出来的能力称为给水性。其指标为给水度，数值等于流出的水的体积与整个岩石体积之比，用小数或百分数表示。因此，给水度等于饱和持水度与最大分子持水度之差。

岩石的给水度各不相同，粗粒砂和砾石的给水度平均为 27.4%，黏土和泥炭等实际上是没有给水度的。

(六)岩石的软化性

岩石浸水后强度降低的性能称为岩石的软化性。岩石的软化性与岩石的孔隙性、矿物成分、胶结物质有关，常用软化系数 η_c 来表示。

软化系数是岩样饱水状态的抗压强度 σ_{cw}(kPa)与自然风干状态下的抗压强度 σ_c(kPa)的比值，以小数表示，即

$$\eta_c = \frac{\sigma_{cw}}{\sigma_c} \tag{4.1.11}$$

η_c 一般情况下小于1。岩石的软化性与岩石的物质组成有很大的关系，通常含较多黏土矿物的岩石，其软化系数小，即饱水后强度下降得多。软化系数小于 0.75 的岩石，即被认为是强软化岩石。

(七)岩石的抗冻性

岩石抵抗冻融破坏的性能称为岩石的抗冻性，是评价岩石抗风化稳定性的重要指标。

岩石抗冻性的高低取决于造岩矿物的热物理性质、粒间联结强度及岩石的含水特征等因素。由坚硬岩石的刚连接组成的致密岩石的抗冻性能高，而富含长石、云母和绿泥石类矿物及结构不致密的岩石的抗冻性能低。

岩石的抗冻性通常用冻融质量损失率 M(%)和岩石冻融系数 k_{fm} 表示。

1. 冻融质量损失率 M(%)

冻融质量损失率 M(%)是饱和试件在 $-20\,℃\pm2\,℃\sim+20\,℃\pm2\,℃$ 条件下，冻结25次或更多次，冻融前饱和试件质量 m_p 与冻融后试件质量 m_{fm} 的差值与试验前烘干试件质量 m_s 之比的百分率，即

$$M = \frac{m_p - m_{fm}}{m_s} \times 100\% \tag{4.1.12}$$

2. 岩石冻融系数 k_{fm}

岩石冻融系数 k_{fm} 是冻融后岩石单轴抗压强度平均值 $\overline{R}_{fm}$(MPa)与冻融试验前岩石饱和单轴抗压强度平均值 $\overline{R}_w$(MPa)之比，即

$$k_{fm} = \frac{\overline{R}_{fm}}{\overline{R}_w} \tag{4.1.13}$$

一般要求，抗压强度降低率不大于 25%，冻融质量损失率不大于 15%，才算是抗冻性能好的岩石。

三、岩石的主要力学性质指标

(一)岩石的变形

按照岩石在变形过程所表现出的应力—应变—时间关系的不同，岩石变形可分为弹性、塑性及黏性三种性质各异的基本变形作用。

1. 弹性

岩石在外力作用下发生变形，当外力移去后可以恢复其原有的形状和体积的性质称为弹性。外力移去后可以恢复的变形称为弹性变形。在弹性变形过程中，如应力 σ 与应变 ε 之间呈线性关

系，称为线弹性，否则称为非线弹性。

2. 塑性

岩石在超过其屈服极限外力作用下发生变形，当外力移去后不能完全恢复其原有的形状和体积的性质称为塑性，有时也称为韧性。外力移去后不能恢复的变形称为塑性变形。如果岩石的承载力随其变形的增加而减小，则称这种性质为脆性。

3. 黏性

岩石在外力作用下变形不能在瞬间完成，其应变速率 ε 是应力 σ 的函数，也可以说，随着应变速率 ε 增大，应力 σ 也上升，而当外力移去后不能恢复其原有形状及体积，这种变形性质称为黏性，相应的变形称为黏性变形。

4. 岩石常用的变形指标

岩石的变形参数有弹性模量 E_e、变形模量 E_0、泊松比 μ_e 等，通过单轴压缩变形试验测定试样在单轴应力条件下的应力和应变（含轴向和径向应变），即可求得。

(1)岩石的弹性模量 E_e：即岩石在无侧限受压条件下的应力与弹性应变之比。该值越大，变形越小，说明岩石抵抗变形的能力越大。

(2)岩石的变形模量 E_0：定义为岩石在无侧限受压条件下的应力与总应变（包括弹性应变和塑性应变）之比。该值越大，变形越小，说明岩石抵抗变形的能力越大。

(3)岩石的泊松比 μ_e：即岩石在无侧限受压条件下横向应变与纵向应变之比的绝对值，用小数表示。岩石的泊松比一般为 0.2~0.4。

(二)岩石的强度

岩石的强度与其变形特性有很大关系。对应岩石受外力作用破坏的压碎、拉断和剪断等形式，岩石的强度可分为抗压强度、剪切强度和抗拉强度 3 种。

1. 岩石的抗压强度

岩石的抗压强度 R(MPa)是指岩石在单轴受压时抵抗压碎破坏的能力，即岩石受压破坏时的极限应力。岩石抗压强度相差很大，它直接与岩石的结构和构造有关，同时受矿物成分和岩石生成条件等因素的影响。

$$R = \frac{P}{A} \tag{4.1.14}$$

式中，P 为破坏荷载；A 为试件截面面积。

2. 岩石的剪切强度

根据试验条件的不同，岩石的剪切强度主要有以下 3 种：

(1)抗剪断强度：是指在垂直压力 σ 作用下岩石被剪断的极限剪应力 τ_f，一般可表示为

$$\tau_f = c + \sigma\tan\varphi \tag{4.1.15}$$

式中，c、φ 为抗剪断强度参数（指标），分别称为黏聚力和内摩擦角。

(2)抗剪强度：是指沿已有的破裂面发生剪切滑动时的强度，即

$$\tau_f = \sigma\tan\varphi \tag{4.1.16}$$

(3)抗切强度：是指压应力等于零时的抗剪断强度，即

$$\tau_f = c \tag{4.1.17}$$

3. 岩石的抗拉强度

岩石的抗拉强度 R_t(MPa)是指岩石在单轴拉伸荷载作用下所能承受的最大拉应力。

$$R_t = \frac{P_t}{A} \tag{4.1.18}$$

式中，P_t 为单轴拉伸荷载；A 为试件截面面积。

岩石的抗压强度最高，抗剪强度居中，抗拉强度最小。岩石越坚硬，这三种强度之间的差值越大。岩石的抗剪强度和抗压强度是评价岩石稳定性的重要指标。

 项目小结

矿物和岩石是人类从事工程建设的物质基础。学习本项目的目的是通过掌握常见矿物和岩石特征，识别它们和评价其工程地质性质。

地壳由岩石组成，岩石由矿物组成，矿物由化学元素组成，而组成地壳的化学元素主要有10种。虽然岩石的外貌千差万别，但从成因上来讲可分为三大岩：岩浆岩、沉积岩、变质岩。三大岩的区别表现在成因、矿物组成、结构、构造等方面。不同岩石的工程地质性质主要表现在强度、溶水性、透水性、风化性以及对建筑物的影响等方面。

 课后练习

一、名词解释

1. 矿物：

2. 岩浆岩：

3. 沉积岩：

4. 变质岩：

二、填空题

1. 矿物的光学性质主要包括＿＿＿＿、＿＿＿＿和＿＿＿＿。

2. 矿物的力学性质主要包括＿＿＿＿、＿＿＿＿、＿＿＿＿、＿＿＿＿、＿＿＿＿、＿＿＿＿和＿＿＿＿。

3. 岩石的主要物理性质指标包括＿＿＿＿、＿＿＿＿、＿＿＿＿、＿＿＿＿。

4. 岩石的水理性质指标主要有＿＿＿＿、＿＿＿＿、＿＿＿＿、＿＿＿＿。

三、简答题

1. 最重要的造岩矿物有哪几种？其主要的鉴别特征是什么？

2. 试对比岩浆岩、沉积岩、变质岩三大类岩石在成因、产状、矿物成分、结构、构造等方面的不同特性。

3. 简述岩浆岩代表性岩石的鉴别特征。

4. 简述沉积岩代表性岩石的鉴别特征。

5. 岩石的主要物理力学性质指标有哪些？

项目二　地质构造

任务一　地质年代

一、任务描述

地壳形成至今已有 46 亿年，在这个漫长的过程中，地壳发生过多次强烈的构造变动和自然地理环境的变化，不同时期形成了不同的岩层、不同的地质构造形迹及有不同的生物繁衍生息。因此，根据这些特征可将地质历史划分为若干大小级别不同的时间段落或时期。

二、任务分析

地球的发展演化及地质事件的记录和描述需要有一套相应的时间概念，即地质年代。地质年代是指一个地层单位的形成时代或年代。不同地质年代形成的岩石工程性质不同，同一种岩石在不同时代形成的工程性质也不相同。地质年代反映了地壳历史阶段的划分和生物演化阶段（图 4.2.1）。

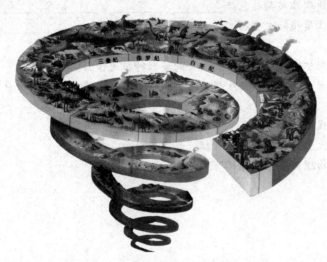

图 4.2.1　地质年代与生物演化螺旋图

该任务涉及的知识点包括以下两个方面：

(1)绝对地质年代的确定；

(2)相对地质年代的确定。

三、相关概念

(一)地史

地史即地球发展演变的历史。

(二)地质年代的概念

利用地质学的方法,对全世界的地层进行对比,综合考虑地层形成的顺序和其中所含的化石,以及地质构造和古地理环境,并据此将地壳的全部历史划分为许多自然阶段或时期,称为地质年代。

(1)相对年代:地质事件发生的先后顺序称为相对年代。

(2)绝对年代:地质事件发生距今年龄称为绝对年代,用距今多少年来表示。

(三)地层

地层是在一定地质时期内所形成的层状岩石。

(四)地层年代单位

地层年代单位是指以地层的形成时限(或地质时代)为依据而划分的地层单位。它代表了地质历史时期某一时间片段内形成的所有岩石(或地层)。

(1)地层年代单位:宇、界、系、统。

(2)地质年代单位:宙、代、纪、世。

(五)岩石地层单位

岩石地层单位是由岩性、岩相或变质程度均一的岩石构成的三度空间岩层体,即以岩性、岩相为主要依据而划分的地层单位。分级:群、组、段、层。

四、绝对年代的确定

绝对年代是根据保存在岩石中的放射性元素及蜕变产物测定的。

五、相对年代的确定

1. 地层层序法

未经构造运动改变的层状岩层大多是水平岩层。先形成的位于下部,后形成的覆盖其上部,即下老上新的层序规律(图4.2.2)。

2. 古生物法

沉积岩中保存着地质历史时期生物遗体和遗迹——化石。在漫长的地质历史时期内,生物从无到有,从简单到复杂,从低级到高级,发生了不可逆转的演化。不同时期的地层中含有不同类型的化石及其

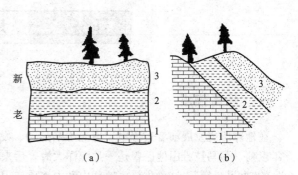

图4.2.2 地层层序法(岩层层序正常时)

(注:1、2、3依次从老到新)

(a)岩层水平;(b)岩层倾斜

组合，而相同时期且在相同地理环境下所形成的地层都含有相同的化石及其组合。根据地层中所含生物化石的特征来推断地层的相对年代或先后顺序，称为生物层序律。如图 4.2.3 所示，在不同层位的岩层中包含的化石各不相同，在不同地区含有相同化石的地层属于同一时代。

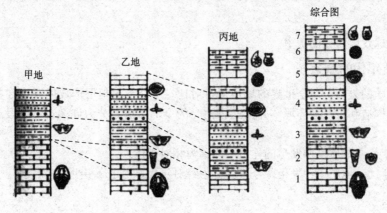

图 4.2.3　古生物法

3. 地层接触关系法

块状岩石与层状岩石之间，以及它们相互之间常常存在着相互穿插、切割、包裹的关系，这时它们之间的新老关系依地质体之间的切割规律来判定，即侵入者年代新，被侵入者年代老，切割者年代新，被切割者年代老；侵入岩的形成年代晚于围岩，捕虏体的形成年代老于侵入体（图 4.2.4）。

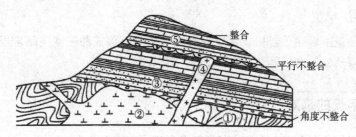

图 4.2.4　地层接触关系法
（注：①、②、③、④、⑤依次由老到新）

任务二　地质构造

一、任务描述

在地球历史发展演变过程中，地壳不断运动、发展和变化。例如，约 250 万年以前，喜马拉雅山地区曾是一片汪洋大海，后来由于地壳上升才隆起成为今日的"世界屋脊"。这种主要由地球内动力地质作用引起地壳变化，使岩层或岩体发生变形和变位的运动称为地壳运动。地壳运动形成了各种不同的构造形迹，如褶皱、断裂等，称地质构造。构造运动控制着海陆变迁及其分布轮廓，

地质构造

地壳的隆起和坳陷，以及山脉、海沟的形成等。

二、任务分析

地壳运动又称构造运动，按其运动方向分为水平运动和垂直运动两种形式。水平运动是指地壳沿水平方向移动，主要表现为岩层受水平挤压或引张作用，使岩层产生褶皱和断裂，甚至形成巨大的褶皱山系或裂谷系。垂直运动是指地壳沿垂直地面方向进行的升降运动，表现为地壳大面积的上升和下降，形成大规模的隆起和凹陷。

构造运动使地壳中的岩层发生变形、变位，形成褶皱构造、断裂构造和倾斜构造。这些构造形迹统称为地质构造。地质构造改变了岩层的原始产状，破坏了岩层或岩体的连续性和完整性，使工程建筑的地质环境更加复杂。因此，研究地质构造对工程建设具有重要意义。

该任务涉及的知识点包括以下几个方面：

（1）岩层产状；

（2）褶皱构造；

（3）断裂构造：节理与断层。

三、岩层的产状

（一）岩层

岩层是指由同一岩性组成的，有两个平行或近于平行的界面所限制的层状岩石。

（二）岩层产状

岩层产状是岩层的空间位置，即在地壳的空间方位和产出状态。岩层产状可用走向、倾向和倾角表示（图 4.2.5）。

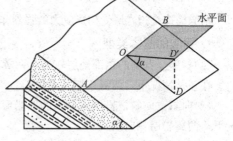

图 4.2.5　岩层的产状要素
（AB——走向；OD'——倾向；α——倾角）

1. 走向

倾斜岩层面与任一假想水平面的交线称为走向线，走向线两端的延伸方向即为走向，因此，走向总是有两个方向，相差 180°。习惯上用方位角表示走向，如 NE30° 或 SW210°。走向表示岩层出露地表的延伸方向。

2. 倾向

岩层面上垂直于走向线并沿层面向下的直线称为倾斜线，倾斜线在水平面上的投影所指的方向即为倾向。倾向也用方位角表示，但倾向方位角只有一个（且与走向垂直）。如上述走向的岩层若向南东倾，则可表示为倾向东南（SE）120°，若向北西侧倾，则可写作倾向北西（NW）300°。

3. 倾角

倾斜的层面与水平面的夹角称为倾角。一般指最大倾斜线与倾向线之间的夹角，又称真倾角。

4. 岩层产状的测量及表示方法

岩层各产状要素的具体数值，一般是在野外用地质罗盘仪在岩层面上直接测量和读取的。

（1）岩层产状的测量方法。

①象限角法。以东、南、西、北为标志，将水平面划分为四个象限，以正北或正南方向为 0°，正东或正西方向为 90°，再将岩层产状投影在该水平面上，将走向线和倾向线所在的象限以

及它们与正北或正南方向所夹的锐角记录下来。一般按走向、倾向的顺序记录。如图 4.2.6 所示，一般读作走向北偏东 45°，走向南东倾斜、倾角 30°。

②方位角法。将水平面按顺时针方向划分为 360°，以正北方向为 0°，再将岩层产状投影到该水平面上，将走向线和倾向线与正北方向所夹的角度记录下来，一般按倾向、倾角的顺序记录。如图 4.2.7 所示，135°∠30 表示该岩层产状为倾向正北方向 135°，倾角 30°，一般读作倾向 135°，倾角 30°。

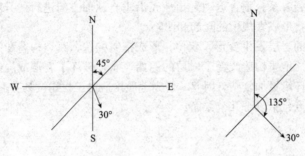

图 4.2.6　象限角法　　　　　图 4.2.7　方位角法

(2)岩层产状的表示方法。在地质图上，产状要素应用符号表示。如 ⌐30°，长线表示走向线，短线表示倾向线，短线旁的数字表示倾角。当岩层倒转时，应画倒转岩层的产状符号。

(三)褶皱构造

褶皱构造是指岩层受构造应力的强烈作用后形成的一系列波状弯曲而未丧失其连续性的构造。

1. 褶皱的基本类型

(1)背斜。背斜的核部地层较老、两翼地层较新，其外部形态为向上拱起的似桥形的岩层弯曲。在正常情况下，两翼岩层相背倾斜。

(2)向斜。向斜是岩层向下凹的似船形的弯曲。其核部地层较新、两翼地层较老，在正常情况下，两翼岩层相向倾斜。

背斜与向斜如图 4.2.8 所示。

2. 褶皱要素

(1)核：出露在地表上的褶皱中心部分的岩层。

(2)翼：褶皱核部两侧对称出露的岩层。

(3)翼间角：两翼之间的夹角。

(4)脊：背斜中同一岩层面在横剖面上的最高点。同一岩层面在各个横剖面上脊的连线称为脊线。同一背斜中各个岩层面的脊线构成脊面。

(5)槽：向斜中同一岩层面在横剖面上的最低点。相应有槽线。

(6)转折端：褶皱两翼相互过渡的弯曲部分。背斜在平面上的转折端也称为倾伏端。常见的转折端有圆滑状、尖棱状及平缓状三种。

(7)枢纽：褶皱的同一层面上各最大弯曲点的连线。

(8)轴面(枢纽面)：通过褶皱核部，平分褶皱的一个假想面。轴面可以是简单的平面，也可以是复杂的曲面；其产状是直立的、倾斜的或水平的。轴面的形态和产状可以反映褶曲横剖面的形态。

(9)拐点：拐点是连续的周期性波形曲线上，上凸与下凹部分的分界点。

褶皱要素如图 4.2.9 所示。

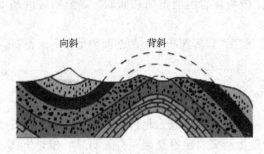

向斜   背斜

图 4.2.8　背斜和向斜

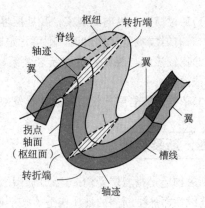

枢纽　转折端
脊线
轴迹
翼
翼
翼
拐点
轴面
（枢纽面）
转折端
槽线
轴迹

图 4.2.9　褶皱要素

3. 褶皱的形态分类

根据褶皱轴面产状结合两翼产状特点，褶皱可分为直立褶皱、倾斜褶皱、倒转褶皱、平卧褶皱（图 4.2.10）。

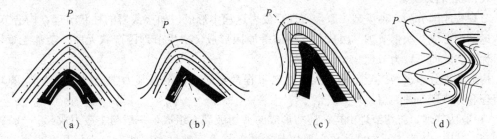

(a)　　　　　　　(b)　　　　　　　(c)　　　　　　　(d)

图 4.2.10　褶皱的形态分类

(a)直立褶皱；(b)倾斜褶皱；(c)倒转褶皱；(d)平卧褶皱

(1)直立褶皱。轴面直立，两翼倾向相反，岩层的倾角基本相等（小于 5°），在横剖面上两翼对称。

(2)倾斜褶皱。轴面倾斜，两翼岩层倾向相反，两翼岩层的倾角不相等，在横剖面上两翼不对称。

(3)倒转褶皱。轴面倾斜程度更大，两翼岩层大致向同一方向倾斜，一翼层位正常，另一翼老岩层覆盖于新岩层之上，层位发生倒转。

(4)平卧褶皱。轴面近于水平，两翼岩层也近于水平，一翼地层正常，另一翼地层层序倒转。

4. 褶皱的野外识别

首先判断褶皱是否存在并区别背斜和向斜，然后确定其形态特征。

从地形上看，背斜核部一般形成河谷低地；向斜核部则可能形成山脊。因此，需注意不要将现代地形与褶皱形态混为一谈，认为高的地方是背斜，低的地方是向斜（图 4.2.11）。

由于剥蚀或露头情况不好，野外大部分褶皱都无法直接观察到它的形态，此时应按下述方法进行观察、分析。

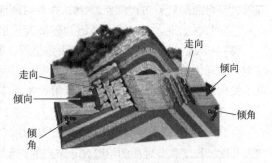

走向
倾向
走向
倾向
倾角
倾角

图 4.2.11　褶皱的野外识别

(1)通过横向、纵向的观察，找地层界线、断层线、化石等观察岩层是否有对称重复出现的现象，若有岩层重复对称出现，则可肯定有褶皱。

(2)比较核部与两翼岩层的新老关系，比较两翼岩层的走向和倾斜，确定褶皱的基本类型（背斜或向斜）。

(3)依据两翼岩层产状、轴面产状及地层层序，分析判断褶皱的剖面类型和平面类型。

四、断裂构造

断裂构造是指岩层受构造运动的作用，当所受的构造应力超过其破裂强度时，岩石或岩块失去连续性而产生断裂的地质构造。按照断裂后两侧岩层沿断裂面有无明显的相对位移，断裂构造可分为节理和断层。

(一)节理

节理是指岩层受力断开后断裂面两侧岩层沿断裂面没有明显相对位移的断裂构造。

1. 节理的分类

节理按成因分为3种类型：原生节理，成岩过程中形成，如玄武岩的柱状节理；构造节理，构造运动中形成；次生节理，由风化、爆破等原因形成，次生节理因产状无序、杂乱无章，通常只称为裂隙而不称为节理。

构造节理分布最为广泛，所有大型水电工程都会遇到，根据其力学成因可分为剪切节理、张节理和劈节理3种类型。

(1)剪切节理。剪切节理由构造应力形成的剪切破裂面组成，一般与主应力成$(45°-\varphi/2)$角度相交，其中，φ为岩石内摩擦角。剪切节理面多平直，常呈密闭状态，或张开度很小，在砾岩中可以切穿砾石，如图4.2.12(Ⅱ)所示。

剪切节理的特征：产状比较稳定，在平面中沿走向延伸较远，在剖面上向下延伸较深；常具紧闭的裂口，节理面平直而光滑，沿节理面可有轻微位移，因此，在节理面上常具有擦痕；在碎屑岩中的剪切节理，常切开较大的碎屑颗粒或砾石，切开结核、岩脉等；节理间距较小，常呈等间距均匀分布，密集成带；常平行排列、雁行排列，成群出现，或两组交叉，称为X节理或共轭节理，两组节理有时一组发育较好，一组发育较差。

(2)张节理。张节理由张应力作用形成。张节理的张开度较大，节理面粗糙不平，在砾岩中常绕开砾石，如图4.2.12(Ⅰ)所示。

张节理的特征：产状不是很稳定，在岩石中延伸不深、不远；多具有张开的裂口，节理面粗糙不平，面上没有擦痕，节理有时为矿脉所填充；碎屑岩中的张节理常绕过砂粒和砾石，节理随之呈弯曲形状；节理间距较大，分布稀疏而不均匀，很少密集成带；常平行出现，或呈雁行式(斜列式)出现，有时沿着两组共轭呈X形的节理断开形成锯齿状张节理，称为追踪张节理。

(3)劈节理。劈节理是指岩石中大致平行、密集、微细的破裂面，其间距一般为几毫米至几厘米。它是比节理更次一级的构造。劈节理可使岩石劈开呈薄板状或碎片状。劈节理的发育多见于受构造变动强烈的褶皱和断层带附近及某些变质岩中。

2. 节理的观测与统计

(1)节理野外调查研究的内容。节理的成因类型、力学性质；节理的组数、密度和产状；节理的张开度、长度和节理面的粗糙度；节理的充填物质、厚度及含水情况；节理发育程度分级。

(2)节理玫瑰图。室内资料整理与统计常用的方法是制作节理玫瑰图。节理玫瑰图主要有两类，其中常用的是节理走向玫瑰图(图4.2.13)。节理走向玫瑰图是在一半圆形图上，用圆周代表节理走向，并标以北、东、西及方位角度数值。用圆半径长度按一定比例代表节理的条数(或百分数)。

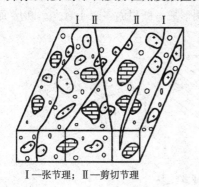

Ⅰ—张节理；Ⅱ—剪切节理

图 4.2.12　砾岩中的剪切节理和张节理

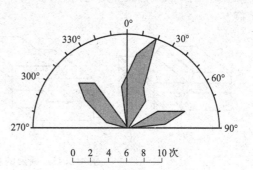

0　2　4　6　8　10次

图 4.2.13　节理走向玫瑰图

(二)断层

断层是指岩层受力断开后，断裂面两侧的岩层沿断裂面有明显相对位移时的断裂构造。断层广泛发育，规模相差很大。大的断层延伸数百千米甚至上千千米，小的断层在手标本上就能见到。有的断层切穿了地壳岩石圈，有的则发育在地表浅层。断层是一种重要的地质构造，对工程建筑的稳定性起着重要作用。地震与活动性断层有关，隧道中大多数的塌方、涌水也与断层有关。

1. 断层要素

断层的基本组成部分称为断层要素(图 4.2.14)。

(1)断层面。断层面是指断层中两侧岩层沿其运动的破裂面，它可以是平面，也可以是曲面，如图 4.2.14 所示。断层面的产状用走向、倾向和倾角表示。有的断层面是由一定宽度的破碎带组成的，称为断层破碎带或断层带。

(2)断层线。断层线是指断层面与地面的交线，代表断层面在地表的延伸方向。它可以是直线，也可以是曲线。

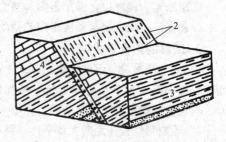

图 4.2.14　断层要素

1—断层面；2—断层线；3—上盘；4—下盘

(3)断盘。断层面两侧相对移动的岩层称为断盘。当断层面倾斜时，位于断层面上方的称为上盘，位于断层面下方的称为下盘。按两盘相对运动方向分，相对上升的一盘称为上升盘，相对下降的一盘称为下降盘。

(4)断距。断距是指岩层中同一点被断层面断开后的位移量。其沿断层面移动的直线距离称为总断距，其水平分量称为水平断距，其垂直分量称为垂直断距。

2. 断层的基本类型和特征

(1)按断层上、下两盘相对运动的方向分类。

①正断层。上盘相对下降，下盘相对上升的断层称为正断层，如图 4.2.15(a)所示。断层面的倾角一般较陡，多在 45°以上。正断层是在张力或重力作用下形成的。

②逆断层。上盘相对上升、下盘相对下降的断层称为逆断层，如图 4.2.15(b)所示。逆断层主要是在水平挤压力的作用下形成的，常与褶皱伴生。逆断层又可以根据断层面的倾角分为冲断层，断层面倾角大于 45°的逆断层；逆掩断层，断层面倾角为 25°～45°的逆断层，常由倒转褶皱进一步发展而成；碾掩断层，断层面倾角小于 25°的逆断层，一般规模巨大，常有时代老的地层被推覆到时代新的地层之上。

③平推断层。平推断层也称平移断层，指断层两盘主要在水平方向上相对错动的断层，如图 4.2.15(c)所示。平推断层主要由地壳水平剪切作用形成，断层面多近于直立。断层面上可见水平的擦痕。

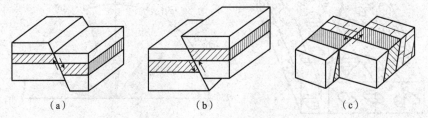

图 4.2.15　断层的基本类型

(a)正断层；(b)逆断层；(c)平推断层

(2)按断层面产状与岩层产状的关系分类(图 4.2.16)。

①走向断层。断层走向与岩层走向一致的断层。

②倾向断层。断层走向与岩层倾向一致的断层。

③斜向断层。断层走向与岩层走向斜交的断层。

(3)按断层面走向与褶曲轴走向的关系分类。

①纵断层。纵断层是断层走向与褶曲轴走向平行的断层。

②横断层。横断层是断层走向与褶曲轴走向垂直的断层。

③斜断层。斜断层是断层走向与褶曲轴走向斜交的断层。

图 4.2.16　按断层面产状与岩层产状的关系划分断层

F_1—走向断层；F_2—倾向断层；F_3—斜向断层

3. 断层的组合形式

(1)阶梯状断层。由若干条产状大致相同的正断层平行排列而成，在剖面上各个断层的上盘呈阶梯状向同一方向依次下滑时，其组合形式称为阶段状断层，如图 4.2.17(a)所示。

(2)地堑与地垒。走向大致平行、倾向相反的多个断层，当中间地层为共同的下降盘时称为地堑，如图 4.2.17(b)所示；当中间地层为共同的上升盘时称为地垒，如图 4.2.17(c)所示。两侧断层一般是正断层，有时也可以是逆断层。地堑比地垒发育广泛，其在地貌上一般是狭长的谷地或成串分布的长条形盆地或湖泊。

(3)迭瓦式断层。当一系列逆断层大致平行排列，从横剖面上看，各断层的上盘依次上冲时，其组合形式称为迭瓦式断层，如图 4.2.17(d)所示。

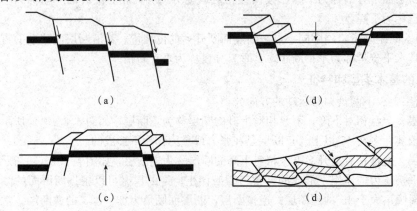

图 4.2.17　断层的组合形式

(a)阶梯状断层；(b)地堑；(c)地垒；(d)迭瓦式断层

4. 断层的野外识别标志

(1)构造线标志。构造线即同一岩层分界线、不整合接触界面、侵入岩体与围岩的接触带、岩脉、褶曲轴线、早期断层线等,在平面或剖面上出现了不连续,即突然中断或错开,则有断层存在,如图4.2.18、图4.2.19所示。

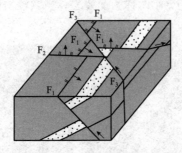

图 4.2.18　断层引起的构造不连续现象　　图 4.2.19　岩脉错断并产生牵引

(2)地层上的标志(地层的重复或缺失)。一套顺序排列的岩层,由于走向断层的影响,常造成部分地层的重复或缺失,即断层使岩层发生错动;经剥蚀、夷平作用,两盘地层处于同一水平面时,会造成原来顺序排列的地层出现部分重复或缺失。造成地层重复和缺失的情况通常有6种,如图4.2.20所示,其规律见表4.2.1。

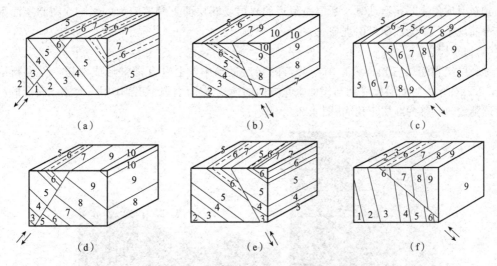

图 4.2.20　走向断层造成的地层重复和缺失

表 4.2.1　走向断层造成的地层重复和缺失的规律

断层性质	断层倾斜与地层倾斜的关系		
	两者倾向相反	两者倾向相同	
		断层倾角大于岩层倾角	断层倾角小于岩层倾角
正断层	重复[图4.2.20(a)]	缺失[图4.2.20(b)]	重复[图4.2.20(c)]
逆断层	缺失[图4.2.20(d)]	重复[图4.2.20(e)]	缺失[图4.2.20(f)]
断层两盘相对运动	下降盘出现新地层	下降盘出现新地层	上升盘出现新地层

(3)断层的伴生现象。

①擦痕、阶步和摩擦镜面。当断层上、下盘沿断层面做相对运动时,因摩擦作用在断层面

上形成一些刻痕、小阶梯或磨光的平面，分别称为擦痕[图4.2.21(a)]、阶步和摩擦镜面。

②构造岩。地应力沿断层面集中释放，常造成断层面处岩体被破碎，形成一个破碎带，称为断层破碎带。断层破碎带宽几十厘米至几百米不等，破碎带内碎裂的岩、土体经胶结后称为构造岩。构造岩中的碎块颗粒直径大于2 mm时称为断层角砾岩[图4.2.21(b)]；当碎块颗粒直径为0.01~2 mm时称为碎裂岩；当碎块颗粒直径更小时称为糜棱岩；当颗粒均研磨成泥状时称为断层泥[图4.2.21(c)]。

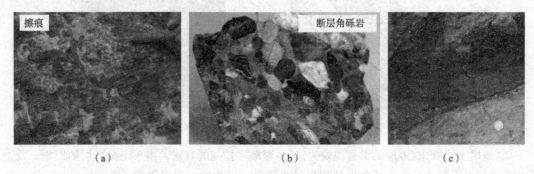

(a)   (b)   (c)

图4.2.21 断层的伴生现象

(a)擦痕；(b)断层角砾岩；(c)断层泥

③牵引现象。断层运动时，断层面附近的岩层受断层面上摩擦阻力的影响，在断层面附近产生弯曲现象，称为断层牵引现象。

(4)地貌标志。

①断层崖和断层三角面。在断层两盘的相对运动中，上升盘常常形成陡崖，称为断层崖[图4.2.22(a)]。当断层崖受到与崖面垂直方向的地表流水的侵蚀切割作用，使原崖面形成一排三角形陡壁时，称为断层三角面[图4.2.22(b)]。

(a)   (b)

图4.2.22 断层崖和断层三角面

(a)断层崖；(b)断层三角面

②断层湖、断层泉。沿断层带常形成一些串珠状分布的断陷盆地、洼地、湖泊、泉水等，它们可以指示断层延伸的方向。

③错断的山脊、急转的河流。正常延伸的山脊突然错断，或山脊突然断陷成盆地、平原，正常流经的河流突然产生急转弯，一些顺直深切的河谷均可指示断层延伸的方向。

一、任务描述

阅读黑山寨地区地质图(图 4.2.23)，对该地区的地质条件进行分析。

黑山寨地区地质图

比例尺 1：10 000

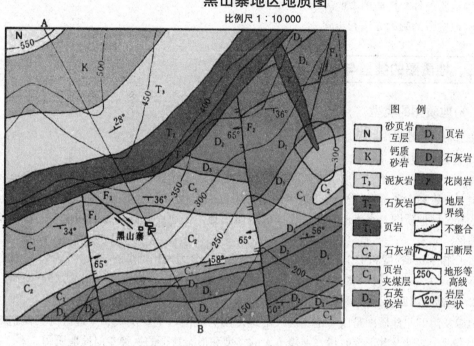

（a）

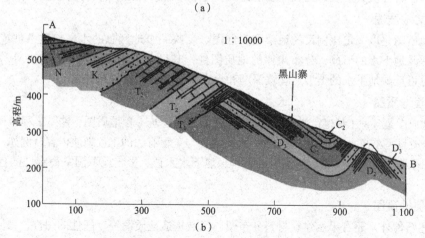

（b）

图 4.2.23　黑山寨地区地质图

(a)地质平面图；(b)AB 剖面图

二、任务分析

地质图是将一个地区内的地质要素按一定比例缩小，用规定的符号、代号、颜色、花纹等形式表示它们的分布情况的图件(包括平面图、剖面图、柱状图)，是由地质勘测资料编制而成的。其基本内容是通过规定的图例符号来表示。工程建设的规划、设计都需要以地质图作为基本依据，因此，学会阅读和分析地质图的方法是十分重要的。

该任务涉及的知识点包括以下几个方面：

(1)地质图的类型与规格；

(2)地质条件在地质图中的表示方法；

(3)地质图的阅读方法和步骤。

三、地质图的类型与规格

(一)地质图的类型

在水利工程建设中，常用的基本图件有以下几种。

1. 普通地质图

普通地质图是主要表示地层岩性和地质构造条件的地质图，其将出露在地表不同地质年代的地层分界线和主要构造线测绘在地形图上并附以一个或两个地质剖面图和综合地层柱状图，常用的有区域地质图、水库地质图、坝址区地质图等。普通地质图是编制其他专门性地质图的基本图件。

按工作的详细程度和工作阶段不同，普通地质图可分为大比例尺的($>1：5$万)、中比例尺的($1：25$万~$1：20$万)、小比例尺的($<1：50$万)。在工程建设中，一般采用大比例尺的普通地质图。

2. 地貌及第四纪地质图

地貌及第四纪地质图是以一定比例尺的地形图为底图，主要反映一个地区的第四纪沉积层的成因类型、岩性及其形成时代、地貌单元的类型和形态特征的一种专门性地质图。

3. 水文地质图

水文地质图是以一定比例尺的地形图为底图，反映一个地区总的水文地质条件或某一个水文地质条件及地下水的形成、分布规律的地质图件，其可分为岩层含水图、潜水等水位线图等类型。它也可反映地下水的类型、埋藏深度和含水层厚度、渗流方向等。

4. 工程地质图

工程地质图是各种工程建筑物专用的地质图，如房屋建筑工程地质图、铁路工程地质图等。工程地质图一般只是在普通地质图的基础上，增添各种与工程有关的工程地质内容。例如，在地下厂房纵断面工程地质图上，要表示出围岩的类别、地下水水位、影响地下洞室稳定性的各种地质因素等。

5. 其他地质图

除上述图件外，还有天然建筑材料分布图、区域构造地质图等专门性的图件。

(二)地质图的规格要求

(1)地质图应有图名、比例尺、编制单位、人员和编制日期等。

(2)地层图例要求自上而下或自左而右，从新地层到老地层排列。

（3）比例尺大小反映图的精度，比例尺越大，图的精度越高，对地质条件的反映就越细。比例尺的大小取决于地质条件的复杂程度和建设工程的类型、规模及设计阶段，具体要求在相关规范中有详细规定。

四、地质图中的内容

（一）图名、图幅编号、主图

地质图示例如图 4.2.24 所示。

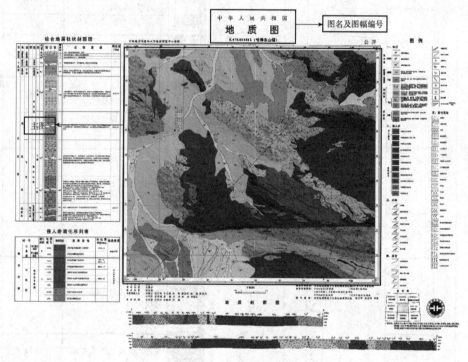

图 4.2.24　地质图示例

（二）综合地层柱状图

综合地层柱状图（图 4.2.25）根据地质勘察资料（主要是根据地质平面图和钻孔柱状图）将一个地区从老到新出露的地层岩性、最大厚度、接触关系等，自下而上按原始形成次序用柱状图的形式表示出来，一般有地质时代及符号、岩性花纹、地层接触类型、地层厚度、岩性描述等，但不反映褶皱和断裂情况。

（三）图例

图例为地质图上各种地质现象的符号和标记。
图例要按序排列：地层→岩石→构造→其他内容。

（四）地质剖面图

地质剖面又称地质断面，是沿某一方向，显示地表或一定深度内地质构造情况的实际（或推断）切面。地质剖面同地表的交线称地质剖面线。表示地质剖面的图件称地质剖面图，一般放在地质图主图下面，如图 4.2.26、图 4.2.27 所示。地质剖面图按切剖方向不同可分为地质横剖面图、地质纵断面图和水平地质断面图。

界	系	统	地质分层	自然伽马/API 0～150	深度/m	深侧向测井/(Ω·m) 0.1～1 000 / 浅侧向测井/(Ω·m) 0.1～1 000	岩性剖面	岩性描述	沉积环境	基准面旋回
中生界	白垩系	中白垩系	拿哈上		3 640			灰岩，夹薄层泥质灰岩	陆棚	
			拿哈-6					浅棕色细粒砂岩、泥质砂岩	潮坪	
								深灰色、灰绿色泥岩，夹薄层砂岩	河口湾	
			拿哈-5		3 650			浅棕色细粒砂岩、泥质砂岩	潮坪	
								浅棕色中砂岩、细砂岩、粉砂岩	潮汐通道	
								深灰色、灰绿色泥页岩	河口湾	
			拿哈-4		3 660			浅棕色细粒砂岩、泥质砂岩，夹薄层粉砂岩	潮汐通道	
								深灰色、灰绿色泥岩，夹薄层粉砂岩、砂质泥岩	河口湾	
			拿哈-3		3 670			浅棕色、棕色细粒砂岩、中砂岩，含薄层粉砂岩、泥质砂岩	障壁岛	
			拿哈-2		3 680					
			拿哈-1		3 690			浅灰色、深灰色泥岩、页岩，夹薄层粉砂岩、砂质泥岩	河口湾	
			帅巴		3 700			灰岩、夹薄层泥质灰岩	陆棚	

图 4.2.25　综合地层柱状图

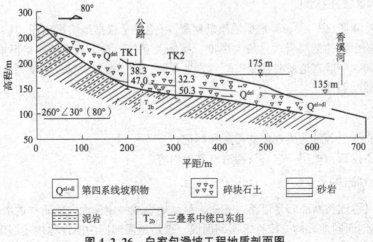

图 4.2.26　白家包滑坡工程地质剖面图

图例：
Q^{el+dl} 第四系线坡积物　碎块石土　砂岩
泥岩　T₂b 三叠系中统巴东组

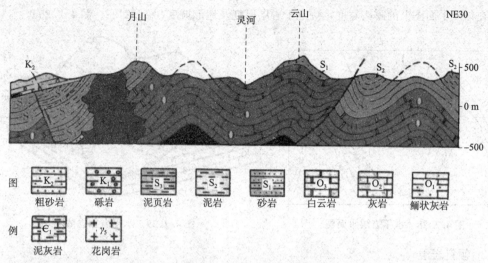

图 4.2.27　月山—云山剖面图

1. 地质横剖面图

地质横剖面图是指垂直或接近垂直岩层(或构造线)走向的剖面图。

2. 地质纵断面图

地质纵断面图又称地质纵剖面图,是与岩层(或构造线)总体走向相平行的地质剖面图。

3. 水平地质断面图

水平地质断面图又称水平地质剖面图,是沿水平方向的地质剖面图,一般是根据有关工程(探矿或采矿工程)的资料或垂向剖面图的资料编制而成的,用以表示地质体在不同深度的地质构造轮廓。

五、地质条件在地质图中的表示方法

(一)地层的表示

1. 第四纪松散沉积层和基岩的分界线

第四纪松散沉积层和基岩的分界线形状不太规则,但有一定的规律性,多在河谷斜坡、盆地边缘、平原与山区交界处大致沿山麓等高线延伸。

2. 岩浆岩侵入体的界线

岩浆岩侵入体的界线形状不规则,也无规律可循,需要根据实地情况现场测绘。

3. 层状岩层界线

层状岩层界线在地质图上出现最多,规律性较强,形状取决于岩层的产状和地形之间的关系。

(二)岩层产状

在地质图中,岩层产状以符号表示,但有时图中没有表示符号,而有地形等高线,这时不同产状岩层界线的分布与地形等高线是有密切关系和规律的。在图上的岩层界线代表相邻岩层接触面的出露线,是岩层面与地面交线的正投影,该线在空间上代表的是一个分界面,它与地形等高线的分布关系分述如下。

1. 水平岩层

水平岩层的岩层界线与地形等高线平行或重合,水平岩层厚度为该岩层顶面和底面的标高差。在地质平面图上的露头宽度，决定于岩层厚度及地形坡度(图4.2.28、图4.2.29)。

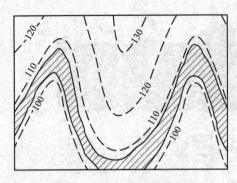

图4.2.28　水平岩层平面图

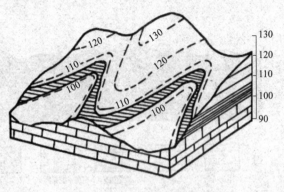

图4.2.29　水平岩层立体图

2. 倾斜岩层

(1)当岩层倾向与地形坡向相反时，岩层界线的弯曲方向与地形等高线的弯曲方向一致，即在沟谷处，岩层界线的V形尖端指向沟谷的上游；穿越山脊时，V形尖端指向山脊的坡下。但岩层界线的弯曲度总是比地形等高线的弯曲度小[图4.2.30(a)]。

(2)当岩层倾向与地形坡向一致，若岩层倾角大于地形坡角，则岩层界线的弯曲方向与等高线弯曲方向相反[图4.2.30(b)]。

(3)当岩层倾向与地形坡向一致，若岩层倾角小于地形坡角，则岩层界线的弯曲方向与等高线相同[图4.2.30(c)]，但与(1)不同的是岩层界线的弯曲度大于地形等高线的弯曲度。

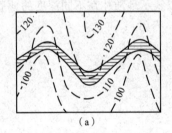
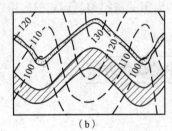
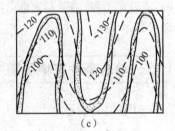

(a)　　　　　　　　　　(b)　　　　　　　　　　(c)

图4.2.30　倾斜岩层在地质图上的分布特征

(a)岩层倾向与地形坡向相反时，岩层界线的弯曲方向与地形等高线的弯曲方向一致；

(b)岩层倾向与地形坡向一致时，岩层倾角大于地形坡角，岩层界线的弯曲方向与地形等高线的弯曲方向相反；

(c)岩层倾向与地形坡向一致时，岩层倾角小于地形坡角，岩层界线的弯曲方向与地形等高线的方向相同，且弯曲度大

(三)直立岩层

岩层界线不受地形等高线影响，沿走向呈直线延伸。

(四)褶皱

在地质图中向斜、背斜、倒转向斜、倒转背斜分别用图例符号来表示，若没有图例符号，则需根据岩层新、老对称分布关系确定，中间新、两边老则为向斜，反之为背斜。

(五)断层

正断层、逆断层、平移断层分别用图例符号来表示，若无图例符号，则根据岩层分布重复、缺失、中断等现象确定(图4.2.31)。

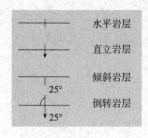 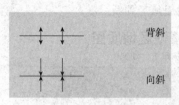 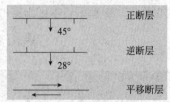

图 4.2.31　地层与构造符号

(六)地层接触关系

地层界线大致平行,没有缺层现象,属整合关系;若上、下两套岩层产状一致,岩层界线彼此平行,但地质年代不连续,属平行不整合;若上、下两套岩层地质年代不连续,而且产状也不相同,属角度不整合。

六、阅读地质图

(一)阅读方法与具体步骤

1. 看图名和比例尺及方位

图名表示图幅所在的地理位置,比例尺表示图的精度,图上方位一般用箭头指北表示,或用经纬线表示。若图上无方位标志,则以图上正上方为正北方。

2. 阅读图例

图例是地质图中采用的各种符号、代号、花纹、线条及颜色等的说明。通过图例,可以概括了解图中出现的地质情况。在附有地层柱状图时,可与图例配合阅读,通过综合地质柱状图能较完整、清楚地了解地层的新老次序、岩层特征及接触关系。

3. 分析地形地貌

了解本区的地形起伏、相对高差、山川形势、地貌特征等。

4. 阅读地层的分布、产状及其与地形的关系

分析不同地质时代地层的分布规律、岩性特征及接触关系,了解区域地层的基本特点。

5. 阅读图上有无褶皱

阅读图上的褶皱类型及轴部、翼部的位置;有无断层,断层性质、分布及断层两侧地层的特征。分析本地区地质构造形态的基本特征。

6. 综合分析

综合分析各种地层、构造等现象之间的关系,说明其规律性及地质发展简史。

7. 初步分析评价

在上述阅读分析的基础上,结合工程建设的要求,进行初步分析评价。

(二)黑山寨地区地质图阅读

1. 比例尺与地形地貌

如图 4.2.32 所示,地质图比例尺为 1∶10 000,即 1 cm 代表实地距离为 100 m。

本区西北部最高,高程约为 570 m;东南较低,约 100 m;相对高差约达 470 m。东部有一山岗,高程为 300 多米。顺地形坡向有两条北北西向沟谷。

2. 地层岩性

如图 4.2.32 所示，本区出露地层从老到新：

黑山寨地区地质图

比例尺 1：10 000

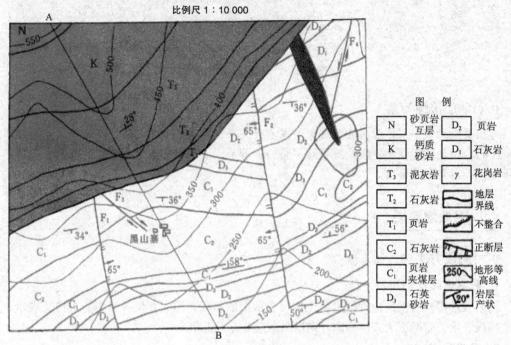

图 例

N	砂页岩互层	D_2	页岩
K	钙质砂岩	D_1	石灰岩
T_3	泥灰岩	γ	花岗岩
T_2	石灰岩	〰	地层界线
T_1	页岩		不整合
C_2	石灰岩		正断层
C_1	页岩夹煤层	250	地形等高线
D_3	石英砂岩	20°	岩层产状

图 4.2.32　地层岩性

(1)古生界——下泥盆统(D_1)石灰岩、中泥盆统(D_2)页岩、上泥盆统(D_3)石英砂岩，下石炭统(C_1)页岩夹煤层、中石炭统(C_2)石灰岩；

(2)中生界——下三叠统(T_1)页岩、中三叠统(T_2)石灰岩、上三叠统(T_3)泥灰岩，白垩系(K)钙质砂岩。

(3)新生界——新近系(N)砂页岩互层。

古生界地层分布面积较大，中生界、新生界地层出露在北、西北部。

除沉积岩层外，还有花岗岩脉(γ)侵入，出露在东北部。侵入在三叠系以前的地层中，属海西运动时期的产物。

3. 接触关系

如图 4.2.32 所示，新近系(N)与其下伏白垩系(K)产状不同，为角度不整合接触。白垩系(K)与下伏上三叠统(T_3)之间，缺失侏罗系(J)，但产状大致平行，故为平行不整合接触。T_3、T_2、T_1 之间为整合接触。

下三叠统(T_1)与下伏石炭系(C_1、C_2)及泥盆系(D_1、D_2、D_3)地层直接接触，中间缺失二叠系(P)及上石炭统(C_3)，且产状呈角度相交，故为角度不整合接触。由 C_2 至 D_1 各层之间均为整合接触。

花岗岩脉(γ)切穿泥盆系(D_1、D_2、D_3)及下石炭统(C_1)地层并侵入其中，故为侵入接触，因未切穿上覆下三叠统(T_1)地层，故 γ 与 T_1 为沉积接触。说明花岗岩脉(γ)形成于下石炭世(C_1)以后、下三叠世(T_1)以前，但规模较小，产状呈北北西—南南东分布的直立岩墙。

4. 地质构造

(1)岩层产状。N 为水平岩层；T、K 为单斜岩层，其产状 $330°\angle28°$，D、C 地层大致近东西或北东东向延伸。

(2)褶皱。古生界地层从 D_1 至 C_2 由北部到南部形成 3 个褶皱，依次为背斜、向斜、背斜。褶皱轴向为 $NE75°\sim80°$。

①东北部背斜：背斜核部较老地层为 D_1，北翼为 D_2，产状 $345°\angle36°$；南翼由老到新为 D_2、D_3、C_1、C_2，岩层产状 $165°\angle36°$；两翼岩层产状对称，为直立褶皱。

②中部向斜：向斜核部较新地层为 C_2，北翼即上述背斜南翼；南翼出露地层依次为 C_1、D_3、D_2、D_1，其产状 $345°\angle56°\sim58°$；由于两翼岩层倾角不同，故为倾斜向斜。

③南部背斜：核部为 D_1；两翼对称分布 D_2、D_3、C_1，为倾斜背斜。

这三个褶皱发生在中石炭世(C_2)之后、下三叠世(T_1)以前，因为从 D_1 至 C_2 的地层全部经过褶皱变动，而 T_1 以后的地层没有受此褶皱影响。但 $T_1\sim T_3$ 及 K 的地层呈单斜构造，产状与 D、C 地层不同，它可能是另一个向斜或背斜的一翼，是另一次构造运动所形成，发生在 K 以后、N 以前。

(3)断层。本区有 F_1、F_2 两条较大断层，因岩层沿走向延伸方向不连续，断层走向 $345°$，断层面倾角较陡。F_1 断层：$75°\angle65°$；F_2 断层：$255°\angle65°$，两条断层都是横切向斜轴和背斜轴的正断层。

项目小结

地质图是把一个地区的各种地质现象，如地层、地质构造等，按一定比例缩小，用规定的符号、颜色和各种花纹、线条表示在地形图上的一种图件。一幅完整的地质图应包括平面图、剖面图和地层综合柱状图，并应标明图名、比例、图例等。平面图反映地表相应位置分布的地质现象，剖面图反映某地表以下的地质特征，地层综合柱状图反映测区内所有出露地层的顺序、厚度、岩性和接触关系等。

在水利工程建设工作中，常用的基本图件有普通地质图、地貌及第四纪地质图、水文地质图、工程地质图、其他地质图。阅读地质图要熟悉地质条件在地质图中的表示方法，掌握阅读地质图的具体方法和步骤。

课后练习

[任务二]

一、填空题

1. 岩层产状可以用_____、_____和_____表示。

2. $120°\angle45$ 表示该岩层产状为_____，倾角_____，一般读作_____，_____。

3. 根据褶皱轴面产状结合两翼产状特点，可将褶皱分为直立褶皱、_____、_____、平卧褶皱。

4. 节理玫瑰图主要有两类，其中常用的是_____。

5. 上盘相对上升，下盘相对下降的断层称为_____。

6. 断层走向与岩层倾向一致的断层称为＿＿＿＿＿＿＿＿＿＿＿＿。

二、名词解释

1. 地质年代：

2. 岩层产状

3. 褶皱构造

4. 节理：

5. 断层：

[任务三]

一、判断题

1. 地层图例要求自上而下或自左而右，从新地层到老地层排列。（　　）

2. 综合地层柱状图能反映褶皱和断裂情况。（　　）

3. 图例的排列顺序：地层→岩石→构造→其他内容。（　　）

4. 与岩层（或构造线）总体走向相平行的地质剖面图为地质横断面图。（　　）

5. 层状岩层界线在地质图上出现最多，规律性较强。（　　）

6. 若上下两套岩层产状一致，岩层界线彼此平行，但地质年代不连续，属于平行不整合。

（　　）

7. 当岩层倾向与地形坡向一致，若岩层倾角小于地形坡角时，则岩层界线弯曲方向与等高线相反。（　　）

8. 地质剖面图一般放在地质图主图旁边。（　　）

二、填空题

1. 岩层产状可用＿＿＿＿、＿＿＿＿、＿＿＿＿和＿＿＿＿表示。

2. 图例为地质图上各种地质现象的＿＿＿＿和＿＿＿＿。

3. 地质剖面同地表的交线称＿＿＿＿。

4. 水平地质剖面图用以表示地质体在不同深度的＿＿＿＿。

5. 水平岩层厚度为该岩层顶面和底面的＿＿＿＿。

6. 直立岩层的岩层界线不受＿＿＿＿影响，沿走向呈直线延伸。

三、简答题

1. 什么是相对地质年代？什么是绝对地质年代？地层的相对地质年代是如何确定的？

2. 什么叫作岩层的产状？产状三要素是什么？

3. 如何识别褶皱并判断其类型？

4. "向斜成山，背斜成谷"这种地形倒置现象是如何产生的？

5. 如何区别张节理与剪切节理？

6. 什么是断层？断层要素有哪些？

7. 什么是地质图？地质图的基本类型有哪些？

项目三　水利工程中常见的工程地质问题与处理方法

任务一　大坝的工程地质问题

一、案例导入

圣弗兰西斯坝是一座实体重力坝，坐落在云母片岩（左岸约占坝基 2/3）和红色砾岩（右岸约占坝基 1/3）的坝基上，两种岩层的接触部分为一断层，大坝跨在断层上。右岸地基的红色砾岩有遇水软化崩解的特性。大坝未设齿墙，也未进行基础灌浆。

该坝于 1928 年 3 月 12 日午夜突然溃决，约 70 min 内库水全部泄出，滔滔洪水以排山倒海之势推向下游，造成重大损失。该大坝是迄今为止所有失事重力坝中最高的一座。

圣弗兰西斯坝的溃决并非由于坝的断面设计错误或者所用筑坝材料的缺陷，而是由坐落的地基岩层的破坏所造成的。坝所坐落的地基岩石质量低劣，而坝的设计未能和低劣的地基条件相适应，是造成事故的全部或部分原因。

二、任务分析

坝基地质条件是保证大坝安全的重要条件，坝基稳定性的工程地质研究主要解决三大问题：坝基在承受荷载作用时不会发生滑动失稳；坝基各部位的应力及变形值要在许可范围内，不能产生过大的局部应力集中和严重的不均匀变形，以免影响大坝的安全和正常运行；坝基在渗透水流的长期作用下，保持力学上和化学上的稳定，渗漏量和渗透压力都应控制在允许范围内。

该任务涉及的知识点包括以下几个方面：

(1)坝基的沉降稳定问题；

(2)坝基的抗滑稳定问题；

(3)坝区渗漏问题。

三、坝基的稳定问题

(一)坝基的沉降稳定问题

坝基在垂直压力作用下，产生的竖向压缩变形称为坝基沉降。显然，沉降量过大或产生不均匀沉降，将会导致坝体的破坏或影响正常使用。

1. 影响坝基沉降稳定的因素

由坚硬岩石构成的坝基强度高、压缩性低，不会产生过大的沉降。但当坝基岩体中存在软弱夹层、断层破碎带、节理密集带和较厚的强风化岩层时，则有可能产生较大的沉降或不均匀沉降，甚至导致破坏。

除岩性和地质构造外，还要考虑软弱夹层的存在位置和产状。当软弱夹层在坝基中呈水平时，有可能产生沉降变形[图 4.3.1(a)]；当软弱夹层位于下游坝趾处时，易使坝体向下游倾覆[图 4.3.1(b)]；当软弱夹层位于上游坝踵处时，沉降影响较小[图 4.3.1(c)]。

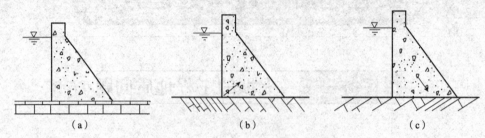

图 4.3.1 软弱夹层与坝基稳定示意

(a)水平软弱夹层；(b)软弱夹层位于下游坝趾处；(c)软弱夹层位于上游坝踵处

选择坝址时应尽量避开软弱岩石分布地带，当不能避开时，应采取加固措施，如固结灌浆和开挖回填混凝土等。

2. 岩基容许承载力的确定

岩基容许承载力是指岩基在荷载作用下，不产生过大的变形、破裂所能承受的最大压强，一般用单块岩石的极限抗压除以折减系数得出，即

$$[P] = \frac{R_g}{K} \tag{4.3.1}$$

式中，$[P]$为岩基容许承载力(kPa)；R_g为岩石的饱和极限抗压强度(kPa)；K为折减系数。

因为单块岩石的容许承载力要远高于岩体的抗压强度，而用 R_g 去评价被各种结构面切割的岩体时，必须除以折减系数，才能评价岩体的容许承载力。

一般对于特别坚硬的岩石，K 取 20～25；对于一般坚硬的岩石，K 取 10～20；对于软弱的岩石，K 取 5～10；对于风化的岩石，参照上述标准相应降低 25%～50%。

(二)坝基的抗滑稳定分析

坝基岩体在大坝重力及水压力的共同作用下产生的滑动，是重力坝破坏的主要形式。坝基的抗滑稳定分析是大坝设计中的一个重要因素。

1. 坝基岩体滑动破坏的形式

按滑动面发生位置的不同，坝基岩体滑动破坏的形式可分为以下几类：

(1)表层滑动。表层滑动是指坝体混凝土底面与基岩接触面之间的剪断破坏现象。一般发生在基岩比较完整、坚硬的坝基，上部坝体与下部基岩的抗剪强度都比较大，只有在两者的接触面，由于基础处理，特别是清基工作质量欠佳，致使浇筑的坝体混凝土与开挖的基岩面粘结不牢，抗剪强度未能达到设计要求而形成[图 4.3.2(a)]。

(2)浅层滑动。浅层滑动是指沿坝基深度较浅处岩体表层的软弱结构面而发生的滑动[图 4.3.2(b)]。浅层滑动往往发生在施工中对风化岩石的消除不彻底，基岩本身比较软弱破碎，或在浅部岩体中有软弱夹层未经有效处理等情况下。

(3)深层滑动。当坝基岩体深部存在特别软弱的可能滑动面，坝体连同一部分岩体沿深部滑动面产生的剪切滑动。滑动面通常由两组或更多的软弱面组合而成[图 4.3.2(c)]。

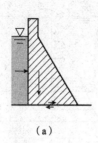 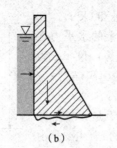 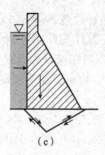

（a）　　　　　　　　（b）　　　　　　　　（c）

图 4.3.2　坝基滑动的破坏形式

（a）表层滑动；（b）浅层滑动；（c）深层滑动

2. 坝基滑动的边界条件

坝基岩体的深层滑动，是因为坝基下岩体四周为结构面所切割，形成可能滑动的滑动体，且该滑动体由可能成为滑动面的软弱结构面、与四周岩体分离的切割面，以及具有自由空间的临空面构成。滑动面、切割面、临空面构成了坝基岩体滑动的边界条件（图 4.3.3），它们可以组成各种形状，构成可能产生滑动的结构体；一般常见的结构体形状有楔形体、棱形体、锥形体、板状体四类（图 4.3.4）。

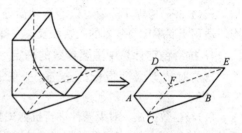

图 4.3.3　坝基岩体滑动的边界条件

（*ABC*、*DEF*、*ACDF* 为切割面；*CBEF* 为滑动面；*ABED* 为临空面）

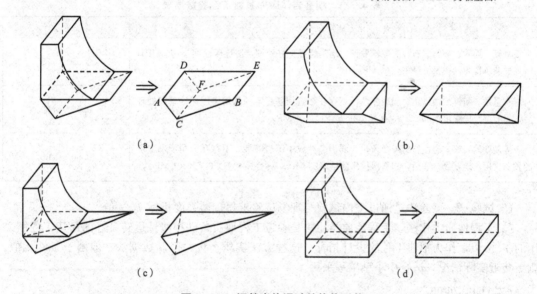

（a）　　　　　　　　　　　　　　　（b）

（c）　　　　　　　　　　　　　　　（d）

图 4.3.4　坝基岩体滑动结构体形状

（a）楔形体；（b）棱形体；（c）锥形体；（d）板状体

3. 坝基抗滑稳定计算公式

$$K_{\mathrm{S}} = \frac{f(\sum V - U)}{\sum H} \tag{4.3.2}$$

$$K_{\mathrm{S}}' = \frac{f(\sum V - U) + cA}{\sum H} \tag{4.3.3}$$

式中，K_{S}、K_{S}' 为抗滑稳定性安全系数，一般 K_{S} 取值为 1.0~1.1，K_{S}' 取值为 3.0~5.0；$\sum V$ 为

作用在滑动面上的各种垂直压力之和（kN），如图 4.3.5 所示；$\sum H$ 为作用在滑动面上的水平力之和（kN）；U 为作用在滑动面上的扬压力（kN）；c 为滑动面的黏聚力（kPa）；A 为滑动面的面积（m²）；f 为摩擦系数。

式（4.3.2）和式（4.3.3）的区别在于是否考虑黏聚力 c 的作用。式（4.3.2）不考虑黏聚力 c，主要是由于 c 值受很多因素影响（如风化程度、清基质量及作用力的大小等），正确选择 c 值有困难。因此，可以不考虑它，将其作为安全储备，这样可以降低 K_S 值。式（4.3.3）考虑了 c 值，认为滑动面处于胶结状态，适用于混凝土与基岩的胶结面及较完整的基岩。

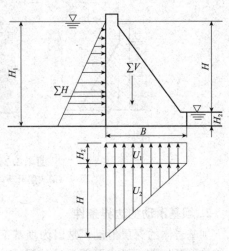

图 4.3.5　表层滑动稳定性计算示意

4. 抗滑稳定计算中主要参数的确定

目前对抗剪强度指标的选定，一般采用以下 3 种方法。

（1）经验数据法。对无条件进行抗剪试验的中小型水利水电工程，可在充分研究坝基工程地质条件的基础上，参考经验数据确定抗剪强度指标 f、c 值。表 4.3.1 是根据我国经验得出的摩擦系数 f 值，可供参考。

表 4.3.1　坝基岩体摩擦系数 f 经验数据表

岩体特点	摩擦系数 f
极坚硬、均质、新鲜岩石，裂隙不发育，地基经过良好处理，湿抗压强度＞100 MPa，野外试验所得弹性模量 $E>2\times10^4$ MPa	0.65～0.75
岩石坚硬．新鲜或微风化，弱裂隙性，不存在影响坝基稳定的软弱夹层，地基经处理后，岩石湿抗压强度＞60 MPa，弹性模量 $E>1\times10^4$ MPa	0.55～0.70
中等硬度的岩石，岩性新鲜或微风化，弱裂隙性或中等裂隙性，不存在影响坝基稳定的软弱夹层，地基经处理后，岩石湿抗压强度＞20 MPa，弹性模量 $E>0.5\times10^4$ MPa	0.50～0.60

（2）试验法。试验法是通过室内试验与现场试验求得抗剪强度指标 f、c 值。

（3）工程地质类比法。工程地质类比法是参考工程地质条件相似且运转良好的已建工程所采用的 f、c 值，作为拟建工程的设计指标。这种方法实质上也是经验数据法，但由于条件相似，则更接近实际情况，适合中小型工程采用。

（三）坝基处理

经过以上分析和计算，认为坝基稳定存在问题时，应采取措施，以保证工程的安全。常用的处理措施如下。

1. 清基

清基是指将坝基岩体表层松散软弱、风化破碎的岩层及浅部的软弱夹层等开挖清除，使基础位于较新鲜的岩体之上。清基时，应使基岩表面略有起伏，并使之倾向上游，以提高抗滑性能。

2. 岩体加固

坝基处理可通过固结灌浆，将破碎岩体用水泥胶结成整体，以增加其稳定性。对软弱夹层可采用锚固处理，即用钻孔穿过软弱结构面，进入完整岩体一定深度，插入预应力钢筋，用以增加岩体稳定性。

四、坝区渗漏问题

水库蓄水后，在大坝上、下游水头差的作用下，库水将沿坝基岩体中存在的渗漏通道向下游渗漏。库水由坝基岩体渗向下游称坝基渗漏，由两岸坝肩岩体的渗漏称为绕坝渗漏；两者统称为坝区渗漏。坝区渗漏和水库渗漏一样，主要沿透水层（如砂、砾石）和透水带（断层、溶洞）渗漏。

(一)基岩地区渗漏分析

岩浆岩（包括变质岩中的片麻岩、石英岩）区的坝基一般较为理想，对基岩来说，可能渗漏的通道主要是断层破碎带、岩脉裂隙发育带和裂隙密集带，以及表层风化裂隙组成的透水带。只要这些渗漏通道从库区穿过坝基，就有可能导致渗漏。

喷出岩区的渗漏主要是通过互相连通的裂隙、气孔及多次喷发的间歇面渗漏，具有层状性质。

沉积岩区除上述断层破碎带和裂隙发育带构成的渗漏通道外，最常见的是透水层（胶结不良的砂砾岩和不整合面）漏水，只要它们穿过坝基，就可成为漏水通道。在岩溶地区应查明岩溶的分布规律和发育程度，岩溶区一旦发生渗漏，就会使水库严重漏水，甚至干涸。

(二)松散沉积物地区的渗漏分析

松散沉积物地区坝基渗漏主要是通过古河道、河床和阶地内的砂卵砾石层。其颗粒粗细变化较大，出露条件也各异，这些均影响渗漏量的大小。如果砂卵砾石层上有足够厚度、分布稳定的黏土层，就等于天然铺盖，可以起防渗作用。因此，在研究松散层坝区渗漏问题时，应查清土层在垂直方向和水平方向的变化规律。

任务二　库区的工程地质问题

一、任务分析

在坝址、坝型选择中，主要应根据坝址区的地形地质，材料供应（主要是天然建筑材料），枢纽布置，水文、施工和运行条件，通过详细的技术经济比较论证后选定。在这些条件中，工程地质条件是一个十分重要的方面。水库的工程地质问题可归纳为库区渗漏、水库浸没、水库塌岸、水库淤积等几个方面。

该任务涉及的知识点包括以下几个方面：

(1)库区渗漏的地形地质条件；

(2)水库浸没问题；

(3)水库塌岸的主要因素；

(4)水库淤积的地质问题。

二、任务描述

水库建成后，可起防洪、蓄水灌溉、供水、发电、养鱼等作用，同时，水库蓄水会使一些城区和居民点、古迹、文物、工矿企业、铁路、公路和其他一些重要建筑物，以及大片农田、森林等"淹没"；水库蓄水会使两岸地下水水位抬高，使一些地区发生"浸没"，甚至地上建筑物也受到危害，在低洼地区会引起土地沼水、沼泽化、盐渍化或地下水淹没；水库若存在严重"渗漏"，会影响水利枢纽正常运行；水库淤积，库容体积减小，使农业、航运、渔业条件恶化，自然环境条件受到影响。图 4.3.6 所示为小浪底水库。

图 4.3.6　小浪底水库

三、库区渗漏问题

拦河筑坝蓄水后，水库中的水在适宜的地形、地质条件下，将会通过地下通道向库外渗漏，从而可能危及工程的安全或影响工程的效益。

(一)库区渗漏

1. 暂时性渗漏

暂时性渗漏是指在水库蓄水初期，为了饱和水库水位以下的岩石孔隙和裂隙而暂时损失的水。这部分水没有漏出库外，对水库影响不大。

2. 永久性渗漏

永久性渗漏是指库水通过分水岭向邻谷低地或经库底向远处洼地渗漏，这种长期的渗漏将影响水库效益，还可能造成邻谷和下游的浸没。库区永久性渗漏必须具备适宜的地形、地质构造和水文地质条件。

(二)库区渗漏问题分析

1. 地形条件

(1)山区水库。地形分水岭（或称河间地块）单薄，邻谷谷底高程低于水库正常高水位[图 4.3.7(a)]，则库水有可能向邻谷渗漏。相反，若河间地块分水岭宽厚，或邻谷谷底高程高于水库正常高水位，库水就不可能向邻谷渗漏[图 4.3.7(b)]。

当山区水库位于河弯处时，若河道转弯处山脊较薄，且又位于垭口，冲沟地段，则库水可能会外渗(图 4.3.8)。

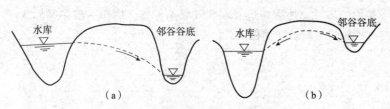
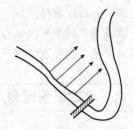

图 4.3.7　邻谷高程与水库渗漏的关系　　　　图 4.3.8　河弯间渗漏途径示意
(a)邻谷谷底高程低；(b)邻谷谷底高程高

(2)平原区水库。由于河谷分布稀疏，且一般河谷切割深度不大，所以，水库一般与相邻河谷相距较远，库水位壅高较小，渗透坡降不大，因而一般库水通过河间地带向邻谷渗漏的可能性不大，不会有严重的渗漏。但要注意水库通过河曲地段产生严重渗漏的可能性。

2. 岩性和地质构造条件

基岩地区可能产生大量渗漏的条件，主要是在分水岭或河湾地段，有结构松散的卵砾石层[图 4.3.9(a)]、灰岩区的岩溶裂隙和通道岩[图 4.3.9(b)]、宽大的断层破碎带[图 4.3.9(c)]以及节理发育、透水性强的岩石(如柱状节理发育的玄武岩)等。

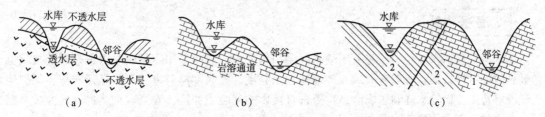

图 4.3.9　库区向邻谷渗漏的岩性及地质构造条件
(a)有结构松散的卵砾石层；(b)有岩溶裂隙和通道岩；(c)有宽大的断层破裂带

四、水库浸没问题

水库蓄水后，水库周围地区的地下水水位受库水顶托作用而相应抬高(壅水)，上升后的地下水位可能接近或高过地面，导致水库周围地区的土壤盐渍化和沼泽化，以及使建筑物地基软化、矿坑充水等现象，称为水库浸没(图 4.3.10)。

水库浸没的可能性主要取决于水库岸边正常水位变化范围内的地貌、岩性及水文地质条件。对于山区水库，水库边岸地势陡峻，多为不透水岩石组成，地下水埋藏较深，一般不存在浸没问题。但对山间谷地和山前平原中的水库，周围地势平坦，易发生浸没，而且影响范围也较大。

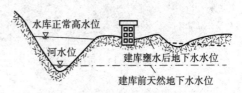

图 4.3.10　库水库边岸地带浸没示意

五、水库塌岸问题

当水库蓄水后，岸边的岩石或土体受库水饱和，其强度降低，加之库水波浪的冲击、淘刷，引起库岸发生坍塌后退的现象，称为水库塌岸。塌岸将使库岸扩展后退，对岸边的建筑物、道路、农田等造成威胁、破坏，且使塌落的土石又淤积库中，减小有效库容，还可能使分水岭变得单薄，导致库水外渗。

影响塌岸的主要因素有库岸地形、岩性、地质构造及水文气象条件等。塌岸一般在平原水库比较严重，水库蓄水两三年内发展较快，以后渐趋稳定。

六、水库淤积问题

水库建成后，上游河水携带大量泥沙及塌岸物质和两岸山坡地的冲刷物质，堆积于库底的现象称水库淤积。水库淤积必将减小水库的有效库容，缩短水库寿命。尤其在多泥沙河流上，水库淤积是一个非常严重的问题。工程地质研究水库淤积问题，主要是查明淤积物的来源、范围、岩性、风化程度及斜坡稳定性等，为论证水库的运用方式及使用寿命提供资料。防治水库淤积的措施主要是在上游开展水土保持工作。

任务三　输水建筑物的工程地质问题

一、任务描述

小水电工程引水系统中普遍采用输水隧洞引水发电，选择采用隧洞输水方案是最直接，也是最高效的穿行方案，可以有效地发挥缩短输水长度、提高发电效率、保障运行安全、保护生态环境等特点。而输水隧洞选线恰当与否则直接影响到施工和运行安全，自然也就成为整个枢纽工程中的一个重要环节。图 4.3.11 所示为输水渠道，图 4.3.12 为引水隧洞。

图 4.3.11　输水渠道　　　　　图 4.3.12　引水隧洞

二、任务分析

输水建筑物中工程地质问题较多的是渠道和水工隧洞。渠道的主要问题是渗漏和边坡稳定。由于隧洞修建在地下岩体中，所以地质条件对隧洞影响很大，隧洞的主要工程地质问题是洞身围岩的稳定性和围岩作用于支撑、衬砌上的山岩压力。

该任务涉及的知识点包括以下两个方面：

(1)渠道的工程地质问题；

(2)隧洞的工程地质问题。

三、渠道的工程地质问题

(一)渠道选线的工程地质条件

渠道线路的选择要根据地形、地质及施工条件等综合考虑。渠道按通过的地貌单元不同，可分为平原线、谷底线、坡麓线、山腹线、岭脊线等。因渠道为线型建筑物，路线长，穿越的地貌、岩性、构造及水文地质条件类型多，变化复杂。为使渠道水流畅通又不致水头损失过大，应有一个合理的纵坡降，以保证渠道不冲、不淤和最小渗漏损失。故而在选线时，首先应绕避高山、深谷和地形切割强烈的丘陵山区。渠线应在工程地质条件较好的岩土体中通过，尽量避开不良地质条件地段，如大断层破碎带、强地震区、土层沉陷很大的地区、强透水层分布区、岩溶分布区及影响边坡稳定的物理地质现象发育地段。

(二)渠道渗漏的地质条件

傍山渠道多位于基岩区，渠道渗漏一般是不严重的，但应注意断层破碎带、裂隙密集带以及岩溶发育带等强水带的分布。平原线及谷底线渠道通过地段以第四纪松散沉积物居多，沿途不同，成因类型的沉积物均可遇到。例如，渠道穿越山前洪积扇，当由砂砾石等透水性强的沉积物组成时，渠道渗漏严重，而通过的沉积物为黏性土时，则很少渗漏。

渠道渗漏还受地下水水位的影响，地下水水位高于渠水位，不会发生渗漏，而且还能得到地下水的补给。反之，则可能发生渗漏，且地下水埋深越大，渗漏量也越大。

(三)渠道渗漏的防治

1. 绕避

在渠道选线时尽可能绕避强透水地段、断层破碎带和岩溶发育地段。

2. 防渗

采用不透水材料护面防渗，如黏土、三合土、浆砌石、混凝土、塑料薄膜等。

3. 灌浆、硅化加固等

灌浆、硅化加固等价格高，较少采用。

四、隧洞的工程地质问题

隧洞的优点是线路短，水头损失小，便于管理养护，还能避开一些不良地质地段。由于隧洞修建在地下岩体中，所以，地质条件对隧洞的影响很大，隧洞的主要工程地质问题是洞身围岩(洞的周围岩体)的稳定性和围岩作用于支撑、衬砌上的山岩压力，以及地下水对围岩稳定的影响。

(一)隧洞选线的工程地质条件

1. 地形条件

隧洞选线的地形条件要求山体完整，洞室周围包括洞顶及傍山侧应有足够的山体厚度。

隧洞进出口地段的边坡应下陡上缓，无滑坡、崩塌等现象存在。洞口岩石应直接出露或坡积层薄，岩层最好倾向山里以保证洞口坡的安全。

2. 岩性条件

洞室应尽量选在坚硬完整岩石中，坚硬岩石岩性均匀致密，抗风化能力强，一般在坚硬完整岩层中掘进，围岩稳定，日进尺快，无须衬砌或衬砌工作量较小，所以造价较低。而在软弱、破碎、松散岩层中掘进，由于这类岩石强度低，易风化和软化，顶板易坍塌，边墙及底板易产生鼓胀挤出变形等，需要边掘进、边支护或超前支护，因此，工期长、造价高。

岩层厚度与围岩稳定也有很大关系。厚度很大的块状岩体，岩性均一，稳定性好，如岩浆岩和片麻岩、石英岩等，适合修建大型的地下工程。而薄层的沉积岩和变质岩中的片岩、板岩、千枚岩、黏土岩及胶结不好的砂砾岩等，由于层次多，稳定性较差，特别是软硬岩相间的岩石以及松散破碎岩石，选址时应尽量避开。

3. 地质构造条件

在褶皱核部，由于裂隙发育、岩石破碎，且可蓄存大量地下水(如向斜轴部)，对围岩稳定不利(图4.3.13)。所以，洞线应该避开核部。

洞线穿过断层破碎带易造成大规模塌方，还可能有大量地下水的涌水，是影响围岩稳定的关键。单斜岩层的走向线与洞线之间的夹角及岩层倾角的大小，也影响围岩的稳定，其夹角与倾角越小，越不稳定。所以，在单斜岩层中开挖的洞轴线尽量与岩层走向垂直。在水平或缓倾斜岩层中，应尽量使洞室位于厚层均质岩层中(图4.3.14)。

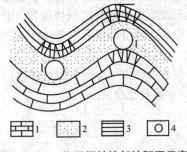

图4.3.13 位于褶皱核部的隧洞示意
1—石灰岩；2—砂岩；3—页岩；4—隧洞

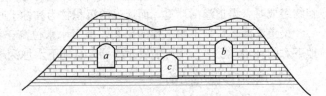

图4.3.14 布置在水平岩层中的隧洞
a—位于坚硬岩层中；b—顶板有软弱夹层；c—底板为软弱的黏土岩

4. 岩体结构特征

隧洞围岩岩体的各种结构面，可以组合成各种形式的岩块，如楔形体、锥形体、方块体、棱形体等，由于它们在所处洞身围岩中的位置、形态和存放方式不同，它们的稳定程度也不同，如围岩中有陡立的泥质结构面存在时，对围岩的稳定极为不利。

5. 其他因素

如有地下水存在，将对围岩产生静水压力、动水压力及软化、泥化作用。地下工程施工中的塌方或冒顶事故，常与地下水的活动有关，最好选择在地下水水位以上的干燥岩体内，或地下水水量不大、无高压含水层的岩体内。

另外，人为因素如施工方法和施工质量不当等，也会对围岩稳定产生不利影响。

(二)山岩压力

1. 概念

由于隧洞的开挖破坏了围岩原有的应力平衡条件，引起围岩中一定范围内的岩体向洞内松动或坍塌，因而必须尽快支撑和衬砌，以抵抗围岩的松动或破坏。这时围岩作用于支撑和衬砌上的压力，称为山岩压力。

显然，山岩压力是隧洞设计的主要荷载，若山岩压力很小或没有，可认为隧洞是稳定的，可以不支撑；当山岩压力很大时，则必须考虑衬砌和支撑，所以能否正确估计山岩压力的大小，将会直接影响隧洞稳定安全和经济效益。

2. 类型

山岩压力主要有松动山岩压力和变形山岩压力两种基本类型。目前在设计中主要考虑松动山岩压力。

松动山岩压力主要源于洞室开挖后，由于应力重新分布而引起一部分围岩松弛、滑塌。其数值一般等于塌落体的重量。山岩压力的大小不仅与围岩的应力状态有关，还与岩石性质、洞形、支撑或衬砌的刚度、施工方法、衬砌的早晚等多种因素有关。另外，由于围岩的变形和破坏有一个逐次发展的过程，因此，山岩压力也是随时间变化的。

3. 工程上常用确定山岩压力的方法

(1)平衡拱理论确定山岩压力。被断层、裂隙等切割的岩体类似松散介质，由于开挖扰动，顶部出现拱形分离体，拱形分离体以外的岩体仍保持平衡状态，拱形分离体失稳塌落后便形成一个塌落拱，称为自然平衡拱，平衡拱下的岩体重量即山岩压力。

(2)用岩体结构保障机制确定山岩压力。首先分析围岩中各种结构面组合而成的、具有滑动边界的滑动体或塌落体。如果没有这样的塌落体，山岩压力等于零。如果存在不稳定塌落体，则该塌落体的重量即山岩压力。当塌落体沿某结构面下滑时，还应考虑其抗滑力的影响，将塌落体的滑动力减去抗滑力即山岩压力。

(三)围岩的弹性抗力

围岩的弹性抗力是指在有压隧洞的内水压力作用下向外扩张，引起围岩发生压缩变形后所产生的反力。围岩的弹性抗力与围岩的性质、隧洞的断面尺寸及形状等有关。当水压力作用下向外扩张了 $y(\text{cm})$ 后，则围岩产生的弹性抗力为

$$P = Ky \tag{4.3.4}$$

式中，P 为岩体的弹性抗力(MPa)；y 为洞壁径向变形(cm)；K 为弹性抗力系数(MPa/cm)。

岩体的弹性抗力系数 K 是表征隧洞围岩质量的重要指标。K 值越大，岩体承受的内水压力越大，相应的衬砌承担的内水压力就小些，衬砌可以做得薄一些。但 K 值选得过大，将给工程带来事故。因此，正确选择岩体的弹性抗力系数，在隧洞设计中具有很重要的意义。

弹性抗力系数 K 与隧洞的直径有关，以圆形隧洞为例，隧洞的半径越大，K 值越小。故 K 值不为常数，为了便于对比使用，隧洞设计中常采用单位弹性抗力系数 K_0 (隧洞半径为 100 cm 时的岩体弹性抗力系数)(表4.3.2)。即

$$K_0 = K \frac{R}{100} \tag{4.3.5}$$

式中，R 为隧洞半径(cm)。

表 4.3.2 岩石弹性抗力系数表

岩石坚硬程度	代表的岩石名称	节理裂隙多少或风化程度	有压隧洞单位弹性抗力系数 K_0/(MPa·cm^{-1})	无压隧洞单位弹性抗力系数 K_0/(MPa·cm^{-1})
坚硬岩石	石英岩、花岗岩、流纹斑岩、安山岩、玄武岩、厚层硅质灰岩等	节理裂隙少，新鲜	100~200	20~50
		节理裂隙不太发育，微风化	12~20	12~20
		节理裂隙发育，弱风化	30~50	5~12
中等坚硬岩石	砂岩、石灰岩、白云岩、砂岩等	节理裂隙少，新鲜	50~100	12~20
		节理裂隙不太发育，微风化	30~50	8~12
		节理裂隙发育，弱风化	10~30	2~8

岩石坚硬程度	代表的岩石名称	节理裂隙多少或风化程度	有压隧洞单位弹性抗力系数 K_0/(MPa·cm^{-1})	无压隧洞单位弹性抗力系数 K_0/(MPa·cm^{-1})
较软岩石	砂页岩互层、黏土质岩石、致密的泥灰岩	节理裂隙少，新鲜	20～50	5～12
		节理裂隙不太发育，微风化	10～20	2～5
		节理裂隙发育，弱风化	<10	<2
松软岩石	严重风化及十分破碎的岩石、断层、破碎带等	—	<5	<1

五、提高围岩稳定的措施

(一)支撑与衬砌

1. 支撑

支撑是在洞室开挖过程中，用以稳定围岩采用的临时性措施。按照选用材料的不同，支撑有木支撑、钢支撑及混凝土支撑等。在不太稳定的岩体中开挖时，需要及时支撑以防止围岩早期松动。

2. 衬砌

衬砌是加固围岩的永久性工程结构。衬砌的作用主要是承受围岩压力及内水压力，在坚硬完整的岩体中，围岩的自稳能力高，也可以不衬砌。衬砌有单层混凝土衬砌及钢筋混凝土衬砌，也可以采用浆砌条石衬砌。双层的联合衬砌一般内环用钢筋混凝土或钢板，外环用混凝土，多用于岩体破碎、水头高的隧道(图4.3.15)。

(二)喷锚支护

当地下洞室开挖后，围岩总是逐渐地向洞内变形。喷锚支护就是在洞室开挖后，及时地向围岩表面喷一薄层混凝土(一般厚度为5～20 cm)，有时再增加一些锚杆，从而部分地阻止围岩向洞内变形，以达到支护的目的(图4.3.16)。

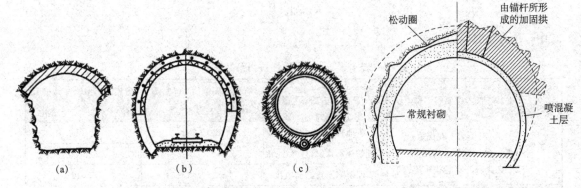

图4.3.15 衬砌类型示意
(a)半衬砌；(b)有边墙的衬砌；(c)全衬砌

图4.3.16 喷锚支护与常规
衬砌支护比较示意

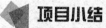 **项目小结**

研究工程地质的目的是查明建筑地区的工程地质条件，分析可能存在的工程地质问题，以保证建筑物修建的经济合理与安全可靠。

通过本项目的学习，应重点掌握库区及坝区渗漏的地质条件分析，坝基岩体的稳定性分析，工程地质条件对隧洞选线、渠道选线的影响。对水库的其他工程地质问题、坝基处理及山岩压力和弹性抗力应有一定的了解。

 课后练习

[任务一]

一、填空题

1. 选择坝址时应尽量避开软弱岩石分布地带，当不能避开时，应采取加固措施，如_____和_____等。

2. _____是指岩基在荷载作用下，不产生过大的变形、破裂所能承受的最大压强。

3. _____、_____、_____构成了坝基岩体滑动的边界条件，它们可以组成各种形状，构成可能产生滑动的结构体。

4. _____是指将坝基岩体表层松散软弱、风化破碎的岩层及浅部的软弱夹层等开挖清除，使基础位于较新鲜的岩体之上。

5. 坝基处理可通过_____，将破碎岩体用水泥胶结成整体，以增加其稳定性。

6. 喷出岩区的渗漏主要是通过互相连通的裂隙、气孔及多次喷发的间歇面渗漏，具有_____性质。

二、判断题

1. 岩基容许承载力是指岩基在荷载作用下，不产生过大的变形、破裂所能承受的最大压强。
（　　）

2. 坝基岩体在大坝重力及水压力的共同作用下产生的滑动，是重力坝破坏的主要形式。
（　　）

3. 浅层滑动是指坝体混凝土底面与基岩接触面之间的剪断破坏现象。（　　）

4. 抗剪强度指标选定的经验数据法适用于对无条件进行抗剪试验的大中型水利水电工程。
（　　）

5. 清基时，应使基岩表面略有起伏，并使之倾向下游，以提高抗滑性能。（　　）

6. 坝区渗漏主要沿透水层(如砂、砾石)和透水带(断层、溶洞)渗漏。（　　）

[任务三]

一、判断题

1. 暂时性渗漏对水库影响不大。（　　）

2. 山区水库，若河间地块分水岭宽厚，或邻谷谷底高程高于水库正常高水位，则库水有可能向邻谷渗漏。（　　）

3. 平原区水库通过河曲地段，要注意产生严重渗漏的可能性。　　　　　　　（　　）

4. 对于山区水库，水库边岸地势陡峻，容易产生浸没问题。　　　　　　　　（　　）

5. 清基时，应使基岩表面略有起伏，并使之倾向下游，以提高抗滑性能。　　（　　）

6. 塌岸一般在平原水库比较严重，水库蓄水两三年内发展较快，以后渐趋稳定。（　　）

7. 渠道在选线时，首先应绕避高山、深谷和地形切割强烈的丘陵山区。　　　（　　）

8. 渠道通过的沉积物为黏性土时，渗漏严重。　　　　　　　　　　　　　　（　　）

9. 隧洞进出口地段的边坡应下陡上缓，无滑坡、崩塌等现象存在。　　　　　（　　）

10. 隧洞选线不需要避开褶皱核部。　　　　　　　　　　　　　　　　　　　（　　）

11. 单斜岩层的走向线与洞线之间的夹角及岩层倾角的大小，也影响围岩的稳定，其夹角与倾角越小，越稳定。　　　　　　　　　　　　　　　　　　　　　　　　（　　）

12. 围岩中有陡立的泥质结构面存在时，对围岩的稳定极为不利。　　　　　　（　　）

二、名词解释

1. 永久性渗漏：

2. 水库浸没：

3. 水库坍塌：

三、填空题

1. 渠道线路的选择，要根据_____、_____及施工条件等综合考虑。

2. 渠道渗漏还受地下水水位的影响，地下水水位_____于渠水位，不会发生渗漏，而且还能得到地下水的补给。

3. 在渠道选线时尽可能绕避_____和岩溶发育地段。

4. 在单斜岩层中开挖的洞轴线尽量与岩层走向_____。

5. 山岩压力主要有_____和_____两种基本类型。

6. 厚度很大的块状岩体，岩性均一，稳定性好，如_____和_____、_____等，适合修建大型的地下工程。

四、简答题

1. 水库的工程地质问题有哪些？

2. 坝基岩体稳定一般有哪几个问题？产生这些问题的地质条件是什么？

3. 渠道选线时应注意哪些工程地质条件？

4. 影响隧洞围岩稳定的主要因素有哪些？

模块五
水力学基本知识应用

模块概要

本模块主要内容：

(1)水力学基本知识概述；

(2)水静力学应用——水工建筑物上的静水压力计算；

(3)认识水流的水头与水头损失；

(4)认识水流形态及水流类型。

通过本模块的学习，了解水力学由水静力学和水动力学两部分组成。水静力学主要研究液体处于静止(或相对静止)状态下的力学规律及其在工程实际中的应用；水动力学主要研究液体处于机械运动状态下的各种规律及其在工程实际中的应用。熟知在水利工程建设中，水力学被广泛应用于各个领域，如水利工程建筑、水力发电工程、农田水利工程、机电排灌工程、港口工程、河道整治工程、给水排水工程、水资源工程、环境保护工程等。

熟知水力学主要计算以下问题：

(1)水对水工建筑物的作用力；

(2)水工建筑物的过水能力；

(3)水流的能量损失；

(4)河渠的水面曲线；

(5)水工建筑物中水流的形态问题。

项目一　水力学基本知识概述

任务一　水力学的任务及其在水利工程中的应用

水是人类生存和人类社会发展不可缺少的宝贵资源，它和人类生活、社会生产有着十分密切的关系。早在几千年前，我国劳动人民就已经开始与洪水灾害进行不懈的斗争。随着社会生产发展的需要，在与水害做斗争的同时，还兴修了许多巨大的灌溉、航运工程。人类在与水害做斗争、防止水害、兴修水利的过程中，逐渐认识了水的运动规律，而对这些规律的认识，又进一步促进了水利事业的发展。这样反复循环，加上现代科学与试验技术的发展，逐渐形成了一门专门研究液体静止和运动规律，探讨液体与各种边界之间的相互作用，并应用这些规律解决实际问题的学科，这门学科就是水力学。

水力学基本
知识概述

水力学的发展距今已有很长的历史，据《尚书·禹贡》记载，4 000 多年前的大禹治水；公元前 256 年的都江堰；公元 1 世纪的水磨、水排等水力设施都说明在我国水力学早已应用。

古埃及、古希腊、巴比伦、古印度的灌溉渠道、航运和古罗马大规模的供水管道系统，也是水力学应用的标志。

公元前 250 年，希腊哲学家、物理学家阿基米德在《论浮体》中，阐明了浮体和潜体的有效重力计算方法，论述了浮力和浮体定律。1586 年，德国数学家斯蒂文提出水静力学方程。17 世纪中叶，法国帕斯卡提出液压等值传递的帕斯卡原理，至此水静力学已初具雏形。

水力学是一门技术科学，它是力学的一个分支，是研究液体（主要是水）的平衡和机械运动的规律及其在实际中应用的学科，分为水静力学和水动力学两部分。**水静力学研究液体处于静止（或相对平衡）状态下时，作用于液体上的各种力之间的关系；水动力学研究关于液体运动的规律，即研究液体在运动状态时作用于液体上的力和运动要素之间的关系，以及能量转换的问题。**

本模块的重点就是学习有关水力学的基本知识及其如何在实际工程中应用。

水力学在水利、机械、冶金、化工、石油及建筑等工程中应用广泛，特别是在水利水电工程的勘测、设计、施工与管理中，更会遇到很多的水力学问题，应用十分广泛。例如，在河道上修建水利枢纽工程，通常需要修建包括坝、闸、电站、管道及渠道等各种水工建筑物，如图 5.1.1 所示。

这些建筑物与水接触的过程中，会遇到各种水力学问题，归纳起来主要有以下五个方面：

(1)水对水工建筑物的**作用力**问题。如计算坝身、闸门、闸身、管壁上的静水作用力（图 5.1.2）和动水作用力（图 5.1.3）。

(2)水工建筑物的**过水能力**问题。如确定管道、渠道、闸孔和溢流堰的过水能力，如图 5.1.3 所示的溢流坝和泄水底孔泄洪，通常需要计算能否在一定时间内宣泄多余水量等。

(3)水流通过水工建筑物时的**能量损失**问题。如确定水流通过水电站、抽水站、管道、渠道时引起的能量损失的大小，以及计算溢流坝、溢洪道、水闸和跌水下游的消能防冲问题。

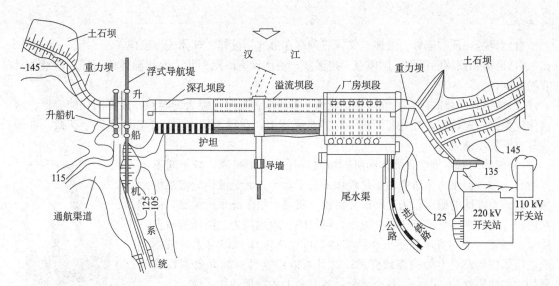

图 5.1.1   丹江口水利枢纽布置图

图 5.1.2   闸门上受到的水压力为主要静水压力

图 5.1.3   溢流坝和泄水底孔泄洪

(4)河渠的**水面曲线**问题。如河道、渠道、溢洪道和陡坡中的水面曲线。

(5)水工建筑物中**水流的形态**问题。如水流在各种水工建筑物中流动形态的判别和对工程的影响等。

以上这些问题，彼此不是孤立的，也不是水力学的全部问题。例如，还有渗流、挟沙水流、高速水流、波浪运动及水力学模型试验等其他一些水力学问题。

为了正确分析、解决上述水力学问题，必须研究水流运动的基本规律。由于水流运动的复杂性，目前尚有不少水力学问题不能完全用理论分析的方法来解决，有时还需借助有关试验。因此，也应重视水力试验技术方面的学习和操作。

任务二   液体的基本特性和主要物理力学性质

一、液体的基本特性

水力学的任务是研究液体运动的规律，并应用这些规律解决实际问题。它的研究对象是液体。液体的运动规律：一方面与液体外部的作用条件有关；另一方面取决于液体本身的内在性质。

自然界的物质有固体、液体、气体三种存在形式。液体、气体统称流体。

(1)流体和固体的区别：固体有一定形状，流体没有固定形状，形状随容器而异，即液体具有**易流动性**。

(2)液体和气体的区别：气体易于压缩，并力求占据尽可能大的容积，能充满任何容器。而液体能保持一定体积，并且和固体一样能承受压力，在很大压力作用下，体积缩小甚微，即液体具有不易压缩性。

(3)液体的基本特性：液体和所有物质一样由分子组成，分子间不连续有空隙，但水力学研究的不是液体的分子运动，而是液体的宏观机械运动，将液体的质点作为最小研究对象。质点由很多分子所组成，但和所研究问题中的尺度相比极其微小，可忽略。因此认为：液体的质点是一个挨着一个的液体分子组成的实体。可以将液体当作由无数液体质点所组成的没有空隙的**连续介质**，而且可以将这种连续介质看作**均质的、各向同性的**，即它的各个部分、各方向上的物理性质一样。

在水力学中，液体的基本特性是**易于流动、不易压缩、均质等向的连续介质**，如图 5.1.4 所示。

图 5.1.4 液体基本特性

二、液体的主要物理力学性质

液体的主要物理力学性质表现在以下五个方面：

(1)惯性——物体保持原有运动状态的特性，与质量和密度有关。

(2)万有引力特性——物体之间具有相互吸引力的性质，地球与物体之间的吸引力即重力与重度有关。

(3)液体的黏滞性与黏滞系数——质点之间有相对运动时产生的、抵抗其相对运动的内摩擦力。

(4)压缩性、压缩系数——受压后体积缩小的性质和体积缩小的程度。

(5)表面张力特性——自由面能承受微弱拉力的性质。

(一)惯性、质量和密度

惯性就是物体保持原有运动状态的特性。液体与任何物体一样具有惯性。

当液体受外力作用使运动状态发生改变时，由于液体的惯性引起对外界抵抗的反作用力称为惯性力。

惯性的大小和质量有关，物体质量越大，惯性也越大。

若液体的质量为 m，加速度为 a，惯性力为

$$F = -ma \tag{5.1.1}$$

式中，负号表示惯性力的方向与物体的加速度方向相反。

对于均质液体，其质量大小可以用密度表示。

密度是指单位体积的液体所具有的质量，常用 ρ 表示。

若一均质液体质量为 m，体积为 V，则密度为

$$\rho = \frac{m}{V} \tag{5.1.2}$$

在国际单位制中，质量采用的单位为千克(kg)，长度采用的单位为米(m)，则密度单位为千克/米³(kg/m³)。在一个标准大气压下，温度为 4 ℃时，水的密度为 1 000 kg/m³。液体密度

随温度和压强的变化而变化，但这种变化很小，所以水力学中一般把水的密度视为常数。

(二)万有引力特性：重力与重度

万有引力特性是指物体之间具有相互吸引力的性质。这个吸引力称为万有引力。地球对物体的吸引力称为重力，或称为重量 G。在国际单位制中，力的单位为牛顿(N)。质量为 m 的液体，所受重力大小为

$$G = mg \tag{5.1.3}$$

式中，g 为重力加速度，一般采用 9.80 m/s^2。

对于均质液体，其重力大小可以用容重度表示。

重度是指单位体积的液体所具有的重量，常用 γ 表示。

质量为 m、体积为 V 的均质液体，重度为

$$\gamma = \frac{G}{V} \tag{5.1.4}$$

还可以表示为

$$\gamma = \frac{mg}{V} = \rho g \quad \text{或} \quad \rho = \frac{\gamma}{g} \tag{5.1.5}$$

重度的单位为牛顿/米³(N/m^3)或千牛/米³(kN/m^3)。不同液体重度不同，同种液体的重度随温度和压强变化而变化，但水的重度变化较小，一般视为常数。在一标准大气压下，温度为 4 ℃ 时，水的重度为 $9\,800 \text{ N/m}^3$，或 9.8 kN/m^3。

(三)液体的黏滞性与黏滞系数

液体运动时，如果质点之间存在着相对运动，则质点间就要产生一种内摩擦力来抵抗其相对运动，液体的这种性质称为液体的黏滞性。该内摩擦力又称为黏滞力。黏滞性是液体固有的物理属性，是引起液体能量损失的根源。

如图 5.1.5 所示，液体沿一固定平面壁做平行的直线运动。

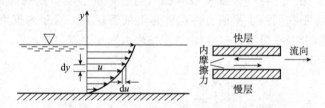

图 5.1.5 液体沿一固定平面壁做平行的直线运动

紧靠固体壁面的第一层极薄水层贴附于壁面不动，第一层将通过摩擦作用影响第二层的流速，而第二层又通过摩擦(黏滞)作用影响第三层的流速，依此类推，离开壁面的距离越大，壁面对流速的影响越小，于是靠近壁面的流速较小，远离壁面的流速较大。由于各层流速不同，它们之间就有相对运动，上面一层流得较快，它就要拖动下面一层；而下面一层流得较慢，它就要阻止上面一层。于是在两液层之间就产生了内摩擦力。快层对慢层的内摩擦力是要使慢层快些；而慢层对快层的内摩擦力是要使快层慢些。因此所发生的内摩擦力是抵抗其相对运动的。

相邻两层液体之间的单位面积上的内摩擦力大小为

$$\tau = \mu \frac{\mathrm{d}u}{\mathrm{d}y} \tag{5.1.6}$$

式中，μ 为动力黏滞系数，随液体的不同而不同；$\dfrac{\mathrm{d}u}{\mathrm{d}y}$ 为流速梯度。

式(5.1.6)即牛顿内摩擦定律。做层流运动的液体，相邻两层液体之间所产生的单位面积上的内摩擦力(或黏滞力)与流速梯度成正比，同时与液体的性质有关。液体的黏滞性还可以用运动黏滞系数 ν 表示，它是动力黏滞系数 μ 和液体密度 ρ 的比值。

$$\nu = \frac{\mu}{\rho} \tag{5.1.7}$$

(四)压缩性

液体受压后体积缩小的性质称为液体的压缩性。除去外力作用后可以恢复原状的性质称为弹性。液体也具有弹性。液体压缩性的大小用体积压缩系数或体积弹性系数表示。

体积压缩系数是液体体积的相对缩小值与压强的增值之比。若液体在压强为 p 时，体积为 V，压强增加 $\mathrm{d}p$ 后，体积缩小 $\mathrm{d}V$，其体积压缩系数为

$$\beta = -\frac{\dfrac{\mathrm{d}V}{V}}{\mathrm{d}p} \tag{5.1.8}$$

式中，负号表示压强增加、体积缩小，$\mathrm{d}V$ 与 $\mathrm{d}p$ 符号相反。β 越大，体积压缩性越大。β 的单位为平方米/牛顿(m^2/N)。

体积压缩系数 β 的倒数即体积弹性系数，常用 K 表示。

$$K = \frac{1}{\beta} \tag{5.1.9}$$

弹性系数 K 越大，液体越不容易压缩。K 的单位为牛顿/平方米(N/m^2)。水的压缩性很小，一般情况下认为水是不可压缩的。

(五)表面张力特性

在液体与气体相接触的自由面上，由于两侧分子间的引力不平衡，该面上的液体分子受引力的作用而被拉向液体内部，使液体表面有拉紧收缩的趋势，这种存在于液体表面的拉力称为液体的表面张力。如将一根细玻璃管插入盛液体的容器，则在表面张力作用下，管中和容器中的液面将不在同一水平面上，这就是毛细管现象。对于内聚力小于附着力的水，管中液面高于容器中的液面[图 5.1.6(a)]；对于内聚力大于附着力的水银，管中液面低于容器中的液面[图 5.1.6(b)]。

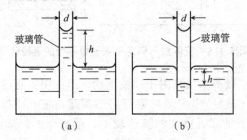

图 5.1.6 表面张力现象
(a)细玻璃管插入水中；(a)细玻璃管插入水银中

通常表面张力数值很小，仅在水的表面是曲率很大的曲面时，表面张力才产生显著影响。

上面介绍的液体主要物理力学性质，其中惯性、万有引力特性和黏滞性对液体运动的影响最大。

实际液体的物理性质是比较复杂的，为了简化问题便于进行理论分析，在研究液体运动时常常先将实际液体看作理想液体，即将所研究液体假定为完全无黏滞性的，得出有关规律后，

再进一步研究较复杂的实际液体的运动规律。

 项目小结

序号	知识点	能力要求	学习成果	学习应用
1	水力学的任务	熟悉水力学的任务	熟知水力学分为水静力学和水动力学两部分。水静力学研究液体处于静止(或相对平衡)状态下时,作用于液体上的各种力之间的关系。水动力学研究关于液体运动的规律以及能量转换的问题	正确熟练地计算作用于液体上的各种力
2	水力学在工程中的应用	熟悉水力学在工程中主要解决的实际问题	熟知水力学主要计算以下问题:水对水工建筑物的作用力;水工建筑物的过水能力;水流的能量损失;河渠的水面曲线;水工建筑物中水流的形态问题	正确熟练地计算工程中的水力学问题
3	液体的基本特性及液体的主要物理性质	熟记液体的主要物理性质:惯性;万有引力特性——重力;液体的黏滞性;压缩性;表面张力特性	熟知自然界的物质有三种存在形式:固体、液体、气体。液体、气体统称流体。液体的基本特性:易于流动、不易压缩、均质等向的连续介质	正确熟练地计算液体的主要物理性质

课后练习

按要求完成表格中的任务。

序号	基本任务	任务解决方法、过程	任务点评
1	水力学是力学的一个分支,具体研究的内容是什么?		
2	建筑物与水接触的过程中,会遇到的水力学问题有哪些?		
3	液体有哪些基本特性?		
4	液体的主要物理性质有哪些?		

项目二　水静力学

任务一　　平面壁上的静水总压力计算

一、案例导入

牛家庄水库大坝为混凝土重力坝，最大坝高为 52 m，横断面形状如图 5.2.1 所示。当蓄水深度为 10 m 时，淹没在水下的坝体长度为 300 m(图 5.2.2)，求此时坝体所受到的静水总压力是多少(假定坝前河床为水平面)？

二、问题分析

牛家庄水库大坝为混凝土重力坝，剖面形状可简化为如图 5.2.1 所示，可先计算出单位宽度坝体上的静水压力，乘以坝体长度，即可求得 300 m 坝段所受到的静水总压力。

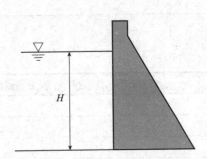

图 5.2.1　牛家庄水库大坝横断面图　　　　图 5.2.2　牛家庄水库大坝

计算单位宽度坝体上的静水总压力，需绘制出受压面上的静水压强分布图，静水压强为 $p = \gamma h$，此式表明：静水压强 p 与水深 h 是直线关系，γ 为水的重度。

解决该问题涉及的知识点包括以下几个方面：

(1)静水压强及其特性；

(2)静水压强的基本规律；

(3)静水压强的表示方法；

(4)静水压强分布图的绘制；

(5)静水总压力计算。

三、静水压强及其特性

(一)静水压强的概念

处于静止状态的水体，对与水接触的壁面(侧壁和底面)及水体内部质点之间都有压力的作用。水处于静止状态时的压力称为静水压力；水在流动时的压力称为动水压力。本项目只研究静水压力。

静止液体内的压力状况，常用单位面积上静水的压力——静水压强 p 来表示。

在均匀受力情况下，受压面上各处的受压状况相同，可用平均静水压强表示各点的静水压强，受压面单位面积上受力的平均值，可用下式计算：

$$p = \frac{P}{A} \tag{5.2.1}$$

式中，P 为静止液体作用于某受压面上总的力，称为静水总压力，牛顿(N)或千牛顿(kN)；A 为受力面积(m^2)；p 为静水压强，牛顿/米^2(N/m^2)或千牛顿/米^2(kN/m^2)；牛顿/米^{2}又称为帕斯卡(Pa)。

通常受压面上的受力是不均匀的，用上式计算出的平均静水压强，不能代表受压面上各处的受力状况，因而还必须建立点静水压强的概念。

在图 5.2.3 所示的平板闸门上，取微小面积 ΔA，令作用于 ΔA 上的静水压力为 ΔP，则 ΔA 面上单位面积所受的平均静水压力为

$$\bar{p} = \frac{\Delta P}{\Delta A} \tag{5.2.2}$$

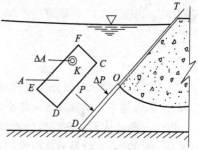

$\bar{p}$ 称为 ΔA 面上的平均静水压强。当 ΔA 无限缩小至趋于点 K，比值的极限值定义为 K 点的静水压强，即

$$p = \lim_{\Delta A \to 0} \frac{\Delta P}{\Delta A} \tag{5.2.3}$$

图 5.2.3 受水压力作用的平板闸门

(二)静水压强的特性

静水压强的两个重要特性如下：

(1)任一点静水压强的大小和受压面方向无关，作用于同一点上各方向的静水压强大小相等。

(2)静水压强的方向垂直并指向受压面。

例如，在图 5.2.4 所示的边壁 ABC 转折处的 B 点，对不同方位的受压面来说，其静水压强的作用方向不同(各自垂直于它的受压面)，对于 AB 面，B 点压强的方向垂直指向 AB 面；对于 BC 面，B 点压强的方向垂直指向 BC 面，但静水压强的大小是相等的。

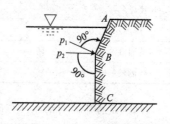

图 5.2.4 静水压强的方向

四、静水压强的基本规律

(一)静水压强基本方程

图 5.2.5(a)所示为仅在重力作用下处于静止状态下的水体。水表面受压强 p_0 的作用，p_0 称为表面压强。则位于水面下铅直线上任意两点 1、2 压强 p_1 和 p_2 间的关系为

$$p_2 = p_1 + \gamma \Delta h \qquad (5.2.4)$$

如图 5.2.5(b)所示，表面压强 p_0 与水面下深度为 h 的任一点静水压强 p 的关系为

$$p = p_0 + \gamma h \qquad (5.2.5)$$

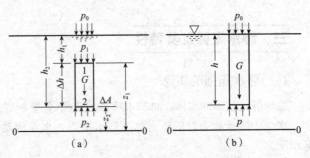

图 5.2.5　静水压强基本方程示意

式(5.2.4)、式(5.2.5)是常见的静水压强基本方程式。式(5.2.4)表明了位于水面下任意两点 1、2 压强 p_1 和 p_2 间的关系，式(5.2.5)表明仅在重力作用下，液体中某一点的静水压强等于表面压强 p_0 加上液体的重度与该点淹没深度的乘积。

由上面的静水压强基本方程式可知，深度为 h 处的静水压强是由两部分组成的，即从液面传来的表面压强 p_0 及单位面积上高度为 h 的液柱重量。

由式(5.2.5)可知，在静止液体中，若表面压强 p_0 由某种方式增大或减小，则此压强可大小不变地传递到液体中的各个部分。这就是帕斯卡原理。静止液体中的压强传递特性是制作油压千斤顶、水压机等很多机械的原理。

上述静水压强计算式中，任一点的位置是从水面往下算的，用水深 h 表示。若取共同的水平面 0—0 为基准面，任一点距基准面的高度称为某点的位置高度 z，则可将式(5.2.4)变换成另一种形式。由图 5.2.5 可以看出，$\Delta h = z_1 - z_2$，将其代入式(5.2.4)得

$$p_2 - p_1 = \gamma(z_1 - z_2)$$

即
$$z_1 + \frac{p_1}{\gamma} = z_2 + \frac{p_2}{\gamma} \qquad (5.2.6)$$

式(5.2.6)是静水压强分布规律的另一表达式，它表明，在静止的液体中，位置高度 z 越大，静水压强越小；位置高度 z 越小，静水压强越大。

式(5.2.6)还表明，在均质(γ＝常数)、连通的液体中，水平面($z_1 = z_2$＝常数)必然是等压面($p_1 = p_2$＝常数)，这就是通常所说的连通器原理。

静水压强基本公式同样也反映其他液体在静止状态下的规律，其区别只在于液体的重度 γ 不同。几种常见的液体和空气的重度 γ 见表 5.2.1。

表 5.2.1　常见流体的重度

流体名称	温度/℃	重度/(kN·m⁻³)	流体名称	温度/℃	重度/(kN·m⁻³)
蒸馏水	4	9.8	水银	0	133.3
普通汽油	15	6.57~7.35	润滑油	15	8.72~9.02
酒精	15	7.74~7.84	空气	20	0.018 8

水利工程中计算静水压强时，通常不考虑作用于水面上的大气压强(因大气压均匀地作用于建筑物的表面，例如，闸门两侧都受有大气压作用，它们自相平衡)，只计算超过大气压的压强数值。若令 p_a 表示大气压强，这样，当表面压强为大气压即 $p_0 = p_a$ 时，静水压强可写为

$$p = \gamma h \qquad (5.2.7)$$

【案例 5.2.1】　求水库中水深为 5 m、10 m 处的静水压强。

解：已知水库表面压强为大气压强，水的重度 $\gamma = 9.80 \text{ kN/m}^3$，

水深为 5 m 处 $p = \gamma h = 9.80 \times 5 = 49(\text{kPa})$

水深为 10 m 处 $p = \gamma h = 9.80 \times 10 = 98(\text{kPa})$

【案例 5.2.2】有清水和水银两种液体，求深度各为 1 m 处的静水压强。已知液面为大气压强

作用，且水银重度 $\gamma_{水银}$＝133.3 kN/m³。

解：水中深为 1 m 处的静水压强　$p＝\gamma h＝9.80\times1＝9.80(\text{kPa})$

水银中深为 1 m 处的静水压强　$p_{水银}＝\gamma_{水银}h＝133.3\times1＝133.3(\text{kPa})$

(二)静水压强基本方程的意义——测压管水头与单位势能

在如图 5.2.6 所示的容器中，若在位置高度为 z_1 和 z_2 的边壁上开小孔，孔口处连接一垂直向上的开口玻璃管，通称测压管，可发现各测压管中均有水柱升起。测压管液面上为大气压，根据连通器原理，则

$$p_1＝\gamma h_{测1} \qquad\qquad p_2＝\gamma h_{测2}$$

$$h_{测1}＝\frac{p_1}{\gamma} \qquad\qquad h_{测2}＝\frac{p_2}{\gamma}$$

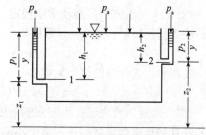

在均质连通的容器内，同种液体的 γ 为定值，测压管中水面上升高度说明静水中各点压强的大小。通常，称 $h_{测}＝p/\gamma$ 为压强水头或测压管高度。这说明当液体的重度为一定值时，一定的液柱高 h 就相当于确定的静水压强值。

图 5.2.6　静水压强基本方程意义示意

在水力学中，常将某点的位置高度和压强水头之和 $\left(z+\dfrac{p}{\gamma}\right)$ 叫作该点的测压管水头，用 H_p 表示。因此，式(5.2.6)表明：处于静止状态的水中，各点的测压管水头 H_p 为一常数，即处于静止状态的水中，各点的位置高度和压强水头之和为一常数

$$H_p＝z+\frac{p}{\gamma}＝C \tag{5.2.8}$$

常数 C 的大小随基准面的位置而变，所选基准面一定，则常数 C 的值也就确定了。

连接各点测压管中水面的线，称为**测压管水头线**。因此，静水压强基本方程式从几何上表明：**静止状态的水仅受重力作用时，其测压管水头线必为水平线。**

根据物理学可知：质量为 m 的物体在高度 z 的位置具有位置势能(简称位能)mgz，它反映物体在重力作用下，下落至基准面 0—0 时重力做功的本领。对于液体，它不仅具有位置势能，而且液体内部的压力也有做功的本领，如在图 5.2.6 的点 1 处设置测压管，则测压管水面上升 $h_{测1}＝\dfrac{p_1}{\gamma}$，这表明液体水面上升是压力作用的结果。它与位置势能相似，水力学中将它叫作压力势能，简称压能，质量为 m 的质点所具有的压能为 $mg\dfrac{p_1}{\gamma}$。

因此，静水中质点 1 所具有的全部势能，其数值应为位置势能与压力势能之和，即

$$mgz_1+mg\frac{p_1}{\gamma}＝mg\left(z_1+\frac{p_1}{\gamma}\right)$$

一般在研究时常采用单位重量水体所具有的势能即单位势能的概念，单位势能以 $E_势$ 表示，即

$$E_势＝\frac{mg}{mg}\left(z_1+\frac{p_1}{\gamma}\right)$$

由式(5.2.8)则有

$$E_势＝\left(z_1+\frac{p_1}{\gamma}\right)＝\left(z_2+\frac{p_2}{\gamma}\right)＝C \tag{5.2.9}$$

所以，静水压强基本方程从能量的观点表明：仅受力作用处于静止状态的水中，任意点对同一基准面的单位势能为一常数。

五、静水压强的表示方法

(一)压强的单位

在实际水利工程中，压强的单位有以下三类：

(1)以应力单位表示。压强用单位面积上受力的大小，即应力单位表示，这是压强的基本表示方法，单位为 Pa。

(2)以大气压表示。物理学中规定：以海平面的平均大气压(760 mm 高的水银柱的压强)为一标准大气压(代号 atm)，其数值为

$$1 \text{ atm}=1.033 \text{ kgf/cm}^2=101.3 \text{ kPa}$$

工程中，为计算简便起见规定

$$1 \text{ 工程大气压}=1.033 \text{ kgf/cm}^2=98.0 \text{ kPa}$$

(3)以水柱高度表示。由于水的重度 γ 为一常量，水柱高度 $h(h=p/\gamma)$ 的数值就反映压强的大小，这种用水柱高度表示压强大小的方法，在水利工程中也是比较常用的。

不难看出，压强三种单位间的关系是

$$1 \text{ 工程大气压}=1 \text{ kgf/cm}^2=98 \text{ kPa}$$

1 工程大气压也相当于 10 m 水柱。

$$1 \text{ kPa}=0.010 \text{ 2 kgf/cm}^2=0.010 \text{ 2 工程大气压}$$

1 kPa 相当于 0.102 m 水柱。

(二)绝对压强与相对压强

对于同一压强，由于采用不同的起算基准，会有不同的压强数值，如图 5.2.7 所示。

通常以没有空气的绝对真空，即压力为零做基准算起的压强，称为绝对压强，用 $p_{绝}$ 表示。

在水利工程中，水流表面或建筑物表面多为大气压 p_a，为简化计算，通常采用以一个工程大气压为零作为计算的起始点。这种以一个工程大气压为零算起的压强称为相对压强，以 P_a 表示。若不加特殊说明，静水压强即指相对压强，直接以 p 表示。

对于某一点的压强来说，它的相对压强值较该点的绝对压强值小一个大气压，即

$$p_{相}=p_{绝}-p_a$$

相对压强是指超过大气压的压强数值。

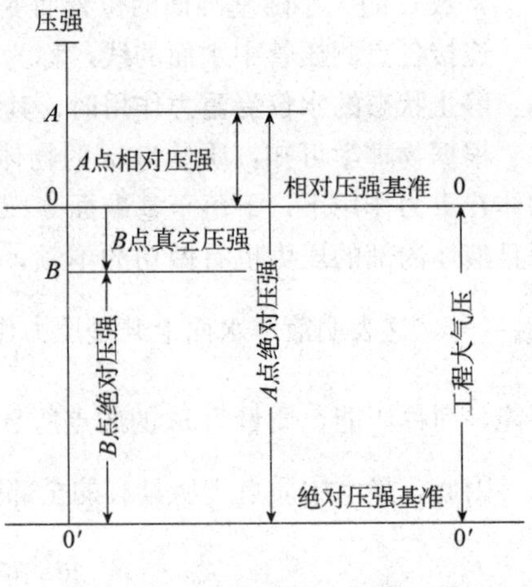

图 5.2.7 绝对压强、相对压强与真空压强关系图

(三)真空压强

在实际工程中，经常会发生压强小于大气压的情况，这时称为发生了真空。从下面的试验来认识真空现象。如果在静止的水中插入一个两端开口的玻璃管，如图 5.2.8 所示的管 1，这时管 1 内外的水面会在同一高度。如果把玻璃管的一端装上橡皮球，并把球内的气排出，再放入水中，如图 5.2.8 中的管 2，这时管 2 内水面则会高于管外的水面，说明管内水面压强 p 已不是一个大气压，根据静水压强基本方程可知

$$p_0+\gamma h_{真}=p_a$$

即
$$p_0 = p_a - \gamma h_{真}$$

这里表面压强 p_0 是一个小于大气压的压强，即管 2 液面上出现了真空。如用相对压强表示，则管内水表面压强为 $-\gamma h$，通常也称管液面出现了"负压"。这个负压（$-\gamma h$）的绝对值 γh 称为真空值，或真空压强。真空压强 $p_{真}$ 是绝对压强不足于一个大气压的差值。

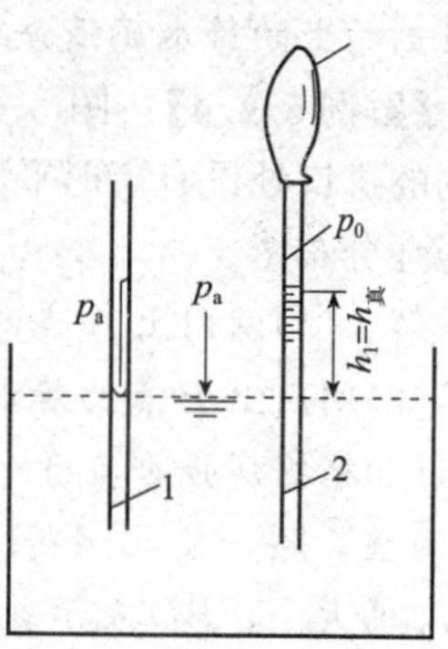

总之，当 $p_{绝} < p_a$ 时，即发生了真空，这时，一般用真空值 $p_{真}$ 来表示，它与相对压强和绝对压强的关系为

$$p_{真} = p_0 - p_{绝} = -p_{相} \qquad (5.2.10)$$

真空值的大小用所相当的水柱高度表示，称为真空高度：

$$h_{真} = \frac{p_{真}}{\gamma} \qquad (5.2.11)$$

离心泵和虹吸管能将水从低处吸到一定的高度，就是利用了真空的原理。

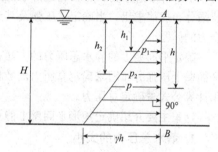

图 5.2.8 真空现象示意

六、静水压强分布图

水利工程中的建筑物大多与水接触，受水的作用，产生静水压力。而静水压力的计算，首先要清楚建筑物上的静水压强是如何分布的。建筑物表面压强多为大气压，在水利工程中，一般只要计算相对压强，不考虑大气压，即采用相对压强计算，所以只需绘制相对压强分布图，这时静水压强为 $p = \gamma h$，此式表明：静水压强 p 与水深 h 是直线关系。所以可用几何图形清晰地表示出受压面各点静水压强的大小和方向。这种静水压强分布图简称压力图，工程计算中常常用到，如图 5.2.9 所示。

压力图的绘制依据如下：

根据 $p = \gamma h$ 确定静水内任一点压强的大小，按静水压强的特性确定其方向。由于静水压强 p 是一个向量，垂直指向受压面，因此可用箭头来表示，箭头的方向表示 p 的作用方向，箭杆的长度表示 p 的大小。

图 5.2.9 静水压强分布图的画法

平面壁静水压强分布图的具体做法如下：

绘制受压面为平面壁的静水压强分布图时，首先可选受压面和水接触的最上面和最下面两点，用静水压强公式 $p = \gamma h$ 计算出点压强的大小，再按一定的比例尺绘出表示压强大小的箭杆长度，然后连接箭杆的尾部即得静水压强分布图，如图 5.2.9 所示。

【案例 5.2.3】 图 5.2.10 所示为一矩形平板闸门，一侧挡水。请绘制出闸门上的静水压强分布图。

解：图 5.2.10 所示的矩形平面闸门，一侧挡水，水面为大气压，只需确定闸门顶、底两点的压强值，并以直线连接，即可得到该剖面上的压强分布图。闸门挡水面与水面的交点 A 处，水深为零，压强 $p_A = 0$；闸门挡水面最底点 B 处，水深为 h，则压强 $p_B = \gamma h$，因压强与受力面垂直，故由 B 点作垂直于 AB 的线段 BB'，取 $BB' = h$，连接 AB'，则三角形 $AB'B$ 即矩形平面闸门上任一

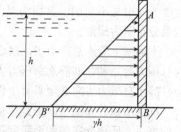

图 5.2.10 矩形平面闸门上静水压强分布图

铅垂剖面上的静水压强分布图。

【案例5.2.4】 图 5.2.11 所示为某坝体内的放水洞。在洞的进口处设有矩形平面闸门 AB。试绘制出闸门上的静水压强分布图。

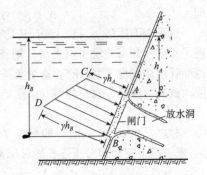

图 5.2.11　放水洞进口矩形平面闸门上静水压强分布图

解：(1)闸门上 A 点的静水压强 $p_A = \gamma h_A$；

(2)闸门上 B 点的静水压强 $p_B = \gamma h_B$；

(3)根据压强垂直于作用面的特性，p_A、p_B 应与闸门 AB 垂直，按一定比例将 p_A、p_B 画在图上，用长度 AC 表示 p_A 的大小，BD 表示 p_B 的大小；

(4)用直线连接 CD，则图形 $ACDB$ 即闸门任一铅垂剖面上的静水压强分布图。

七、作用在平面壁上的静水总压力

根据前面的学习，我们已了解了静水中任一点压强的计算方法及压强的分布规律。但在实际工程中，很多情况下需要知道作用在建筑物整个表面上的水压力即静水总压力。例如，为了确定水工闸门的启闭力，需要知道作用在闸门上的总压力；为确定挡水的闸、坝是否稳定，也需知道静水总压力。

求解静水总压力，包括确定静水总压力的大小、方向和作用点(力的三要素)。可根据静水压强分布规律求出。当确定了压强及其分布规律后求总压力，实质上就是静力学中求分布力的合力的问题。

确定平面壁上的静水总压力的方法，可分为图解解析法和解析法两类。图解解析法是根据平面壁上压强分布图来确定总压力的数值，它仅适用于受压面为矩形平面的情况；解析法则是用计算公式来确定总压力。

这里主要介绍确定矩形平面壁上静水总压力的图解解析法。

1. 静水总压力的大小

水利工程中最常见的受压平面是沿水深等宽的矩形平面，由于它的形状规则，可较简便地利用静水压强分布图求解。

图 5.2.12 所示为任意倾斜的矩形受压平面，宽为 b、长为 l 时，由于压强分布沿宽度不变，所以静水压强分布图沿宽度方向也是不变的。又因为受压平面的顶部在液面以下，压强分布图为梯形。

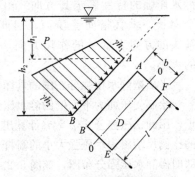

图 5.2.12　任意倾斜的矩形受压面静水总压力计算图

平面壁上静水总压力 P，就是受压面上各微小面积上静水总压力的总和，即静水总压力大小是该平行分布力系的合力，静水总压力方向必定垂直于作用面。

静水压强分布图反映的是单位宽度的受压面上压强的分布和大小，根据平行分布力系求合力的方法，**压强分布图的面积就等于作用在单位宽度上的静水总压力的大小**。当矩形受压平面宽度为 b 时，所受到的静水总压力的大小就等于压强分布图面积 w 乘受压面宽度 b，即

$$P = wb \qquad (5.2.12)$$

因此，对于图 5.2.12 所示的压强分布图为梯形的情况，静水总压力的大小为

$$P=\frac{1}{2}\gamma(h_1h_2)bl \qquad (5.2.13)$$

当受压平面的顶部与液面齐平时，受压平面底部处的水深为 h 时，压强分布图则为三角形，如图 5.2.10 所示的情况，若受压面宽度为 b，静水总压力的大小为

$$P=\frac{1}{2}\gamma hlb \qquad (5.2.14)$$

2. 静水总压力的方向

静水总压力的作用方向：根据静水压强的第二特性，所有点的静水压强都垂直受压面，所以，静水总压力必然垂直于受压面。

静水总压力的作用点：静水总压力的作用线与受压面的交点，即总压力的作用点，称为压力中心，以 D 表示。压力中心位置有时用压力中心 D 至受压面底缘的距离 e 表示。**静水总压力的作用线必通过压强分布图形心**（注意要与受压面形心区别开），**并垂直受压面，而且压力中心必然位于受压面的对称轴上。**

压力中心的位置可以用平行力求合力作用点的方法计算。对于较复杂的压强分布图，可分成三角形、矩形等简单图形，先求分力，然后求合力及合力作用线位置。

当压强分布图为三角形时，压力中心至三角形底缘距离 $e=\frac{1}{3}l$。

当压强分布图为梯形时，梯形上、下底的边长分别为 b_1 和 b_2，压力中心至梯形底缘的距离 $e=\frac{l}{3}\times\frac{2b_1+b_2}{b_1+b_2}$。

梯形压力图的形心位置也可用图解法求得。梯形上、下底的边长分别为 b_1 和 b_2，如图 5.2.13 所示。将上底延长长度 b_2，下底向另一侧延长长度 b_1，将上、下底延长线的端点连接成直线 cd，并与上、下底中点的连线 mn 相交于 O 点，该点即梯形的形心，形心到下底的距离为 e。

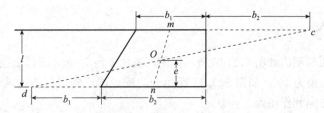

图 5.2.13　图解解析法求梯形压力图的形心位置示意

综上所述，矩形受压面静水总压力的图解解析法，步骤如下：

(1)绘制出静水压强分布图。

(2)计算静水总压力的大小 $P=wb$。

(3)总压力的作用线通过压强分布图形心，且垂直受压面，作用线与受压面交点即压力中心，且压力中心落在受压面的对称轴上。

(4)静水总压力方向：垂直指向受压面。

案例详解：

【解】根据题意 $H=10$ m，$b=300$ m；

(1)绘制静水压强分布图。根据所给问题条件，绘静水压强分布图，如图 5.2.14 所示；

(2)计算静水总压力的大小。

B 点压强为 $\qquad p_B=\gamma H=9.80\times10=98\text{(kPa)}$

单宽坝体上的静水压力大小为

$$P = wb = \frac{1}{2}\gamma H^2 \times 1 = \frac{1}{2} \times 9.8 \times 10 \times 10 \times 1 = 490(\text{kN})$$

300 m 宽坝体上的静水总压力大小为

$$P = wb = \frac{1}{2}\gamma H^2 \times 300 = \frac{1}{2} \times 9.8 \times 10 \times 10 \times 300 = 147\ 000(\text{kN}) = 1.47 \times 10^5\ \text{kN}$$

静水总压力作用点 D 与 B 点的距离 $e = \frac{1}{3}H = \frac{1}{3} \times 10 = 3.33(\text{m})$

(3)确定静水总压力方向。图 5.2.15 中所示 P 为静水总压力，方向垂直指向坝体。

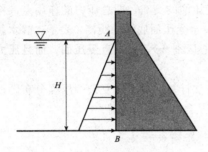 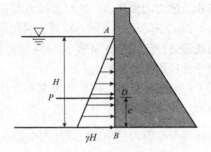

图 5.2.14 牛家庄水库大坝蓄水深度 10 m
时的静水压强分布　　　　　　　　**图 5.2.15** 牛家庄水库大坝蓄水深度 10 m
时的静水总压力示意

任务二　曲面壁上的静水总压力计算

一、案例导入

日出泄洪闸为弧形闸门如图 5.2.16 所示。闸门宽度 b 为 10 m，圆弧半径 R 为 8.5 m，圆心 O 与水面齐平，中心角为 45°，如图 5.2.17 所示。为确定闸门的启门力，求作用在闸门上的静水总压力的大小、方向和作用点。

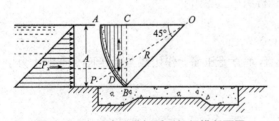 

图 5.2.16　日出泄洪闸弧形闸门横断面图　　　　　**图 5.2.17　日出泄洪闸**

二、问题分析

日出泄洪闸为弧形闸门，曲面壁剖面形状可简化为如图 5.2.16 所示的圆柱面的一部分 AB，计算时可先把曲面壁静水总压力 P 分解为水平分力 P_x 和铅直分力 P_z。水平分力 P_x 等于该曲面的铅直投影面上的静水总压力，方法同平面壁。铅直分力 P_z 等于压力体内的水重。P_x、P_z 求得后，总压力 P 的大小即可求得。

解决该问题涉及的知识点包括以下几个方面：

(1)静水压强及其特性；

(2)静水压强的基本规律；

(3)静水压强分布图的绘制；

(4)平面壁上静水总压力的计算方法；

(5)压力体的确定。

三、作用在曲面上的静水总压力的计算方法

在水利工程中，常有受压面为曲面的情况，如拱坝、弧形闸门、闸墩、边墩等。这些曲面多为二向曲面(柱面)，现以弧形闸门为例分析二向曲面上的静水总压力的计算方法。

弧形闸门面板为圆柱面的一部分，面板上各点所受压强随深度增加方向也是变化的。静水压强分布图比较复杂，单纯由压力图计算静水总压力比较困难。

为便于计算，常将静水总压力分解为水平总压力 P_x 和铅直总压力 P_z，只要分别求出 P_x、P_z，就可以计算出合力 P。很多情况下，实际工程中不需要求解出合力 P，只要求出 P_x、P_z 就可以解决实际问题。

(一)计算静水总压力的大小

为了分析确定分力 P_x 和 P_z，现以图 5.2.18 所示的淹没在水下一定深度的弧形闸门 AB 为例来分析其计算方法。

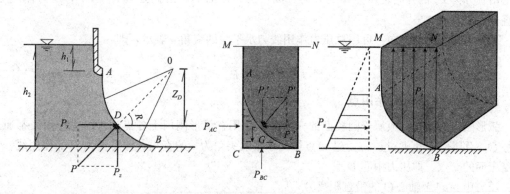

图 5.2.18　弧形闸门静水总压力计算示意

图 5.2.18 所示的弧形闸门为一圆柱面，半径为 R、闸门宽度为 b、顶部水深 h_1，底部水深 h_2。现选取截面为 ABC 的**水体**为脱离体，对该水体进行水力分析，作用在水体上的力有以下几种：

(1)作用在 AB 面上的力即闸门对水的反作用力 P'，该力和水对闸门的静水总压力 P 大小相等，方向相反。

(2)水体上的重力为 G。

(3)作用在 BC 和 AC 面上的总压力分别为 P_{BC} 和 P_{AC}。

将 P' 分解为 P'_x、P'_z 两个分力。

因为水体 ABC 处于静止状态，所以作用在该水体上的力是平衡的，即

$$P_x' = P_{AC}$$

$$P_z' = P_{BC} - G$$

根据作用力与反作用力大小相等、方向相反且作用在弧形闸门上，静水总压力的水平分力

$$P_x = P_{AC}$$

由此可得：静水总压力的水平分力 P_x 等于曲面的铅直投影面上的静水总压力，并可采用平面壁静水压力计算方法求得。

弧形闸门上的静水总压力的铅直分力为

$$P_z = P_z' = P_{BC} - G$$

P_z 包含两部分，P_{BC} 即作用在 BC 面上的静水总压力的反力。BC 为一等压面，其各点压强都与 C 点压强相等，即 $p = \gamma h_2$，则

$$P_{BC} = \gamma h_2 w_{BC} = \gamma V_{MNBC}$$

式中，w_{BC} 为 BC 面的面积；V_{MNBC} 是水体 $MNBC$ 的体积。

可得 $P_z = P_{BC} - G = \gamma V_{MNBC} - \gamma V_{ABC}$

$$= \gamma(V_{MNBC} - V_{ABC})$$

$$= \gamma V_{MNBA}$$

式中，V_{MNBA} 表示宽度为 b、截面面积为 $MNBA$ 的水体体积，统称压力体。

上式表明：静水总压力的铅直分力 P_z 等于压力体内的水重。

弧形闸门上的静水总压力的大小为

$$P = \sqrt{P_x^2 + P_z^2} \tag{5.2.15}$$

(二)静水总压力的方向

铅直分力 P_z 的方向与压力体的方向相同，压力体向下，铅直分力 P_z 向下，压力体向上，铅直分力 P_z 向上。

总压力作用线的方向：可用总压力作用线与水平线的交角 α 表示，即

$$\alpha = \arctan \frac{P_z}{P_x} \tag{5.2.16}$$

(三)静水总压力的作用点

弧形闸门的面板一般属于圆柱面的一部分，作用在弧形闸门上各点的水压力作用线都通过圆心 O，总压力 P 也通过 O 点。过 O 点做与水平线夹角为 α 的直线，即总压力 P 的作用线，它与受压面的交点，即压力中心 D。

压力中心 D 至轴心 O 的铅直距离为

$$Z_D = R\sin\alpha \tag{5.2.17}$$

四、压力体的确定

(一)压力体的组成

压力体由底面、顶面、侧面围成。

(1)底面——曲面本身；

(2)顶面——水面或水面的延长面；

(3)侧面——通过曲面四周边缘所做的铅垂面。

压力体是由受压曲面与通过曲面的周界所做的铅垂面及自由水面（或水面的延长面）包围而成，P_z 的作用线通过压力体的重心，方向铅垂地指向受压面。

(二)压力体方向

压力体方向决定铅直分力 P_z 的方向。

压力体向下，铅直分力 P_z 向下。

压力体向上，铅直分力 P_z 向上。

当压力体和水在受压面的同一侧时，压力体方向向下；当压力体和水分别在受压面的两侧时，压力体方向向上。

(三)压力体剖面图

根据压力体的组成可以直接绘制出压力体的剖面图，用以计算压力体内的水重；同时，还可以直接判断压力体的方向，从而确定铅直分力 P_z 的方向。图 5.2.19 所示为几种情况下压力体剖面图。

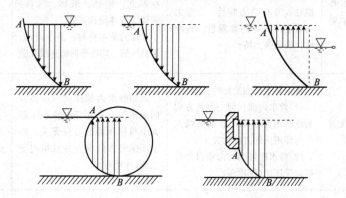

图 5.2.19 弧形闸门静水总压力计算示意

(四)曲面壁静水总压力计算步骤

(1)将曲面壁静水总压力 P 分解为水平分力 P_x 和铅直分力 P_z。

(2)水平分力 P_x 等于该曲面的铅直投影面上的静水总压力，方法同平面壁。

(3)铅直分力 P_z 等于压力体内的水重。

(4)P_x、P_z 求得后，总压力 P 的大小可由力的合成定理求得：

$$P=\sqrt{P_x^2+P_z^2}$$

(5)确定静水总压力的方向。

(6)求静水总压力的作用点。

案例详解：

【解】闸门前水深 $h=R\sin45°=8.5\times\dfrac{\sqrt{2}}{2}=6(\text{m})$

水平分力为 $P_x=\dfrac{1}{2}\times9.8\times6^2\times10=1\,764(\text{kN})$

铅垂分力为

$P_z=\gamma\times V_{压力体ABC}=\gamma(扇形\,AOB\,面积-三角形\,BOC\,的面积)\times b=\gamma\left(\dfrac{45°}{360°}\pi R^2-\dfrac{1}{2}h^2\right)b$

$=9.5\times\left(\dfrac{1}{8}\times3.14\times8.5^2-\dfrac{1}{2}\times6^2\right)\times10=1\,014(\text{kN})$

作用在闸门上的静水总压力为

$$P=\sqrt{P_x^2+P_z^2}=\sqrt{1\ 764^2+1\ 014^2}=2\ 035(\text{kN})$$

静水总压力 P 的方向与水平面的夹角为

$$\alpha=\arctan\frac{1\ 014}{1\ 764}=29°54'$$

静水总压力的作用点即压力中心 D 至轴心 O 的铅直距离 Z_D 为

$$Z_D=R\sin\alpha=8.5\times\sin29°54'=4.24(\text{m})$$

 项目小结

序号	知识点	能力要求	学习成果	学习应用
1	液体的基本特性及液体的主要物理性质	熟记液体的主要物理性质：惯性；万有引力特性——重力与重度；液体的黏滞性；压缩性；表面张力特性	熟知自然界的物质有三种存在形式：固体、液体、气体。液体、气体统称流体。液体的基本特性：易于流动、不易压缩、均质等向的连续介质	正确熟练地计算液体的主要物理性质
2	静水压强及其特性	熟记静水压强的特性： (1)静水内部任何一点各方向的压强大小相等，静水压强大小与作用面的方位无关。 (2)静水压强的方向垂直并且指向受压面(作用面)	熟知静水内部任何一点各方向的压强大小相等，静水压强大小与作用面的方位无关。静水压强的方向垂直并且指向受压面(作用面)	能够判断静水压强的方向垂直并且指向受压面(作用面)
3	静水压强的分布规律	熟记静水压强基本方程及其意义	熟知静水压强的分布规律	正确熟练地计算静水压强
4	压强的表示方法	记住水利工程中压强的三种单位： (1)以应力单位表示； (2)以大气压表示； (3)以水柱高度表示。 (注意：三种单位的关系)	熟知水利工程中压强的三种单位使用时的注意事项	熟知水利工程中压强的三种单位的关系
5	绝对压强与相对压强	熟记绝对压强与相对压强的概念	熟记绝对压强与相对压强、真空压强的关系	正确熟练地计算绝对压强与相对压强，能判断是否有真空存在
6	静水压强分布图	熟记静水压强的大小与水深的关系，静水压强 p 与水深 h 是直线关系	熟记壁上静水压强分布图的做法	正确熟练地绘制工程中常见的静水压强分布图
7	静水总压力的计算	熟知静水总压力的计算方法： (1)平面壁静水总压力计算； (2)曲面壁静水总压力计算	熟知静水总压力的计算方法、步骤	正确熟练地计算平面壁静水总压力、曲面壁静水总压力

按要求完成表格中的任务。

序号	基本任务		任务解决方法、过程	任务点评
1	试绘出题中标有字母的各挡水面上的静水压强分布图（基本型）	(1) (2)		
2	试绘制各挡水面上的压力体剖面图及铅直投影面上的压强分布图（综合型）			
3	试绘制各挡水面上的压力体剖面图及铅直投影面上的压强分布图（综合型）			

263

序号	基本任务		任务解决方法、过程	任务点评
4	试计算图示闸门上的静水总压力（应用型）	某带胸墙的弧形闸门如图所示，闸门宽度 $b=12$ m，高 $H=9$ m，半径 $R=12$ m，闸门转轴距底面为 9 m，求弧形闸门上受到的静水总压力及压力中心 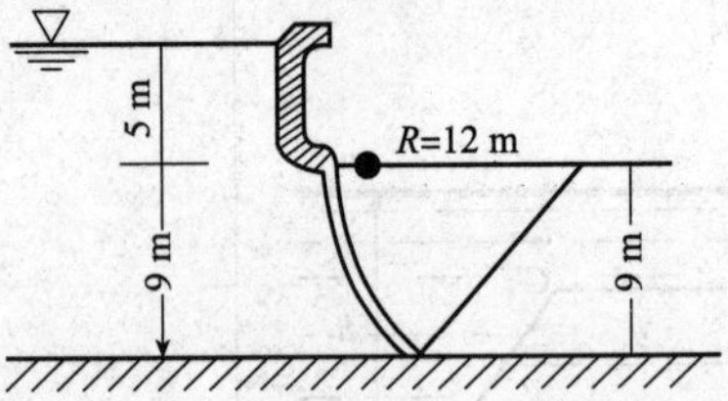		

项目三　认识水流的水头与水头损失

任务一　　认识水流的水头

一、案例导入

王家村农田灌溉的输水管路，运用一段时间后，发现位于管路末端的农田出不来水，农田得不到灌溉。经过多次检查也没有发现有漏水点和堵塞现象，请分析是什么原因。

二、问题分析

王家村农田灌溉的输水管路，经过运用一段时间后，发现位于管路末端的农田出不来水，农田得不到灌溉，解决该问题涉及的知识点包括以下几个方面：

(1)水流的水头；

(2)水流的水头损失；

(3)水头损失与水流能量的关系。

三、水流的能量与转换

(一)水流中机械能的表现形式及其转换现象

运动中的水流，其动能和势能是按照一定规律转换的，水流中沿流程各断面，其位置高度、流速和压强之间关系的方程式在水力学中称为能量方程，具体可参考有关资料。

运动物体具有动能和势能两种机械能。质量为 m 的物体，运动的速度为 v 时，动能为 $\frac{1}{2}mv^2$；物体在基准面上的位置高度为 z，重量 $G=mg$，它的位置势能为 mgz。在一定条件下，动能和势能可互相转化。机械能也可以转化为其他形式的能。

如水流运动时，由于摩擦阻力的作用，消耗一部分机械能而转变为热能。从机械能角度来看是损失了能量，从总能量角度来看是机械能转变为热能，总能量不变，即能量转化和守恒原理。

如图 5.3.1 所示，水流从溢流坝下泄，1—1 断面处，若研究水面一点，该点在基准面以上的位置高度最大，而流速较小，即势能所占比重大，动能所占比重较小。当水流顺流而下，位置高度不断降低，速度不断增大，即势能不断减小，动能增大。2—2 断面，势能达到最小，动能最大，即 1—1 断面部分势能转化为 2—2 断面的动能。

图 5.3.2 所示为一根管径变化的水平管道，一端接平水箱，另一端安装阀门，2、3、4、5 断面安装测压管。动能、位置势能、压力势能的转化分析如下：

阀门关闭时，管内为静水，测压管水头 $\left(z+\dfrac{p}{\gamma}\right)$ 守恒，各测压管水面与水箱水面位于同一高度。

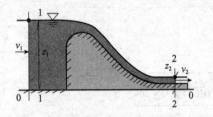

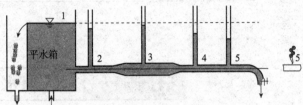

图 5.3.1　水流从溢流坝下泄时　　　　　图 5.3.2　管道水流能量转换示意
　　　　　水流能量转换示意

将阀门打开至一定开度，保持水箱中水位不变，即管中水流为恒定流时，此时管中水流各断面有一定流速，各测压管水面相应降低后保持一定高度。说明动水中也存在压力，动水压强的大小和水柱的重量相平衡，$p=\gamma h$，测压管高度 $h=p/\gamma$。这说明：由于压力做功使 2 断面中心点的液体质点上升至 h 的高度。若该质点质量为 m，则该质点由于压力对它做功所获得的势能 $mgh=mgp/\gamma$，称为压力势能。

由此看出：水流中的机械能有动能、位置势能、压力势能。

从图 5.3.2 中可以看出，各点位置势能相等。2 断面测压管水面低，3 断面水面高。原因是 3 断面流速变小，动能也减小了，减小的动能转化为压力势能，粗管测压管水面高于细管测压管水面。同在细管上的 4、5 断面位置势能相等，断面流速相等，动能也相等。但 5 断面的测压管水面比 4 断面的稍低，这是由于 4 断面至 5 断面间管路中摩擦阻力引起能量损失所致。

若将 5 断面的测压管去掉，水流将从孔口向上喷出，压力势能转化为动能，水流喷射至最高点，速度为零，点 5 处的动能全部转化为势能。

(二)水流中机械能的转换规律

上面的试验现象表明，水流的机械能有动能 $\dfrac{1}{2}mv^2$、位置势能 mgz、压力势能 mgp/γ 三种表现形式。三种能量可以相互转化。由于水流中存在摩擦阻力，能量有所损失。水流运动过程中的总能量可写为 $\dfrac{1}{2}mv^2+mgz+mgp/\gamma$。为了研究问题方便，可将动能 $\dfrac{1}{2}mv^2$、位置势能 mgz、压力势能 mgp/γ 都除以 mg，即单位重量的液体所具有的能量。

水力学中水流运动的过程中能量守恒，即满足下面的能力方程：

$$z_1+\frac{p_1}{\gamma}+\frac{\alpha v_1^2}{2g}=z_2+\frac{p_2}{\gamma}+\frac{\alpha v_2^2}{2g}+h_\mathrm{w} \tag{5.3.1}$$

式中，z_1、z_2 为位置高度，称为位置水头（m）；$\dfrac{p}{\gamma}$ 为测压管高度，称为压强水头（m）；$\left(z+\dfrac{p}{\gamma}\right)$ 为位置高度与测压管高度之和，称为测压管水头（m）；$\dfrac{\alpha v^2}{2g}$ 为单位动能，称为流速水头（m）（其中，α 为大于 1.0 的一个系数，称为流速分布不均匀系数或动能改正系数，一般为 1.05～1.10，其值视流速分布均匀程度而定，流速分布越不均匀，则 α 值越大，流速分布均匀时 $\alpha=$

1.0。为了简化计算，往往取 $\alpha=1.0$）；$\left(Z+\dfrac{p}{\gamma}+\dfrac{\alpha v^2}{2g}\right)$ 为总水头(m)；h_w 为能量损失，称为水头损失(m)。

能量方程反映了在恒定总流中，水流机械能在一定条件下互相转化的规律。

四、水流的水头

水从任一渐变流断面流到另一渐变流断面的过程中，它具有的机械能的形式可以互相转化，前一断面的单位能量应等于后一断面的单位能量再加上两端面间的能量损失。

能量方程中各项都具有长度单位(m)，在图形上都表示为一种高度，这种高度在水力学上称为"水头"。水流在各个断面所具有的单位总能量为

$$E=z+\frac{p}{\gamma}+\frac{\alpha v^2}{2g} \tag{5.3.2}$$

为了形象地反映总流中各种能量的变化规律，通常可以将能量方程用图形描绘出来，即总水头线和测压管水头线，如图 5.3.3、图 5.3.4 所示。

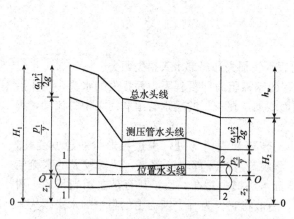

图 5.3.3　管径扩大时水流的
总水头线和测压管水头线

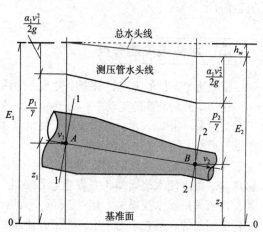

图 5.3.4　管径收缩时水流的
总水头线和测压管水头线

任务二　水流的水头损失

一、水头损失的现象及原因

(一)水头损失试验

实际水流在流动过程中，机械能的消耗是不可避免的，这从下述试验可明显地得到证实。

若对一段水平安放、直径不变的水管(图 5.3.5)进行观测试验，试验时流量保持稳定不变，则可看到在直管段相距一定距离的 1、2 两断面上，测压管测出的水面高度有下降现象。

现对比这两个断面上单位能量的变化。由于管径 d、过水断面 w 不变，则恒定流的流速 v 和流速水头 $\frac{v^2}{2g}$ 不变，同时因管轴水平，位置高度 z 不变，但压强水头减小了。由此可见，单位位置势能、单位动能未发生变化，而单位压力势能沿程减小，显然，只能是在流动中

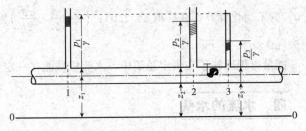

图 5.3.5　水头损失试验现象

损耗掉了。如果在阀门的下游断面上也装置测压管，同样可以看到阀门前断面 2 和阀门后断面 3 之间也出现压强水头的下降，说明水流过阀门也有水头损失。而且断面 2、3 之间距离虽短，水头的损失却往往比断面 1—2 之间的水头损失还要大。

（二）水头损失的现象及原因

水流运动时，流层间会产生阻止相对运动的内摩擦力，即水流切应力。液体为保持流动，必须克服该阻力而做功，因而就消耗了机械能。机械能的消耗，即能量损失的大小，取决于水流切应力的大小和流层间相对运动的情况。而引起液体能量损失的根源就是液体的黏滞性。

二、水头损失的分类

根据边界条件的不同，水头损失 h_w 分为沿程水头损失和局部水头损失两类。

在均匀的和渐变的流动中，由于沿全部流程的摩擦阻力即沿程阻力而损失的水头，叫作沿程水头损失，用 h_f 表示。它随流动长度的增加而增加，在较长的输水管道和河渠中的流动，都是以沿程水头损失为主的流动。

在流动的局部地区，如管道的扩大、缩小、转弯和阀门等处，由边界形状的急剧变化，在局部区段内使水流运动状态发生急剧变化，形成较大的局部水流阻力，消耗较大的水流能量，这叫作局部水头损失，用 h_j 表示。虽然局部水头损失是在一段，甚至是在相当长的一段流程上完成的，但在水力学中，为了方便起见，一般将它作为一个断面上的集中的水头损失来处理。

引起沿程水头损失和局部水头损失的外因虽有差别，但内因是一样的。当各局部阻力间有足够的距离时，某一流段中的全部水头损失 h_w，即可认为等于该流段中各种局部水头损失与各分段中沿程水头损失的总和，即

$$h_w = \sum h_f + \sum h_j \qquad (5.3.3)$$

工程设计中有时需要尽量减小水头损失。例如，为了尽量减小局部旋涡等损失，水泵和水轮机的过流部分应尽量做得符合流线形状，以提高机械效率。但在有些情况下，又需要设法增大水头损失，如溢流坝下游必须采取消能措施，防止冲刷河床、河岸和危及建筑物的安全。为了较好地控制水流的能量，必须掌握水头损失的规律，以确保水利水电工程的正常运行。

案例详解：

【解】根据王家村农田灌溉的输水管路，经过运用一段时间后，发现位于管路末端的农田出不来水，农田得不到灌溉；经过多次检查也没有发现有漏水点和堵塞现象，可以根据水力学测水流能量的方法测定灌溉的输水管路的能量损失情况，如果灌溉的输水管路沿线水流沿程水头损失和局部水头损失之和超出了设计管路的水头损失，则输水管路末端就会水流能量（水头）较

小，不能保证供水。导致这种现象的原因有可能是因为管路使用时间较长，管内有淤积物或锈蚀，使粗糙系数增加导致水头损失较大。

 项目小结

序号	知识点	能力要求	学习成果	学习应用
1	水流的能量与转换	熟知水流的机械能类型	熟知水流的机械能的类型及表达方式	正确熟练地描述水流的能量的类型
2	水流的水头	熟记水流的各种水头的意义及表达方式	熟知水流的各种水头的意义及表达方式，并能计算各种水头	能够计算水流的各种水头
3	水头损失的现象及原因	熟知水头损失的现象及原因	熟知水头损失的现象及原因	正确熟练地分析水头损失的现象及原因
4	水头损失的分类	记住水头损失的分类： (1)沿程水头损失； (2)局部水头损失	熟知沿程水头损失和局部水头损失产生的原因	能够正确分析水头损失产生的原因

 课后练习

按要求完成表格中的任务。

序号	基本任务	任务解决方法、过程	任务点评
1	分析图中总水头线和测压管水头线的变化规律，并说明为什么(基本型) 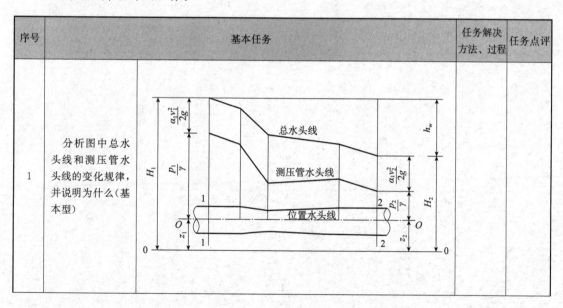		

续表

序号	基本任务		任务解决方法、过程	任务点评
2	试说明图中的水头损失有哪些(综合型)	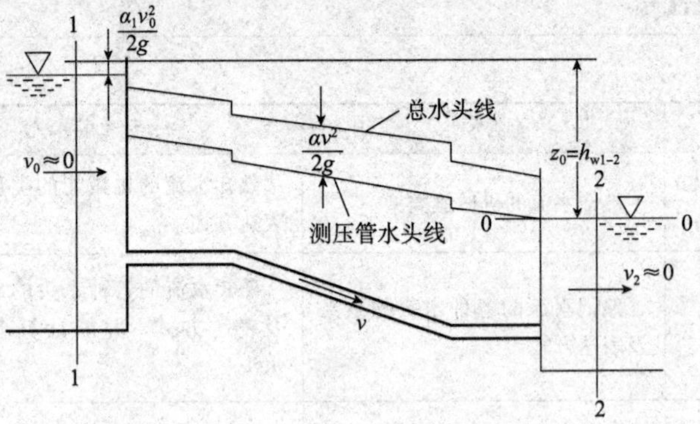$\frac{\alpha_1 v_0^2}{2g}$ 总水头线 $\frac{\alpha v^2}{2g}$ 测压管水头线 $z_0=h_{w1-2}$ $v_0\approx0$ $v_2\approx0$ v 1 2 0		
3	试说明图中虚线圆圈标注的位置会引起哪种类型的水头损失(综合型)	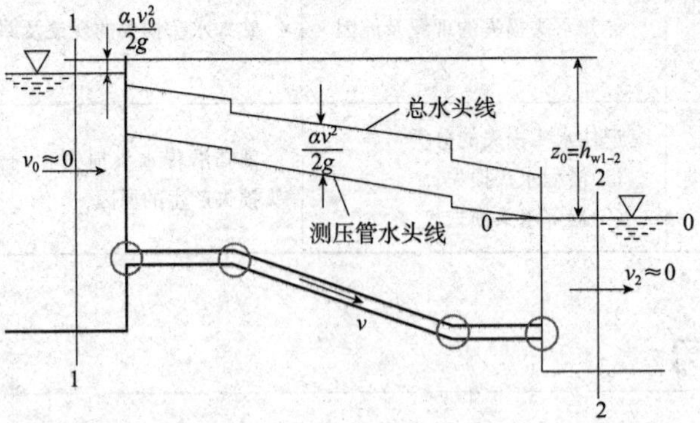$\frac{\alpha_1 v_0^2}{2g}$ 总水头线 $\frac{\alpha v^2}{2g}$ 测压管水头线 $z_0=h_{w1-2}$ $v_0\approx0$ $v_2\approx0$ v 1 2 0		

项目四　认识水流形态及水流类型

任务一　运动液体的两种基本流态——层流和紊流

经过长期观测和实践，早在 19 世纪初，人们便发现：在自然界各种不同的条件下，运动液体的内部表现为两种截然不同的流态。在不同的流态下，液流运动方式、断面流速分布、阻力损失的大小等都不同。后在 1883 年，英国的雷诺通过试验对这一问题进行了科学的说明。

一、层流与紊流

图 5.4.1 所示为流态试验装置的示意。在水箱侧面安装一根水平的带喇叭口的玻璃管，管下游端安装阀门 A 以调节管内流量的大小。在喇叭口外装有注入颜色水的针形小管。水箱设有溢流板，以保持试验时水箱水面高度不变，管内水流保持恒定流动。

试验时，将阀门 A 微微开启，管中水体以很低的速度流动，然后将颜色水开关 B 打开，使颜色水流入玻璃管内。这时，可以看到玻璃管的水流中出现一条明显的着色的直线水流，其位置基本固定不变。这说明水流沿一定的路线前进，在流动过程中，上、下层各部分水流互不相混，如图 5.4.1(a) 所示，这种流动形态叫作**层流**。

如逐渐开大阀门 A，玻璃管中的流速随着加大。起初带色直线没有变化，待流速增大到某一数值后带色直线开始颤动，发生弯曲，线条逐渐加粗，最后颜色水四向扩散，不再是一条线形，而使全部水流染色，如图 5.4.1(b) 所示。这说明管中内、外层各部分水流在沿管向前流动的同时，还互相混掺。对每一液体质点来说，它运动经过的路线是曲折且不规则的，似乎没有什么规律性，但从总体上还是沿管轴线运动的，这种流动形态叫作**紊流**。

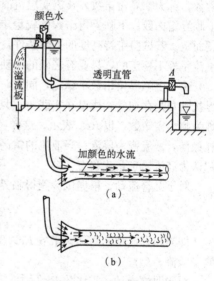

图 5.4.1　雷诺试验示意

(a)层流；(b)紊流

若以相反的程序进行试验，即开始管中流速很大，紊流业已发生。再逐渐关闭管阀 A，当流速减小到某一定数值时，紊流则转变为层流。

大量试验证明：任何实际液体及气体在任何形状的边界范围内流动都具有两种流动形态，即层流和紊流。

二、层流与紊流的判别

层流和紊流中质点运动的规律不同，因而，流动的内在结构(包括断面上的流速和切应力分布等)和水头损失规律皆不相同。所以，在分析实际液流时，必须首先区分流动形态，这是分析液体流动的前提。

在上述试验中，为了鉴别这两种水流形态，将两种水流形态转换时的流速称为临界流速。试验表明，层流转变为紊流和紊流转变为层流时，其临界流速不等，层流变紊流的临界流速较大，称为上临界流速；而紊流变层流的临界流速较小，称为下临界流速。

当流速大于上临界流速时，水流为紊流状态。当流速小于下临界流速时，水流为层流状态。当流速介于上、下两临界流速之间时，水流可为紊流，也可为层流，应视初始条件和受扰动的程度而定。

以上是对处于一定温度下的水，流经同一直径玻璃管时进行试验的。当试验的水温、玻璃管直径或试验液体不同时，临界流速的数值也不相同。根据对不同液体、在不同温度下、流过不同管径的大量试验结果表明，液体流动形态的转变取决于液体流速 v 和管子直径 d 的乘积与液体运动黏滞性系数 v 的比值 $\frac{vd}{v}$ 称之为雷诺数，以 Re 表示：

$$Re = \frac{vd}{\dfrac{\mu}{p}} = \frac{vd}{\nu} \tag{5.4.1}$$

多次试验表明，各种液体在同一形状的边界中流动，液体流动形态转变时的雷诺数是一个常数，称为临界雷诺数。紊流变层流时的雷诺数称为下临界雷诺数。层流变紊流的雷诺数称为上临界雷诺数。下临界雷诺数比较稳定，而上临界雷诺数的数值极不稳定，视水流受干扰的程度而定。若试验维持高度的平衡条件，上临界雷诺数可达 100 000。但是，位于较高雷诺数下的层流是极不稳定的，只要有轻微的扰动，则迅速地转化为紊流。

由于上临界雷诺数不稳定，同时，自然界的实际情况不可能有像实验室中的平静条件，外界扰动总是存在的，所以在实践中，只根据下临界雷诺数判别流态。因此，下临界雷诺数也通称为临界雷诺数，以 $Re_{临}$ 表示。这样，当液流的雷诺数 $Re < Re_{临}$ 时，无论液体的性质和流动边界如何，液流皆为层流；当液流的雷诺数 $Re > Re_{临}$ 时，无论液体的性质和流动边界如何，一般都认为液流属于紊流状态。

对于圆管流动，根据试验测得临界雷诺数为

$$Re_{临} = \left(\frac{vd}{\nu}\right)_{临} = 2\,320$$

即当圆管流动的实际雷诺数 $Re > 2\,320$ 时，无论其管径大小和液体性质如何，一般即认为属于紊流。

对于明槽流动，雷诺数 Re 写为

$$Re = \left(\frac{vd}{\nu}\right) \tag{5.4.2}$$

通常，过水断面上水与周围固体边壁接触的周长叫作湿周，以 χ 表示。水力半径 R 则为过水断面面积 A 与湿周 χ 之比，即

$$R = \frac{A}{\chi} \tag{5.4.3}$$

式中，R 为过水断面的水力半径。

对于明槽流动，由于槽身形状有差异，$Re_{临}$ 也略有差异，根据试验测得临界雷诺数为 300～500。

综上所述，无论在圆管流动或在明槽流动中，当 $Re < Re_{临}$ 时，液流必为层流运动；反之为紊流。

因此得到以下结论：雷诺数是判别流动形态的判别数，对于同一边界形状的流动，临界雷诺数是一个常数。不同边界形状下流动的临界雷诺数的大小，需要由试验测定。

任务二 实际工程中的水流类型

一、管流

充满整个管道断面的水流称为管流。这种水流的特点是没有自由水面，过水断面上的压强一般不等于大气压强，即过水断面上作用的相对压强一般不为零。它是靠压力的作用流动的，因此，管流又称为压力流。输送压力流的管道称为压力管道。

水电站的压力隧洞或压力钢管，水利水电建设工地上为了满足施工用水或生活用水而铺设的给水管道（自来水管道），水电站厂房内的油、水系统及抽水机装置系统中的吸水管、压水管等都属于压力管道。

有些管道，水只占有断面的一部分，而且有自由液面，如污水管、暗沟、涵管等就不能当作管流，而必须当作明渠流来研究。

压力管道中的水流有恒定流及非恒定流两种。

压力管道中的恒定流动，其水力计算主要有以下几个方面的问题：

(1)管道输水能力的计算。即在给定水头、管线布置和断面尺寸的情况下，确定它输送的流量。

(2)当管线布置、管道尺寸和流量一定时，要求确定管路的水头损失，即输送一定流量所必需的水头。

(3)在管线布置、作用水头及输送的流量已知时，计算管道的断面尺寸（对于圆形断面的管道，则是计算所需要的直径）。

(4)给定流量、作用水头和断面尺寸，要求确定沿管道各断面的压强。

压力管道中的非恒定流，主要讨论当压力管道中流量和流速发生突然变化时，压力管道内水流压强大幅度波动和相应的压强增值的问题。

根据管道中水流的沿程水头损失、局部水头损失及流速水头所占的比重不同，管流可分为长管和短管。

长管即管道中水流的沿程损失较大，而局部水头损失和流速水头很小，此两项之和只占沿程水头损失的 5% 以下，以致可以忽略不计。

短管即管道中局部水头损失与流速水头两项之和占沿程损失的 5% 以上，不能忽略，必须一起计算在内。

必须注意，长管和短管绝不是从管的长短来区分的。如果没有忽略局部水头损失及流速水头的充分依据时，应按短管计算，以免造成被动。

一般自来水管可视为长管。虹吸管、倒虹吸管、坝内泄水管、抽水机的吸水管等可按短管计算。

另外，根据管道的布设情况，压力管道又可分为简单管路和复杂管路。

简单管路是指管径不变、没有分支的管路。而且，流量在管路的全长上保持不变，如图 5.4.2 所示。

复杂管路则是指由两根以上的管道所组成的管路，主要有各种不同直径组成的串联管道、并联管道、支状管道和环状管网，如图 5.4.3(a)、(b)、(c)、(d)所示。自来水或水电站的油、水系统都是复杂管路。

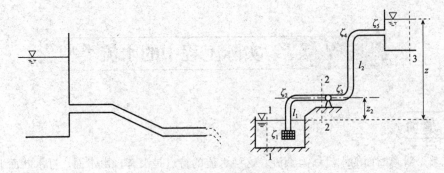

图 5.4.2 简单管路

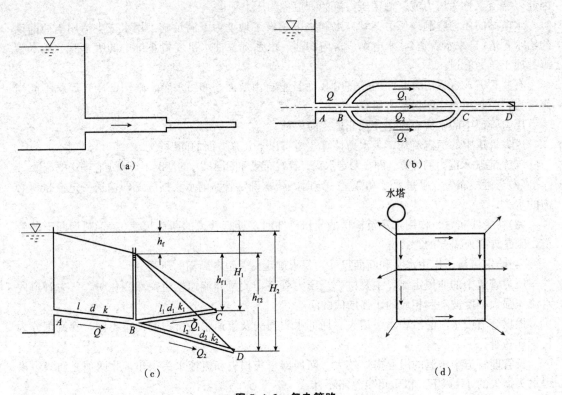

（a）

（b）

水塔

（c）

（d）

图 5.4.3 复杂管路

（a)串联管道；(b)并联管道；(c)支状管道；(d)环状管网

短管的水力计算可分为两种情形：一种是管道出口水流流入大气中的自由出流；另一种是管道出口在下游水面以下的淹没出流，如图 5.4.4、图 5.4.5 所示。

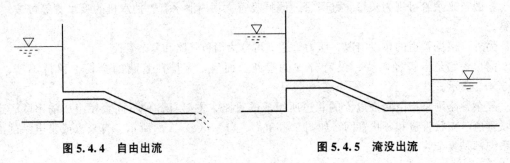

图 5.4.4 自由出流

图 5.4.5 淹没出流

在实际工程中,管流水力计算通常有以下几种情况。

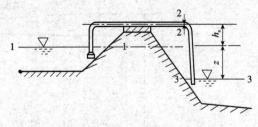

图 5.4.6 虹吸管

(一)虹吸管

虹吸管如图 5.4.6 所示,它在布置上有一段管道高出其进口水面。我国黄河沿岸,利用虹吸管引黄河水进行灌溉的例子很多。

虹吸管的工作原理:先对管内进行抽气,使管内形成一定的真空。由于虹吸管进口处水面的压强为大气压强,因此,管内、管外形成压强差,迫使水流由压强大的地方流向压强小的地方。只要虹吸管内的真空不被破坏,而且保持上、下游有一定的水位差,水就会不断地由上游通过虹吸管流向下游。为了保证虹吸管能正常工作,管内真空值也不能太大,一般不宜超过 8 m 水柱高。因此,虹吸管顶部的安装高度受到一定的限制。虹吸管水力计算的主要任务有以下两项:

(1)计算虹吸管的泄流量;

(2)确定虹吸管顶部的安装高度,或校核虹吸管顶部的真空值。

(二)倒虹吸管

当某一条渠道与其他渠道或公路、河道交叉时,常常在公路或河道的下面设置一段管道,这段管道称为倒虹吸管,如图 5.4.7 所示。倒虹吸管为一压力短管,其水力计算的主要任务有以下几个方面:

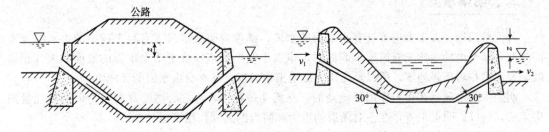

图 5.4.7 倒虹吸管

(1)已知渠道的设计流量 Q、管径 d 及管道布置,要求确定倒虹吸管上、下游水位差 z;

(2)根据地形条件,倒虹吸管上、下水位差 z 值已定,并已知通过的流量 Q,要求确定管径 d;

(3)倒虹吸管上、下游水位差 z、管径 d 及倒虹吸管的布置已确定,要求校核通过的流量 Q。

根据工程实践的经验,倒虹吸管为避免泥沙淤积,以及不使水头损失过大,流速宜选用 1.5~2.5 m/s。

(三)抽水机装置

图 5.4.8 所示为一抽水机装置。由真空泵使抽水机吸水管内形成真空,水源的水在大气压强作用下,从吸水管进入泵壳,再经压水管流入水塔。从能量观点来看电动机及抽水机给水做功,将外面输入的电能转化为水的机械能,使水提升一定的高度。

抽水机的吸水管(由水源至抽水机入口的一段管道)允许流速为 $v=2~2.5$ m/s。抽水机的压水管(由抽水机出口至水塔的一段管道)允许流速为 $v=3~3.5$ m/s。

抽水机装置的水力计算主要是确定抽水机的安装高度和抽水机的扬程。

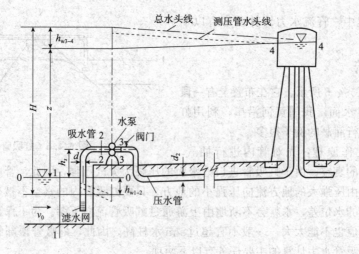

图 5.4.8　抽水机装置

水由水源被提升到水塔或蓄水池的高度时，水流增加了势能。同时，水从水源经过吸水管和压水管流向水塔的过程中还要损失能量。这两部分能量都由抽水机提供。这两部分能量的总和就是抽水机的扬程，即

抽水机的扬程＝提水高度＋总的水头损失

二、明渠水流

凡天然河道、人工渠道等具有自由面的水流，都称为明渠水流。水利工程中的引水或泄水的隧洞和涵管内的水流未充满整个断面时，也属于明渠水流。由于明渠水流的液面和大气相接触，表面的相对压强为零，所以是无压流。明渠水流就是具有自由水面的无压流。

明渠中的水流是在重力作用下流动的，在流动过程中，水流必然要克服阻力而消耗能量损失水头，所以，明渠水流是在一对矛盾的重力和阻力的共同作用下运动的。

从前面的介绍知道，阻力的大小与水流边界条件有很大关系。明渠水流的边界是渠槽，所以，要研究水流运动，就必须对明渠的槽身形状、形式及明渠的底坡等有所了解。

(一)渠槽的形式

天然河道的断面形状往往是不规则的，常见的断面形状是具有主槽和边滩的形式，如图 5.4.9 所示。人工渠道的横断面形状是各式各样的，常见的有梯形、矩形、圆形、U 形及复式断面等，如图 5.4.10 所示。

土渠的横断面一般多做成梯形，如图 5.4.10(a)所示。如水深以 h 表示，底宽以 b 表示，边坡系数以 m 表示，则梯形断面水力要素的计算公式如下：

(1)梯形过水断面面积：

$$A=(b+mh)h \tag{5.4.4}$$

式中，$m=\cot\theta$，表示渠道边坡的倾斜程度。通常渠道边坡上注有 $1:m$，其中 1 表示斜坡的铅直距离，m 表示斜坡的水平距离。m 又称边坡系数。m 越大，边坡越缓；m 越小边坡越陡；$m=0$，断面为矩形。m 的大小是根据土壤性质和施工要求决定的。

(2)梯形过水断面的湿周：

$$\chi=b+2h\sqrt{1+m^2} \tag{5.4.5}$$

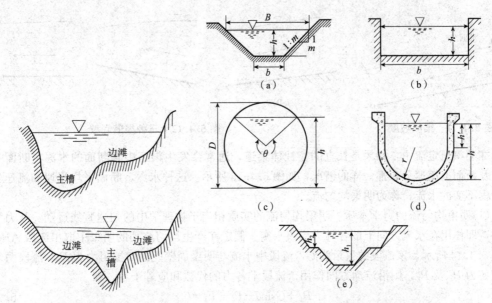

图 5.4.9　天然河道的横断面形状　　　**图 5.4.10　人工渠道的横断面形状**

(a)梯形；(b)矩形；(c)圆形；(d)U 形；(e)复式断面

(3)梯形过水断面的水力半径：

$$R=\frac{A}{\chi}=\frac{(b+mh)h}{b+2h\sqrt{1+m^2}} \tag{5.4.6}$$

　　水力半径的大小反映了渠道断面的几何形状和尺寸的不同，也直接影响着渠道的过水能力。在其他水力条件相同时，水力半径大，则湿周小，说明周界对水流的约束小，过水能力就大；水力半径小，则湿周大，说明周界对水流的约束大，过水能力就小。所以，水力半径是反映过水断面的形状及尺寸对水流运动影响的一个因素。

　　根据渠道横断面形状与尺寸沿流程改变与否，分为棱柱体渠道和非棱柱体渠道两类。断面形状和尺寸沿程保持不变的渠道，叫作棱柱体渠道一般人工渠道多属此类。在棱柱体渠道中，水流的过水断面面积 A 仅与水深 h 有关。

　　横断面形状和尺寸沿流程改变的渠道叫作非棱柱体渠道(如连接梯形断面渠道和矩形断面渡槽的过渡段属此类)。在非棱柱体渠道中，水流过水断面面积 A 是随着水深 h 和流程 l 而变的。

(二)渠道的底坡

　　渠道的底面一般沿程微向下游倾斜。渠道底面与纵剖面的交线称为渠底线。渠底线沿流动方向每单位长度的下降量，称为渠底坡度(简称底坡或渠道比降)，通常以 i 表示，如图 5.4.11 所示。它等于渠底线与水平线夹角 θ 的正弦，即

$$i=\frac{\Delta z}{l}=\sin\theta \tag{5.4.7}$$

　　渠道的底坡有顺坡、平坡及逆坡三种。渠底向下游倾斜的为顺坡($i>0$)；向上游倾斜的为逆坡($i<0$)；渠底水平的为平坡($i=0$)。一般人工渠道上的底坡大多是顺坡。逆坡及平坡仅在局部渠段上使用，如图 5.4.12 所示。

(三)明渠水流类型

1. 明渠均匀流

当明渠中水流的运动要素不随时间而变时，称为明渠恒定流。

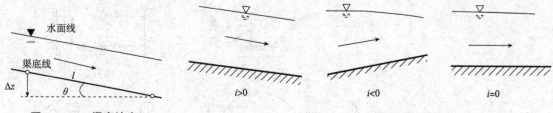

图 5.4.11　渠底坡度　　　　　　　　　图 5.4.12　三种渠道底坡

在明渠恒定流中，如果是长直的棱柱体渠道，通常会发生渠道中各断面的水深、断面平均流速及断面上流速分布都一样的情况，如图 5.4.13 所示。这种水深、断面平均流速和流速分布都沿程不变的水流，称为明渠均匀流。

（1）明渠均匀流的力学本质。明渠均匀流的实质相当于物理学中的匀速直线运动。从力学观点讲，即作用在水流方向上的各种力应该平衡。假定在产生均匀流动的明渠中取出流段 $ABCD$，如图 5.4.14 所示，该流段的重量为 G，流段中水流与明渠周壁间的摩擦阻力为 F_f，流段两端总压力各为 P_1 及 P_2，则沿流动方向作用于流段上各力的代数和应等于零，即

$$P_1 + G\sin\theta - P_2 - F_f = 0 \tag{5.4.8}$$

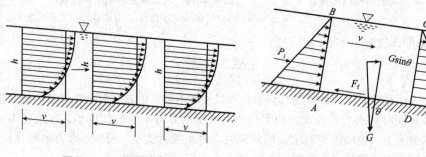

图 5.4.13　明渠均匀流　　　　　　图 5.4.14　明渠均匀流受力分析

因所讨论的是均匀流，过水断面上的压强按静水压强规律分布，且流段两端断面水深及过水断面面积相等，故 $P_1 = P_2$，因而

$$G\sin\theta = F_f \tag{5.4.9}$$

式（5.4.9）表明，明渠均匀流的力学本质是重力沿流向的分力与阻力相平衡。水流具备这一条件时则保持均匀流流动状态。若重力沿流向的分力与阻力不平衡，则会产生变速流动；当重力沿流向的分力大于阻力时，水流将发生加速运动；当重力沿流向的分力小于阻力时，水流将会发生减速运动。断面平均流速和流速分布沿程变化的水流称为明渠非均匀流。

由于明渠均匀流各个断面的水深相等，所以明渠均匀流的水面线与渠底线是平行的。又由于各个断面的流速及流速分布相同，所以总水头线与水面线也是平行的，如图 5.4.15 所示。

因而明渠均匀流的基本特征是水力坡度（J）、水面坡度（J_P）及渠底坡度（i）三者是相等的，即

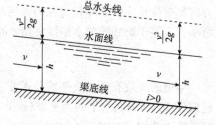

图 5.4.15　明渠均匀流的基本特征

$$J = J_P = i \tag{5.4.10}$$

（2）明渠均匀流的发生条件。

1）水流必须为恒定流。

2)渠道应是底坡沿程不变的长直的棱柱体渠道。如为非棱柱体渠道，则过水断面、流速将沿程改变，阻力也沿程改变，这样就不能使重力沿流向的分力与阻力平衡。如果底坡沿程改变，则重力沿流向的分力将发生变化，也使重力沿流向的分力与阻力不能平衡。

3)渠道必须为顺坡。在顺坡上，重力沿流向的分力与阻力的方向相反，当两者相等时即可平衡。平坡及逆坡上不可能发生明渠均匀流。在平坡上，重力沿流向的分力为零，但阻力不等于零，所以两者不能平衡；在逆坡上，重力沿流向的分力与阻力方向相同，当然两者是不可能平衡的。因而，明渠均匀流只有在顺坡上才有可能发生。

4)渠道中不应有任何改变水流阻力的因素。例如，渠槽表面粗糙程度要均一，没有闸、坝等水工建筑物等。

以上四个条件中任一个不能满足时，都将产生明渠非均匀流动。严格来说，绝对的明渠均匀流是没有的。但在实际工程中，某一段河渠水流，只要与上述条件相差不大，即可将这段水流近似地看成明渠均匀流。长直的顺坡棱柱体人工渠道中的水流，就可看作明渠均匀流，如图 5.4.16 所示。

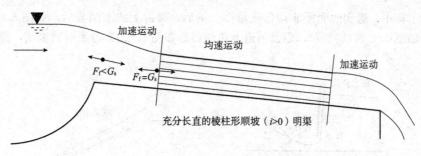

图 5.4.16　明渠均匀流的发生条件

(3)明渠均匀流基本公式。明渠均匀流计算采用谢才公式，见式(5.4.11)、式(5.4.12)。

$$v = C\sqrt{Ri} \tag{5.4.11}$$

$$Q = AC\sqrt{Ri} \tag{5.4.12}$$

$$C = \frac{1}{n}R^{1/6} \tag{5.4.13}$$

式中，v 为渠道过水断面的平均流速(m/s)；C 为谢才系数($\text{m}^{1/2}/\text{s}$)。

计算 C 值经验公式很多，最常用的是曼宁公式，即式(5.4.13)。不同糙率 n 可查有关资料。

通常将明渠均匀流水深称为正常水深，以 h_0 表示。相应于正常水深 h_0 的过水断面、湿周、水力半径、谢才系数、流量模数也相应地用 A_0、χ_0、R_0、C_0、K_0 表示。

(4)明渠均匀流常见的水力计算类型。渠道水力计算是用明渠均匀流公式进行的。渠道水力计算的任务主要是解决渠道的过水能力问题，即设计渠道的断面尺寸，以保证通过所需的流量，或校核渠道是否满足输水流量要求等。归纳起来，渠道水力计算的问题可分成以下四类：

1)校核渠道的过水能力。当渠道断面形式、尺寸、糙率、底坡等都已确定的情况下，计算其过水能力。实际是利用明渠均匀流公式计算流量。

2)计算渠底坡度。已知渠道过水断面尺寸、糙率及所要通过的流量，计算渠底坡度 i。

3)计算渠道的断面尺寸。这类问题在工程上遇到的较多。在规划设计新渠道时，设计流量由工程要求(如灌溉、排游、发电等)而定，底坡一般是由渠道大小结合地形条件确定，边坡系数 m 及糙率 n 则由土质及渠壁材料与施工、管理运用等条件而定。

也就是已知 Q、m、n、i 求渠道的水深 h 及底宽 b。此问题有两个未知数（b 及 h），但只有一个方程式，由代数知，它可得出很多组答案。工程上一般是根据工程实际的要求，确定其中的一个而求出另一个（给定 b 求 h 或给定 h 求 b），也可给出一个适宜的宽深比 β（渠道底宽与水深之比 $\beta=b/h$），然后求出 b 及 h。

4）计算渠槽的糙率。这类问题是已知断面尺寸、底坡及实测出的流量，利用明渠均匀流公式反求糙率。

2. 明渠非均匀流

明渠均匀流是发生在断面形状、尺寸、底坡和糙率不变的长直渠道中的水流。其特征是流速、水深沿程不变，水面线是平行于渠底线的一条直线。然而在实际工程中，为了控制水流，满足输水要求，往往需要在渠道上修建各种水工建筑物，这就使渠道中的水流不能始终保持均匀流动，而发生明渠非均匀流动。明渠非均匀流的特征是流速和水深沿程变化，其水面不是直线而是曲线（称为水面曲线），水力坡度、水面坡度与渠底坡度互不相等，即

$$J \neq J_p \neq i$$

在水利工程中，遇到的明渠非均匀流很多。例如，渠道上的水闸前后，如图 5.4.17（a）所示，陡坡段如图 5.4.17（b）所示，以及河道上建坝以后如图 5.4.17（c）所示的水流，都是明渠非均匀流。

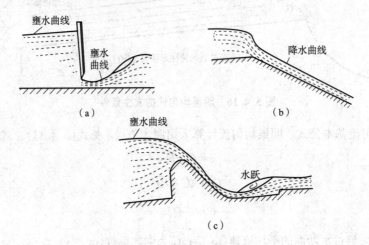

图 5.4.17 明渠非均匀流
（a）水闸前后；（b）陡坡段；（c）河道上建坝

明渠非均匀流的水面曲线一般有两类：一类是水深沿流程增加的壅水曲线；另一类是水深沿流程减小的降水曲线。

明渠非均匀流动可分为渐变流和急变流两种。急变流发生在建筑物上、下游附近，距离较短，可以看作局部现象。对于整段的明渠非均匀渐变流问题，可以从理论上进行分析研究。

明渠非均匀流主要解决的问题是非均匀渐变流水面曲线的变化规律和计算，以解决水利工程中提出的实际问题。例如，在河道上建坝后，需要计算壅水曲线以确定水库的淹没范围，渠道上修建陡坡后，需要计算陡坡上的降水曲线以确定陡坡边墙的高度等。

（四）水跌与水跃

水跌与水跃是不同流态的明渠水流在相互衔接过程中发生的局部水力现象。下面分别介绍这两种水力现象的特点及有关问题。

1. 水跌

当明渠水流状态从缓流过渡到急流，即水深从大于临界水深减至小于临界水深时，水面有连续、急剧的降落，这种降落现象叫作水跌，如图5.4.18所示。图5.4.18所示为一缓坡棱柱体渠槽的纵剖面图，D处有一跌坎，由于过坎后水流为自由跌流，因而阻力小，重力作用显著，引起在跌坎上游附近水面急剧下降，并以临界流的状态通过突变的断面D处，由缓流变为急流，形成水跌现象。

试验证明，突变断面D处的水深不是临界水深，而临界水深发生在跌坎偏上游处。这是由于跌坎断面处水流是急变流，因此作用在跌坎断面上的水压力小于按直线分布的压力，因而跌坎处实际流速较大，其水深较计算的临界水深小。但工程实践中常认为跌坎处水深为临界水深，由此而引起的误差是可以允许的。

概括来说，水流从缓流过渡为急流时发生水跌现象，水面线是一个连续而急剧的降落曲线，并且必然经过临界水深，而临界水深就在水流条件突然改变的断面上。实际工程中的明渠陡坎，如图5.4.19所示。

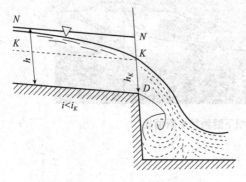

图5.4.18　水跌示意

图5.4.19　明渠陡坎

2. 水跃

当明渠水流从急流过渡到缓流，即水深从小于临界水深加至大于临界水深时，是以自由水面突然升高的形式完成的，这种水面急剧升高的现象叫作水跃，如图5.4.20、图5.4.21所示。

在实验室的玻璃水槽中可以观察到这种现象，水从实用堰上溢下产生急流，以尾门调节下游水深形成缓流，就会在渠槽中发生水跃(图5.4.21)。水跃可分为两部分：一部分是急流冲入缓流所激起的表面漩流，翻腾滚动，饱掺空气，不透明，通常称为表面水滚区；另一部分是水滚区下的主流区，流速由快变慢，水深由小变大。须注意，水滚区与主流区并不是截然分开的，相反，在两者的交界面上流速变化很大，紊动混掺极强，两者之间有着不断的质量交换。在此突变过程中，水流内部发生剧烈的摩擦和撞击作用，消耗了巨大的动能。因此，流速急剧下降，很快转化为缓流状态。由于水跃的消能效果较好，常作为泄水建筑物下游水流衔接的一种有效消能方式，如图5.4.22、图5.4.23所示。

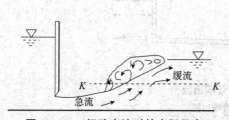

图5.4.20　闸孔出流时的水跃示意

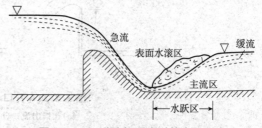

图5.4.21　溢流坝泄水时的水跃示意

图 5.4.22   水闸下游利用水跃消能

图 5.4.23   溢流坝下游利用水跃消能

三、孔流与堰流

在盛着液体的容器壁(侧壁或底部)上开一孔口,液体经该孔的泄流称为孔口出流,如图 5.4.24(a)所示。如器壁较厚,或在孔口上加设短管,且器壁厚度或短管长度是孔口尺寸的 3~4 倍,则叫作管嘴。液体经过管嘴的泄流,称为管嘴出流,如图 5.4.24(b)所示。

为了控制和调节河渠中的水位与流量,常在河渠上修建各种类型的闸坝。液体经过闸门下孔口泄流称为闸孔出流。闸孔出流实质上就是一种孔口出流。通常将孔口出流和闸孔出流统称为孔流,如图 5.4.25(a)、(b)所示。

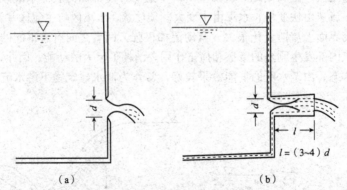

$$l = (3 \sim 4) d$$

（a）   （b）

图 5.4.24   孔口与管嘴出流
（a）孔口出流；（b）管嘴出流

凡对水流有局部约束且顶部溢流的建筑物，称为堰。液体经过堰顶下泄称为堰流[图 5-4-25(c)、(d)]。

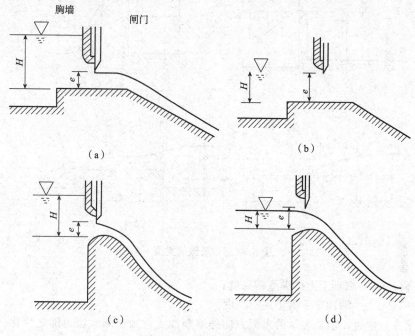

图 5.4.25　闸孔出流与堰流
(a)、(b)闸孔出流；(c)、(d)堰流

堰流和闸孔出流是既有区别又有联系的两种水流。堰流由于不受闸门的控制，水面线为一光滑的降落曲线；闸孔出流由于受到闸门的控制，闸孔上、下游的水面是不连续的。也正是由于堰流及闸孔出流这种边界条件的差异，所以，它们的水流特征及过水能力也就不同。

堰流和闸孔出流的相同点：从能量观点看，出流的过程都是势能变动能，都是在局部区段内受控制而流线发生急剧弯曲的急变流，能量损失主要为局部损失，沿程损失可忽略不计。

在同一建筑物上，往往既可以发生堰流也可以发生孔流，这两种水流随闸底坎形式及闸门的相对开度不同而相互转化。根据试验：闸门开启度 e 与堰顶以上水头 H 的下列比值，可作为大致判定闸孔出流及堰流的界限（e/H 称为相对开启度）：

(1)闸底坎为宽顶堰[图 5.4.26(a)、(c)]

$$e/H \leqslant 0.65 \text{ 为闸孔出流}$$

$$e/H > 0.65 \text{ 为堰流}$$

(2)闸底坎为曲线型实用堰[图 5.4.26(c)、(d)]

$$e/H \leqslant 0.75 \text{ 为闸孔出流}$$

$$e/H > 0.75 \text{ 为堰流}$$

经堰顶下溢并有明显的水面降落的水流称为堰流。堰流水力计算的任务主要是确定堰的过水能力，即确定过堰流量与堰的作用水头、过水断面及局部能量损失等的相互关系。

堰流计算常用的有关几个术语及其代表符号的意义(图 5.4.26)：

堰宽(B)——水流溢过堰顶的宽度(沿垂直水流方向量取)；

堰顶水头(H)——距堰的上游($3\sim4$)H 处的堰顶水深；

堰顶厚度(δ)——水流溢过堰顶的厚度(沿水流方向量取)；

行近流速(v_0)——量取 H 处的断面平均流速；

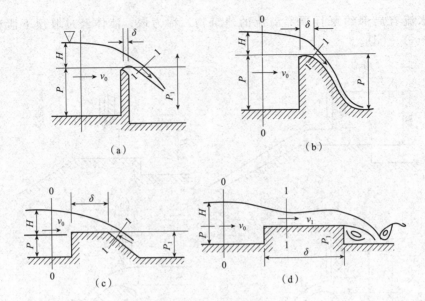

图 5.4.26　堰流的类型

上游堰高(P)——堰顶至上游渠底的高度；

下游堰高(P_1)——堰顶至下游渠底的高度。

当堰顶水头一定时，随着堰厚沿水流方向的逐渐加大，则过堰水流也随之变化。为便于研究，常按堰顶水头和堰厚间的相对关系，堰流可分成不同的类型。

(1)薄壁堰流——产生于 $\delta < 0.67H$ 的情况；

(2)实用堰流——产生于 $0.67H < \delta < 2.5H$ 的情况；

(3)宽顶堰流——产生于 $2.5H < \delta < 10H$ 的情况。

当 $\delta > 10H$ 时，堰顶水流的沿程水头损失不能忽略，此时水流已是明渠水流。

根据堰下游水位是否影响过堰流量，堰流分为淹没堰流与自由堰流两种类型。

根据堰宽(B)与引水槽宽(B_0)是否相等，即溢流堰是否发生侧向收缩，堰流分为无侧收缩堰流($B = B_0$)与有侧收缩堰流($B < B_0$)两种类型。

实际工程中的水闸，闸底坎一般为宽顶堰(包括无坎宽顶堰)或为曲线型实用堰。闸门形式则主要有平板闸门及弧形闸门两种。当闸门部分开启，出闸水流受到闸门的控制时即闸孔出流。

闸孔出流要解决的基本问题：研究过闸流量的大小与闸孔尺寸、上下游水位、闸门形式及底坎形状等的关系，并给出相应的水力计算公式。对不同底坎形式及不同闸门类型的闸孔出流的泄流量计算的计算公式也略有不同，具体可参考有关资料。

四、泄水建筑物下游的消能方式

在河道中修建堰、闸等水工建筑物后，束窄了河床，抬高了水位。这样，由堰闸下泄的水流就具有单宽流量大、能量高度集中的特点，有很强的冲刷能力。如果不采取人工措施来控制下泄水流，则将造成下游河床及岸坡的严重冲刷和影响建筑物的安全。

必须采取有效措施，妥善消除下泄水流多余的能量，减少对河床的冲刷，使下泄水流与下游河道的水流很好地衔接，保证建筑物的安全。

目前采用的衔接与消能的措施有以下几种。

(一)底流消能

增加水流的紊动以消耗水流的能量。采取工程措施，使泄流在邻近建筑物下游处发生水跃，利用水跃消除下泄水流中的余能，与河道下游的缓流相衔接。由于这种衔接消能方式中主流在底部，故称为底流消能，如图 5.4.27 所示。

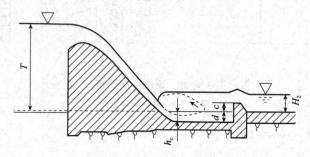

图 5.4.27　底流消能示意

(二)挑流消能

将高速水流挑离建筑物以保建筑物安全。将水流挑到距离建筑物较远的下游河床，与下游水流相衔接。虽然这时水流仍冲刷河床，在下游形成冲刷坑，但由于距离建筑物较远，不会威胁建筑物的安全，如图 5.4.28 所示。

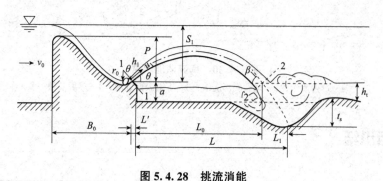

图 5.4.28　挑流消能

挑射水流的工程措施是在溢流坝面上设置挑流鼻坎，将坝顶下泄的高速水流挑射到较远的河床中。这种形式的消能称为挑流消能。

(三)面流消能

面流消能是在溢流坝下游面设一低于下游水位、挑角不大(挑角小于 $15°$)的鼻坎，使下泄水流既不挑离水面也不潜入底层，而是将从溢流坝顶下泄的主流导至下游水流表面逐渐扩散，沿下游水流的上层流动，在表面主流与河床之间形成旋滚，这一旋滚将高速主流与河床隔开。主流在下游一定范围内逐渐扩散，使水流流速逐渐接近正常水流情况。旋滚本身既消耗能量，同时由于它的底部反向流速较低，因而起到了消能防冲的作用。这种消能方式称为面流消能，如图 5.4.29 所示。

(四)戽流消能

戽流消能是在坝后设一大挑角(约 $45°$)的低鼻坎(戽唇，其高度 a 一般为下游水深的 $1/6$)，其水流形态的特征表现为三滚一浪，并不断掺气进行消能，如图 5.4.30 所示。

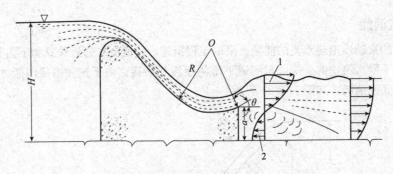

图 5.4.29 面流消能示意
1—表面主流；2—底部旋滚

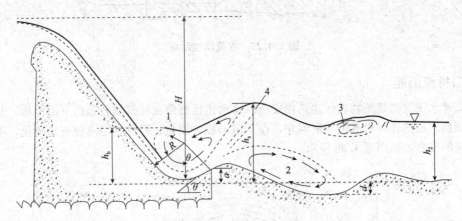

图 5.4.30 戽流消能示意
1—戽内旋滚；2—戽后底部旋滚；3—下游表面旋滚；4—戽后涌浪

项目小结

序号	知识点	能力要求	学习成果	学习应用
1	层流与紊流	熟知两种水流形态：层流与紊流	能判断层流与紊流	能熟练描述水流形态
2	管流	熟知管流分类	能区分长管、短管	进行长管、短管计算
3	明渠均匀流	熟知明渠均匀流概念、特征、发生条件	能判断是否会发生明渠均匀流	能设计渠道
4	水跌与水跃	熟知水跌与水跃的特点	能判断是否发生水跌与水跃	能设计跌水
5	堰流	熟知堰流概念、类型	能区分堰的类型	能描述各种堰的应用情况
6	闸孔出流	熟知闸孔出流概念、类型	能区分闸孔出流的类型	能描述各种闸孔出流特征
7	泄水建筑物下游的消能方式	熟知消能方式的类型、原理	熟知各种消能方式的适用条件	能确定泄水建筑物下游的消能方式

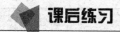
课后练习

按要求完成表格中的任务。

序号	基本任务		任务解决 方法、过程	任务 点评
1	分析图中管道过水能力计算时，按长管还是按短管计算？为什么？（基本型）	(1) 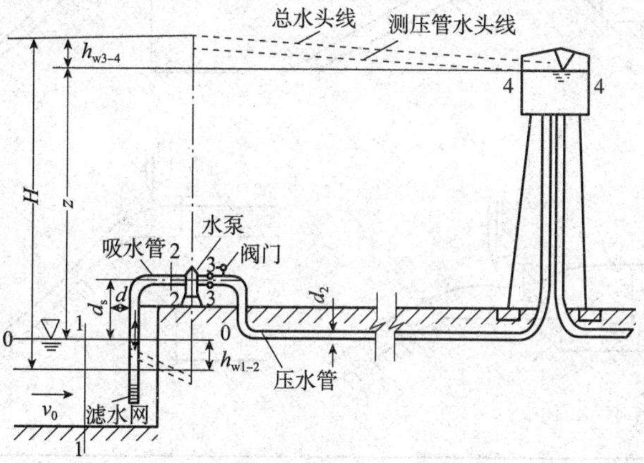 总水头线　测压管水头线 h_{w3-4}　4　4 H　z 吸水管2　水泵　阀门 d_s　d　3　3 压水管　d_2 0　0 h_{w1-2}　压水管 v_0　滤水网 1		
		(2) 公路 H 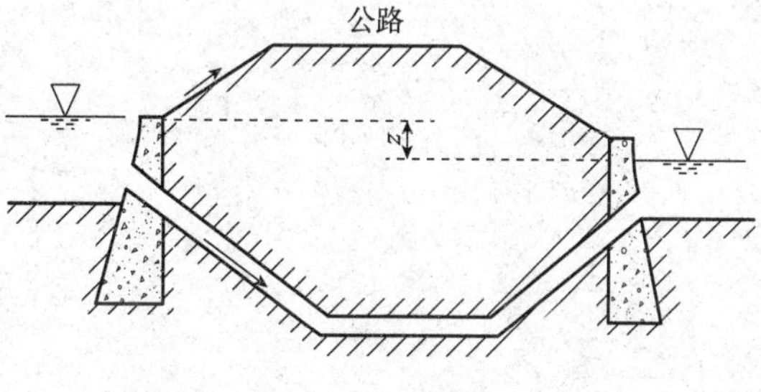		
2	试说明图中管路类型（基本型）	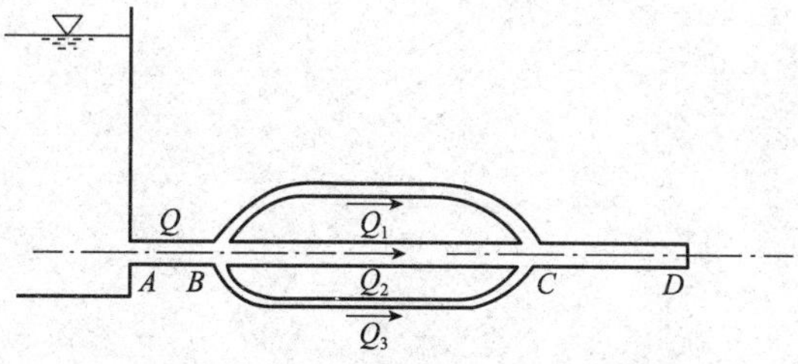 Q　$\overrightarrow{Q_1}$ A　B　$\overrightarrow{Q_2}$　C　D $\overrightarrow{Q_3}$		

序号	基本任务	任务解决方法、过程	任务点评
3	写出堰流与闸孔出流的判别条件（综合型）	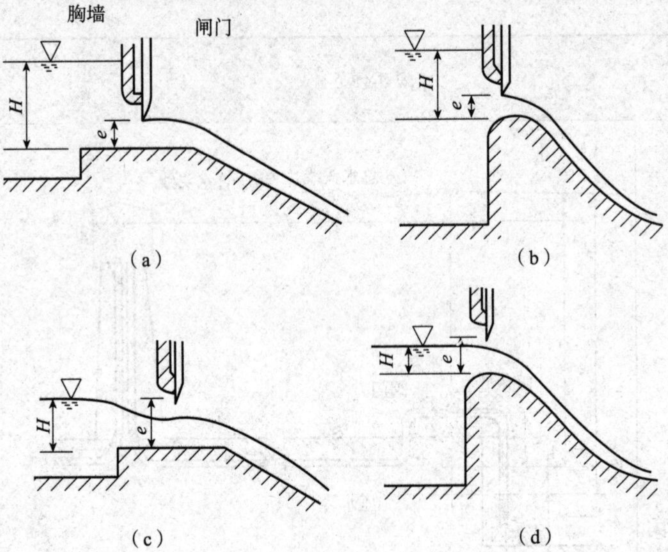 胸墙 闸门 H e （a）　　　H e （b）　　　H e （c）　　　H e （d）		

模块六
水工基本结构

✴ 模块概要

本模块主要内容：

(1)常见水工钢结构；

(2)常见水工钢筋混凝土结构。

通过本模块的学习，应该掌握的主要内容包括：水工基本结构的基本概念、各种结构的特点及常见类型；水工钢结构常见材料种类和性能；水工钢筋混凝土结构的类型、特点及各种要求；基础的形式、特点与应用。了解水工基本结构包括水工钢结构，水工钢筋混凝土结构、基础等。

项目一 常见水工钢结构

任务一 钢结构基本知识

一、钢结构的概念

钢结构是指用钢板和热轧、冷弯或焊接型材通过连接件连接而成的能承受和传递荷载的结构形式。钢结构是采用钢材制作而成的结构，是土木工程的主要结构形式之一。钢结构也是当前我国重点推广和发展的结构形式。

在土木工程中，钢结构有着广泛的应用。由于使用功能及组成形式不同，钢结构种类繁多、形式各异，但它们都是由钢板和型钢经过加工，制成各种基本构件，如拉杆、压杆、梁、柱及桁架等，然后将这些基本构件按一定方式通过焊接、铆接和螺栓连接组成结构。

钢材通常是指型钢和钢板；钢筋、钢丝绳或钢丝束；钢管等。

型钢是具有一定几何尺寸等级规格的轧制钢材，比较常见的角钢、工字钢、槽钢、T型钢等。

钢结构连接形式有焊缝连接、螺栓连接、铆钉连接等。

二、钢结构的特点

钢结构的特点：钢结构自重较轻；钢结构的可靠性较高；钢材的抗震性、抗冲性较好；钢结构制造的工艺化程度较高；钢结构可以快速装配；钢结构容易做成密封结构；钢结构极易腐蚀；钢结构耐火性差。

三、钢结构的应用

钢结构主要分为厂房类钢结构、桥梁类钢结构、海上采油平台钢结构、卫星发射钢塔架及水利工程等。

(1)活动式结构：闸门、升船机等，如图 6.1.1 所示。

(2)装拆式结构：钢模板、混凝土搅拌楼等。

(3)密封结构：压力管道、贮液罐、贮气罐等。

图 6.1.1 三峡挡水闸门吊装

(4)高耸结构：电视塔、微波塔等。

(5)大跨度结构：桥梁、体育馆等。

(6)海工钢结构：钻井、采油平台等。

任务二　钢板和型钢

一、建筑钢材——钢板的品种和规格

一般情况下，钢板是指一种宽厚比和表面积都很大的扁平钢材。

钢带一般是指长度很长、可成卷供应的钢板。

(1)根据薄厚程度，钢板大致可分为薄钢板(厚度小于或等于 4 mm)和厚钢板(厚度大于 4 mm)两种。在实际工作中，常将厚度为 4～20 mm 的钢板称为中板；将厚度为 20～60 mm 的钢板称为厚板；将厚度在 60 mm 以上的钢板称为特厚板，也称为中厚钢板，见表 6.1.1。成张钢板的**规格**以厚度×宽度×长度的毫米数表示。

(2)钢带也可分为两种，当宽度大于或等于 600 mm 时，为宽钢带；当宽度小于 600 mm 时，称为窄钢带，见表 6.1.1。钢带的**规格**以厚度×宽度的毫米数表示。

表 6.1.1　钢板、钢带的种类

材料	种类		
钢板	厚度≤4 mm	薄钢板	
	厚度＞4 mm　厚钢板	厚度＝4～20 mm	中板
		厚度＝20～60 mm	厚板
		厚度＞60 mm	特厚板
钢带	宽度≥600 mm	宽钢带	
	宽度＜600 mm	窄钢带	

二、建筑钢材——型钢的品种与规格

(1)按材质的不同分类。按材质的不同，型钢可分为普通型钢和优质型钢。

1)普通型钢是由碳素结构钢和低合金高强度结构钢制成的型钢，主要用于建筑结构和工程结构。

2)优质型钢也称优质型材，是由优质钢，如优质碳素结构钢、合金结构钢、易切削结构钢、弹簧钢、滚动轴承钢、碳素工具钢、合金工具钢、高速工具钢、不锈耐酸钢、耐热钢等制成的型钢，主要用于各种机器结构、工具及有特殊性能要求的结构。

(2)按生产方法的不同分类。按生产方法的不同，型钢可分为热轧(锻)型钢、冷弯型钢、冷拉型钢、挤压型钢和焊接型钢。

1)用热轧方法生产型钢，具有生产规模大、效率高、能耗少和成本低等优点．是型钢生产的主要方法。

2)用焊接方法生产型钢，是将矫直后的钢板或钢带剪裁、组合并焊接成型，不但节约金属，而且可生产特大尺寸的型材，生产工字钢的最大尺寸达到 2 000 mm×508 mm×76 mm。

(3)按截面形状的不同分类。按截面形状的不同，型钢可分为圆钢、方钢、扁钢、六角钢、等边角钢、不等边角钢、工字钢、槽钢和异形型钢等。

1)圆钢、方钢、扁钢、六角钢、等边角钢及不等边角钢等的截面，没有明显的凹凸分支部分，也称简单截面型钢或棒钢，在简单截面型钢中，优质钢与特殊性能钢占有相当大的比重，如图 6.1.2 和图 6.1.3 所示。

图 6.1.2　方钢　　　　　　　　　　　　　　图 6.1.3　扁钢

2)工字钢、槽钢和异形型钢的截面有明显的凹凸分支部分，成型比较困难，也称复杂截面型钢，即通常意义上的型钢。

异形型钢通常是指具有专门用途的截面形状比较复杂的型钢，如窗框钢、汽车车轮轮辋钢、履带板型钢及周期截面型钢等。周期截面型钢是指其截面形状沿长度方向呈周期性变化的型钢，如周期犁铧钢、纹杆钢等。

任务三　钢闸门

一、钢闸门的概念

1. 钢闸门的定义

钢闸门是用来关闭、开启或局部开启水工建筑物中过水孔口的活动钢结构，主要是控制水位，调节流量。

2. 闸门的类型

闸门按工作性质，可分为工作闸门、事故闸门、检修闸门和施工闸门；按闸门孔口的位置，可分为露顶闸门、潜孔闸门；按闸门结构形式，可分为平面闸门、弧形闸门(图 6.1.4)及船闸上常采用的人字形闸门。其中，平面闸门是一种比较常见的形式，它的组成部分是活动的门叶结构、启闭设备和埋件三个部分，如图 6.1.5 所示。

图 6.1.4　弧形闸门　　　　　　　　　　图 6.1.5　平面闸门

二、平面闸门结构构件布置与选用

确定闸门上需要的构件，每种构件需要的数目及确定每个构件所在的位置。

1. 主梁的布置

主梁是闸门的主要承重构件，主梁的根数是由闸门尺寸和水头的大小决定的。

2. 梁格的布置

梁格可分为以下三种形式：

(1)简式梁格：简式梁格只有主梁，没有次梁，面板直接支承在主梁上，适用于跨度较小而门较高的闸门。

(2)普通式梁格：当闸门跨度较大时，主梁间距将随之增大，为了减小面板厚度，在主梁之间布置竖向次梁，以减小面板的区格。这种梁格适用于中等跨度的闸门。

(3)复式梁格。当主梁的跨度和间距更大时，在竖向次梁之间再设置水平次梁，以使面板厚度保持在经济、合理的范围之内，这种梁格适用于大跨度露顶闸门。

3. 梁格连接形式

平面闸门的梁格有齐平连接、降低连接和层叠连接三种连接形式。

4. 连接系布置

纵向连接系通常布置在主梁弦杆或翼缘之间的两个竖直平面内，以保证主梁的整体稳定。

横向连接系的布置要与主桁架的形式相配合。通常可在主桁架上隔一个或两个节点布置一道横向连接系，而且必须布置在具有竖杆的节点上，为了保证闸门的横剖面具有足够的抗扭强度。

5. 边梁的布置

边梁是平面闸门的重要承重构件，主要支承主梁和边跨的顶梁、底梁、水平次梁及纵向连接系。

三、平面闸门门叶结构组成

1. 面板

作用在面板上的静水压力随着水深度的增加而变大。这样面板各个部分受的力是不同的。

面板的厚度也是不同的，设计时应尽量使面板厚度相同。

2. 梁格

主梁的形式：对于跨度小、水头低的闸门，可选用型钢梁。中跨度的闸门，可选用组合梁。大跨度的露顶闸门，可选用桁架梁。

水平次梁、底梁和顶梁通常可采用槽钢和角钢构成。竖向次梁可选用工字钢。

(1)横向和纵向连接系(横向和纵向支撑)。横向连接系有实腹隔板式和桁架式两种类型。纵向连接系常选用桁架形式。

(2)行走支承(滚轮或滑块)。行走支承有滑道式和滚轮式。

(3)吊耳。吊耳承受闸门的所有启闭力，是连接闸门与启闭机的吊具。

(4)止水。闸门关闭时，止水可将面板与闸门槽的间隙封住，避免漏水。

任务四　管道

钢管是一种具有中空截面，其长度远大于直径或周长的长条形管状钢材。钢管与圆钢等实心钢材相比，在抗弯、抗扭强度相同时，质量较轻，是一种经济截面钢材，故钢管广泛用于制造结构件和各种机械零件。

一、钢管应用

钢管不仅用于输送流体和粉状固体、交换热能、制造机械零件和容器，它还是一种经济钢材。用钢管制造建筑结构网架、支柱和机械支架，可以减小质量，节省金属 20％～40％，而且可实现工厂化、机械化施工。用钢管制造公路桥梁不但可节省钢材、简化施工，而且可以大大减小涂保护层的面积，节约投资和维护费用。

钢管产品的钢种与品种规格繁多，其性能要求也是各种各样的。所有这些应随着用户要求或工作条件的变化而加以区分。

二、钢管的分类

通常，钢管产品按断面形状、生产方法、制管材质、连接方式、镀涂特征与用途等进行分类。钢管按截面形状可分为圆形、方形、矩形和异形钢管；按材质，可分为碳素结构钢钢管、低合金结构钢钢管、合金钢钢管和复合钢管；按用途，可分为输送管道用钢管、工程结构用钢管、热工设备用钢管、石油化工工业用钢管、机械制造用钢管、地质钻探用钢管、高压设备用钢管等；按生产工艺，可分为无缝钢管和焊接钢管，其中，无缝钢管又可分为热轧和冷轧(拔)两种，焊接钢管又可分为直缝焊接钢管和螺旋缝焊接钢管。

1. 按生产方法分类

钢管按生产方法，可分为无缝钢管和焊接钢管两大类，焊接钢管简称为焊管。

(1)无缝钢管按生产方法，可分为热轧无缝管、冷拔管、精密钢管、热扩管、冷旋压管和挤压管等。无缝钢管用优质碳素钢或合金钢制成，有热轧、冷轧(拔)之分。

(2)焊接钢管因其焊接工艺不同而分为炉焊管、电焊(电阻焊)管和自动电弧焊管，因其焊接形式的不同又可分为直缝焊管和螺旋焊管两种，因其端部形状又分为圆形焊管和异形(方、扁等)焊管。焊接钢管是由卷成管形的钢板以对缝或螺旋缝焊接而成的，在制造方法上又分为低压流体输送用焊接钢管、螺旋缝电焊钢管、直接卷焊钢管、电焊管等。无缝钢管可用于各种行业的液体气压管道和气体管道等。焊接管道可用于输水管道、煤气管道、暖气管道、电器管道等，如图6.1.6和图6.1.7所示。

图 6.1.6　成捆的钢管

图 6.1.7　螺旋焊接钢管

2. 按材质分类

钢管按制管材质(即钢种)，可分为碳素管和合金管、不锈钢管等。碳素管又可分为普通碳素钢管和优质碳素结构管；合金管又可分为低合金管、合金结构管、高合金管、高强度管、轴承管、耐热耐酸不锈管、精密合金(如可伐合金)管及高温合金管等。

3. 按连接方式分类

钢管按管端连接方式，可分为光管(管端不带螺纹)和车丝管(管端带有螺纹)。

车丝管又可分为普通车丝管和管端加厚车丝管。

加厚车丝管还可分为外加厚(带外螺纹)、内加厚(带内螺纹)和内外加厚(带内外螺纹)等。

车丝管若按螺纹形式，也可分为普通圆柱或圆锥螺纹和特殊螺纹等车丝管。

4. 按镀涂特征分类

钢管按表面镀涂特征，可分为黑管(不镀涂)和镀涂层管。

镀层管有镀锌管、镀铝管、镀铬管、渗铝管及其他合金层的钢管。

涂层管有外涂层管、内涂层管、内外涂层管。通常采用的涂料有塑料、环氧树脂、煤焦油环氧树脂及各种玻璃型的防腐涂层料。

5. 按用途分类

(1)管道用管。如水管、煤气管、蒸汽管道用无缝管、石油输送管、石油天然气干线用管。农业灌溉用水龙头带管和喷灌用管等。

(2)热工设备用管。如一般锅炉用的沸水管、过热蒸汽管，机车锅炉用的过热管、大烟管、小烟管、拱砖管及高温高压锅炉管等。

(3)机械工业用管。如航空结构管(圆管、椭圆管、平椭圆管)、汽车半轴管、车轴管、汽车拖拉机结构管、拖拉机的油冷却器用管、农机用方形管与矩形管、变压器用管及轴承用管等。

(4)石油地质钻探用管。如石油钻探管、石油钻杆(方钻杆与六角钻杆)、钻铤、石油油管、石油套管及各种管接头、地质钻探管(岩心管、套管、主动钻杆、钻铤、按箍及销接头等)。

(5)化学工业用管。如化工设备热交换器及管道用管、不锈耐酸管、化肥用高压管及输送化工介质用管等。

(6)其他各部门用管。如容器用管(高压气瓶用管与一般容器管)、仪表仪器用管、手表壳用管、注射针头及其医疗器械用管等。

6. 按断面形状分类

钢管按断面形状，可分为圆钢管和异形钢管。异形钢管是指各种非圆环形断面的钢管。其中，主要有方形管、矩形管等。

 项目小结

序号	知识点	能力要求	学习成果	学习应用
1	钢结构的概念	熟知钢结构的特点	熟知钢结构的类型	正确熟练选用钢结构
2	型钢	熟知建筑型钢的品种与规格	熟知钢板与型钢的类型	正确熟练选用各种型钢
3	钢闸门	熟知平面钢闸门的组成	熟知钢闸门的结构构件	正确识读钢闸门的用钢
4	钢管	熟知钢管的应用	熟知钢管的分类	正确熟练选用钢管

 课后练习

按要求完成表格中的任务。

序号	基本任务	任务解决方法、过程	任务点评
1	钢结构的特点有哪些？（基本型）		
2	钢结构有哪些应用？（应用型）		
3	型钢按截面形状的不同分为哪些类型？（基本型）		
4	平面钢闸门门叶结构的组成部分有哪些？（基本型）		
5	钢管按用途分为哪些类型？（基本型）		

项目二　常见水工钢筋混凝土结构

任务一　钢筋混凝土结构材料的力学性能

钢筋混凝土结构是由两种力学性能不同的材料——钢筋和混凝土所组成的。掌握钢筋混凝土结构及其两种组成材料的力学性能，是掌握钢筋混凝土结构和构件的受力特征与设计计算方法的基础。

一、钢筋混凝土结构

1. 钢筋混凝土结构简介

钢筋混凝土结构是由钢筋和混凝土两种材料组成的结构。这两种材料的力学性能存在着很大的差别，混凝土的抗压强度较高，而抗拉强度很低；同时，混凝土在一般荷载作用下具有明显的脆性性能。钢筋的抗拉强度和抗压强度都较高，在荷载作用下具有很好的塑性性能，但是不能单独承受压力荷载。将钢筋和混凝土科学、合理地结合在一起，形成钢筋混凝土，可充分发挥它们的材料性能，即在结构中钢筋主要承受拉力，混凝土主要承受压力。

水工钢结构

2. 钢筋和混凝土能够结合在一起并有效地共同工作的主要原因

(1)钢筋和混凝土之间存在着良好的粘结力，使钢筋和混凝土可以牢固地粘结在一起，形成一个整体，保证两者共同受力、协调变形。

(2)钢筋与混凝土的温度线膨胀系数基本相同，钢筋的温度线膨胀系数是 $1.2 \times 10^{-5}/℃$，混凝土的温度线膨胀系数是 $1.0 \times 10^{-5}/℃ \sim 1.5 \times 10^{-5}/℃$。因此，当温度变化时，钢筋和混凝土之间不会产生较大的相对变形与温度变形而破坏它们之间的结合。

(3)钢筋的混凝土保护层可以防止钢筋锈蚀，保证结构有足够的耐久性。

3. 钢筋混凝土结构的优点

(1)强度高。钢筋混凝土结构充分利用了钢筋和混凝土的材料性能，因此承载力较高。

(2)耐久性好。混凝土的强度随时间的增加而有所提高，钢筋由于混凝土的保护而不易锈蚀，因此，钢筋混凝土结构一般经久耐用。

(3)耐火性好。混凝土是不良的导热体，钢筋由于有混凝土的保护，不致因升温过快而丧失承载力，因此，钢筋混凝土结构的耐火性比木结构、钢结构都好。

(4)整体性好。现浇的钢筋混凝土结构的整体性很好，有利于抗震、抗爆、防辐射。

(5)可模性好。根据使用需要，可以将混凝土浇筑成各种形状和各种尺寸的结构。

(6)便于就地取材。混凝土所用大量的砂、石集料等来源广泛，可就地采取，因此材料运输费用少，经济方便。

4. 钢筋混凝土结构的缺点

(1)抗裂性差。因为混凝土的抗拉强度较低，所以普通混凝土在正常工作期间一般总是带裂缝工作，这样会影响结构的耐久性和使用性能。

(2)自重大。钢筋混凝土的重度比砌体和木材的重度都大。虽然比钢材的重度小，但是结构的截面尺寸要比钢结构的大，因而，其自重大大超过相同跨度或高度的钢结构。因此，钢筋混凝土结构不适用于建造大跨度的结构和高层的建筑物。

(3)施工比较复杂。现浇钢筋混凝土结构的施工工序较多，施工的时间较长，容易受气候和季节的影响。

(4)在投入使用和管理过程中，混凝土结构的修补和加固比较困难。

由上述可知，钢筋混凝土结构的优点大于缺点，广泛应用于房屋建筑、地下结构、桥梁、铁路、隧道、水利、港口等各种工程。并且，随着科学技术的发展，人们逐渐研究出许多克服其缺点的有效措施。例如，对于钢筋混凝土结构自重大的缺点，已经研究出许多质轻、强度高的混凝土和强度高的钢筋；为了提高普通钢筋混凝土结构的抗裂性能，可以采用预应力混凝土结构等。

二、钢筋

(一)钢筋的分类

1. 钢筋的成分

我国建筑工程中所使用的钢筋按其化学成分的不同，可分为碳素钢和普通低合金钢。根据含碳量的多少，碳素钢分为低碳钢(含碳量小于 0.25%)、中碳钢(含碳量为 0.25%～0.6%)和高碳钢(含碳量大于 0.6%)。随着含碳量的增加，钢材的强度提高，塑性降低，可焊性变差。普通低合金钢是在碳素钢的基础上，又加入了少量的合金元素，如锰、硅、矾、钛等，可使钢材强度提高，塑性影响不大。普通低合金钢一般按主要合金元素命名，名称前面的数字代表平均含碳量的万分数，合金元素尾标数字表明该元素含量的取整百分数，当其含量小于 1.5%时，不加尾标数字；当其含量大于 1.5%、小于 2.5%时，取尾标数为 2。例如，40 硅 2 锰矾(40Si2MnV)表示平均含碳量为 40‰，元素硅的含量为 2%，锰、矾的含量均小于 1.5%。

2. 钢筋的品种和级别

钢筋(直径 $d \geqslant 6$ mm)按生产加工工艺和力学性能的不同，可分为热轧钢筋、冷拉钢筋、热处理钢筋等。

(1)热轧钢筋是在高温状态下轧制成型的，按其强度由低到高分为三个级别，分别是 HPB300(热轧光圆钢筋强度等级)、HRB400(热轧带肋钢筋强度等级)和 RRB400(余热处理钢筋强度等级)三个等级。随着钢筋强度等级的提高，其塑性降低。热轧钢筋常用于普通混凝土结构。

(2)冷拉钢筋是由热轧钢筋在常温下用机械拉伸而形成的。冷拉后其屈服强度高于相应等级的热轧钢筋，但塑性降低。冷拉钢筋主要用于预应力混凝土结构。

(3)热处理钢筋是将热轧钢筋经过加热、淬火和回火等调质工艺处理后制成的，其强度大幅度提高，而塑性降低并不多。热处理钢筋可直接用作预应力钢筋。

钢丝(直径 $d < 6$ mm)可分为碳素钢丝、刻痕钢丝、钢绞线(用光面钢丝绞在一起)和冷拔低碳钢丝等几种。直径越细，其强度越高。除冷拔低碳钢丝外都可作为预应力钢筋。

螺纹钢筋常用于预应力混凝土结构，该钢筋也称为"高强度精轧螺纹钢筋"。主要以其屈服强度大小划分级别。主要作为预应力的锚杆。

钢筋按其外形特征的不同，可分为光圆钢筋和变形钢筋两类。HPB300 级钢筋是光圆钢筋，与混凝土的粘结性较差。HRB400 和 RRB400 级钢筋都是变形钢筋。变形钢筋包括月牙纹钢筋、人字纹钢筋和带肋钢筋，变形钢筋与混凝土的粘结性较好。各种钢筋的形式如图 6.2.1 所示。

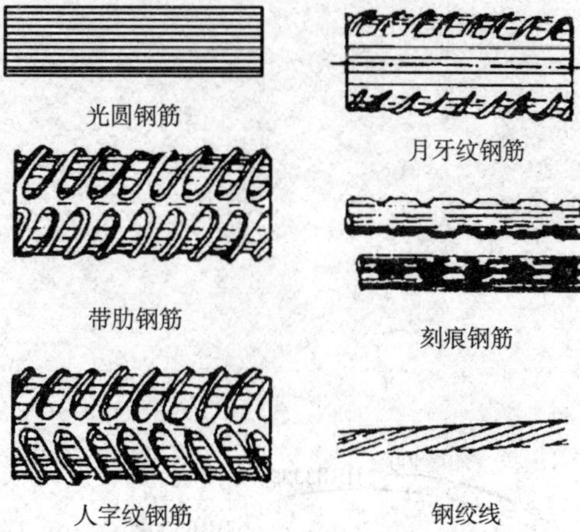

光圆钢筋

月牙纹钢筋

带肋钢筋

刻痕钢筋

人字纹钢筋

钢绞线

图 6.2.1　各种钢筋的形式

(二)钢筋的力学性能

1. 钢筋的强度

建筑结构中所用的钢筋，按其应力-应变曲线特性的不同分为两类：一类是有明显屈服点的钢筋；另一类是无明显屈服点的钢筋。有明显屈服点的钢筋习惯上称为软钢，包括热轧钢筋和冷拉钢筋；无明显屈服点的钢筋习惯上称为硬钢，包括钢丝和热处理钢筋。

(1)有明显屈服点的钢筋。有明显屈服点的钢筋在单向拉伸时的应力-应变曲线如图 6.2.2 所示。a 点以前应力与应变呈直线关系，符合胡克定律，a 点对应的应力称比例极限，Oa 段属于弹性工作阶段。a 点以后应变比应力增加要快，应力与应变不成正比。到达 b 点后，应力不增加而应变继续增加，钢筋进入屈服阶段，产生很大的塑性变形，bc 段中对应于最低点的应力称屈服强度。应力-应变曲线中出现的水平段，称为屈服阶段或流幅。过 c 点后，应力与应变继续增加，应力-应变曲线为上升的曲线，进入强化阶段，曲线到达最高点 d，对应于 d 点的应力称为抗拉极限强度。过了 d 点以后，试件内部某一薄弱部位应变急剧增加，应力下降，应力-应变曲线为下降曲线，产生"颈缩"现象，到达 e 点钢筋被拉断，此阶段称为破坏阶段。由图 6.2.2 可知，钢筋有明显屈服点的应力-应变曲线可分为弹性阶段、屈服阶段、强化阶段、破坏阶段四个阶段。

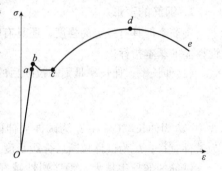

图 6.2.2　有明显屈服点钢筋的应力-应变曲线

对于有明显屈服点的钢筋，取其屈服强度作为设计强度的依据。因为在混凝土中的钢筋，当应力达到屈服强度后，荷载不增加，应变也会继续增大，使混凝土裂缝开展较宽，构件变形过大而不能正常使用。设计中采用钢筋的屈服强度而不用抗拉极限强度，也是为了使构件具有一定的安全储备。

钢材中含碳量越高，屈服强度和抗拉极限强度就越高，伸长率就越小，流幅也相应缩短。

图 6.2.3 表示不同级别软钢的应力-应变曲线的差异。

(2)无明显屈服点的钢筋。无明显屈服点的钢筋在单向拉伸时的应力-应变曲线如图 6.2.4 所示。由图可以看出，从加载到钢筋拉断无明显的屈服点，没有屈服阶段，钢筋的抗拉极限强度较高，但变形很小。通常取相应于残余应变为 0.2％的应力 $\sigma_{0.2}$ 作为假定屈服点，称为条件屈服强度，其值约为 0.85％的抗拉极限强度。

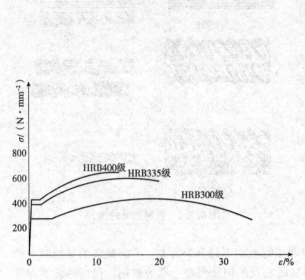

图 6.2.3　各级软钢筋的应力-应变曲线　　　图 6.2.4　无明显屈服点钢筋的应力-应变曲线

　　无明显屈服点的钢筋塑性差,伸长率小,采用这种配筋的钢筋混凝土构件,受拉破坏时,往往会突然断裂,不像用软钢配筋的构件那样,在破坏前有明显的预兆。

　　(3)钢筋的弹性模量。钢筋在弹性阶段的应力与应变的比值,称为钢筋的弹性模量,用符号 E_s 表示。同一种钢筋的受拉和受压弹性模量是相同的。各种类型钢筋的弹性模量见表 6.2.1。

2. 钢筋的变形

　　钢筋不但具有一定的强度,还具有一定的塑性变形能力。伸长率和冷弯性能是反映钢筋塑性性能的基本指标。

　　(1)伸长率。伸长率是钢筋拉断后的伸长值与原长的比率,即

$$\delta = \frac{l_2 - l_1}{l_1} \times 100\% \tag{6.2.1}$$

式中,δ 为伸长率(%);l_1 为试件拉伸前的标距长度,一般短试件 $l_1 = 5d$,长试件 $l_1 = 10d$,d 为试件直径;l_2 为试件拉断后标距长度。

　　钢筋的伸长率越大,钢筋塑性越好,破坏前有明显预兆;反之,伸长率越小,破坏越突然,呈脆性特征。

　　(2)冷弯。冷弯是在常温下将钢筋绕某一规定直径的辊轴进行弯曲,如图 6.2.5 所示。如果在达到规定的冷弯角度时,钢筋不发生裂纹、分层或断裂,即钢筋的冷弯性能符合要求。常用冷弯角度 α (分别为 180°、90°)和弯心直径 D(分别为 d、$3d$ 和

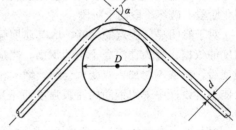

图 6.2.5　钢筋冷弯

$5d$)反映冷弯性能。弯心直径越小,冷弯角度越大,钢筋的冷弯性能越好。冷弯性能可反映钢筋的塑性及其内在质量。

3. 钢筋的冷加工

　　对热轧钢筋进行机械冷加工后,可提高钢筋的屈服强度,节约钢材,但塑性性能降低。常用的冷加工方法有冷拉和冷拔。

(1)钢筋的冷拉。冷拉是指在常温下，用张拉设备(如卷扬机)，将钢筋拉伸到超过它的屈服强度后，然后卸载的一种加工方法。钢筋经过冷加工后，会获得比原来屈服强度更高的新的屈服强度，是节约钢筋的一种有效措施，如图 6.2.6 所示。

冷拉只提高了钢筋的抗拉强度，不能提高其抗压强度，故计算时仍取原抗压强度。

(2)钢筋的冷拔。冷拔是将直径为 6~8 mm 的 HPB300 级热轧钢筋用强力拔过比其直径小的硬质合金拔丝模，如图 6.2.7 所示。在纵向拉力和横向挤压力的共同作用下，钢筋截面变小而长度增加，钢筋内部组织结构发生变化，钢筋强度提高，塑性降低。冷拔后，钢筋的抗拉强度和抗压强度都得到提高。

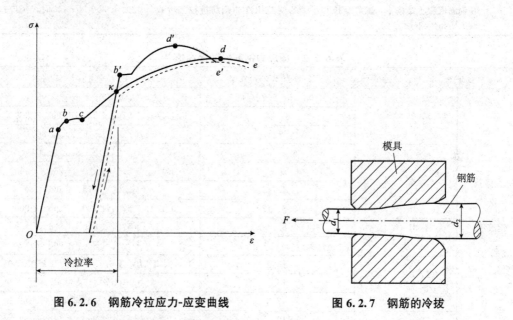

图 6.2.6　钢筋冷拉应力-应变曲线　　　　图 6.2.7　钢筋的冷拔

4. 钢筋混凝土结构对钢筋性能的要求

(1)钢筋应具有一定的强度(屈服强度和抗拉极限强度)。选用较高强度的钢筋可以节约钢材，获得很好的经济效益。

(2)钢筋应具有足够的塑性(伸长率和冷弯性能)。要求钢筋在断裂前有足够的变形，能给人以破坏的预兆。

(3)钢筋应具有良好的焊接性能。要求焊接后钢筋在接头处不产生裂纹及过大变形。

(4)钢筋与混凝土应具有良好的粘结力。粘结力是保证钢筋和混凝土能够共同工作的基础。钢筋表面形状及表面积对粘结力很重要。

《水工混凝土结构设计规范》(SL 191—2008)指出：钢筋混凝土结构中的受力钢筋和预应力混凝土结构中的非预应力钢筋，应优先采用 HRB335 级和 HRB400 级的钢筋；也可采用 HPB300 级以及 RRB400 级钢筋。钢筋混凝土结构以 HRB400 级热轧带肋钢筋为主导钢筋；以 HRB335 级热轧钢筋为辅助钢筋。预应力混凝土结构中的预应力钢筋应以高强度、低松弛钢丝和钢绞线为主导钢筋，也可采用热处理钢筋。

各种钢筋强度标准值、设计值和弹性模量见表 6.2.1。预应力钢筋强度标准值、设计值和弹性模量见表 6.2.2、表 6.2.3。

表 6.2.1　钢筋强度标准值、设计值和弹性模量　　　　　　　　　　　　　　N/mm^2

种类		符号	d/mm	强度标准值 f_{yk}	抗拉强度设计值 f_y	抗压强度设计值 f'_y	弹性模量 E_s
热轧钢筋	HPB300(Q235)	ϕ	8～20	235	210	210	2.1×10^5
	HRB335(20MnSi)	Φ	6～50	335	300	300	2.0×10^5
	HRB400(20MnSiV，20MnSiNb，20MnTi)	Φ	6～50	400	360	360	2.0×10^5
	RRB400(20MnSi)	Φ^R	8～40	400	360	360	2.0×10^5

注：1. 热轧钢筋直径 d 是指公称直径。
　　2. 当采用直径大于 40 mm 的钢筋时，应有可靠的工程经验。
　　3. 在钢筋混凝土结构中，轴心受拉和小偏心受拉构件的钢筋抗拉强度设计值大于 300 N/mm^2 时，仍应按 300 N/mm^2 取用

表 6.2.2　预应力钢筋强度标准值　　　　　　　　　　　　　　　　　　　N/mm^2

种类		符号	公称直径 d/mm	f_{ptk}
钢绞线	1×2	ϕ^S	5、5.8	1 570、1 720、1 860、1 960
			8、10	1 470、1 570、1 720、1 860、1 960
			12	1 470、1 570、1 720、1 860
	1×3		6.2、6.5	1 570、1 720、1 860、1 960
			8.6	1 470、1 570、1 720、1 860、1 960
			8.74	1 570、1 670、1 860
			10.8、12.9	1 470、1 570、1 720、1 860、1 960
	1×3I		8.74	1 570、1 670、1 860
	1×7		9.5、11.1、12.7	1 720、1 860、1 960
			15.2	1 470、1 570、1 670、1 720、1 860、1 960
			15.7	1 770、1 860
			17.8	1 720、1 860、
	(1×7)C		12.7	1 860
			15.2	1 820
			18.0	1 720
消除应力钢丝	光圆螺旋肋	ϕ^P ϕ^H	4、4.8、5	1 470、1 570、1 670、1 770、1 860
			6、6.25、7	1 470、1 570、1 670、1 770
			8、9	1 470、1 570
			10、12	1 470
	刻痕	ϕ^I	≤5	1 470、1 570、1 670、1 770、1 860
			>5	1 470、1 570、1 670、1 770
钢棒	螺旋槽	ϕ^{HG}	7.1、9、10.7、12.6	1 080、1 230、1 420、1 570
	螺旋肋	ϕ^{HR}	6、7、8、10、12、14	
带肋钢筋	PSB785	ϕ^{PS}	18、25、32、40、50	980
	PSB830			1 030
	PSB930			1 080
	PSB1080			1 230

注：1. 钢绞线直径 d 是指钢绞线外接圆直径，即《预应力混凝土用钢绞线》(GB/T 5224—2014)中的公称直径 D_n；钢丝、带肋钢筋及钢棒的直径 d 均指公称直径。
　　2. 1×3I 为三根刻痕钢丝捻制的钢绞线；(1×7)C 为七根钢丝捻制又经模拔的钢绞线。
　　3. 根据国家标准，同一规格的钢丝(钢绞线、钢棒)有不同的强度级别，因此表中对同一规格的钢丝(钢绞线、钢棒)列出了相应的 f_{ptk} 值，在设计中可自行选用

表 6.2.3　预应力钢筋强度设计值和弹性模量　　　　　　　　　　　　N/mm²

种类		符号	f_{ptk}	f_{py}	f'_{py}	E_s
钢绞线	1×2 1×3 1×3I 1×7 (1×7)C	ϕ^S	1 470	1 040	390	1.95×10⁵
			1 570	1 110		
			1 670	1 180		
			1 720	1 220		
			1 770	1 250		
			1 820	1 290		
			1 860	1 320		
			1 960	1 380		
消除应力钢丝	光圆 螺旋肋 刻痕	ϕ^P ϕ^H ϕ^I	1 470	1 040	410	2.05×10⁵
			570	1 110		
			1 670	1 180		
			1 770	1 250		
			1 860	1 320		
钢棒	螺旋槽 螺旋肋	ϕ^{HG} ϕ^{HR}	1 080	760	400	2.0×10⁵
			1 230	870		
			1 420	1 005		
			1 570	1 110		
带肋钢筋	PSB785	ϕ^{PS}	980	650	400	2.0×10⁵
	PSB83		1 030	685		
	PSB930		1 080	720		
	PSB1080		1 230	820		

三、混凝土

混凝土是用水泥、水和砂石集料(细集料砂子、粗集料石子)及掺加剂按一定配合比经搅拌后入模振捣，养护硬化形成的人造石材。

混凝土各组成成分的比例，尤其是水胶比，对混凝土的强度和变形有重要影响。混凝土力学性能在很大程度上还取决于搅拌是否均匀、振捣是否密实和养护是否恰当。

(一)混凝土的强度

混凝土的强度是指它所能承受的某种极限应力，是混凝土力学性能的一个基本标志。混凝土的强度与水泥强度、水胶比、集料、配合比、制作方法、养护条件及龄期等因素有关。试件的尺寸和形状、加荷方法及加荷速度对强度的测试值，也有一定的影响。

混凝土的强度指标主要有立方体抗压强度标准值、轴心抗压强度标准值和轴心抗拉强度标准值。

1. 混凝土的立方体抗压强度标准值($f_{cu,k}$)与强度等级

《水工混凝土结构设计规范》(SL 191—2008)规定：用边长 150 mm 的立方体试块，在标准条件下(温度为 20 ℃±3 ℃，相对湿度不小于 90%)养护 28 天，用标准试验方法[加荷速度为 0.15~0.3 N/(mm²·s)，试件表面不涂润滑剂、全截面受力]加压至试件破坏，测得的具有 95% 保证

率的抗压强度，称为混凝土立方体抗压强度标准值，用 $f_{cu,k}$ 表示。混凝土立方体抗压强度是衡量混凝土强度的基本指标。

混凝土立方体抗压强度也可采用边长为 200 mm 或边长为 100 mm 的非标准立方体试块测定。所测得的立方体抗压强度应分别乘以 1.05 或 0.95 的换算系数。

混凝土的强度等级应按混凝土立方体抗压强度标准值 $f_{cu,k}$ 来确定，即把具有 95% 保证率的强度标准值作为混凝土的强度等级，用符号 C 表示。混凝土强度等级分为 10 级，即 C15、C20、C25、C30、C35、C40、C45、C50、C55、C60。其中，C 代表混凝土，其后面的数字表示混凝土立方体抗压强度标准值的大小，如 C25 级的混凝土，表示混凝土立方体抗压强度标准值为 25 N/mm²(25 MPa)。

在钢筋混凝土结构中，混凝土的强度等级不宜低于 C15；当采用 HRB400 级和 RRB400 级钢筋以及承受重复荷载作用的构件时，混凝土强度等级不得低于 C20。预应力混凝土结构的混凝土强度等级不宜低于 C30。当采用预应力钢丝、钢绞线、热处理钢筋作为预应力钢筋时，混凝土强度等级不宜低于 C40。

当建筑物对混凝土还有其他的技术要求，如抗渗、抗冻、抗侵蚀、抗冲刷等技术要求时，混凝土的强度等级还要根据规范具体技术要求确定。

建议改变传统的设计习惯，适当提高设计时选用的混凝土强度等级：受弯构件：C20～C30；受压构件：C30～C40；预应力构件：C30～C50；高层建筑底柱：C50 或以上。这样不仅承载力提高，抗剪及裂缝控制性能也随之提高。

2. 混凝土的轴心抗压强度标准值(f_{ck})

轴心抗压强度是结构混凝土最基本的强度指标。

在实际工程中，钢筋混凝土受压构件大多数是棱柱体而不是立方体。工作条件与立方体试块的工作条件有很大区别，采用棱柱体试件比立方体试件更能反映混凝土的实际抗压能力。混凝土的轴心抗压强度由棱柱体试件测试值确定，也称为棱柱体抗压强度。试验表明：随着试件高宽比 h/b 增大，端部摩擦力对中间截面约束减弱，混凝土抗压强度降低。

我国采用 150 mm×150 mm×300 mm 的棱柱体试件作为标准试件，用标准试验方法测得的混凝土棱柱体抗压强度即混凝土的轴心抗压强度。根据试验结果分析得出，混凝土的轴心抗压强度标准值与立方体抗压强度标准值的关系为

$$f_{ck} = 0.76 f_{cu,k} \tag{6.2.2}$$

考虑到实际结构构件与试件在尺寸、制作、养护条件的差异、加荷速度等因素的影响，对试件强度进行修正，引入试件强度修正系数 0.88。结构中混凝土轴心抗压强度标准值与立方体抗压强度标准值的关系为

$$f_{ck} = 0.88 \times 0.76 \alpha_c f_{cu,k} = 0.67 \alpha_c f_{cu,k} \tag{6.2.3}$$

式中，α_c 为高强度混凝土脆性的折减系数，对于 C45 以下的混凝土，取 $\alpha_c=1.0$；对于 C45 的混凝土，取 $\alpha_c=0.98$；对于 C60 的混凝土，取 $\alpha_c=0.96$；中间按线性规律变化。

3. 混凝土的轴心抗拉强度标准值(f_{tk})

混凝土的轴心抗拉强度是确定混凝土抗裂度的重要指标。其值远小于混凝土的抗压强度。一般为其抗压强度的 1/18～1/9。并且不与抗压强度成正比例关系。常用轴心抗拉试验或劈裂试验来测得混凝土的轴心抗拉强度。

根据立方体抗压强度标准值和轴心抗拉强度标准值的试验结果对比得

$$f_{tk} = 0.26 (f_{cu,k})^{2/3} \tag{6.2.4}$$

考虑实际构件与试件各种情况的差异，引入试件强度修正系数 0.88。在实际结构中，混凝土轴心抗拉强度标准值与立方体抗压强度标准值的关系为

$$f_{tk} = 0.88 \times 0.26 (f_{cu,k})^{2/3} = 0.23 (f_{cu,k})^{2/3} \qquad (6.2.5)$$

(二)混凝土的变形

混凝土的变形可分为两类：一类是由外荷载作用引起的变形；另一类是非外荷载因素(温度、湿度的变化)引起的体积变形。

1. 混凝土在一次短期受压荷载作用下的变形

混凝土在一次加载下的应力-应变关系是混凝土最基本的力学性能之一，是对混凝土结构进行理论分析的基本依据，可较全面地反映混凝土的强度和变形的特点。其应力-应变关系曲线如图 6.2.8 所示。

(1)上升段 Oc 段：在 Oa 段($\sigma_c \leqslant 0.3 f_c$)，应力较小时，混凝土处于弹性工作阶段，应力-应变曲线接近直线；在 ab 段($0.3 f_c < \sigma_c < 0.8 f_c$)，当应力继续增大，其应变增长加快，混凝土塑性变形增大，应力-应变曲线越来越偏离直线；在 bc 段($0.8 f_c < \sigma_c < f_c$)，随着应力的进一步增大，且接近 f_c 时，混凝土塑性变形急剧增大，c 点的应力达到峰值应力

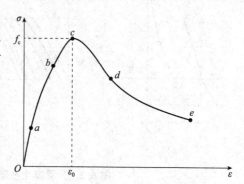

图 6.2.8　混凝土一次短期加载时的应力-应变曲线

f_c，试件开始破坏。c 点应力值为混凝土的轴心抗压强度 f_c，与其相应的压应变为 ε_0(ε_0 约为 0.002)。

(2)下降段 ce 段：当应力超过 f_c 后，试件承载能力下降，随着应变的增加，应力-应变曲线在 d 点出现反弯。试件在宏观上已破坏，此时，混凝土已达到极限压应变 ε_{cu}(ε_{cu} 平均值约为 0.003 3)。d 点以后，通过集料间的咬合力及摩擦力，块体还能承受一定的荷载。

混凝土的极限压应变 ε_{cu} 越大，表明混凝土的塑性变形能力越大，即延性越好。

混凝土受拉时的应力-应变曲线与受压时相似，但其峰值时的应力、应变都比受压时小得多。计算时，一般混凝土的最大拉应变可取 1.5×10^{-4}。

2. 混凝土在重复荷载作用下的变形

混凝土在多次重复荷载作用下的应力-应变曲线如图 6.2.9 所示。从图中可看出，它的变形性质有着显著变化。

图 6.2.9(a)表示混凝土棱柱体试件在一次短期加载卸载后的应力-应变曲线。因为混凝土是弹塑性材料，初次卸荷至应力为零时，应变不能全部恢复。可恢复的那一部分称为弹性应变 ε_{ce}，不可恢复的残余部分称为塑性应变 ε_{cp}。因此，在一次加载卸载过程中，当每次加载时的最大应力小于某一限值时，混凝土的应力-应变曲线形成一个环状。随着加载卸载重复次数的增加，残余应变会逐渐减小，一般重复 5~10 次后，加载和卸载的应力-应变曲线越来越闭合接近直线，如图 6.2.9(b)所示。此时混凝土就像弹性体一样工作，试验表明，这条直线与一次短期加荷时的应力-应变曲线在原点的切线基本平行。

3. 混凝土的弹性模量、变形模量和剪切模量

在实际工程中，为了计算结构的变形、混凝土及钢筋的应力分布和预应力损失等，都必须要涉及一个材料常数，即弹性模量。混凝土的应力与应变的比值，随着应力的变化而变化，即应力与应变的比值不是常数，所以它的弹性模量取值比钢材要复杂一些。

混凝土的弹性模量有三种表示方法，如图 6.2.10 所示。

(1)原点弹性模量。在混凝土受压应力-应变曲线的原点作切线，该切线的斜率称为混凝土的原点弹性模量(简称弹性模量)，用 E_c 表示，则

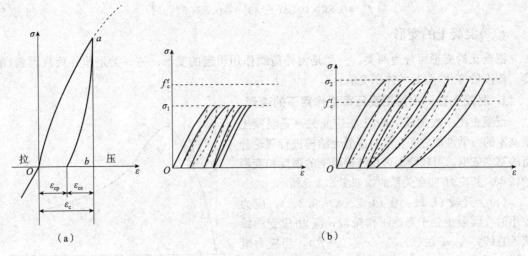

图 6.2.9　混凝土在重复荷载作用下的应力-应变曲线
(a)一次加载卸载；(b)重复荷载

$$E_c = \tan\alpha_0 = \frac{\sigma_c}{\varepsilon_{ce}} \qquad (6.2.6)$$

　　(2)切线模量。在混凝土应力-应变曲线上某一点 a 做切线，该切线的斜率称为该点混凝土的切线模量，用 E_c'' 表示，则

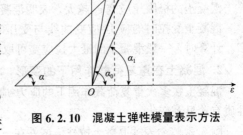

$$E_c'' = \frac{d\sigma}{d\varepsilon} = \tan\alpha \qquad (6.2.7)$$

　　(3)变形模量。连接原点 O 和混凝土应力-应变曲线上某一点 a 的割线斜率，称为混凝土的变形模量，也称为割线模量，用 E_c' 表示，则

$$E_c' = \frac{\sigma_c}{\varepsilon_c} = \tan\alpha_1 \qquad (6.2.8)$$

图 6.2.10　混凝土弹性模量表示方法

　　在某一点 a 对应的应力为 σ_c，相应的混凝土应变 ε_c 可认为是由弹性应变 ε_{ce} 和塑性应变 ε_{cp} 两部分组成的，则混凝土的变形模量与弹性模量的关系是

$$E_c' = \frac{\sigma_c}{\varepsilon_c} = \frac{\varepsilon_{ce}}{\varepsilon_c} \times \frac{\sigma_c}{\varepsilon_{ce}} = \upsilon E_c \qquad (6.2.9)$$

式中，υ 为混凝土弹性特征系数，即 $\upsilon = \dfrac{\varepsilon_{ce}}{\varepsilon_c}$。

　　弹性特征系数与应力值有关，当 $\sigma \leqslant 0.3 f_c$ 时，混凝土基本处于弹性阶段，$\upsilon = 1$；当 $\sigma = 0.5 f_c$ 时，$\upsilon = 0.8 \sim 0.9$；当 $\sigma = 0.8 f_c$ 时，$\upsilon = 0.4 \sim 0.7$。

　　试验结果表明，混凝土的弹性模量与立方体抗压强度有关。规范给出了弹性模量 E_c 的经验公式为

$$E_c = \frac{10^5}{2.2 + \dfrac{34.7}{f_{cu,k}}} \quad (\text{N/mm}^2) \qquad (6.2.10)$$

混凝土的受拉弹性模量与受压弹性模量很接近，计算中两者可取同一数值。

　　(4)剪切模量。近似取 $G_c = 0.4 E_c$。

　　各种混凝土强度标准值、设计值和弹性模量见表 6.2.4。

表 6.2.4 混凝土强度标准值、设计值和弹性模量 N/mm²

强度种类和弹性模量		混凝土强度等级									
		C15	C20	C25	C30	C35	C40	C45	C50	C55	C60
强度标准值	轴心抗压 f_{ck}	10.0	13.4	16.7	20.1	23.4	26.8	29.6	32.4	35.5	38.5
	轴心抗拉 f_{tk}	1.27	1.54	1.78	2.01	2.20	2.39	2.51	2.64	2.74	2.85
	轴心抗压 f_c	7.2	9.6	11.9	14.3	16.7	19.1	21.1	23.1	25.3	27.5
	轴心抗拉 f_t	0.91	1.10	1.27	1.43	1.57	1.71	1.80	1.89	1.96	2.04
弹性模量 $E_c(\times 10^4)$		2.20	2.55	2.80	3.00	3.15	3.25	3.35	3.45	3.55	3.60

4. 混凝土在长期荷载作用下的变形——徐变

混凝土在长期荷载作用下，应力不变，应变也会随时间而增长。这种现象称为混凝土的徐变。

混凝土在持续荷载作用下，徐变与时间的关系曲线如图 6.2.11 所示。徐变在前期增长较快，随后逐渐减慢，经过较长时间而趋于稳定。一般 6 个月可达最终徐变的 70%～80%。两年以后，徐变基本完成。

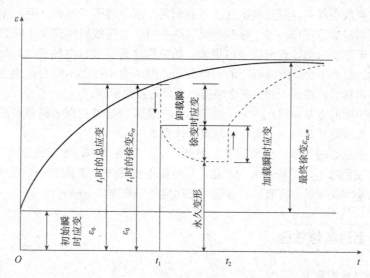

图 6.2.11 混凝土的徐变与时间的关系

徐变与塑性变形是不同的，其区别：徐变在较小应力下就可产生，当卸掉荷载后可部分恢复；塑性变形只有在应力超过其弹性极限后才会产生，当卸掉荷载后不可恢复。

混凝土产生徐变的原因一般有两个方面：一方面是混凝土中一部分尚未转化为结晶体的水泥胶凝体，在荷载长期作用下黏性流动的结果；另一方面是混凝土内部的微裂缝在荷载的长期作用下不断扩展和延伸，导致应变增加。

影响徐变的因素很多。混凝土的徐变除主要与时间有关外，还与下列因素有关：

(1)应力条件。试验表明，徐变与应力大小有直接关系。应力越大，徐变也越大。在实际工程中，如果混凝土构件长期处于不变的高应力状态是比较危险的，对结构安全是不利的。

(2)加载龄期。初始加载时，混凝土的龄期越早，徐变就越大。如果加强养护，使混凝土尽早结硬或采用蒸汽养护，可减小徐变。

(3)周围环境。周围环境的温度越高，湿度越大，水泥水化作用越充分，徐变就越小。

(4)混凝土中水泥用量越多，徐变越大。水胶比越大，徐变也越大。

(5)材料质量和级配好，弹性模量高，徐变小。

(6)构件的体表比越大，徐变越小。

混凝土的徐变会显著影响结构或构件的受力性能。徐变会使结构或构件产生内力重分布，降低截面上的应力集中现象，使构件变形增加等，对结构来说有些情况是有利的方面，如局部应力集中可因徐变得到缓和，支座沉陷引起的应力及温度、湿度应力，也可由于徐变得到松弛。但徐变对结构不利的方面也不可忽视，应引起高度重视，如徐变可使受弯构件的挠度增大2～3倍，使细长柱的附加偏心距增大，还会导致预应力构件的预应力损失。

5. 混凝土的温度变形和干湿变形

混凝土除在荷载作用下引起变形外，还会因温度和湿度的变化引起温度变形和干湿变形。

一般来说，温度变形是很重要的，尤其是对大体积结构，当变形受到约束时，常常因温度应力就可能形成贯穿性裂缝而影响正常使用，使结构承载力和混凝土的耐久性大大降低。混凝土的温度线膨胀系数随集料的性质和配合比的不同而变化，一般计算时可取为 $10 \times 10^{-6}/℃$。

混凝土在空气中结硬时体积减小的现象，称为干缩变形或称收缩。已经干燥的混凝土再置于水中，混凝土就会重新发生膨胀(或湿胀)。当外界湿度变化时，混凝土就会产生干缩和湿胀。湿胀系数比干缩系数小得多，而且湿胀往往是有利的，故一般不予考虑。但干缩对于结构有着不利影响，必须引起足够重视。当干缩变形受到约束时，会导致结构产生干缩裂缝。在预应力混凝土结构中，干缩变形会导致预应力的损失。如果构件是能够自由伸缩的，则混凝土的干缩只是引起构件的缩短而不会导致混凝土的干缩裂缝。但不少构件都不同程度地受到边界的约束作用，而不能自由伸缩，那么干缩会产生裂缝，造成有害的影响。

引起混凝土干缩的主要原因：一是干燥失水；二是因为结硬初期水泥和水的水化作用，形成水泥结晶体，而水泥结晶体化合物比原材料的体积小。

外界相对湿度是影响干缩的主要因素，另外，水泥用量越多，水灰比越大，干缩也越大。混凝土集料弹性模量越小，干缩越大。因此，尽可能加强养护，使其干燥不要过快，并增加混凝土密实度，减小水泥用量及水胶比。混凝土干缩应变一般为 $(2～6) \times 10^{-4}$。

四、混凝土的其他性能

1. 重力密度(或重度)

混凝土的重力密度与所用集料及振捣的密实程度有关，应由试验确定。对一般的集料，当无试验资料时，可按下述采用：

(1)素混凝土取用 24 kN/m³。

(2)钢筋混凝土取用 25 kN/m³。

2. 混凝土的耐久性

混凝土的耐久性在一般环境条件下是较好的。但如果混凝土抵抗渗透能力差，或受冻融循环的作用、侵蚀介质的作用，都可能会使混凝土遭受碳化、冻害、腐蚀等，耐久性受到严重影响。

水工混凝土的耐久性与其抗渗、抗冻、抗冲刷、抗碳化和抗腐蚀等性能有密切关系。特别是抗渗性、抗冻性要求很高。

为了保证混凝土的耐久性，根据水工建筑物所处环境条件的类别，应满足不同的控制要求。水工建筑物中混凝土根据所处环境条件划分为五个类别，见表6.2.5。

结构的耐久性与结构所处环境条件、结构使用条件、结构形式、结构的细部构造、结构表层保护措施及施工质量等都有关系，一般可按结构所处的环境条件提出相应的耐久性要求。

表 6.2.5　水工混凝土结构所处的环境类别

环境类别	环境条件
一	室内正常环境
二	室内潮湿环境；露天环境；长期处于水下或地下的环境
三	淡水水位变化区；有轻度化学侵蚀性地下水的地下环境；海水水下区
四	海上大气区；轻度盐雾作用区；海水水位变动区；中度化学侵蚀性环境
五	使用除冰盐的环境；海水浪溅区；重度盐雾作用区；严重化学侵蚀性环境

注：1. 海上大气区与海水浪溅区的分界线为设计最高水位加 1.5 m；海水浪溅区与海水水位变化区的分界线为设计最高水位减 1.0 m；海水水位变化区与海水水下区的分界线为设计最低水位减 1.0 m；轻度盐雾作用区为离涨潮岸线 50 m 至 500 m 以内的陆上室外环境；重度盐雾作用区为离涨潮岸线 50 m 以内的陆上室外环境。

2. 冻融比较严重的二、三类环境条件下的建筑物，可将其环境类别分别提高至三、四类

五、钢筋与混凝土之间的粘结力

1. 粘结力的基本概念

钢筋与混凝土之间的粘结力，是这两种力学性能不同材料能够共同工作的基础。在钢筋与混凝土之间有足够的粘结强度，才能承受相对滑动。它们之间通过粘结力，使内力得以传递。钢筋与混凝土之间的粘结力，主要由以下三个部分组成：

(1)胶着力。胶着力是混凝土中水泥浆凝结时产生化学作用，水泥胶体与钢筋间产生胶着力。

(2)摩擦阻力。混凝土收缩将钢筋紧紧握牢固，当两者出现滑移时，在接触面上产生的摩擦阻力。

(3)咬合力。咬合力是钢筋表面凹凸不平与混凝土之间产生的机械咬合作用。

其中，机械咬合力作用最大，占总粘结力的一半以上，变形钢筋比光圆钢筋的机械咬合作用更大。

2. 粘结力的测定

钢筋与混凝土之间的粘结力，是通过钢筋的拔出试验来测定的，如图 6.2.12 所示。因为粘结力是分布在钢筋和混凝土接触面上的，抵抗两者相对滑动的剪应力，称为粘结应力。将钢筋一端埋入混凝土内，在另一端加荷载拉拔钢筋，沿钢筋长度上的粘结应力不是均匀分布，而是曲线分布，最大粘结

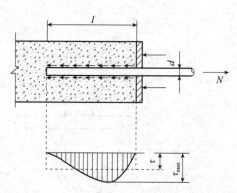

图 6.2.12　钢筋拔出试验的粘结应力图

应力产生在离端头某一距离处。若其平均粘结应力用 τ 表示，则在钢筋拉拔力达到极限时的平均粘结应力可由下式确定：

$$\tau = \frac{N}{\pi l d} \tag{6.2.11}$$

式中，N 为极限拉拔力；l 为钢筋埋入混凝土的长度；d 为钢筋直径。

3. 钢筋的锚固与搭接

为了保证钢筋在混凝土中锚固可靠，设计时应该使钢筋在混凝土中有足够的锚固长度，用符号 l_a 表示。它可根据钢筋应力达到屈服强度 f_y 时，钢筋才被拔动的条件确定，即

$$f_y \cdot \frac{\pi d^2}{4} = \tau \pi l_a d$$

则 $$l_a = \frac{f_y}{4\tau} \cdot d \qquad (6.2.12)$$

受拉钢筋的最小锚固长度 l_a 见表 6.2.6。

表 6.2.6 受拉钢筋的最小锚固长度 l_a

项次	钢筋种类	混凝土强度等级					
		C15	C20	C25	C30	C35	≥C40
1	HPB300 级	$40d$	$35d$	$30d$	$25d$	$25d$	$20d$
2	HRB335 级		$40d$	$35d$	$30d$	$30d$	$25d$
3	HRB400 级、RRB400 级		$50d$	$40d$	$35d$	$35d$	$30d$

注：1. d 为钢筋直径。
 2. HPB300 级钢筋的最小锚固长度 l_a 值不包括弯钩长度

受压钢筋的锚固长度 l_a 不应小于表 6.2.6 中数值的 70%。

由上述可知：钢筋的强度越高，直径越粗，混凝土的强度越低，则钢筋锚固长度需要的越长。

为了保证光圆钢筋的粘结强度的可靠性，绑扎骨架中的受力光圆钢筋末端必须做成半圆弯钩。弯钩的形式与尺寸如图 6.2.13 所示。

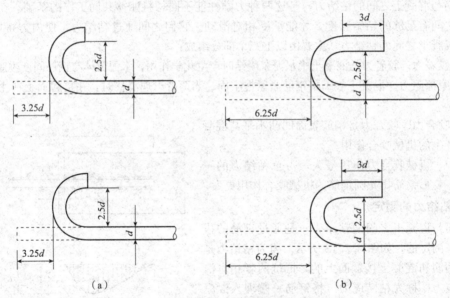

图 6.2.13 钢筋的弯钩
(a)机器弯钩；(b)人工弯钩

变形钢筋及焊接骨架中的光面钢筋因其粘结力较好，可不做弯钩。

为了运输方便，除小直径的盘圆外，出厂的钢筋每根长度多为 6～12 m。在实际工程中，需要将钢筋接长。接长的方法有绑扎搭接、焊接连接和机械连接三种。焊缝和机械连接节省钢材，连接可靠，宜优先采用。

绑扎搭接是在钢筋搭接处用钢丝绑扎而成。绑扎搭接接头是通过钢筋与混凝土之间的粘结应力来传递钢筋之间的内力，因此必须有足够的搭接长度。

规范规定：纵向受拉钢筋绑扎搭接接头的最小搭接长度，应根据位于同一搭接长度范围内的钢筋搭接接头面积百分率按下式计算：

$$l_l = \zeta l_a \qquad (6.2.13)$$

式中，l_l 为纵向受拉钢筋的最小搭接长度(mm)；l_a 为纵向受拉钢筋的最小锚固长度(mm)，由表 6.2.6 确定；ζ 为纵向受拉钢筋搭接长度修正系数，由表 6.2.7 确定。

表 6.2.7　纵向受拉钢筋搭接长度修正系数 ζ

纵向受拉钢筋搭接接头面积百分率/%	≤25	50	100
ζ	1.2	1.4	1.6

纵向受拉钢筋绑扎搭接接头的搭接长度均不应小于 300 mm。纵向受压钢筋绑扎搭接接头的搭接长度不应小于按式(6.2.13)计算值的 70%，且不应小于 200 mm。

对受拉钢筋直径 $d>28$ mm，或者受压钢筋直径 $d>32$ mm 时，不宜采用绑扎搭接接头。轴心受拉或小偏心受拉构件以及承受振动的构件的纵向受力钢筋，不应采用绑扎搭接接头。

任务二　梁、板构件

一、钢筋混凝土受弯构件的概念

受弯构件是指承受弯矩和剪力为主的构件。梁和板是典型的受弯构件，如水闸的底板、挡土墙的立板，以及厂房中的屋面大梁、吊车梁、连系梁，公路和铁路中的钢筋混凝土桥梁等，均为受弯构件。梁和板的区别在于梁的截面高度一般大于截面宽度，而板的截面高度远小于截面宽度。受弯构件是应用最广泛的构件。

受弯构件在荷载作用下可能发生两种破坏。当受弯构件沿弯矩最大的截面发生破坏，破坏截面与构件的纵轴线垂直，称为沿正截面破坏，如图 6.2.14(a)所示；当受弯构件沿剪力最大或弯矩和剪力都较大的截面发生破坏，破坏截面与构件的纵轴线斜交，称为沿斜截面破坏，如图 6.2.14(b)所示。

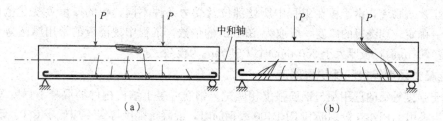

图 6.2.14　受弯构件的破坏形式
(a)正截面破坏；(b)斜截面破坏

按极限状态进行设计的基本要求，对受弯构件需要进行下列计算和验算：

(1)承载能力极限状态计算。受弯构件在荷载作用下，截面一般同时产生弯矩和剪力，设计时既要满足构件的抗弯承载力要求，也要满足构件的抗剪承载力要求。因此，必须分别对构件进行抗弯和抗剪承载力计算。

(2)正常使用极限状态验算。受弯构件一般还需要按正常使用极限状态的要求进行变形和裂缝宽度的验算。除进行上述两类计算和验算外，还必须采取一系列构造措施，方能保证构件具有足够的强度和刚度，并使构件具有必要的耐久性。

二、受弯构件的一般构造

1. 截面形式与尺寸

钢筋混凝土梁常用的截面有矩形、T形、I形、花篮形、倒L形，钢筋混凝土板常用的截面有矩形、槽形等实心板和空心板，如图6.2.15所示。

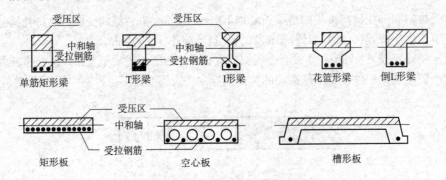

图6.2.15 常用受弯构件截面形式

梁、板的截面尺寸主要与跨度及荷载大小有关，设计时必须满足承载力、刚度和裂缝控制要求，同时还应满足模数规定，以利于模板的定型化。

按刚度要求，根据设计经验，梁的截面高度 h 可根据梁的跨度 l_0 拟订，一般取 $h = (1/12 \sim 1/8)l_0$。梁的截面宽度 b，一般根据梁的截面高度 h 确定。高宽比 h/b：矩形截面不宜超过3.5，T形截面不宜超过4.0。

为了重复使用模板，便于施工，梁的截面高度 h 一般可取250、300、350、…、800、900、1 000(mm)等，$h \leqslant 800$ mm 时以50 mm为模数，$h > 800$ mm 时以100 mm为模数；矩形梁的截面宽度和T形截面的肋宽 b 宜采用100、120、150、180、200、220、250(mm)，大于250 mm时以50 mm为模数。

在水工建筑物中，由于板在工程中所处部位及受力条件不同，板的厚度 h 变化范围很大，一般由计算确定。现浇板的厚度一般取为10 mm的倍数，工程中现浇板的常用厚度为60、70、80、100、120(mm)，板厚大于250 mm时以50 mm为模数。

2. 混凝土强度等级和保护层厚度

混凝土强度等级的选用须与钢筋强度相匹配，钢筋混凝土结构构件的混凝土强度等级不低于C15；当采用HRB400级钢筋和RRB400级钢筋时，混凝土强度等级不应低于C20。现浇梁板常用的混凝土强度等级为C20～C35，预制梁板为了减轻自重可采用较高的强度等级。

纵向受力钢筋的外边缘至混凝土近表面的垂直距离，称为混凝土保护层厚度，用 c 表示，如图6.2.16所示。为保证结构的耐久性、防火性及钢筋与混凝土的粘结，混凝土保护层厚度不应小于钢筋的公称直径，同时，也不小于粗集料最大粒径的1.25倍。梁、板、柱的混凝土保护层厚度与环境类别(表6.2.8)和混凝土强度等级有关。

3. 梁的配筋

梁中通常配置纵向受力钢筋、弯起钢筋、箍筋、架立钢筋等，构成钢筋骨架(图6.2.17)，有时还配置纵向构造钢筋及相应的拉筋等。

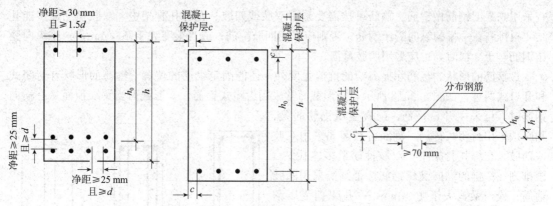

图 6.2.16　梁、板的净距、保护层及有效高度

表 6.2.8　混凝土保护层最小厚度

mm

项次	构件类型	环境类别				
		一	二	三	四	五
1	板、墙	20	25	30	45	50
2	梁、柱、墩	30	35	45	55	60
3	截面厚度不小于 2.5 mm 的底板及墩墙	—	40	50	60	65

注：1. 直接与地基接触的结构底层钢筋或无检修条件的结构，保护层厚度应适当增大。

2. 有抗冲耐磨要求的结构面层钢筋，保护层厚度应适当增大。

3. 混凝土强度等级不低于 C30 且浇筑质量有保证的预制构件或薄板，保护层厚度可适当减小 5 mm。

4. 钢筋表面涂塑或结构外表面敷设永久性涂料或面层，保护层厚度可适当减小。

5. 严寒或寒冷地区受冰冻的部位，保护层厚度还应符合《水工建筑物抗冰冻设计规范》（SL 211—2006）的规定

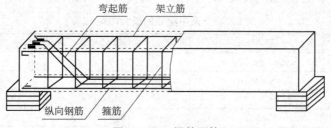

图 6.2.17　梁的配筋

（1）纵向受力钢筋、梁中纵向受力钢筋宜采用 HRB400 或 RRB400，常用钢筋直径为 $12\sim 28$ mm，根数不得少于 2 根。梁内受力钢筋的直径宜尽可能相同。设计中若采用两种不同直径的钢筋，钢筋直径相差至少 2 mm，以便于在施工中能用肉眼识别，但相差也不宜超过 6 mm。

为保证钢筋与混凝土之间有足够的粘结力和便于浇筑混凝土，纵筋的净间距应满足图 6.2.16 所示的要求，即梁的上部纵向钢筋，其净距不应小于 30 mm 和 $1.5d$（d 为纵向钢筋的最大直径），下部纵向钢筋的净距不应小于 25 mm 和 d，梁的下部纵向钢筋配置多于两层时，钢筋水平方向的中距应比下面两层的中距增大 1 倍。为了便于浇筑混凝土以保证钢筋周围混凝土的密实性，纵筋的净间距应满足图 6.2.16 所示的要求。若钢筋必须排列成两层时，上、下两层钢筋应对齐。

（2）箍筋。箍筋的作用主要是用来承受由剪力和弯矩在梁内引起的主拉应力；同时，还可固定纵向受力钢筋并和其他钢筋一起形成立体的钢筋骨架。

箍筋一般采用 HPB300 级钢筋，考虑到高强度的钢筋延性较差，施工时成型困难，所以不

宜采用高强度钢筋做箍筋。箍筋可按需要采用双肢或四肢。在绑扎骨架中，双肢箍筋最多能扎结 4 根排列在一排的纵向受压钢筋，否则应采用四肢箍筋；或当梁宽大于 400 mm，一排纵向受压钢筋多于 3 根时，也应采用四肢箍筋。

1）箍筋的形状。箍筋除提高梁的抗剪强度外，还能固定纵筋的位置。箍筋的形状有封闭式和开口式两种，如图 6.2.18 所示，矩形截面常采用封闭式箍筋，T 形截面当翼缘顶面另有横向钢筋时，可采用开口箍筋。配有受压钢筋的梁，则必须采用封闭式箍筋。箍筋可按需要采用双肢或四肢。在绑扎骨架中，双肢箍筋最多能扎结 4 根排列在一排的纵向受压钢筋，否则应采用四肢箍筋；或当梁宽大于 400 mm，一排纵向受压钢筋多于 3 根时，也应采用四肢箍筋。

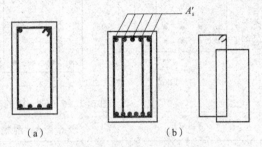

图 6.2.18 箍筋的形状及肢数
(a)封闭式箍筋(双肢)；(b)封闭式箍筋(四肢)

2）箍筋的最小直径。对梁高 $h > 800$ mm 的梁，箍筋直径不宜小于 8 mm；对梁高 $h = 250 \sim 800$ mm 的梁，箍筋直径不宜小于 6 mm；对梁高 $h < 250$ mm 的梁，箍筋直径不应小于 4 mm。当梁内配有计算需要的纵向受压钢筋时，箍筋直径还不应小于 $d/4$(d 为受压钢筋中的最大直径)。从箍筋的加工成型的难易来看，最好不用直径大于 10 mm 的箍筋。

3）箍筋的布置。如按计算需要设置箍筋，一般可在梁的全长均匀布置箍筋，也可以在梁两端剪力较大的部位布置得密一些。如按计算不需要设置箍筋，对梁高 $h = 150 \sim 300$ mm 的梁，可仅在构件端部各 $\frac{1}{4}$ 跨度范围内设置箍筋；但当在构件中部 $\frac{1}{2}$ 跨度范围内有集中荷载作用时，箍筋仍应沿梁全长布置；对梁高为 150 mm 以下的梁，可不布置箍筋。

4）箍筋的最大间距。箍筋的最大间距不得大于表 6.2.9 所列的数值。

表 6.2.9 梁中箍筋的最大间距 s_{max} mm

项次	梁高 h/mm	$KV > V_c$	$KV \leqslant V_c$
1	$150 < h \leqslant 300$	150	200
2	$300 < h \leqslant 500$	200	300
3	$500 < h \leqslant 800$	250	350
4	$h > 800$	300	400
注：薄腹梁的箍筋间距宜适当缩小			

梁中当配有计算需要的受压钢筋时，箍筋的间距在绑扎骨架中不应大于 $15d$，在焊接骨架中不应大于 $20d$(d 为受压钢筋中的最小直径)，同时在任何情况下均不应大于 400 mm；当一排内纵向受压钢筋多于 5 根且直径大于 18 mm 时，箍筋间距不应大于 $10d$。

在绑扎纵筋的搭接长度范围内，当钢筋受拉时，其箍筋间距不应大于 $5d$，且不大于 100 mm；当钢筋受压时箍筋间距不应大于 $10d$，d 为搭接钢筋中的最小直径。

5）箍筋的强度取值。箍筋一般采用 HPB300 级和 HRB400 级钢筋，考虑到高强度的钢筋延性较差，施工时成型困难，所以不宜采用高强度钢筋做箍筋。箍筋抗拉强度设计值 f_{yv} 按表 6.2.1 采用。

(3)弯起钢筋。梁中纵向受力钢筋在靠近支座的地方承受的拉应力较小，为了增加斜截面的受剪承载力，可将部分纵向受力钢筋弯起伸至梁顶，形成弯起钢筋。有时，当纵向受力钢筋较少，不足以弯起时，也可设置单独的弯起钢筋。

当设置弯起钢筋时，弯起钢筋的弯起角一般为 45°，当梁高 $h \geqslant 800$ mm 时也可用 60°。当梁宽较大时，为使弯起钢筋在整个宽度范围内受力均匀，宜在同一截面内同时弯起两根钢筋。

（4）架立钢筋。为了使纵向钢筋和箍筋能绑扎成骨架，在箍筋的四角必须沿梁全长配置纵向钢筋；在没有纵向受力钢筋的区段，则应补设架立钢筋，如图 6.2.19 所示。

当梁跨 $l < 4$ m 时，架立钢筋直径 d 不宜小于 6 mm；当 $l = 4 \sim 6$ m 时，d 不宜小于 8 mm；当 $l > 6$ m 时，d 不宜小于 10 mm。

（5）腰筋及拉筋的设置。当梁高超过 450 mm 时，为防止由于温度变形及混凝土收缩等原因在梁中部产生竖向裂缝，在梁的两侧沿高度设置纵向构造钢筋，称为腰筋。两侧腰筋之间用拉筋连系起来，每侧腰筋的截面面积不应小于腹板截面面积的 0.1%，且间距不宜大于 200 mm。拉筋的直径可取与箍筋相同，拉筋的间距常取为箍筋间距的倍数，一般为 500～700 mm。

4. 板的钢筋

板内钢筋一般有纵向受力钢筋和分布钢筋，如图 6.2.20 所示。

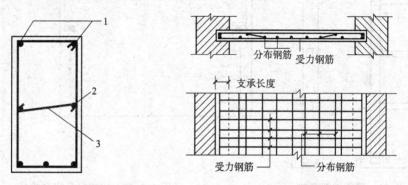

图 6.2.19　架立钢筋、腰筋及拉筋　　　　图 6.2.20　板的配筋构造要求
1—架立钢筋；2—腰筋；3—拉筋

板的纵向受力钢筋常用 HPB300、HRB400 钢筋，纵向受力钢筋直径通常采用 6、8、10、12(mm)。为了便于施工，选用钢筋直径的种类越少越好。为了使板内钢筋能够正常地分担内力和便于浇筑混凝土，钢筋间距不宜太大，也不宜太小。当采用绑扎施工方法，板厚 $h \leqslant 200$ mm 时，受力钢筋间距不宜大于 200 mm；200 mm $< h \leqslant 1\,500$ mm 时，受力钢筋间距不宜大于 250 mm；当板厚 $h > 1\,500$ mm 时，受力钢筋间距不宜大于 300 mm。同时，板中受力钢筋间距不宜小于 70 mm。

分布钢筋布置与受力钢筋垂直，交点用细钢丝绑扎或焊接，其作用是将板面上的荷载更均匀地传递给受力钢筋；同时，在施工中可固定受力钢筋的位置，并以其抵抗温度、收缩应力。分布钢筋的截面面积不应小于受力钢筋面积的 15%，分布钢筋间距不宜大于 250 mm，直径不宜小于 6 mm；对集中荷载较大的情况，分布钢筋的截面面积应适当增加，其间距不宜大于 200 mm。

任务三　　柱、墙和墩构件

一、受压构件的概念

钢筋混凝土受压构件是指在轴向压力作用下的构件。根据轴向压力的作用位置不同，受压构件可分为轴心受压构件和偏心受压构件两种类型。当轴向压力作用线与构件的轴线重合时，称为轴心受压构件；当轴向压力作用线与构件的轴线平行但不重合时，称为偏心受压构件。因为当构件在轴心压力 N 和弯矩 M 共同作用时，与偏心距为 $e_0(E/N)$ 的轴向压力 N 作用是等效的，所以，在轴心压力 N 和弯矩 M 共同作用下的构件，也称为偏心受压构件。

钢筋混凝土受压构件在实际工程中应用是非常广泛的，如柱、墩、墙体、基础、挡土墙等，又如水闸工作桥立柱、渡槽排架立柱、水电站厂房立柱、框架柱等，再如闸墩、桥墩、箱形涵洞等，也都属于受压构件。图 6.2.21 所示为渡槽排架立柱，承受槽身的自重及水的压力。如图 6.2.22 所示为水电站厂房中支承吊车梁的立柱，它主要承受自重、屋架传来的竖向荷载和水平荷载、吊车荷载、风荷载等，截面承受轴向压力和弯矩的共同作用。

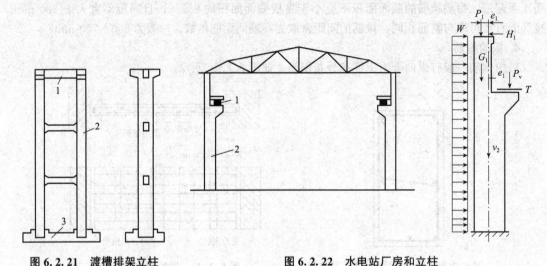

图 6.2.21　渡槽排架立柱
1—横梁；2—立柱；3—基础

图 6.2.22　水电站厂房和立柱
1—吊车梁；2—立柱

在实际工程中，真正的轴心受压构件是没有的。由于混凝土的非均匀性，钢筋位置的偏差和构件尺寸的施工误差及荷载位置偏差都会导致轴向压力偏离构件形心轴线。但为了简化计算，对屋架受压腹件和永久荷载为主的多层、多跨房屋内柱，当偏心很小时可略去不计，按轴心受压构件计算；其他情况，如单层厂房柱、多层框架柱和某些屋架上弦压杆等，应按偏心受压构件计算。

二、受压构件的构造要求

(一)截面形式

1. 截面几何形状

轴心受压构件一般采用圆形或方形、矩形截面。

偏心受压构件常采用矩形截面，截面长边布置的弯矩作用方向，一般长边与短边的比值为 1.5～2.5。为了减轻自重及节省混凝土，预制装配式受压构件也可采用 I 形、T 形等形状的截面。

2. 截面几何尺寸

受压构件截面尺寸与长度相比不宜太小，因为构件越细长，纵向弯曲的影响越大，承载力降低得越多，也不能充分利用材料的强度。在水工建筑物中，现浇的钢筋混凝土立柱的边长不宜小于 300 mm，否则会受到混凝土施工缺陷的严重影响。在水平方向浇筑的装配式柱可不受此项限制。

为了方便拼装模板，截面尺寸应符合模数要求。柱截面边长在 800 mm 以下时，以 50 mm 为模数递增；800 mm 以上时，以 100 mm 为模数递增。

(二)材料选择

1. 混凝土的选择

受压构件的承载能力受混凝土强度等级的影响较大。采用较高强度等级的混凝土，可以减小构件截面尺寸并节省钢材，比较经济。受压构件的混凝土强度等级常常采用 C25、C30 或者更高的强度等级。如多层及高层建筑结构的下层柱，必要时可采用更高的强度等级；若截面尺寸不是由强度条件决定（如闸墩、桥墩），也可采用 C15 混凝土。

2. 钢筋的选择

受压构件内的纵向钢筋，除与混凝土共同承受荷载、提高柱的抗压承载力外，还可以改善混凝土破坏的脆性性质，减小混凝土徐变，承受混凝土收缩和温度变化引起的拉力。

受压钢筋不宜采用高强度钢筋，因为钢筋的抗压强度受到混凝土极限压应变的限制，不能充分发挥其高强度作用。所以，纵向受力钢筋一般选用 HRB400 级或 RRB400 级。

(三)纵向钢筋的构造

1. 混凝土保护层

纵向钢筋混凝土保护层厚度的要求与受弯构件相同。

2. 直径与根数

为了增加钢筋骨架的刚度，减少钢筋可能产生的纵向弯曲和箍筋用量，最好选用直径较粗的纵向钢筋。纵向钢筋直径 d 不宜小于 12 mm，纵向钢筋直径一般为 12~32 mm。

正方形和矩形受压构件，纵向钢筋根数不得少于 4 根，保证截面每个角点上有 1 根钢筋。如果不符合要求，钢筋骨架在施工过程中容易变形，钢筋位置会产生偏差。

3. 布置与间距

轴心受压构件的纵向受力钢筋应沿截面周边均匀布置。

偏心受压构件的纵向受力钢筋则沿垂直于弯矩作用平面的两边布置。

受压构件中纵向钢筋的净距不应小于 50 mm；纵向钢筋的间距不应大于 300 mm。水平浇筑的预制柱，纵向钢筋的最小净距与梁的规定相同。

当偏心受压构件的截面高度大于 600 mm 时，与弯矩作用平面平行的两个侧面，应设置直径为 10~16 mm 的纵向构造钢筋，其间距不应大于 400 mm，并相应设置复合箍筋或连系拉筋。

4. 配筋率

受压构件内的纵向受力钢筋的数量不宜过少，否则构件破坏时呈脆性，不利于抗震。

轴心受压构件中全部纵向钢筋的配筋率不应小于 0.6%（HPB300 级钢筋）或 0.55%（HRB400 级和 RRB400 级钢筋）。

偏心受压柱中的受拉钢筋或受压钢筋的配筋率均不应小于 0.25%（HPB300 级钢筋）或 0.2%（HRB400 级和 RRB400 级钢筋）。如截面承受变号弯矩作用，则均应按受压钢筋考虑。

从经济和施工方面考虑，纵向受力钢筋的数量不宜过多，为了不使截面中的钢筋过于拥挤，受压构件中全部纵向钢筋配筋率不宜超过 5%。受压构件中全部纵向钢筋的经济配筋率为0.8%~3%。

(四)箍筋的构造

1. 箍筋的作用

受压构件中的箍筋即可以保证纵向钢筋的位置正确，又可以防止纵向钢筋受压时向外弯凸和混凝土保护层横向胀裂剥落，偏心受压构件中剪力较大时还可以承担剪力，从而提高受压构件的承载能力。

2. 箍筋的级别

受压构件的箍筋一般采用 HPB300 级和 HRB400 级钢筋。

3. 箍筋的形式

受压构件的箍筋应做成封闭式，并与纵向钢筋绑扎或焊接形成整体钢筋骨架。

4. 箍筋的直径

受压构件的箍筋直径不应小于 $d/4$（d 为纵向钢筋的最大直径），且不应小于 6 mm。

5. 箍筋的间距

受压构件的箍筋的间距 s 不应大于构件截面的短边尺寸，且不应大于 400 mm，同时在绑扎骨架中不应大于 $15d$，在焊接骨架中不应大于 $20d$（d 为纵向钢筋的最小直径）。

柱内纵向钢筋为绑扎搭接时，搭接长度范围内的箍筋间距应适当加密。《水工混凝土结构设计规范》(SL 191—2008)规定：钢筋受拉时，箍筋间距 s 不应大于 $5d$，且不应大于 100 mm；钢筋受压时，箍筋间距 s 不应大于 $10d$（d 为搭接的纵向钢筋的最小直径），且不应大于 200 mm。箍筋直径不应小于搭接钢筋最大直径的 25%。

当柱中全部纵向受力钢筋的配筋率超过 3%，箍筋直径不应小于 8 mm，间距不应大于 $10d$（d 为纵向钢筋的最小直径），且不应大于 200 mm。箍筋应焊成封闭式，或者在箍筋末端做成 135° 的弯钩，且弯钩末端平直段的长度不应小于箍筋直径的 10 倍。

6. 复合箍筋

当受压构件截面短边大于 400 mm，且各边纵向受力钢筋多于 3 根；或截面短边尺寸小于 400 mm，但各边纵向钢筋多于 4 根时，应设置复合箍筋。以防止位于中间的纵向钢筋向外弯凸。箍筋不允许有内折角。复合箍筋布置原则是尽可能使每根纵向钢筋处于箍筋的转角处，若纵向钢筋根数较多，允许纵向钢筋间隔一根位于箍筋的转角处。轴心受压柱的复合箍筋布置如图 6.2.23 所示。偏心受压柱的复合箍筋布置如图 6.2.24 所示。

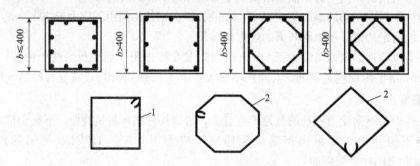

图 6.2.23 轴心受压柱的基本箍筋和复合箍筋

1—基本箍筋；2—复合箍筋

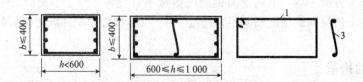

图 6.2.24 偏心受压柱的基本箍筋和复合箍筋

1—基本箍筋；2—复合；3—拉筋

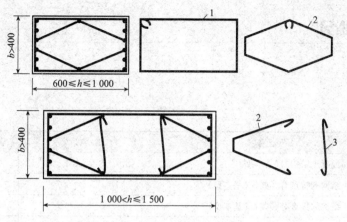

图 6.2.24 偏心受压柱的基本箍筋和复合箍筋(续)

1—基本箍筋；2—复合；3—拉筋

 项目小结

序号	知识点	能力要求	学习成果	学习应用
1	水工钢筋混凝土结构概念	熟记水工钢筋混凝土结构概念、特点、优点和缺点	熟知水工钢筋混凝土结构的优点和选用	了解水工钢筋混凝土结构的应用
2	钢筋	熟记钢筋的类型、钢筋的力学性能和强度指标的应用	熟知水工钢筋混凝土结构中钢筋的选用	熟练选用结构的钢筋
3	混凝土	熟记混凝土材料的强度指标和变形情况	熟知水工钢筋混凝土结构中混凝土的选用	熟练根据规范应用混凝土的性能
4	钢筋与混凝土之间的粘结力	熟记钢筋与混凝土之间的粘结力概念与分类	熟知钢筋在结构中的锚固和连接	熟记钢筋与混凝土之间粘结力在结构中的运用
5	梁、板构件	熟记梁、板构件的概念、一般构造	熟知梁、板构件的钢筋配置要求	熟记梁、板构件的钢筋类型
6	柱、墙和墩构件	熟记柱、墙和墩构件的概念、一般构造	熟知柱、墙和墩构件的钢筋配置要求	熟记柱、墙和墩构件的钢筋类型

课后练习

[任务一]

序号	习题任务	解题结果	考核评价
1	什么是钢筋混凝土结构?(基本型)		
2	钢筋混凝土结构的特点有哪些?(基本型)		
3	钢筋混凝土结构的优点有哪些?(基本型)		
4	热轧钢筋的级别有哪些?(基本型)		
5	画出有明显屈服点的钢筋在单向拉伸时的应力-应变曲线。(应用型)		
6	什么是混凝土的立方体抗压强度?(基本型)		
7	什么是混凝土的徐变?(基本型)		
8	什么是钢筋的锚固长度?(基本型)		
9	钢筋有哪些连接方式?(综合型)		

[任务二]

序号	习题任务	解题结果	考核评价
1	举例说明什么是梁、板构件?(应用型)		
2	钢筋混凝土梁常用的截面形式有哪些?(综合型)		
3	钢筋混凝土梁中应该配置哪些钢筋?(应用型)		
4	什么是箍筋?箍筋有哪些作用?(基本型)		
5	钢筋混凝土板中应该配置哪些钢筋?(应用型)		
6	什么是混凝土保护层?它有哪些作用?(基本型)		

[任务三]

序号	习题任务	解题结果	考核评价
1	什么是墙、柱构件?(应用型)		
2	钢筋混凝土柱常用的截面形式有哪些?(综合型)		
3	钢筋混凝土柱中应该配置哪些钢筋?(应用型)		
4	钢筋混凝土柱中的箍筋有哪些形式?(应用型)		

参 考 文 献

[1] 刘东. 土力学与地基基础[M]. 北京：中国水利水电出版社，2011.

[2] 务新超. 土力学[M]. 2版. 郑州：黄河水利出版社，2009.

[3] 王玉珏，孙其龙. 工程地质与土力学[M]. 郑州：黄河水利出版社，2012.

[4] 王启亮，刘亚军. 工程地质与土力学[M]. 北京：中国水利水电出版社，2007.

[5] 刘福臣，侯广贤. 工程地质与土力学[M]. 3版. 郑州：黄河水利出版社，2020.

[6] 朱济祥，崔冠英. 水利工程地质[M]. 5版. 北京：中国水利水电出版社，2017.

[7] 杨连生. 水利水电工程地质[M]. 武汉：武汉大学出版社，2004.

[8] 中华人民共和国住房和城乡建设部. GB/T 50123—2019 土工试验方法标准[S]. 北京：中国计划出版社，2019.

[9] 中华人民共和国住房和城乡建设部. GB 50007—2011 建筑地基基础设计规范[S]. 北京：中国建筑工业出版社，2012.

[10] 中华人民共和国建设部. GB 50021—2001 岩土工程勘察规范(2009年版)[S]. 北京：中国建筑工业出版社，2004.

[11] 中华人民共和国住房和城乡建设部，中华人民共和国国家质量监督检验检疫总局. GB 50487—2008 水利水电工程地质勘察规范(2022年版)[S]. 北京：中国计划出版社，2009.

[12] 李序量. 水力学[M]. 3版. 北京：中国水利水电出版社，2007.

[13] 张耀先，丁新求. 水力学[M]. 郑州：黄河水利出版社，2004.

[14] 中华人民共和国水利部，中华人民共和国国家统计局. 第一次全国水利普查公报[M]. 北京：中国水利水电出版社，2013.

[15] 中华人民共和国水利部. 2021年全国水利发展统计公报[M]. 北京：中国水利水电出版社，2022.